Der Kiefernspanner

(Bupalus piniarius L.).

Versuch einer forstzoologischen Monographie

mit Berücksichtigung der bemerkenswerten mit dem Kiefernspanner vergesellschaftet auftretenden Spannerarten, sowie
der vergleichenden Parasitologie der als Kiefernschädlinge
wirtschaftlich wichtigen Großschmetterlinge.

Von

Dr. Max Wolff.

(Aus der Abteilung für Pflanzenkrankheiten des Kaiser-
Wilhelms-Instituts für Landwirtschaft in Bromberg.)

Mit 7 Tafeln und in den Text gedruckten Abbildungen.

Berlin.
Verlag von Julius Springer.
1913.

Additional material to this book can be downloaded from http://extras.springer.com.

ISBN 978-3-642-93761-3   ISBN 978-3-642-94161-0 (eBook)
DOI 10.1007/978-3-642-94161-0

Inhaltsübersicht.

Druckfehler-Berichtigung.

S. 9, Zeile 3 von oben lies: Krankheitserreger statt „Krankheiten".
S. 11, Zeile 3 von oben lies: Athlet statt „Athleth".

„Die Ansicht, welche sich allmählich Bahn bricht, daß die Wissenschaft sich auf die übersichtliche Darstellung des Tatsächlichen zu beschränken habe, führt folgerichtig zur Ausscheidung aller müßigen, durch die Erfahrung nicht kontrollierbaren Annahmen, vor allem der metaphysischen (im Kantschen Sinne)."

Ernst Mach (Vorwort zur „Analyse der Empfindungen", 1902).

„In der Tat ist die Einkleidung der durch die Erfahrung festgestellten Gesetzmäßigkeiten in die konditionelle Form die einzige wissenschaftliche Darstellungsweise, denn sie bringt lediglich Tatsachen zum Ausdruck, ohne irgend einen Deutungsversuch. Die Mathematik, die sich im Laufe der Zeit die exaktesten Ausdrucksformen für ihre Wahrheiten entwickelt hat, weiß das schon lange und kennt daher den Ursachenbegriff gar nicht mehr. Nicht „weil", sondern „wenn" zwei Größen einer dritten gleich sind, sind sie untereinander gleich. So muß auch die Naturforschung mehr und mehr danach streben, den Kausalbegriff aus ihrem exakten Denken zu eliminieren. Nicht Kausalismus, sondern Konditionismus!

Max Verworn („Allgemeine Physiologie", 1909).

„Gerade wir Forstleute besitzen eine außerordentlich große Neigung, für jede Erscheinung den Grund angeben zu wollen . . . . . Die blühende Hypothesenbildung in forstlichen Dingen hat zur Folge, daß wir nicht zu der Erkenntnis kommen, wie viel wir noch nicht wissen. Aus dem Bewußtsein unzureichenden Wissens geht aber der stärkste Anreiz zur Fortbildung unserer Wissenschaft hervor."

Fricke („Wissenschaft und Praxis", 1907).

Einleitung.

Durch Erlaß des Herrn Ministers für Landwirtschaft, Domänen und Forsten vom 15. Januar 1910[1]) wurde die Abteilung für Pflanzenkrankheiten des Kaiser-Wilhelms-Instituts für Landwirtschaft in Bromberg beauftragt, durch ihren Entomologen, den Verfasser, eine einheitliche Bearbeitung des Kiefernspannerfraßes ausführen zu lassen, der in den Staatsforsten der Regierungsbezirke Marienwerder und Danzig in den letzten Jahren stattgefunden hatte.

Im Verlaufe dieser Spannerkalamität, deren Anfänge zum Teil bis in das Jahr 1907 zurückreichen, war von den Forstbeamten der in Mitleidenschaft gezogenen Bezirke ein reiches Material interessanter Einzelbeobachtungen gesammelt worden, das in zahlreichen Berichten an die Kgl. Regierungen sowie an den Herrn Minister niedergelegt worden war. Die spezielle, mir gestellte Aufgabe ging dahin, dieses Material nach einheitlichen Gesichts-

---

[1]) G.-Nr. III. 418. I. B. I. b. 225.

punkten zu bearbeiten und soviel als möglich durch eigene Studien zu er=
gänzen.

Der Höhepunkt der Kalamität war damals zwar schon überschritten.
Allein durch Verfügungstellung der Mittel zu einer eingehenderen Bereisung
der wichtigsten Spannerreviere,[1] sowie dank weitgehender Unterstützung durch
Versorgung mit frischem Puppenmaterial wurde es mir ermöglicht, mich per=
sönlich von dem Erfolge der verschiedenen zur Anwendung gelangten Be=
kämpfungsmethoden zu überzeugen und mir von den ihren Erfolg bedingen=
den Verhältnissen, der Technik ihrer Ausführung und verwandten praktischen
Momenten ein, wie zu zeigen hoffentlich in dieser Arbeit gelingt, über viele
umstrittene Punkte Klarheit schaffendes Bild zu machen. Aber auch der wich=
tigen Frage nach den Existenzbedingungen des Schädlings, vor allem auch
dem Studium seiner Krankheiten und Schmarotzer, konnte ich dank der mir
seitens des hohen Ministeriums und der beiden Kgl. Regierungen zuteil ge=
wordenen Förderung näher treten.

Ich habe dabei besonders dankbar des Interesses zu gedenken, das Herr
Oberforstmeister K r a n o l d = Marienwerder meinen Studien entgegen=
brachte. Das gleiche gilt auch von der Unterstützung, die mir der Vorsteher
meines Institutes, der Abteilung für Pflanzenkrankheiten, Herr
Dr. S c h a n d e r, dadurch angedeihen ließ, daß er mich dienstlich entlastete,
soweit das die Aufgaben der Abteilung für Pflanzenkrankheiten irgend zu=
ließen.

Spätere Bereisungen der Tucheler Heide, die mit einer zweiten Aufgabe
in Zusammenhang standen, mit deren Bearbeitung mich das hohe Mini=
sterium beauftragt hatte,[2] kamen ebenfalls dem Studium der Spannerfrage
zugute.

Nachdem über diese Studien, ihrem damaligen Stande entsprechend, ein
von mir verfaßter schriftlicher Bericht am 28. Juli 1910 dem Herrn Minister
für Landwirtschaft, Domänen und Forsten eingereicht und von mir auf der
XXXVIII. Versammlung des Preußischen Forstvereins in Dt. Eylau einige
wichtigere Resultate am 11. Juli 1910 vorgetragen worden waren,[3]

---

[1] Im Regierungsbezirk Danzig wurden von mir die Reviere Neustadt, Gohra
(bei Überbrück, Wstpr.) und die zur Tucheler Heide gehörigen Reviere Hagenort und
Wildungen, im Regierungsbezirk Marienwerder die Reviere Königsbruch, Rehberg, Char=
lottenthal und Junkerhof in der zweiten Aprilhälfte d. J. 1910 bereist. Die beiden letzt=
genannten Reviere konnte ich auch im folgenden Jahre zweimal gelegentlich meiner
Nonnenstudien besuchen.

[2] Betreffend das Studium der Biologie der Nonne mit besonderer Berück=
sichtigung der Möglichkeit ihrer Bekämpfung.

[3] Im Dezember desselben Jahres veröffentlichte ich die vorläufigen Ergebnisse
von Studien über eine bisher nicht bekannte Krankheit des Kiefernspanners, die ich
als identisch mit der Wipfelkrankheit der Nonne erkannt habe. Ich entdeckte diese

ordnete der Herr Minister in einem Erlaß vom 8. Oktober 1910[1]) an, „daß die Untersuchungen und Beobachtungen über die Biologie des Kiefernspanners und seiner Parasiten und die bei der Bekämpfung des Spanners im westpreußischen Fraßgebiet erzielten Ergebnisse in einer umfassenden Abhandlung dargestellt werden, bei der auch das Aktenmaterial der Oberförstereien und der Regierungen mitbenutzt wird."

Diese Bearbeitung, die unter fortwährender Weiterführung zu ihr gehöriger Studien, zu denen bis Anfang 1912 mir Material zuging,[2]) sofort in Angriff genommen wurde, lege ich im folgenden vor.

Wenn ich diese Arbeit einigermaßen begründeterweise als monographischen Versuch habe bezeichnen dürfen, so ist mir das hauptsächlich möglich gewesen dank der lebhaften Unterstützung, die mir die oben genannten forstlichen Instanzen haben zuteil werden lassen. Ich gedenke mit besonderer Dankbarkeit des ermutigenden Interesses, das Se. Exzellenz Herr Oberlandforstmeister W e s e n e r sowohl, als auch speziell der Dezernent für die Staatsforsten Westpreußens, Herr Landforstmeister S c h e d e, meinen Arbeiten entgegengebracht haben.

Für liebenswürdige Führung durch die ihnen unterstellten Reviere habe ich den Herren Forstmeister v. G r o m a d z i n s k i = Königsbruch, E h l e r t = Charlottenthal, S i e w e r t = Neustadt und den Herren Oberförstern M a t t h i a ß = Hagenort, T e i c h m a n n = Junkerhof, C o ß = Rehberg, S e n f f = Wildungen und W i e g a n d = Gohra aufrichtig zu danken.

Endlich habe ich Herrn Cl. D z i u r z y n s k i auch an dieser Stelle herzlich zu danken für die in bereitwilligster Weise gewährte Erlaubnis, die beiden ganz ausgezeichneten Tafeln seiner Arbeit über die europäischen Formen des Kiefernspanners reproduzieren zu dürfen, die in der Berliner Entomol. Zeitschrift erschien (Bd. LVII, 1912), als der I. Teil meiner Arbeit im Manuskript schon völlig abgeschlossen war und sich in den Händen der Redaktion befand.

Ich habe damit gleichzeitig die Herren genannt, denen die Forstzoologie besonders eingehende und sorgfältige Beobachtungen und Versuche zur näheren Kenntnis der Biologie des Kiefernspanners zu verdanken hat.

Endlich habe ich noch der wertvollen Unterstützung zu gedenken, die mir bei der Herstellung der Photogramme und Karten mein verehrter

---

Krankheit an einem Puppenmaterial, das ich im Frühjahr 1909 ebenfalls aus der Provinz Westpreußen erhielt und fand sie wieder bei einem Teile der mir im Winter 1909/10 aus der Tucheler Heide zugegangenen Puppensendungen. Vergl. meine Mitteilung hierüber in: Mitt. d. Kaiser=Wilhelms=Instituts für Landwirtschaft in Bromberg, Bd. III, Heft 2.

[1]) J.=Nr. III. 9540 I. B. I. b. 4557. I. A. IIe. 4824.
[2]) Vor allem für den parasitologischen Teil.

Freund, Herr Gustav Geiger-München, zu Teil werden ließ, indem er mich auf das vollkommenste für diese Arbeiten mit seinen prächtigen elektrischen Scheinwerfern und mit einigen wichtigen, a. a. O. eingehend zu beschreibenden Neukonstruktionen (Univ.-Tisch-Stativ für Makro- und Mikro-Photographie) ausrüstete.

Ich möchte hier einige Worte einflechten, mit denen ich eine Differenz prinzipieller Art berühre, die zwischen der modernen Naturforschung und der älteren biologischen Forschungs- und Denkweise besteht, die aber auch in den folgenden Zeilen häufiger erkennbar werden wird, wenn ich auf die Interpretationen einzugehen habe, die von den Praktikern den tatsächlichen Feststellungen bisweilen gegeben worden sind.

Verschiedene Momente lassen es psychologisch sehr verständlich erscheinen, daß alle Betrachtung des Geschehens in der belebten Welt immer in höherem Grade Gefahr laufen wird, durch teleologische Gedanken und Erklärungsversuche von der Bahn einer exakten Analyse abgelenkt zu werden, als es bei den naturwissenschaftlichen und mathematischen Disziplinen der Fall ist. Das ist nicht nur jener offiziellen Biologie so gegangen, wie sie fernab von Ideen, die grundsätzlich bemüht waren, das Transzendente auszuschalten und zu einer natürlichen Analyse der lebendigen Welt vorzudringen, sich entwickelte und von den großen Naturhistorikern des vorigen Jahrhundert, den Bronn, Giebel u. a., am ausgesprochensten aber von dem Schöpfer der modernen Mikrobiologie, Ehrenberg, verfochten wurde, nein, auch ihre geborene Widersacherin, die Evolutionsidee, hat diese Klippe nicht umschifft, ihr Gebäude ist alles andere als fertig,[1] und fest gegründet ist nur ihr Fundament, die Lehre, daß alle Erscheinungen natürlich bedingt sein müssen.

An dieser Klippe ist das Genie eines Lamark gescheitert und selbst ein so wahrhaft kongenial, wie wenige unserer Zeit, dem geistigen Kern der philosophischen Idee nachforschender Zoologe wie Pauly hat der Lehre des französischen Naturphilosophen keine Rettung zu bringen, die Konsequenzen der Lehre von der direkten Anpassung nicht mit der zulässigen Methode der Naturwissenschaft, die nur eine physikalische sein kann, in Einklang zu bringen vermocht.[2]

Die Klippe der teleologischen Spekulation ist nun aber vielleicht nirgends von so unmittelbar verhängnisvoller Wirkung, wie in den angewandten

---

[1] Vergl. Rauther, Über den Begriff der Verwandtschaft. Zool. Jahrb. Suppl. Bd. XV, 3. Bd., 1912. Eine Schrift, deren Einwirkung auf die künftige Biologie nicht groß genug erhofft werden kann!

[2] Vergl. hierüber, wie überhaupt in Betreff des Begriffes der organischen Zweckmäßigkeit, da ich hier nur ganz flüchtig das Problem streifen kann, das grundlegende Werk C. Dettos. „Die Theorie der direkten Anpassung und ihre Bedeutung für das Anpassungs- und Deszendenzproblem". Jena. G. Fischer. 1904.

Naturwiſſenſchaften. Das hat ja F r i c k e, und zwar wohl als erſter unter
den Vertretern dieſer Disziplinen, in ſo unumwundener Weiſe in ſeiner An=
trittsrede ausgeſprochen, die ganz auf dem kritiſchen Standpunkte M a c h's
ſteht und der auch die dieſen Zeilen vorangeſetzten Worte entnommen ſind.

Daß der auf einſamer Oberförſterei lebende Revierverwalter, faſt ganz
angewieſen auf den Verkehr mit den Bäumen und den Tieren ſeines Waldes,
dazu neigt, die Lebensäußerungen, die er an jenen beobachtet, zu vergeiſtigen,
in ſie ein bewußtes Streben nach beſtimmten Zielen zu projizieren, das iſt
wohl mindeſtens pſychologiſch verſtändlich.

Die „außerordentlich große Neigung“ der Forſtleute, „für jede Erſchei=
nung den Grund angeben zu wollen“, macht ſich jedenfalls beſonders in der
Vorliebe für tierpſychologiſche Spekulationen und Hypotheſen kühnſter Art
bemerkbar.

Dieſe Art von Tierpſychologie bringt uns aber ſicher keinen Schritt
vorwärts. Über die tieriſche Pſyche werden wir im Sinne einer exakten
pſychologiſchen Wiſſenſchaft nie etwas ausmachen können, wir haben uns viel=
mehr ſehr davor zu hüten, die Erforſchung von Lebensgewohnheiten, letzten
Sinnes alſo von teils komplizierten, teils einfacheren Reflexhandlungen, mit
Pſychologie zu verwechſeln. Wir haben zu unterſuchen, unter welchen Be=
dingungen ein Forſtinſekt — beiſpielsweiſe — dieſe, unter welchen es jene
Lebensgewohnheiten erkennen läßt, aber nicht die Frage zu beantworten,
w a r u m es ſo handelt.

Was bisweilen heute noch als „vergleichende Tierpſychologie“ mit
dem Anſpruch auf wiſſenſchaftliches Ernſtgenommenwerden uns entgegen=
tritt, hat zum großen Teil nicht mehr Wert, als jene naive Hypotheſenfreudig=
keit, die, wie F r i c k e es treffend ausdrückt, ſogleich für j e d e E r ſ c h e i =
n u n g d e n G r u n d angeben will, etwa nach dem Schema: Das Weibchen
legt ſeine Eier da und da ab, denn „es weiß“ [1]) uſw.

---

[1]) Von dem — ſelbſtverſtändlich gänzlich unhaltbaren — Axiom ausgehend, daß
alles in der Natur einen „Zweck“ habe, ſind häufig die gewagteſten Hypotheſen der ange=
deuteten Art ausgeſprochen worden. Gewöhnlich wird zunächſt ſtark post hoc, ergo propter
hoc gefolgert und dann ein teleologiſcher Zuſammenhang konſtruiert. Wenn z. B. aus
einer nur gelockerten, nicht in Haufen gebrachten Streudecke eines Kiefernortes die Falter
zwar ausgekommen ſind (wie zu erwarten), aber ſich im betreffenden Jahre in eben
dieſem Kiefernorte kein Fraß gezeigt hat, ſo wird erſtens gefolgert, daß das bloße Lockern
der Streudecke die Urſache des Ausbleibens des Fraßes geweſen iſt, und zweitens erklärt,
daß der Grund dieſer Erſcheinung der ſei, daß die Spannerweibchen w i ſ ſ e n, daß ihre
Nachkommenſchaft in einem Beſtande mit gelockerter Streudecke ſchlechte Verpuppungs=
bedingungen findet, und deshalb ihre Eier in den benachbarten unberechten Beſtänden
ablegen.

Daß eine derartige Methodik beim Aufſuchen einer rationellen Bekämpfung von
Schädlingen nur auf Irrwege führen kann, iſt klar.

Nun, unsere Forstinsektenweibchen, um bei diesem Beispiel zu bleiben, wissen absolut nichts — für unsere Sinne erkennbar: absolut nichts. Für uns sind sie komplizierte Reflexmaschinen.[1]) Und wir haben lediglich die Aufgabe, zu ergründen, unter welchen Bedingungen sie diese, und unter welchen sie jene (etwa von der Norm abweichenden) Lebensgewohnheiten an den Tag legen. Wenn wir die Abhängigkeitsverhältnisse aufgezeigt haben, haben wir erklärt. Alles andere ist noch weniger als Hypothese, ist transzendent und für uns wertlos.

Ich hoffe, nach dem Gesagten nicht mißverstanden werden zu können, wenn ich im folgenden vielfach nicht den Interpretationen beitreten kann, die mancher der Herren Revierverwalter, denen ich für die Mitteilung ihrer Erfahrungen zu Dank verpflichtet bin, den von ihm festgestellten Tatsachen hat zuteil werden lassen. Denn auf jene Beobachtungen selbst ist, meine ich, der allergrößte Wert zu legen, sie haben unsere Kenntnis eines wichtigen Forstinsektes einen sehr großen Schritt vorwärts gebracht. Denjenigen Herren gegenüber, die sich den in Frage kommenden, oft recht zeitraubenden Feststellungen gewidmet haben, möchte ich ganz besonders die Sachlichkeit der Gründe betonen, die mich zwingen, mancher Hypothese, alten wie neuen Datums, die Existenzberechtigung abzusprechen. Den Wert der zugrunde liegenden Beobachtungen kann niemand höher einschätzen, als ich es tue.

Der Revierverwalter ist es ja, dem ununterbrochen „das größte und beste Laboratorium, das wir besitzen, die unversiegliche, uns unentbehrliche Quelle für forstliches Streben und Frische der Lehre", um mit Möller[2]) zu reden, zur Verfügung steht: unser Wald. Wie könnte es da anders sein, daß ihm die Tatsachen, in irgend einer Form, in reicher Fülle zuströmen.

Und zwar gerade die Phänomene wird in der Mehrzahl der Fälle nur der praktische Forstmann zu registrieren in der Lage sein, auf die es forstzoologisch in erster Linie ankommt. Denn sehr treffend hat Altum[3]) es einmal ausgesprochen, daß bei der Erforschung der Lebensweise der forstlich schädlichen Tiere „ein wirtschaftlich wichtiges Resultat für Insekten, welche nur in Massenvermehrung forstwirtschaftlich schädlich sind, auch nur durch Beobachtung derselben zur Zeit einer solchen Kalamität, bei der manche Lebenseigentümlichkeiten hervortraten, welche vereinzelte Individuen nicht erkennen lassen, gewonnen werden kann".

Bei mehr als einer Insektenkalamität ist es aber bis jetzt nur dem Forst-

---

[1]) Die Instinkte fassen wir als vererbte, oft sehr komplizierte Reflexe auf. Die Tatsache, daß Tiere lernen, steht der hier vertretenen Auffassung nicht im Wege. Das Lernen ist als Neuerwerbung von bestimmten Reflexen sehr gut analysierbar.

[2]) Zeitschr. f. Forst- u. Jagdw. 1912, 2. Heft, S. 82.

[3]) Zeitschr. f. Forst- u. Jagdw. 1886, S. 221.

mann vergönnt gewesen, im entscheidenden Zeitpunkte und genügend lange am Ort der Handlung anwesend sein zu können.

So war es auch beim Spannerfraß in der Tucheler Heide.

Der Spannerflug war im Sommer 1910 nach den im Juni eingegangenen Berichten so spärlich, daß es zu einem nennenswerten Fraße nirgends mehr gekommen ist.

Den Höhepunkt der Entwicklung des Spanners habe ich also an Ort und Stelle nicht mehr studieren können.

Die vorliegende Arbeit gliedert sich in drei relativ selbständige Abschnitte.

Der erste behandelt die Biologie des Kiefernspanners mit aller, nach dem Stande unserer derzeitigen Kenntnisse möglichen Ausführlichkeit. Er wird eingeleitet durch eine, wie ich denke, auch den strengen Ansprüchen der modernen Systematik genügende Beschreibung unseres Falters. Im übrigen habe ich mich soviel als möglich auf die Darstellung der Biologie im engeren Sinne des Wortes zu beschränken gesucht. Anatomische und entwicklungsgeschichtliche Daten sind nur gegeben, soweit sie zur Erkennung der betreffenden Entwicklungsstadien dienen, sonst aber, soweit sie jede Beziehung zu forstzoologischen Problemen vermissen lassen, unberücksichtigt geblieben. Eine rein-zoologische Monographie des Kiefernspanners zu geben, konnte hier nicht versucht werden.

Dagegen hielt ich es für notwendig und im Rahmen meiner Angabe liegend, die Biologie (und natürlich auch die systematische Beschreibung) jener nicht eben bedeutenden Zahl von Nadel- und Laubholzspannern zu streifen, die meistens in der Lehrbuchliteratur des Raummangels wegen nur sehr kurz behandelt sind, obwohl unsere Forstzoologen, u. a. Eckstein, hervorgehoben haben, daß sie in Kiefernrevieren deshalb Beachtung verdienen, weil sie unter denselben Bedingungen, wie der Spanner, sich zu vermehren scheinen und so als Symptome drohender Gefahr auch dann gewürdigt zu werden verdienen, wenn sie selber als Nadelholzschädlinge keine Bedeutung beanspruchen können.

Ich bin auch zu der Überzeugung gelangt, daß mancherlei Angaben in der Literatur sowohl, wie in den amtlichen Berichten, nur zu verstehen sind, wenn man die Möglichkeit im Auge behält, daß besonders die Falter der hierher gehörigen Spannerarten gelegentlich mit dem Kiefernspanner verwechselt worden sind. Hinsichtlich der Puppen sind Verwechselungen ebenfalls leicht möglich.

Aus dem Grunde schien es ebenfalls angezeigt, die mit dem Kiefernspanner vergesellschaftet vorkommenden Spannerarten wenigstens soweit zu beschreiben, daß auch der nicht spezieller entomologisch geschulte Forstmann sie sicher erkennen kann.

Damit steht dann auch zu hoffen, daß unsere Kenntnis der wirtschaft=
lichen Bedeutung, die einigen der in diesem Zusammenhange zu behandeln=
den Arten sicher, anderen wahrscheinlich zukommt, in Zukunft mehr Förde=
rung seitens des praktischen Forstmannes, der sich ständig im Beobachtungs=
gebiet befindet, erfahren wird.

Der zweite Abschnitt der Arbeit umfaßt den eigentlich pflanzenpatho=
logischen Teil des vorliegenden Stoffes: den Fraß, den Schaden und die Be=
kämpfung des Schädlings.

Ich habe geglaubt, in diesem Abschnitte nicht nur die während der
letzten Kalamität gesammelten Erfahrungen, sondern alles diskutieren zu
müssen, was wir überhaupt an Beobachtungen und Ansichten über die in
Frage kommenden Gegenstände in der forstlichen Literatur niedergelegt
finden, soweit es irgend ernstere Beachtung verdient.

Daß damit genützt werden, anderen, die sich ein Urteil über das bisher
Geleistete und die sich danach für die Praxis ergebenden Direktiven bilden
wollen, mühsame literarische Arbeit erspart wird, dürfte sicher sein. Ebenso
sicher ist es, daß man damit zu den übrigen noch weitere Wespennester an=
greift. Die forstlichen Schriftsteller haben sich besonders in der Bekämpfungs=
frage divergent mit solcher Leidenschaftlichkeit auf bestimmte, oft recht ein=
seitige Anschauungen festgelegt und deren Generalisierung verfochten, daß
man als Kritiker aller Voraussicht nach in eine üble Situation kommt. Es
kann immer nur höchstens einer Recht haben.

Es pflegen solche, als Wespennester gefürchtete Probleme aber meist be=
sonders wichtige und interessante und wert zu sein, vor allen anderen auf=
gesucht zu werden, weshalb ich denn auch gerade diese mit aller nur irgend
möglichen Gründlichkeit zu behandeln versucht habe.

Der dritte Abschnitt der Arbeit, auf dessen für den Praktiker wichtige
Ergebnisse ich mehrfach schon vorher kurz hinzuweisen Anlaß haben werde,
ist im ganzen mehr Fragen von theoretischer Bedeutung gewidmet. Er be=
handelt die Krankheiten und Feinde des Kiefernspanners.[1]

Die Praxis hat nämlich meiner Überzeugung nach nur daran ein großes
Interesse, zu wissen: woran erkennt man das kranke Insekt und welche Maß=
nahmen beeinträchtigen etwa in unerwünschter Weise die Entwicklung und
Ausbreitung seiner Feinde, Schmarotzer und Krankheitserreger.

Alles andere, vor allem die Beschreibung und Unterscheidung der zahl=
reichen Schmarotzerinsekten, die einen großen Raum in diesem Abschnitt ein=
nimmt, hat zunächst rein entomologische Bedeutung, wenn auch nicht zu
leugnen ist, daß auch dieses Wissen einmal sich als nicht ganz wertlos für den
Praktiker erweisen dürfte.

---

[1] Er wird erst später gesondert erscheinen.

Jetzt ist es jedenfalls schon wesentlich, einmal ein zusammenhängendes Bild der Lebensweise der für die wichtigsten kiefernschädlichen Großschmetterlinge in Frage kommenden Krankheiten, Schmarotzer und Feinde zu entwerfen. Denn es sind irrige oder in ihrer Verallgemeinerung unzutreffende Anschauungen verbreitet, die naturgemäß nicht ganz ohne Einfluß auf die jeweilige Beurteilung des Verlaufes einer Kalamität, der Notwendigkeit und endlich der Zweckdienlichkeit der zu ergreifenden Bekämpfungsmaßnahmen bleiben kann. Das gilt vor allem von der Lebensweise der Schmarotzer-Wespen und -Fliegen.

Diese habe ich deshalb in dem genannten Abschnitt, um dem Praktiker die Mitarbeit auf dem in vieler Beziehung noch sehr wenig erforschten Gebiete zu erleichtern, auch systematisch so erschöpfend wie möglich behandelt, soweit es sich um Arten handelt, die als Schmarotzer des Kiefernspanners und der mit ihm vergesellschafteten kiefernschädlichen Großschmetterlinge jemals bekannt geworden sind.

Eine Beschränkung auf die Schmarotzer des Kiefernspanners schien untunlich, weil ich auch an den Puppenmaterialien aus der Tucheler Heide feststellen konnte, daß die Schmarotzer der Nonne und Eule (z. B.) zu einem nicht geringen Teile auch im Spanner leben.

Möchten die zeitraubenden Studien, die den Kapiteln über die Schmarotzerinsekten zugrunde liegen, im oben angedeuteten Sinne sich dem Praktiker nützlich erweisen. Hatte ich schon die größte Mühe, Einsicht in manche wichtige, aber schwer beschaffbare Publikation zu bekommen, so kann ihm kaum zugemutet werden, daß er sich zu aller Arbeitslast noch mühen solle, um durch den Wust der Diagnosen und der Synonymie dieser äußerst zerstreuten Literatur hindurchzufinden.

Die Kenntnis des Namens ist andererseits doch keine so gleichgültige Sache, wie wohl mancher meint. Erst dann können wir Schlüsse aus Beobachtungen an einem bestimmten Tier ziehen — Schlüsse theoretischer wie praktischer Art —, wenn wir jeweils genau wissen, welche Spezies der Beobachter vor sich gehabt hat:

„Nomina si pereunt, perit et cognitio rerum." Dieses Fabricius-sche Wort gilt mutatis mutandis auch hier.

I. Abschnitt:

Biologie des Kiefernspanners.

1. Kapitel: Biologie des Falters.

Bevor ich dazu übergehe, die eigentlich=biologischen Eigentümlichkeiten des erwachsenen Insektes und seiner Entwicklungsstadien näher zu beschreiben, ist es nötig, mit einigen Worten auf die Stellung des Kiefernspanners im zoologischen System einzugehen und im Anschluß daran eine Beschreibung der ihn von anderen Arten unterscheidenden Merkmale zu geben, letzteres besonders deshalb, weil die in der forstlichen Literatur [1]) gegebenen Beschrei= bungen, ja sogar die in der lepidoptrologischen Literatur allzu dürftig sind und den Ansprüchen, die man heute allgemein an eine gute Diagnose stellt, keineswegs entsprechen.

Zuerst sei kurz auf die wissenschaftliche und populäre Benennung des Kiefernspanners eingegangen.

Bupalus piniarius (-aria) Linné (Systema Naturae Ed. X Tom. I pars II. p. 520. Holmiae 1758).

In der ältesten forstlichen Literatur [2]) ist der Speziesname mit dem alten Linnéschen „Gattungs"= und Unterabteilungsnamen Phalaena Geometra (piniaria) verbunden. Diese Art der Benennung ist heute ver= lassen. In der Nach=Ratzeburgischen Literatur wird der Schmetterling entweder, der damals gültigen Auffassung entsprechend, zur Gattung Fidonia gestellt oder der Bequemlichkeit halber in die ad hoc geschaffene Sammelgattung [3]) „Geometra" gesteckt: Geometra piniaria L. [4])

Neuerdings hat sich jedoch erfreulicherweise die wissenschaftlich richtige Benennung: Bupalus piniaria L. auch in der forstlichen Literatur allgemein eingebürgert.

Als deutschen Namen gibt Ratzeburg [5]) an: „Kiefern=, Föhren=, Förchen= oder Fichtenspanner, Fichtenmesser, Postillon, Wildfang, Bruch= linie, Gestreifter Föhrenspanner, Märzmotte oder Märzvögelchen, kleine grüne gelbgestreifte Raupe".[6])

---

[1]) Ausgenommen vielleicht Taschenbergs wenig beachtete Forstinsektenkunde.

[2]) Besonders bei Ratzeburg.

[3]) Die heutige Gattung Geometra hat noch nicht einmal mit den Boarmiinen, zu benen die Gattungen Fidonia und Bupalus gehören, etwas zu tun.

[4]) Vergl. z. B. Nitsche in seinem bekannten Lehrbuch.

[5]) Forstinsekten.

[6]) Weitere forstliche Bezeichnungen nach Bernas (1889/90): „Fichtennachtfalter, die Phalene mit federbuschartigen Fühlhörnern, Phalêne pannaché à raye blanc (Hennert).

Über neuere volkstümliche Namengebungen ist mir nichts bekannt geworden.

Die Gattung Bupalus (βούπαλος = Athleth) Leach gehört zu den Boarmiinen,[1]) einer durch Rückbildung einer bestimmten Ader des Hinterflügels ausgezeichneten Unterfamilie der Spanner oder Geometriden.

Die rückgebildete, durch eine einfache Falte vertretene Ader ist der zweite Endast des dritten Aderstammes. Bei den älteren Autoren finden wir den Kiefernspanner der Gattung Fidonia Tr. eingereiht. Nitsche begrüßt in seinem bekannten Lehrbuche diese Wiedervereinigung der alten Leachschen Gattung Bupalus mit der Gattung Fidonia. Er wird aber kaum die in Frage kommenden Momente, die für Aufrechterhaltung oder für Kassierung der von Leach 1819 aufgestellten Gattung Bupalus sprechen könnten, näher nachgeprüft haben. Wenigstens ist seine Abbildung des Flügelgeäders vom Kiefernspanner nicht nur unbrauchbar, sondern falsch.

Ich gehe deshalb im folgenden auf die Beschreibung des Flügelgeäders der Boarmiinen im allgemeinen und des Kiefernspanners im besonderen näher ein. (Vergl. hierzu Fig. 1 und 2 auf Taf. II.)

Bei den Boarmiinen rücken die Adern III und III₃ der Hinterflügel einander näher, wodurch wohl mechanisch der Verlust von III₂ kompensiert wird. Bis zur halben Höhe der von II und III eingeschlossenen Zelle verlaufen die Adern $(I + II_1)$[2]) und II, sehr nahe beieinander, ohne jedoch zu verschmelzen (beim Kiefernspanner Ausnahmen hiervon sehr häufig).

Die Gattung Bupalus hat mit einigen anderen noch eine nur in dieser Unterfamilie vorkommende Eigentümlichkeit aufzuweisen. Die Vorderflügel des Männchens besitzen nämlich auf der Unterseite dicht an der Flügelwurzel eine kahle (nicht beschuppte) grubenartige Stelle, die zuweilen etwas von der Behaarung der Flügelwurzel[3]) bedeckt wird, aber immer mit einer guten Lupe deutlich gesehen werden kann.

---

[1]) Diese Unterfamilie umfaßt die Mehrzahl der Spannergattungen, aus denen wir pflanzenschädliche Arten kennen: Abraxas Leach, Ellopia Tr., Ennomos Tr., Himera Dup., Epione Dup., Semiothisa Hb., Hibernia Latr., Anisopteryx Stgr., Amphidasis Tr., Boarmia Tr., Fidonia Tr., Bupalus Leach, Thamnonoma Ld.

[2]) Näheres über die Aderbezeichnung siehe auf den weiter unten gegebenen Figuren und bei Spuler in Z. f. wiss. Zool. Bd. LIII, 1892, außerdem in dem Spulerschen Schmetterlingswerk, Bd. I, S. XLIII u. ff.

[3]) Zum besseren Verständnis der später häufiger wiederkehrenden Lagebezeichnungen diene folgendes: Man denke sich den Falter in Ruhestellung, also mit aufgerichtet getragenen Flügeln. Dann liegt der längste Flügelrand außen (vom Körper des Tieres aus), der kürzere innen (näher dem Tierkörper als der äußere), der kürzeste hinten. Das ist bei Betrachtung des gespannten Schmetterlings im Auge zu behalten. Hier liegt der Außenrand vorn, der Innenrand hinten und der Hinterrand außen. Es gelten aber nur die auf die Ruhelage bezogenen Bezeichnungen.

Diese kahle Basalgrube, deren biologische Bedeutung (falls ihr eine solche überhaupt zukommt), noch ganz unklar ist, haben auch die Fidonia-Arten. Man könnte daran denken, daß die erwähnte kahle Grube eine Beziehung zu der beim Kiefernspanner wohl ausgebildeten Heftborste hätte, indem dieses Organ des Hinterflügelvorderrandes sich dieser Grube anschmiegen könnte. Es ist aber nicht einzusehen, weshalb nur bei der Gattung Fidonia und Bupalus diese Grube entstanden ist und nicht auch bei der großen Zahl der übrigen Spanner, bei denen wir nur relativ selten diese Haftborste vermissen.[1]) Darum halte ich es nicht für wahrscheinlich, daß die Grube bloß und in erster Linie die mechanische Bedeutung haben sollte, der besseren Verankerung der Haftborste zu dienen.

Sicher haben dagegen die Haarschuppen, die, wie erwähnt, die Grube teilweise überdecken, die Bedeutung, der (oder den!) Haftborste als Angriffspunkt zu dienen. Die Haftborste ist ein nicht unwichtiges Organ zur Flügelversteifung und Entfaltung. Daher sind die Weibchen jener Schmetterlingsarten, denen eine solche Haftborste nur im männlichen Geschlecht zukommt, wenig flugtüchtig.

Die Haftborste (resp. -borsten) stellt eine Fortsetzung der Rippen der Flügelwurzel über den Rand der Flügelmembrane hinaus dar und ist von elastischer Beschaffenheit.

Die Figuren 1 u. 2 auf Taf. II lassen die geschilderten Bildungen an den Flügeln des Kiefernspanners gut erkennen.

Beschreibung des Falters.

Die Untersuchung eines äußerst reichhaltigen Puppenmateriales aus den Spannerrevieren der Regierungsbezirke Marienwerder und Danzig ermöglichte mir einen guten Überblick über die Variationsbreite des Kiefernspanners in seinem westpreußischen Verbreitungsgebiet, dessen Färbung — besonders gilt das von den Weibchen — ja in geradezu berüchtigter Weise abändert.

Ich nehme daher im Folgenden die Gelegenheit wahr, eine eingehende Beschreibung der für dieses Gebiet typischen Färbung und Zeichnung zu liefern.

Was die bisher bekannt gewordenen europäischen Formen und Varietäten anlangt, so kann ich mich begnügen, auf die vortrefflichen Abbildungen (und die Erklärung) zu verweisen, die Herr Dziurzynski veröffentlichte, als ich das Manuskript dieses Teiles meiner Arbeit schon der Redaktion eingesandt hatte, und von denen ich in der glücklichen Lage bin, wie schon eingangs erwähnt, eine getreue Reproduktion meinen Lesern in Taf. I vorzulegen.

---

[1]) Die ja bekanntlich das der modernen Einteilung der Lepidopteren in die niederen Iugaten und die höher entwickelten Frenaten zugrunde liegende Merkmal darstellt.

Körper: Anliegend beschuppt. Die Schuppen und Schuppenhaare sind teils dunkel-sepiabraun, teils hellgelb gefärbt und so gemischt, daß der Thorax dunkel, das Abdomen heller gefärbt erscheint.

Kopf ohne besondere Merkmale, Rüssel normal, Palpen anliegend beschuppt (bei der Gattung Fidonia abstehend beschuppt).

Fühler. Die des Männchens sind breit-doppelt gekämmt und anliegend beschuppt, die Rückenseite der Fühlergeißel des Männchens lebhaft hellgefärbt, und zwar immer im Ton der hellen Flügelflecken, d. h. bald mehr gelblich, bald reinweiß. Unterseite der Geißel sowie die Kammzähne im ganzen braun,[1]) Fühler des Weibchens borstenförmig, ziemlich hellbraun, nie so dunkel wie die des Männchens gefärbt und stets auf Ober- und Unterseite gleichfarbig, anliegend beschuppt.

Auf einen Irrtum oder ein Versehen bei Henschel muß an dieser Stelle aufmerksam gemacht werden.

Dieser österreichische Forstzoologe bildet auf S. 386 seiner „Forst- und Obstbaum-Insekten" zwei männliche Spanner und darunter eine Raupe ab. In der Figurenerklärung heißt es aber: „Fidonia piniaria; Männchen, Weibchen und Raupe."

Die Fühler des links abgebildeten Männchens sind dadurch den stets deutlich borstenförmigen eines Weibchens nur wenig ähnlicher geworden, daß sie bloß einseitig gekämmt gezeichnet sind. Aber auch die Flügelzeichnung ist ganz die eines Männchens.

Beine. Wie der Körper anliegend beschuppt. Hinterschienen mit 2 Paar Sporen. Sonst ohne besondere Merkmale.

Geschlechtsorgane ebenfalls ohne besondere Merkmale.

Die Flügel. Es läßt sich eine exakte Flügelbeschreibung nur geben, wenn die Angaben über die Lage von Flecken und Bändern auf das Geäder bezogen werden, also topographisch einigermaßen definiert sind.

Ich wende mich also zunächst der Beschreibung des Geäders zu.

Vorauszuschicken ist, daß ich mich in der Bezeichnung der Adern ganz den Vorschlägen Spulers anschließe, obgleich ich die in seinem Schmetterlingswerk gegebene Beschreibung des Geäders von Bupalus piniarius an den von mir untersuchten Exemplaren nicht bestätigt finde, vor allem, insofern der 1. Ast der II. Hauptader ganz bestimmt fehlt.

Die Flügel des Kiefernspanners sind ganzrandig. Wie bei den Fidonia-Arten sind sie zum Teil von einem abwechselnd hell und dunkel gefleckten Fransensaum eingefaßt. Dieser Fransensaum fehlt selbstverständlich dem

---

[1]) Nur bei Exemplaren, die eine relativ helle Grundfarbe der Flügel zeigen, ist es ein Braun von mittlerer Stärke. Exemplare mit sehr dunkler Flügelgrundfarbe zeigen fast schwarzbraune Färbung der Fühler (mit Ausnahme des grell abstechenden Rückenstreifs).

Außenrande. Das Fleckenmuster ist deutlich nur auf dem Hinterrande. Auf dem Innenrande ist der Saum als solcher zwar vorhanden, aber einfarbig. Beim Männchen haben seine hellen Flecken, sowie die Partie am Innenrande, den Farbton der hellen Flügelflecken, gleichviel, ob diese reinweiß oder mehr oder weniger gelbstichig sind. Beim Weibchen ist das nicht der Fall. Die Saumflecken sind hier viel weißlicher gefärbt, als die hellen Flecken der Flügelzeichnung; sie erscheinen fast in derselben Nuance, wie beim Männchen. Die dunklen Flecken dagegen haben bei jedem Geschlecht die Färbung des dunklen Grundtons der Flügel.

Flügelgröße von ♂ und ♀. Die Flügel- (und Körper-) Größe des Männchens ist gewöhnlich etwas kleiner, bisweilen treten jedoch merkwürdiger und bisher noch nicht erklärter und erklärbarer Weise auffallend viel Hunger- und Kümmerformen gerade unter den Weibchen auf. Dann sind die Weibchen kleiner als die Männchen.

Die durchschnittliche Spannweite der Flügel beträgt 31 mm, die maximale 36 mm. Bei Kümmerformen kann die Spannweite bis auf die Hälfte dieser Werte herabsinken.

Geäder des Vorderflügels. Ader I weit hinter dessen Mitte, am Anfang des äußeren Drittels des Vorderrandes mündend. Ein kurzer Schrägast, der aus der Verästelung des zweiten Aderstammes abbiegt, tritt dicht vor dem Eintritt von Ader I in den Vorderrand in diese ein und vertritt (ganz wie bei der Gattung Hematurga Lb.) den fehlenden 1. Ast des II.[1]) Aderstammes. Vorher, etwa der Mitte des Vorderrandes gegenüber, eine ziemlich breite Verschmelzung von I und dem Stamm von $II_2 + II_3 + II_4$. Diese Verhältnisse sind jedoch sehr variabel. Die Ader II_2 durch einen kurzen Schrägast mit II_5 verbunden. II_3 und II_4 mit langem Stil aus II_2 entspringend.

Die Ader III_1 durch einen Schrägast mit II_5 verbunden. Die Stammader III rudimentär, ebenso mehr oder weniger vollständig der Querast, aus dem III_1 und III_3 entspringen. III_2 näher III_1 als III_3 entspringend. Aus der Hauptader IV entspringt der 1. Ast sehr nahe III_3, mit dem er durch einen kurzen Schrägast verbunden ist. Der 2. Ast zeigt keine Besonderheiten.

Die Ader V ist, wie bei allen Spannern, rudimentär.

Der α-Ast der Innenrandader ist gut ausgebildet, der β-Ast dagegen fast ganz rudimentär.

Geäder des Hinterflügels. Die I. Hauptader nimmt dicht an ihrem Ursprung aus der Flügelwurzel den 1. Ast der gegabelt entspringenden II. Hauptader auf.

---

[1]) Eine durch einen kurzen Schrägast mit II_2 verbundene II_1, von der Spuler (Bd. II, S. 111 r) spricht, zeigten die von mir untersuchten Stücke nicht.

Der andere Aſt des II. Hauptſtammes nähert ſich unweit davon der Ader I + II₁ bis zur ſcheinbaren Berührung oder anaſtomoſiert ſogar, wie ich in zahlreichen Fällen beobachtete, damit. Jenſeits der Queraber entſpringt (am ausgebildeten Flügel) aus der II. Hauptader der 1. Aſt der III. Der III. Hauptſtamm und die als in ſeiner Verlängerung laufend zu denkende III₂ fehlen. An ihrer Stelle eine Falte. Der 3. Aſt der III liegt dieſer Falte näher als der 1. Die IV. Ader mit ihren beiden Aſten ohne Beſonderheiten. Die V. Hauptader ſowie die kürzere Innenrandader (β) fehlen. Ihr Verlauf wird durch die Trachee, die erhalten geblieben iſt, angedeutet.

Im Flügel=Geäder der beiden Geſchlechter habe ich beim Kiefernſpanner keinerlei durchgreifende Unterſchiede finden können.

Die Flügelzeichnung (♂). Färbung und Zeichnung ſehr variabel.

Oberſeite zeigt eine ſepiabraune Grundfärbung, deren Tiefe bei den einzelnen Individuen ziemlich variabel iſt. Es beſteht eine eigentümliche Wechſelbeziehung zwiſchen ihr und der Färbung der hellen, vom Baſalteil der Flügel ausſtrahlenden Fleckenzeichnung. Iſt nämlich die Grundfärbung eine ſehr tiefe (durch den Kontraſt mit den hellen Flecken kann ſie bei manchen Exemplaren faſt braunſchwarz erſcheinen) ſo pflegen die Flecken weißlich, bei manchen Exemplaren ſogar reinweiß gefärbt zu ſein. Iſt die Grundfärbung ein helleres Braun, ſo wird der Gelbſtich der Fleckenzeichnung entſprechend intenſiver.

Die hellen Flecken füllen das Discoidalfeld auf den Vorderflügeln meiſt bis zur Queraber vollſtändig aus. Ein zweiter größerer heller Fleck liegt zwiſchen dieſem und dem Hinterrande des Vorderflügels. Von der Flügelwurzel wird er durch einen breiten, der IV. Hauptader von hinten her ſich anlagernden Flecken der Grundfarbe abgedrängt, von dem durch dunkle Schuppen (die auch kleine unregelmäßige Flecken bilden können) markierten Aſt IV₂ durchſchnitten. Die Innenrandader α erreicht dieſer Fleck nach hinten nicht ganz, obwohl der von ihr abgegrenzte ſchmale hintere (innere) Flügelſaum mit hellen (von der Farbe der Flecken) Schuppen überſtäubt iſt. Letzteres iſt auch mit dem vorderen Flügelſaum, dem zwiſchen Rippe und Ader I, ſowie II₂ bis II₄ liegenden Stück der Fall, nur daß hier die hellen Schuppen nicht ſo diffus verteilt ſind, ſondern mehr zur Bildung kleinerer, ſehr kurze, aber breite undeutliche Bänder darſtellender Flecken neigen. Den hinteren Flügelſaum erreicht dieſer Fleck nicht.

Auf den Hinterflügeln nimmt die helle Fleckenmaſſe außer dem Discoidalfeld die ganze von den Aſten III₁ bis α eingeſchloſſene Fläche ein, erreicht aber ebenfalls den hinteren Flügelſaum nicht. Zwei unregelmäßig geformte Querbänder von der dunklen Grundfarbe durchziehen dieſe Fleckenmaſſe ſo, daß ſie die IV. Ader mit ihren Aſten ziemlich genau in drei gleiche Abſchnitte teilen.

Zahlreiche kleine Pünktchen von der gleichen Grundfarbe (dunkel) sind über die helle Fleckenmasse der Hinterflügel stets und reichlich, über die der Vorderflügel dagegen erheblich sparsamer verstreut.

Unterseite der beiden Flügelpaare mit wesentlich hellerer, oft sehr heller Grundfärbung, im ganzen aber hinsichtlich der Fleckenverteilung ein ziemlich getreues Abbild der Oberseite.

Auf den Hinterflügeln oft nur das äußere (hintere) der beiden Querbänder deutlich, bisweilen quer über den ganzen Flügel verfolgbar (sich also auch außerhalb des Fleckengebietes von der Grundfarbe abhebend).

Auf den Hinterflügeln meist reinweiße Flecken auch dann, wenn die Färbung der Oberseite gelb oder gelbstichig an den betreffenden Stellen ist.

Die Flügelfärbung ist auf der Unterseite womöglich noch variabler, als auf der Oberseite, so daß ich die Norm kaum weiter gehend, als geschehen charakterisieren darf, wenn ich nicht zur Beschreibung von Einzelfällen übergehen will, die hier zu weit führen würde, auch forstzoologisch wenig Wert hätte, da das Gros der männlichen Falter dem eben geschilderten Typ ziemlich getreu entspricht.

Bemerkt sei noch, daß die Grundfarbe auf der Unterseite der Flügel sehr häufig nicht so gleichmäßig ist, wie auf der Oberseite, wo ein den kleineren Flecken und den mit helleren Schuppen überstreuten Rippenstreifen außen einfassendes unregelmäßig hin= und hergebogenes Band nur selten deutlicher hervortritt. Besonders häufig bemerkt man auf der Unterseite des Vorderflügels einen an das Discoidalfeld grenzenden, sich durch dunkleren Ton von der Grundfarbe abhebenden Flecken. Auf der Unterseite des Hinterflügels ist das Querband (resp. die beiden Querbänder) da, wo es den, im Bereich der die Ader III₂ vertretenden Falte liegenden hellen Fleck durchschneidet, dunkler gefärbt. Nach dem äußeren (hinteren) Flügelsaum zu, zwischen ihm und dem oben erwähnten Band ein heller Fleck, der aber meist ganz durch dunkle Atome verdeckt erscheint.

Flügelzeichnung des ♀. Färbung und Zeichnung noch variabler in Ton und Differenzierung, als beim ♂. Als Norm kann ein dunkles und ein helleres Rotbraun (für die Oberseite beider Flügelpaare) gelten. Eine recht häufige Varietät zeigt ein trübes Schokoladenbraun und ist fast jeder bestimmten Oberflächenzeichnung bar.

Auf der Oberseite der Vorderflügel entspricht die Verteilung der helleren (aber bei weitem nicht so lebhaft, wie beim Männchen, sich von der Grundfarbe abhebenden) Flecken ziemlich genau der Zeichnung des Männchens.

Nur ist der nach außen vom Discoidalfeld gelegene Teil nicht so gleichmäßig, wie beim Männchen, Träger der Grundfarbe. Auch pflegt das Geäder hier (bei frischen, in keiner Weise abgeflatterten Exemplaren) durch hellere Färbung hervorzutreten, was beim Männchen nicht die Regel ist.

Ein dunkleres Querband zieht schräg von der Rippenmitte zur Quer=
ader, wo es am breitesten ist, und dann weiter zwischen den Abgangsstellen
von IV_1 und IV_2 auf die Mitte von α zu. Hier geht es in den ebenfalls
größtenteils dunklen von α abgegrenzten inneren Flügelsaum über.

Ein zweites, nicht ganz so dunkles Querband läuft in der Mitte zwischen
diesem und dem Hinterrande, letzterem ziemlich genau parallel.

Die Hinterflügel des Weibchens zeigen nur ganz undefinierbare, ver=
waschene Zeichnungen, in denen eine gewisse Ähnlichkeit mit dem männlichen
Hinterflügel bei genauerer Untersuchung wohl zu erkennen ist. Dem Gesamt=
eindruck nach zeigt die der Wurzel zugewandte Flügelhälfte den dunkleren,
die dem Hinterrande des Flügels zugewandte den helleren Ton.

Die Unterseite beider Flügelpaare des Weibchens sind der des
Männchens recht ähnlich, derart, daß nach Färbung und Zeichnung eigentlich
nur die Vorderflügel eine Unterscheidung der Geschlechter gestatten, die Hinter=
flügel in dieser Hinsicht dagegen auf das Vorhandensein einer langen Haft=
borste (♂) oder eines kürzeren Büschels von solchen (♀) an der Wurzel der
Rippe des Vorderrandes mit der Lupe geprüft werden müssen.

Die Unterseite des weiblichen Vorderflügels zeigt in den helleren Flecken
den rotbraunen Ton, der für die Oberseitenfärbung beider Flügelpaare des
Weibchens charakteristisch ist. Der hinter der Querader (die das Discoidal=
feld abgrenzt) liegende Fleck ist häufig durch helle Einsprengungen fast
ganz aufgelöst. An seiner Stelle erscheinen dann zwei Querbänder (eins
etwa der Querader entlang laufend, das andere dem oben erwähnten un=
regelmäßigen Bande der Vorderflügelunterseite des ♂ entsprechend), die
durch ein, den Raum zwischen den Ästen III_1 und III_2 ausfüllendes, sehr ver=
schwommen begrenztes Band verbunden sind. Der helle Fleck an der
Flügelspitze ausgeprägter als beim ♂ und merkwürdigerweise die einzige
Zeichnung des weiblichen Vorderflügels, die im Farbton genau dem hellen
Gelb der männlichen Fleckenzeichnung entspricht, darstellend.

Die Fleckenmasse der Unterseite des weiblichen Vorderflügels reicht im
übrigen häufiger, als das beim Männchen beobachtet wird, bis unmittelbar
an den inneren Flügelrand (also das zwischen diesem und der α=Ader
liegende Feld mit eingeschlossen), wo sie gewönlich nur durch spärliche
dunkle Atome etwas schattiert wird.

Die Unterseite der Hinterflügel des Weibchens gleicht in der Zeichnung
vollkommen der des männlichen Hinterflügels. Sie erscheint nur dadurch
gewöhnlich etwas bunter, daß die dunklen Flecken beim Weibchen etwas
dunkler, satter gefärbt sind (nämlich ebenso dunkel oder sogar noch dunkler,
als die Grundfarbe der Oberseite der weiblichen Hinterflügel), während die
hellen Flecken starke Tendenz nach Weiß zeigen, jedenfalls heller gefärbt zu
sein pflegen als die Flecken auf der Oberseite der männlichen Flügel (natür=
lich solcher männlichen Individuen, bei denen diese Flecken nicht schon weiß

ausgefallen sind, sondern mehr oder weniger ausgesprochen gelbstichig erscheinen).

Abnorme Formen. An bemerkenswerten Mitteilungen über abnorme Exemplare des Kiefernspanners sind solche über Hermaphroditen zu nennen, die gerade hinsichtlich unseres Falters besonderes Interesse haben.

Der besonders in der Flügeloberseitenfärbung zum Ausdruck kommende Dimorphismus der Geschlechter war bekanntlich die Ursache, daß Linné Männchen und Weibchen des Kiefernspanners als verschiedene Spezies beschrieb. Das Männchen nannte er Phalaena piniaria, das Weibchen Phalaena tiliaria. Die Diagnosen für beide lauteten:

Phalaena piniaria: „alis fuscis, bimaculatis; antennis pectinatis".

Phalaena tiliaria: „alis ferrugineis; antennis setaceis".

Bei einer so ausgeprägt-dimorphen Spezies sind hermaphrodite Exemplare äußerlich sehr scharf gekennzeichnet.

Abnorme Formen sind, soviel mir bekannt, bisher nur folgende beschrieben worden, scheinen also beim Kiefernspanner eher noch seltener zu sein, als bei anderen Schmetterlingen.

Über ein hermaphrodites Exemplar liegen Mitteilungen von Wilson[1] vor.

Dunning[2] fing am 11. Juni 1850 in einem Kiefernwald bei Farnley, Huddersfield, ein monströses Weibchen, dessen Geschlechtscharakter insofern nicht zweifelhaft sein konnte, als das Abdomen prall mit Eiern gefüllt war. Der braune Farbenton der Flügel hielt die Mitte zwischen der Färbung der beiden Geschlechter, Zeichnung und Fleckenverteilung waren aber ganz wie beim Männchen ausgebildet.

Dunning betrachtet das Exemplar als eine „andromorphe" Varietät eines weiblichen piniaria-Falters.

Richtiger dürfte das Exemplar jedoch wohl als monströs angesprochen werden.

Lilly[3] hat ein Exemplar beschrieben, dessen rechtes Flügelpaar Zeichnung und Färbung des Männchens, dessen linkes dagegen die des Weibchens zeigte. Ebenso war von den Fühlern der rechte von männlichem, der linke von weiblichem Charakter. Eine Untersuchung der Keimdrüsen ist nicht vorgenommen worden. Es ist aber wohl ganz zweifellos, daß es sich, wie auch Lilly vermutet, um einen echten Hermaphroditen gehandelt hat.

Kallenbach[4] fing in den siebziger Jahren des vorigen Jahrhunderts einen Falter bei Breda (Holland), dessen linkes Flügelpaar männ-

---

[1]) Wilson, Entomol. Rec. Vol. 3, No. 8, p. 178.

[2]) Trans. Entomol. Soc. London, Third Ser. Vol. II. 1864/66 Proc. 1864, p. 109.

[3]) Newmanns Entomologist Vol. VI. 1872/73, p. 430.

[4]) Tijdschrift voor Entomologie. XXII. Deel, Jaarg. 1878/79, p. XXII.

lich, dessen rechtes dagegen weiblich nach Färbung und Zeichnung war; von weiblichem Charakter war auch das Abdomen. Die Fühler standen in ihrer Ausbildung zwischen dem Typ des männlichen und weiblichen Fühlers. Sie waren nämlich nicht fadenförmig, sondern kurz-gekämmt.

Dziurzynski hat in seiner kürzlich erschienenen wichtigen Veröffentlichung über die europäischen Formen des Kiefernspanners (Berl. Entomol. Zeitschr., Bd. LVII, 1912) den interessanten Hermaphroditen kurz beschrieben, den unsere Tafel darstellt, die eine, mit gütig dem Verfasser noch während der Drucklegung der vorliegenden Arbeit von Herrn Dziurzynski gewährter Erlaubnis hergestellte Reproduktion der beiden Tafeln aus der zitierten Veröffentlichung ist. Das Exemplar ist Ende Mai 1909 in der Umgebung von Wien (Perchtoldsdorf) gefangen worden. Die rechte Seite entspricht einem ♂ der forma flavescens B. White, die linke dagegen einem ♀ der forma strigata Dziurz.

Das Zahlenverhältnis der Geschlechter. Bisweilen scheint das Zahlenverhältnis der Geschlechter ein geradezu monströs ungleiches werden zu können. „So fand", nach Bernas[1]), „Prof. Dr. O. Rickert, daß aus 200 Puppen bloß 18 (!) weibliche Schmetterlinge ausschlüpften". Alle übrigen waren gesund und ergaben Männchen. „Forstmeister Frengl erzog aus 7 Proben, die er mit je 100 Puppen unternahm, durchschnittlich 23% Weibchen."

Das numerische Verhältnis der ♂♂ zu den ♀♀ gestaltete sich bei dem Fraß in der Tucheler Heide folgendermaßen. Es wurden beobachtet in:

Junkerhof	60—63%	♂♂
Taubenfließ	60—70 =	♂♂
Hagen	60%	
Charlottenthal anfangs ♂♂ > ♀♀	(Grüneck) in den anderen	
	Beläufen ♂♂ = ♀♀	
	während des Hauptfluges ♂♂ > ♀♀	
	im Juli fast nur noch ♂♂	
Rehberg (Zwingerversuche)	1) ♂♂ : ♀♀ = 17 : 7	
	2) ♂♂ : ♀♀ = 4 : 2	
Ciß	60—70%	♂♂
Königsbruch . . .	70%	♂♂

Fruchtbarkeit. Die Zählungen der von den einzelnen Weibchen produzierten Eier, — womit allerdings nur die im Abdomen nach Öffnung sichtbaren, fertig ausgebildeten Eier gemeint sind, — haben nach den vorliegenden Berichten, wie zu erwarten, sehr differente Resultate ergeben.

––––––––––

[1]) 1889/90, S. 40.

So wurden in Eiß bei einem Weibchen 30 Eier gezählt,[1]) später[2]) „durchschnittlich höchstens 80 Stück".

In Rehberg[3]) wurden bei den in jedem Belaufe vorgenommenen Untersuchungen weiblicher Falter auf die im Abdomen erkenn= und zählbaren Eier folgende Zahlen gefunden:

Jagdhaus . . . . bis 150

Pechhütte 86

Rehberg 70

Kaltspring 60

Fuchshof 160

Weibchen aus den Zwingern zeigten geringere Eizahl, was aber wohl auf Zufall beruht haben mag, nämlich 30, 52, 76 Stück.

In Junkerhof wurden im

Belauf Bechsteinswalde . 40—65

= Brandeck . . . 62

= Roonsee . . . 38, 56, 31, 42, 61, 49, 57

= Gatzno . . . . 59—87

= Louisenthal . . 50—96

Stück Eier[4]) gezählt.

Die Untersuchungen in:

Hagen[5]) . . . . ergaben 70—100 Eier pro Weibchen

Osche[6]) . . . . = 42—121, durchschn. 90 Eier pro Weibchen

Charlottenthal=Taubenfließ[7]) = 50—150 Eier pro Weibchen

Ich selbst habe im Zwinger beobachtet, daß ein einzelnes Weibchen 156 Eier ablegte.

Allgemeines über bevorzugte Fluglokalitäten und Flug= verhältnisse.

Die allen Spannerarten gemeinsame Abneigung gegen zugige, windige Stellen teilt auch der Kiefernspanner. So lebhaft bei schönem Wetter sein Flug, ein Bild der Unrast, so wenig ist er, wie alle seine gleichfalls fast immer sehr grazil gebauten Familiengenossen im stande, „einem auch nur

---

[1]) Convolut von Berichten auf die Verfügung vom 25. 4. 09. F. I. 3267. Ofm. C.

[2]) Ebensolches zur Verf. vom 13. 9. 09. F. I. 7184 C.

[3]) Ber. vom 2. August 09.

[4]) Berichte der betreffenden Schutzbeamten vom 10. VII. 09, 5. VII. 09, 30. VI. 09, 3. VII. 09, 30. VI. 09.

[5]) Ber. vom 17. VII. 09.

[6]) Ber. vom 19. VII. 09.

[7]) Ber. vom 16. VIII. 09.

mäßigen Luftzuge Trotz zu bieten".[1]) So meidet der Kiefernspanner im allgemeinen die der Wetterseite zu liegenden Gestellgrenzen und Bestandesränder.

Dies ist verschiedentlich bei älteren und neueren Spannerkalamitäten bestätigt worden.

Heß[2]) fiel es beim Wölfiser Fraße auf, daß „wahrscheinlich die Schmetterlinge beim Eierabsetzen den an den Bestandesrändern empfindlicheren Luftzug gescheut haben". Denn „unmittelbar am Felde hat sich der Fraß weder im vorigen, noch in diesem Jahre gezeigt".

Auch Bernas hat beobachtet, daß der Spanner (aber in Wirklichkeit ist es nicht die Raupe, wie er meint, sondern der Falter!) „bei weiterer Ausbreitung" zugige Ränder meidet und als Fraßobjekt am liebsten das geschützte Innere geschlossener Bestände wählt.

Schulze-Dresden[3]) macht darauf aufmerksam, daß die Fraßherde selten an Wegen oder dergl., sondern fast immer im Bestandesinnern sich bilden, vermutlich wegen der dort herrschenden, dem Eier legenden Weibchen zusagenden Windstille.

Das gleiche wurde mir mündlich von den Herren Revierverwaltern in der Tucheler Heide allenthalben bestätigt.

Auch ein eigentümlich-gruppenweises Fliegen des Falters hatte man dort beobachtet, das Knauth[4]) ebenfalls in seiner Arbeit erwähnt hat. Er sah die Falter zuerst „an einigen gruppenartig begrenzten Stellen", wo man bis zu 30, ja 40 Stück nur in einer Baumkrone fliegend zählen konnte.[5])

Ratzeburg hat das vorwiegende Auftreten des Kiefernspanners in jüngeren Beständen damit zu erklären versucht, daß dem Weibchen hier die Eiablage leichter sei, „weil die Schmetterlinge in die Kronen der Bäume abzulegen gewohnt sind und nicht höher als 20—30 Fuß fliegen können."

Letzteres ist aber nicht richtig, wie unter anderem auch die Beobachtungen in der Tucheler Heide gezeigt haben. Hier, wie übrigens, — leider —, bei den früheren großen Spannerkalamitäten ebenfalls zu konstatieren war, wurden selbst haubare Altholzbestände stark mit Eiern belegt und befressen.

Ratzeburg erwähnt die Mühlwenzelsche[6]) Beobachtung, daß die Schmetterlinge „die räumlichen Bestände den gedrängt stehenden vorziehen und solche Orte meiden, in welchem das zu häufige Unterholz den raschen Flug der Falter hemmen würde. So haben sich in einem Reviere in den

---

[1]) Altman, „Forstinsekten", S. 147.
[2]) Allg. Forst- u. Jagdztg. Nr. 4. XL. Jahrg. 1864, S. 442.
[3]) Verh. d. sächs. Forstvereins. Zeitschr. f. Forst- u. Jagdw. 1898, S. 630.
[4]) Forstl. naturw. Zeitschr. 1895—1896.
[5]) Wir kommen hierauf später noch einmal in anderem Zusammenhange zurück.
[6]) Liebich, Allgemeines Forst- u. Jagd-Journal. Bd. III, S. 12.

durchforsteten Strecken die Raupen am häufigsten eingefunden, während die mit Fichtenholz unterbrochenen Strecken und das daran stoßende hohe Holz ganz verschont geblieben waren." Diese Angabe hat eigentlich später keine rechte Bestätigung gefunden.

Ratzeburg selbst meint in seiner „Waldverderbnis", I. Bd. S. 168, daß das Unterholz den Schmetterlingen, „da sie so hoch fliegen, auch nicht eben hinderlich sein dürfte".

Knauth[1] hat 1895 berichtet: Als die wenigst erfreuliche Tatsache muß konstatiert werden, daß mehr wie vereinzelte Exemplare zur Schwärm= zeit in alten, reinen und auch den mit Laubholz gemischten Fohrenbeständen vorgekommen sind, und damit muß unter sonst günstigen Verhältnissen auch hier, wo die reinen und gemischten Fohrenbestände nur etwa 30 % der be= stockten Gesamtwaldfläche einnehmen, — die ganze übrige Fläche ist mit Laubholz bestockt — einer gewissen Beängstigung immerhin Raum gegeben werden.

In seiner zweiten Mitteilung aus demselben Jahre gibt er noch an, daß auf Flächen mit

	entfielen	pro Krone	
normalem, unbedenklichem Falterflug	350 ha	bis 10 Falter	rein u. mit Laubholz gemischte Kiefern= bestände
mäßigem, etwa Naschfraß bedingendem Falterflug	250 =	10—20 =	
Flächen mit starkem Schwärmen . .	50 =	20—30 = und mehr	reine Kiefern= bestände

Man wird also auf den Unterholzwuchs an sich durchaus keine günstige Pro= gnose gründen dürfen.

Immerhin sei hier einer eigentümlichen, und wie ich mich in den be= reisten Revieren zum Teil noch persönlich überzeugen konnte, in keiner Weise zu verkennenden Erscheinung gedacht, die gerade in der Tucheler Heide viel= fach beobachtet worden ist, für die mir eine befriedigende Erklärung vor= läufig nicht zu existieren scheint. Aber die Tatsache läßt sich kaum leugnen und ist auch praktisch wichtig: Von zwei ganz vereinzelt dastehenden Fraß= herden abgesehen, waren Bestände mit dichtem Wacholderunterwuchs vom Spanner „überhaupt nicht befallen", so daß sie „für das Puppensammeln ganz ausscheiden" konnten.[2]

---

[1] l. c. S. 395.

[2] Wie es in einem Berichte der Oberförsterei Junkerhof vom 6. III. 09 heißt: Die erwähnte Ausnahme bildeten Jagen 8 und 9 des Belaufes Louisenthal.

Eine dichtere lebende Ginster=, Beer=, oder Heide=Kraut=Decke, wie man früher wohl allgemein annahm, stellt keinen Faktor dar, der dem Spanner absolut hinderlich wäre, wie die in der Tucheler Heide gemeldeten Beobachtungen bezeugen.

Erscheinen des Falters.

Das Erscheinen des Falters variiert ganz außerordentlich, je nach der Witterung.

Henschels Angaben über die Flugzeit sind in dieser Beziehung bezeichnend: „(Mai) Juni (Juli, August)". Den Praktikern scheint dieser Umstand früher wenig bekannt zu sein. Und so war man denn schon bei einem Juli-Hauptflug des Spanners (z. B. in Charlottental) geneigt, den „verspäteten" Flug für ein sicheres Anzeichen eingetretener Degeneration zu halten, was selbstverständlich ganz irrig ist.

Von ausschlaggebender Bedeutung für die Dauer der Puppenruhe und mithin auch dem Zeitpunkt des Erscheinens des Falters ist die intensivere oder geringere Durchwärmung der Puppen im Winterlager. Böden mit geringerer Schneedecke tauen früher auf, werden im Frühjahr intensiver durchwärmt, als solche mit stärkerer Schneedecke. Auch die Schwankungen der Bestandesdichte wirken in diesem Sinne. Dementsprechend variiert dann der Flugtermin.

So berichtet die Oberförsterei Rehberg am 2. August 1909: „In lichten Beständen, wo die Schneedecke entfernt, flog der Spanner zuerst, es folgten die beharkten dichteren Abteilungen, später zeigte sich der Flug auf den nicht beharkten Flächen und zwar hiervon besonders spät in Beständen mit dichtem Wachholder-Unterstand. Zuletzt flog der Spanner in dichten jungen Stangenorten."

Auch in der Oberförsterei Ciß flog der Spanner am frühesten, wo die Streu geharkt war, und in den nach Süden frei liegenden Beständen.

Ratzeburg führt das außerordentliche Schwanken des Flugtermins, „bald schon Anfangs Mai, bald erst im Juni, selten erst im Juli, am häufigsten im Juni", auf die frühere oder spätere Beendigung des Fraßes und auf Verschiebungen der Verpuppung im vorhergehenden Herbst zurück.[1] Diese Faktoren haben auch in der Tucheler Heide mitgewirkt.

Wegen der in den einzelnen Oberförstereien gemachten Beobachtungen über die speziellen Termine des Flug-Anfanges, des Hauptfluges und des Flugendes verweise ich auf die Zusammenstellung dieser Angaben, die ich in dem der Puppe gewidmeten Abschnitt dieser Arbeit mitteile, weil die in Frage kommenden Flugtermine ja ganz unmittelbar mit der Dauer des Puppenstadiums zusammenhängen.

Daß die Männchen stets v o r den Weibchen fliegen, wurde auch bei dem Spannerfraß in der Tucheler Heide beobachtet. Nach Berichten der Oberförsterei Junkerhof flogen z. B. im Belauf Brandeck in der Zeit vom

---

[1] Die von einigen aus dem Abstande der Flugterminextreme (Mai-Juli) abgeleitete Annahme einer doppelten Generation ist demgemäß schon von ihm mit Entschiedenheit zurückgewiesen und seitdem auch wohl nicht wieder ernsthaft verfochten worden, so daß ich ihrer in dieser Arbeit nicht näher zu gedenken brauche.

17. Mai bis 8. Juni nur Männchen, dann erst vereinzelte Weibchen, die schließlich immer mehr an Zahl zunahmen, aber nie auch nur annähernd die Zahl der männlichen Falter erreichten.

In Belauf Gatzno erschienen nach den von dort erstatteten Berichten die Weibchen etwas zeitiger als in Brandeck, nämlich schon am 27. Mai. Aber vom 18. bis 26. Mai flogen nur Männchen.

Einige interessante Beobachtungen über den Einfluß des Wetters auf die Stärke und Lebhaftigkeit des Fluges liegen ebenfalls vor.

Die Oberförsterei Königsbruch [1]) berichtete, daß die Falter am lebhaftesten an windstillen, warmen, aber nicht schwülen Tagen in der Zeit von $8^1/_2$—$10^1/_2$ vormittags und von 2—6 Uhr nachmittags flogen.

In Hagen [2]) flogen die Falter am lebhaftesten vormittags von 7—11 Uhr.

Witterungsempfindlichkeit der Falter.

Gegen Regen ist der Kiefernspanner als Falter in höchstem Maße empfindlich. Heftige und andauernde Niederschläge haben schon gefahrdrohenden Massenflügen ein schnelles Ende bereitet.

So berichtet Leythäuser in seiner Veröffentlichung über den mittelfränkischen Fraß:

„Was nun schließlich den Falterflug 1896 betrifft, so verzögerte sich derselbe, verursacht durch die regnerische und kalte Witterung im April und Mai, um mindestens 4 Wochen gegenüber dem Vorjahre. Die Schmetterlinge wurden erst gegen Ende Mai, Anfangs Juni sichtbar. Der Zahl nach ziemlich bedeutend, erlangte der Flug jedoch weitaus nicht mehr die Intensität des Vorjahres. Als noch während des Falterfluges im Juni fast täglich und meistens zur Mittagszeit äußerst heftige Gewitter mit wolkenbruchähnlichen Güssen auftraten, war es endgültig um den Spanner geschehen. Massenhaft waren die Wege und Wassergräben mit toten Schmetterlingen bedeckt. Beobachtungen und Untersuchungen während und nach der Eiablage zeigten überdies noch, daß ein großer Prozentsatz der auf den Nadeln untergebrachten Eier von teleas ausgefressen war.

Die ausgeschlüpften Räupchen entwickelten sich bei der vorwiegend regnerischen und kalten Witterung des Sommers äußerst langsam."

Ähnliches hatte schon Bernas [3]) in seiner wichtigen Arbeit über den Fraß in Waldsteinruh mitgeteilt:

„Die Witterung war während der Schwärmzeit (1887) eine absolut ungünstige. Wenn auch die ersten Tage trockene und warme Temperatur aufwiesen, so kamen schon am 6. und 7. Juni anhaltende kalte Regen, die

---

[1]) Bericht vom 16. VII. 10.
[2]) Bericht vom 17. VII. 09.
[3]) Vereinsschr. f. Forst-, Jagd- u. Naturkde., 161. Heft. Prag. 1889/90, S. 41.

die schwärmenden Falter in großen Massen töteten, so daß die vom Regen heruntergeschlagenen Falter massenhaft den Boden bedeckten."

Daß freilich nicht immer ein selbst anhaltendes Regenwetter während der Flugzeit den Falter vernichtet, beweist Heß' Bericht über den Wölfiser Spannerfraß. Es heißt da: [1])

„Die ersten Schmetterlinge schlüpften bereits am 25. April aus, doch erfolgte das eigentliche Auskriechen erst im Mai, und die Schwärmzeit begann erst Ende Mai und Anfang Juni. Glücklicherweise wurde letztere durch ein etwa dreiwöchentliches Regenwetter unterbrochen oder mindestens stark beeinträchtigt, da ein großer Teil der zahllos vorhandenen Schmetterlinge infolge dieser nassen Witterung umkam." Und doch kam es zu einer Eiablage in recht imposantem Umfange, wie die in der Originalabhandlung einzusehenden näheren Angaben über den erforderlich gewordenen Einschlag, ganz abgesehen davon aber der weitere Verlauf der Kalamität zur Genüge bewiesen hat.

Über den Einfluß weniger extremer Witterungsschwankungen auf den Flug sind in der Tucheler Heide einige interessante Daten gewonnen worden, die allerdings sich zum Teil auf den unmittelbar vor dem Ausschlüpfen stehenden Falter beziehen.

In Königsbruch ließ sich der Einfluß der Witterungsschwankungen auf das Ausschlüpfen sehr schön beobachten. Der Hauptflug war nicht kontinuierlich. Trat Temperatursturz ein, so übersprang der Flug die betreffenden Tage. [2])

Während des Hauptfluges einsetzender Gewitterregen verringerte den Flug sofort, wie in Louisenthal festgestellt wurde, — offenbar, wie ich annehmen muß, durch Vernichtung der zarten Falter. [3])

Flügelhaltung. Sowohl die männlichen wie die weiblichen Falter halten in der Ruhelage die Flügel anders, als das Gros ihrer Familiengenossen. Während diese fast sämtlich, den Körper dicht an die Unterlage anschmiegend, die Flügel flach ausgebreitet, — fast so, wie sie der Sammler spannt —, ebenfalls der Unterlage andrücken, [4]) hält der Kiefernspanner die Flügel halb oder auch ganz aufgerichtet, in letzterem Falle ganz nach Tagfalterart, somit sehr ähnlich der Flügelstellung, wie sie die Mehrzahl der Hesperiden in der Ruhe einzunehmen pflegt.

Nur wenige Spannerarten haben eine ähnliche Tagfalterflügelhaltung, z. B. Fidonia limbaria F., Fidonia fasciolaria Rott.[5]) und Fidonia famula

---

[1]) Allg. Forst= u. Jagd=Zeitung. 40. Jahrg. 1864, S. 440.

[2]) Bericht vom 16. VII. 09.

[3]) Bericht vom 30. VI. 09.

[4]) Was sie jedenfalls besser, als die Spanner, die sich wie der Kiefernspanner verhalten, befähigt, sich an zugigen Orten „auszuruhen".

[5]) Nicht zu verwechseln mit Ellopia fasciaria Schiff., früher viel gebrauchter Name für Ellopia prosapiaria L. Auch Larentia variegata Schiff., deren Raupe sich im Mai

Esp., Larentia obliterata Hufn., Larentia firmata Hb. (letztere in Kiefern=
wäldern fliegend und sich in einem leichten Gespinst zwischen Nadeln ver=
puppend, aber in Deutschland sehr selten), Thamnonoma brunneata Thubg.[1]
und die wegen ihres äußerst lokalen Vorkommens in Deutschland wie in
Europa überhaupt (und der Verbreitung der einen Art durch ganz Sibirien
und Japan) merkwürdigen Odezia=Arten Odezia atrata L. und tibiale Esp.

Der Flug.

Die bei Tage äußerst lebhaft schwärmenden Falter sind fast durchgehends
Männchen. Man muß daher sich hüten, aus der Beobachtung des Falter=
fluges etwa schätzungsweise Schlüsse auf das Zahlenverhältnis von männ=
lichen und weiblichen Faltern zu ziehen.

In ihrem taumelnden Fluge sind die Tiere übrigens durchaus nicht
„steuerlos“, wenn ich es so nennen darf. Sie sind vielmehr sehr gut imstande,
Hindernissen auszuweichen und mit dem Netz daher sehr schwer zu fangen.
Schon Sepp ist die verborgene Lebensweise der Weibchen aufgefallen. Er
schreibt in seinem trefflichen Werke: „Ik hebbe hier verder niets van Belang
meer te melden, dan dat deze Soort van Vlinderen maar eens in 't Jaar
voortteeld, en dat de Mannetjes in de Maanden Juny en July by Meenigt
door de Denne Bosschen heen en weder zwerven, integendeel gebeurd
het zeer zelden, dat men een Wyfje te zien krygt,
vermits sich dezelven meest altoos in de Boomen schuil
honden. (I. Deel. VI. St. p. 20.)

Auch Bernas[2] gibt von den Weibchen (im „Gegensatze zu den
unvergleichlich mobileren Männchen“) an, „daß sie sich in den Kronen oder
am Unterwuchse mehr sitzend halten“.

Gieseler[3] sagt in seinem Berichte ausdrücklich: „Die schwärmenden
Schmetterlinge sind zum weitaus größten Teil bewegliche Männchen, wäh=
rend die Weibchen meist träge in den Baumkronen festsitzen. Dieses Ver=
halten scheint wohl etwas das lokale Auftreten des Spanners zu erklären.“

Im übrigen charakterisiert Unrast das Tagewerk des Falters. Am
Boden sieht man ihn nie sitzen, außer etwa, wie in der Oberförsterei
Louisenthal im Mai 1909 beobachtet worden ist, wenn die Männchen

in einem weitmaschigen Gespinst zwischen Kiefernnadeln verpuppt und Anfang Juni sich
zum Falter verwandelt, ist hinsichtlich der Ruhestellung der Flügel hierher zu rechnen,
wie ich mich während der Korrektur vorstehender Zeilen an mir aus ostpreußischen
Revieren zugesandtem Zuchtmaterial überzeugte.

[1] syn. pinetaria Hb. nach Angabe des Kat. Staub.=Rebel. — In dem von mir
nachgesehenen Berliner Exemplar des Hübnerschen Werkes ist auf Taf. 91 je ein
brunneata=Weibchen abgebildet. (Nicht 130; Staub.=Rebel.) Darunter steht jedoch
„piniaria“.

[2] l. c. S. 41.

[3] Zeitschr. f. Forst= u. Jagdw. 1904, S. 441.

zur Kopula mit eben aus der Streudecke hervorkommenden Weibchen
schreiten. Höchstens lassen sich die Falter auf einem benadelten Zweig zu
kurzem Ausruhen nieder, um dann gleich wieder sich zum Fluge zu erheben.
Sonst bemerkt man nur dann noch den Kiefernspannerfalter am Boden, wenn
das altersschwache Tier, gewöhnlich kurze Zeit nach Beendigung seiner ge=
schlechtlichen Aufgaben, matt und, dem nahen Tode entgegensehend, unfähig
ist, sich im gewohnten lebhaften Fluge noch in der Luft zu halten.

W. Schuster hat nach einer von Spuler in seinem bekannten
Schmetterlingswerk mitgeteilten Beobachtung den Falter, der durch Geräusche
irgendwelcher Art aufgeschreckt wird, bei Tage stets in Spirallinien um
einen Kiefernstamm in der Höhe fliegen und sich in dessen Krone nieder=
lassen sehen.

Eckstein[1]) macht sehr mit Recht darauf aufmerksam, daß der Prak=
tiker leicht an diesen biologischen Eigentümlichkeiten den Kiefernspanner von
verwandten, aber forstlich indifferenten Spannerarten unterscheiden kann,
von denen er ohne nähere Untersuchung schwer zu unterscheiden ist.

Soweit sich nämlich ihre Raupen auf Gräsern, am Heide= und Heidel=
beerkraut entwickeln, treiben sich die mit dem Kiefernspanner vergesellschafte=
ten Arten auch als Falter dicht über und zwischen den krautartigen Ge=
wächsen der Bodendecke herum. Bei einigen wenigen forstlich nicht ganz
gleichgültigen Arten ist das nicht der Fall. Hier ähneln die Falter dem
Kiefernspanner von weitem oder im Fluge bei flüchtigem Hinsehen in über=
raschendem Maße.

Die erst erwähnten, sonst bedeutungslosen Spanner signalisieren aber
häufig die Zunahme des Individuenbestandes von echten Kiefernspannern.
Der Zusammenhang ihrer Entwicklung mit der des Kiefernspanners beruht
natürlich lediglich in der Abhängigkeit von den gleichen Lebensbedingungen.

Um solche, mit dem Kiefernspanner von weitem leicht zu ver=
wechselnde, aber gleichzeitig mit ihm zur Massenvermehrung schreitende
Spannerarten dürfte es sich zum Teil in Hagenort gehandelt haben.
Herr Oberförster Matthiaß berichtet nämlich (in der Annahme, daß es
sich um echte Kiefernspanner gehandelt hätte):

„Bei ungünstigem Wetter saßen die Falter auf der Bodendecke im Heide=
kraut, so daß man bei oberflächlicher Beobachtung leicht geneigt war, einen
Bestand für Spanner=frei zu halten. Man wurde jedoch sofort eines anderen
belehrt, sowie man in den Bestand hineinging; dann erhoben sich die Falter
wolkenweise aus dem Heidekraut.“[2])

---

[1]) In „Technik des Forstschutzes“.

[2]) Daß gleichzeitig, nach dem Resultat des Puppensuchens zu urteilen, der Kiefern=
spanner im Revier in nicht gerade geringer Zahl vorhanden gewesen ist, kann nicht
wundernehmen, da die Entwicklungsbedingungen der in Frage kommenden miteinander
vergesellschaftet lebenden Spannerarten tatsächlich, wie schon Eckstein angegeben hat, die

Was Knauth[1]) beobachtet hat, scheint mir nicht mit den Matthiaß=
schen Beobachtungen in Beziehung zu bringen zu sein, ganz abgesehen davon,
daß dieser bayerische Forstmann nach allem, was wir über die Lebensgewohn=
heiten des Falters wissen, seine Beobachtungen wohl auch nicht ganz richtig
interpretiert.

Knauth hat nämlich, von dem an sich ganz richtigen Gedanken aus=
gehend, daß es verfehlt wäre, das Zahlenverhältnis der männlichen und weib=
lichen Falter nach den Beobachtungen der im Bestande fliegend wahrgenom=
menen Individuen zu konstruieren,[2]) versucht, das wahre Zahlenverhältnis
auf einem anderen Wege festzustellen, wobei er freilich, den einen „Holzweg"
vermeidend, nur einen anderen gegangen ist, wie wir gleich sehen werden.

Knauth hatte am 17. Mai nach einem Gewitterregen am Nachmittag
die ersten Falter wahrgenommen. Zwei Wochen später, am 30. Mai, nahm
er mit zwei Beamten eine Probesuche in der Abteilung „Rollenkopf" von
früh 7³/₄ bis etwa 8¹/₂ Uhr vor, „um einen Einblick bezüglich der Geschlechts=
verteilung zu bekommen". Die Suche erfolgte in einem 75 jährigen Kiefern=
bestand mit vereinzeltem Laubholzunterwuchs und spärlicher Bodenbedeckung
mit „Gras, Heide, Heidelbeer= und Farnkraut".

„Das Ergebnis dieser etwa ¹/₂ stündigen Suche von vier Personen
waren etwa 95 männliche und 109 weibliche Falter."

Dieses Ergebnis widerspricht nun sämtlichen vor und nach dem großen
bayerischen Spannerfraß gewonnenen Zahlen, die immer wieder gezeigt
haben, daß beim Spanner die Männchen in der Überzahl auftreten.[3]) Was
Knauth zählen ließ, waren sicherlich die eben in den frühesten Morgen=
stunden ausgeschlüpften aber schon zur Flügelentfaltung gelangten, zum Teil
noch vor seinen Augen ausschlüpfenden Falter; nicht die Falter, die in den
vorhergehenden Tagen in den Kronen gesessen und sie umflogen hatten, wie
er, nach der ganzen Idee seines Versuches und nach folgenden Worten zu
urteilen, angenommen hat:

<hr>

gleichen sind. — Bemerkenswerterweise schlüpften im Frühjahr 1910 aus den Hagenorter
Puppen noch auffallend viel Nicht=Kiefernspanner aus (soweit überhaupt die Puppen von
Schmarotzerinsekten frei waren), was meine Skepsis gegenüber der Behauptung, daß die
Piniarius=Falter im Heidekraut gesessen hätten, rechtfertigen dürfte.

[1]) Nat. Zeitschr. f. Forst= u. Landw. 1895, S. 389.

[2]) Die dabei resultierende Feststellung, daß es sich meist um männliche Falter
handelt, würde zu einer viel zu optimistischen Prognose führen.

[3]) Übrigens gibt Knauth auf S. 392 l. c. selbst zu, daß er dem Sammeln von
weiblichen Faltern deswegen versuchsweise eine weitere Ausdehnung gegeben habe, „weil
zum Sammeln von Puppen zur Prüfung des Belegstandes die Zeit entschieden zu weit
vorgerückt war und auch die mechanische, rauhe Zusammensetzung der Bodendecke den
Versuch nicht unbedeutend erscheinen ließ", daß aber „das Fangen von männlichen
Faltern, dem auch für die Bestimmung des Geschlechtsverhältnisses nur problematischer
Wert zukommt, selbstverständlich nicht weiter betrieben wurde".

„Von 7³/₄ bis 8¹/₂ Uhr morgens nun war kaum ein Falter schwärmend zu bemerken. Eine große Anzahl der Männchen und wahrscheinlich fast alle weiblichen Falter sitzen um diese Zeit an den Gräsern und Forstunkräutern, dann auf und in der losen Streudecke. Man kann dann von etwa 9 bis 9¹/₂ Uhr morgens an sehen, wie die einzelnen — zunächst lediglich männliche — Falter vom Boden sich erheben, anfangs in etwas schwerfälliger Weise, dann aber in raschem, taumelnden Fluge der Baumkrone zueilen, um dort das Schwärmen zu beginnen. Dieses Hochwerden der einzelnen Falter wird mit vorrückender Zeit immer lebhafter und gegen 9¹/₂ bis 10 Uhr morgens dürften sämtliche männliche Falter im Kronenraume versammelt sein und in diesem Bereiche bleiben, bis irgend ein Anlaß sie dort wieder vertreibt. Außer den frühen Morgenstunden sind nur die frisch aus der Puppe geschlüpften, an den noch zusammengerollten Flügeln leicht erkennbaren, männlichen Falter am Boden zu finden und sitzen hier an den Gräsern und Forstunkräutern, von welchen sie ebenso mühelos mit der Hand abgelesen werden können, wie die dickleibigen, schwerfälligen und trägen Weibchen, welche in den frühen Morgenstunden durch wiederholtes Betasten und selbst Werfen in die Höhe nicht zu bewegen sind, aufwärts zu fliegen, und meistens ohne Flugbewegung wieder auf den Boden zurückfallen."

Die in der Tucheler Heide gemachten Beobachtungen haben ergeben, daß der Falter im wesentlichen und anfangs ausschließlich im Bereich der Kronen fliegt. Die d o m i n i e r e n d e n werden besonders bevorzugt.

Beim Hauptfluge findet starkes Schwärmen unter wie rings um den Kronen statt.

Er kann dann — besonders gilt das von den ♂♂ zur Zeit des Ausschlüpfens des Gros der ♀♀ — unter Umständen s e h r tief fliegen.

Vor allem aus L o u i s e n t h a l [1]) liegen Beobachtungen in diesem Sinne vor. Hier wurde am 6. Juni im Jagen 18 ein lebhaftes Schwärmen der Falter, „sowohl unten, wie auch in den Baumkronen" wahrgenommen. Am 18. Juni schwärmte der Falter in allen befallenen Orten in dieser Weise. Hier wurde auch die Beobachtung gemacht, daß die Männchen die eben ausgekommenen Weibchen, „zu etwa 10%", auf der Erde aufsuchten, „wo schon einzelne Paare in Kopula gefunden wurden".

Die Überflugs- und Verwehungshypothese.

Ich habe mich nun vor allem mit der viel und leidenschaftlich diskutierten Frage des sogenannten „ü b e r f l i e g e n s u n d (o d e r) „V e r w e h e n s" des Spanners zu beschäftigen, muß allerdings auch im zweiten Teil der Arbeit auf diesen Gegenstand noch einmal unter spezieller Berücksichtigung der Berichte und Beobachtungen aus der Tucheler Heide zurückkommen.

---

[1]) Bericht vom 30. VI. 09.

Wissen wir heute etwas Positives hierüber, genügt das, was wir wissen, die praktisch so eminent wichtige Frage zu entscheiden oder wenigstens Auskunft zu geben, ob das Verwehen eine regelmäßig zu gewärtigende Gefahr darstellt? Und was ist an der alten Behauptung, daß der Spanner sich von seinen Fraßherden aus regelmäßig nach Westen zu ausbreite? Ich trenne im folgenden absichtlich nicht zwischen „überfliegen" und „überwehen", außer, wenn es die zu prüfenden Beobachtungen direkt verlangen. Meistens können sie über die Frage, ob der Spanner nun aktiv oder passiv gewandert sein soll, gar nichts aussagen, trotz aller Hypothesenfreudigkeit der Autoren. Besonders die wenigen Angaben, die ein aktives, von einer Art verstandesmäßig-prospektiver Überlegung geleitetes Wandern des Falters behaupten, sind so hyperteleologisch gefärbt, daß sie den Stempel der Unwahrscheinlichkeit, ja Haltlosigkeit ohne weiteres auf der Stirn tragen.

Ratzeburg widmet in seiner „Waldverderbniß" der Frage des „Weiterziehens der Schmetterlinge und plötzlichen Ansiedelns an anderen Orten" eingehende Betrachtungen. Es steht aber auch hier, beim Spanner, in allen Fällen, über die er zu berichten hat, nicht anders, als bei den anderen Überflügen und Invasionen von schädlichen Insekten: entscheidende, beweisende Beobachtungen liegen nirgends vor, wo eine Spannerkalamität wirklich zum Ausbruch gelangte. Da aber, wo eine sicher nicht von autochthonen Faltern herrührende Eiablage zur Beobachtung gelangte, führte diese nicht zu einem Fraße, sondern vielmehr zum Untergange des Insektes, wie wir sogleich sehen werden.

Ratzeburg trug denn auch, wie es für seine gewissenhafte Art, Tatsachen und Hypothesen zu trennen, bezeichnend ist, trotzdem er an die Möglichkeit eines Weiterziehens der Falter glaubte, kein Bedenken, den ganzen Abschnitt mit folgenden Sätzen zu eröffnen (die uns zeigen, wie unsicher das vorliegende Material ist):

„Das Fortziehen, wo es vorkommt, erfolgt so schnell und so wenig sichtbar, daß man mit Sicherheit nichts über die Richtung weiß. Im Revier Borntuchen stand die Richtung während der letzten Invasion (60er Jahre) nach Westen fest, auch im Stettiner Regierungsbezirke wurde sie hier und da konstatiert. Diese scheint auch die allgemeine jetzt gewesen zu sein, denn von Jahr zu Jahr brach der Spannerfraß weiter in Pommern bis nach Mecklenburg, wo indessen auch schon im Jahre 1861 ein Verbreitungsherd war, hin aus. Daneben trat aber auch eine Verbreitung nach Süden hervor. Denn nachdem der Fraß schon in Pommern gewütet hatte, trat er in der Uckermark erst 1862 und 1863 auf, und um Neustadt wurde erst anno 1864 ein bedeutender Flug und stellenweise Fraß bemerkt. Also auf unbestimmte Zeit verlängerte Invasion mit meist nur 2—3 jähriger für die verschiedenen Bestände eines Reviers."

Auch an anderer Stelle[1]) sagt Ratzeburg, daß der Spanner sich nachweisbar von Pommern und Mecklenburg aus vom Jahre 1859 an nach allen Seiten, besonders nach Süden, strahlenförmig ausgebreitet hat. „Daß dies erst im Laufe von 5—6 Jahren geschehen ist, bleibt unzweifelhaft, denn in der Uckermark (namentlich Boytzenburg) hat man von 1862 bis 1863 nichts von der Raupe bemerkt, und bei Neustadt hat dieselbe erst im Jahre 1864 sich massenhaft gezeigt."

Ratzeburg glaubte persönlich nicht, daß dieses Fortrücken nur eine zufällige Erscheinung sei, aber irgend einen Beweis für das Überfliegen vermochte er, wie er selbst unter Hinweis auf den vergeblichen Versuch von Seeling in Borntuchen, auf den wir noch zu sprechen kommen, zugibt, nicht beizubringen.

Ratzeburg meinte, das Fortziehen der Falter müsse in den sechziger Jahren besonders begünstigt worden sein, so daß die Katastrophe so lange gedauert und während jener Zeit sich über mehr als 100 Quadratmeilen verbreitet habe. Denn in früheren Zeiten habe man von einer solchen Verbreitung, wie sie in den sechziger Jahren stattfand, nie etwas gehört. Stets sei, so von Hartig (Forstl. Konversationslexikon, Lehrb. f. Förster), betont worden, daß der Spannerfraß sich „nur auf einzelne Distrikte erstrecke, selten auf größere Bestände".

Aber Ratzeburg mußte andererseits selbst zugeben, daß wir nicht positiv sagen können, nicht sicher wissen, „wodurch das Insekt in diesen Jahren, in welchen wir z. B. Nonne und Eule fast gar nicht, auch Spinner nur in einzelnen Regierungsbezirken hatten, so begünstigt und so plötzlich hervorgerufen worden ist", und ferner, daß die Schmetterlinge nicht überall fortzogen, „selbst da nicht immer, wo Kahlfraß eingetreten war". Er teilt auch in diesem Zusammenhange die Beobachtung von Kohli mit, daß der Spanner „an abgefressenen Kiefern" schwärmte und „hier jede übrig gebliebene Nadel zum Ablegen der dicht gedrängten Eier benutzt wurde". Kohli hat denn auch, was Ratzeburg allerdings zu weit gegangen erschien, seinen Zweifel am Fortziehen der Falter ausgedrückt.

Vor allem hat aber Ratzeburgs Gewährsmann, Hartig, mit seinen Behauptungen durchaus Unrecht gehabt. Denn schon bei dem Fraß in der Oberpfalz (1796)[2]) wurden in einem einzigen Revier 100 000 Klafter junge und stärkere Stangenhölzer zum Absterben gebracht. Im nächsten Jahre wurden in einem Weimarischen Revier „315 Acker" (Tannroda) kahlgefressen. Und der Fraß in der Oberlausitz und in Schlesien (1815 bis 1816) soll sich auf 400 000 Magdeburger Morgen verteilt haben.[3])

<hr>

[1]) Forst-Insektensachen. Grunerts Forstl. Blätter. 11. Heft. 1866, S. 103.
[2]) v. Linker, „Der besorgte Forstmann".
[3]) v. Spangenberg in Hartigs Forst- u. Jagd-Archiv III. 1818, S. 53 bis 80.

Also ist die Verbreitung des Spanners in den 60 er Jahren durchaus nicht so beispiellos gewesen, wie Ratzeburg geglaubt hat. Sie kann aus diesem Grunde an sich durchaus nicht als Argument für die Annahme ins Feld geführt werden, daß nur das Weiterwandern des Falters ihr Zustandekommen bewirkt haben könnte.

Daß aber auch im bestverwalteten Revier das Erscheinen autochthoner Faltermassen in völlig „überraschender" Weise zur Beobachtung gelangen kann, — dafür hat Ratzeburg ja selbst einen Fall angeführt, und zwar in Bd. II seiner Forstinsekten:

„Herr Graßhoff fand im Winter 1835—36 nur etwa 2 Puppen unter jeder dominierenden Kiefer, und etwa 600—650 Puppen pro Morgen. Im Winter 1836—37 fanden sich aber schon 17 000 pro Morgen, d. h. es wurden auf 1 Quadratruthe, auf welcher nicht einmal ein Baum stand, 95 Stücke gefunden."

Setzen wir auch die Zahl von 600 bis 650 Puppen als (infolge von Verwechselung mit Puppen verwandter Spanner, infolge von Nichtberücksichtigung der kranken Puppen usw.) noch zu hoch gegriffen an, — wir dürfen sogar mit dem Eingehen eines Teiles der jungen Raupen rechnen und kommen doch zu dem Ergebnis, daß das Anwachsen der Puppenzahl von 650 auf 17 000 mindestens — wenn eben nicht Feinde und Krankheiten in stärkerem Maße wirksam waren — selbstverständlich zu erwarten und durchaus nicht als überraschend zu bezeichnen war.

Das beweist folgende einfache Rechnung. Setzen wir das Verhältnis der Spannermännchen zu den Weibchen so an, wie es sich in der Tucheler Heide realisiert fand, nämlich gleich 60 : 40, ferner die Fruchtbarkeit der Weibchen auf Grund ebenda erfolgter Feststellungen gleich 90 (Eier). Alsdann würden aus 600 Puppen 240 weibliche Falter zu erwarten und deren Ablage auf 21 600 Eier zu schätzen sein. Wir werden die Zahl der tatsächlich zur Verpuppung gelangenden Raupen mit 78 % in dem Spanner günstigen Jahren entschieden eher zu niedrig als zu hoch greifen, kommen jedenfalls aber schon mit dieser Zahl auf 17 000 Puppen pro Morgen. So gestalten sich die Verhältnisse im zweiten Herbste, wenn im ersten Herbste (bei 600 Puppen pro 2500 qm) auf 4 qm ungefähr 1 Puppe kam (0,24 Stück pro qm)!

Wie groß mögen praktisch die Fehlergrenzen bei so geringen Puppenzahlen sein!

Jedenfalls muß es doch den Revierverwalter im höchsten Maße überraschen (falls er nicht die biologischen Verhältnisse richtig in Rechnung gesetzt hat), wenn er im nächsten Frühjahr (das Puppensammeln im zweiten Herbste ergab schon fast 7 (6,8) Puppen pro qm, oder 27,2 pro 4 qm, wo im ersten Herbste nur 1 Puppe pro 4 qm kam) dem vielleicht sich in gewissen Bestandesteilen des Reviers mehr konzentrierenden Flug dieser 17 000 scheinbar aus nichts entstandenen Falter begegnet, oder den Fraß der von den 6800

Weibchen dieses Falterfluges abstammenden (angenommen, daß 100 %
Raupen sich verpuppen) über eine halbe Million (612 000) zählenden Raupen
beobachtet, oder die Zahlen des dritten Puppensammelns sich ansieht.

Diese verhalten sich, um es recht anschaulich zu machen, sei es noch ein=
mal hervorgehoben, pro 4 qm so:

1. Herbst . . . .   1 Puppe,
2. Herbst . . . .   27 Puppen,
3. Herbst . . . . 979 Puppen.

Es dürfte wohl niemand bezweifeln, daß eine derartige Progression, be=
rechnet zunächst aus dem tatsächlichen Verhältnis der Resultate des Puppen=
sammelns in Herbst 1 und 2 eines konkreten Falles, wo Schädlichkeiten oder
Zählfehler bewirkt haben mögen, daß 22 % der Raupen vor der Verpuppung
eingingen oder in der Puppenzahl des Herbstes nicht in Erscheinung traten,
und ferner aus der durchschnittlichen Fruchtbarkeit der durchschnittlich aus
den Ablagen resultierenden Weibchen, unter der Voraussetzung, daß die
hemmenden Faktoren, wie immer bei Entwicklung einer Epidemie, nicht mehr
oder so gut wie gar nicht wirksam sind. Übrigens würden selbst dann noch,
wenn man annähme, daß diese Faktoren immer wenigstens noch so wirksam
sind, wie in dem auf das erste Puppensammeln folgenden Jahre (das also
auf das „Bemerktwerden“ des Schädlings folgte), die respektable Zahl von
979 — 215,38 = 763,62 Stück im dritten Herbst auf 4 qm kommen.

Wo wirklich der Ursprung eines „Wander“=Schwarmes beobachtet
worden ist, wie in dem von Ratzeburg näher geschilderten Falle im Re=
viere Borntuchen (1862 bis 1864), da hat der Wanderzug das klägliche
Ende gefunden, das Altum in seiner teleologischen Betrachtungsweise be=
kanntlich geradezu als den von der Natur verfolgten „Zweck“ dieser Züge an=
sieht: die aus den abgelegten Eiern auskommenden Räupchen mußten ver=
hungern.

Der Fall ist so charakteristisch, daß ich Ratzeburgs Bericht hier
wörtlich folgen lasse.

Ratzeburg hat zunächst kurz von dem 1831er Fraß im Lieper Re=
viere, den Pfeil in seinen Krit. Blätt. Bd. VI, H. 2, p. 90 beschrieben hat,
gesprochen, der auch mit dem plötzlichen Erscheinen des Spanners („im
Herbste 1830 war wenigstens keine das gewöhnliche Maß überschreitende
Raupenmenge zu sehen gewesen“) begonnen hatte, der dann wieder „ebenso
plötzlich verschwand“, „denn im Sommer 1832 schwärmten die Schmetter=
linge massenhaft, ohne eine Spur von Eiern bei uns hinterlassen zu haben“.

Er fährt dann fort: Es war ganz dieselbe Geschichte, wie im Jahre 1863,
wo in verschiedenen Revieren der Schmetterling verschwand. Herr Ober=
förster Seeling zeigte dem Herrn Oberforstmeister Olberg und mir im
Juli den Ort im Revier Borntuchen, wo die Schmetterlinge sich vor einigen
Wochen wie Wolken erhoben hatten. Es wurde abermals nach Eiern oder

Räupchen hier gesucht, aber stets ohne den geringsten Erfolg. Da überdies zu dieser Zeit, wie auch im nächsten Jahre, bald hier bald da der Fraß an a n d e r e n Stellen ausbrach, so dürfte man diese Ortsveränderung wohl auch zu den Beweisen für's Fortziehen rechnen. M a n h a t e s a b e r , a l s i c h a u s d r ü c k l i c h u m S a m m l u n g v o n N a c h r i c h t e n g e b e t e n h a t t e , n i c h t w e i t e r v e r f o l g e n k ö n n e n.[1] Herr S e e l i n g ermittelte nur, daß auf dem Wege, welchen ein abziehender Schwarm ge= nommen haben mußte, Eier auf den Feldern gefunden worden seien. Es wurden nämlich an e i n z e l n e n Kiefern (Alleebäumen) ganze Massen von Raupen gefunden, und dennoch waren solche Kiefern niemals kahl gefressen, wahrscheinlich weil die hier im vollen Lichte erstarkten Nadeln den schwachen Räupchen, die auch im Zimmer Futter nicht annahmen und am zweiten Tage starben, zu fest waren. Herr S e e l i n g vermutet nur, daß diese verschleppte Brut von vorüberziehenden Weibchen, die der Drang des Legens überraschte, hier abgesetzt sei.

Herr v o n K a m p t z schrieb mir im Jahre 1864, daß, als das Insekt vor vier Jahren zuerst 4 Meilen von seinem Reviere schwärmend beobachtet worden sei, es dort verschwunden und nach einem sehr heftigen Gewitter auf seinem Revier und anderen benachbarten plötzlich erschienen sei. Ein Förster hatte nach jenem Gewitter einen einer Staubwolke ähnlichen Zug, der nur für den der Falter gehalten werden konnte, gesehen.

In Pommern ist der Fraß auch schon im Jahre 1861 bemerkt worden, und zwar, wie mir Herr H o l z schreibt, zuerst in der mit M ö n c k e b u d e grenzenden Anklamer, 4000 Morgen großen Stadtheide, von wo aus sich der Schmetterling schnell verbreitete; aber auch schon in J ä d k e m ü h l war er anno 1861, und zwar da besonders (Mönckebude), wo anno 1862 die Raupe wenig vorkam."

Ich glaube also, man kann ruhig auch heute nach allem, was wir über die Biologie des Falters wissen, an der strengen Forderung festhalten, daß sein Wandern wirklich bewiesen werden, Anfang, Weg und Ende des Zuges beobachtet sein müssen, wenn von einem „Wandern" die Rede sein soll. Aus dem „überraschenden", nach dem Ergebnis der Puppenzählungen nicht er= warteten plötzlichen Erscheinen größerer Faltermassen auf das Wandern zu schließen, das kann nicht als einwandfreier Weg zur exakten Erforschung eines so wichtigen Problems angesehen werden.

Der von Herrn v. K a m p t z mitgeteilte Bericht über wolkenähnliche Spannerschwärme spukt nun aber auch noch in der neueren Literatur. 20 Jahre später erwähnt sie A l t u m ,[2] ohne diese Beobachtungen hinsichtlich der ihnen zuteil gewordenen Interpretation kritisch näher zu sondieren, was

---

[1] Von mir gesperrt.
[2] 1885. Zeitschr. f. Forst= u. Jagdwesen.

denn auch die Gegner des Streurechens, wie z. B. v. Varendorff,[1]) in be=
greifliche Verwunderung gesetzt hat, da ja die Methode des Streurechens steht
und fällt mit der Antwort auf die Frage: Wandert der Falter (aktiv oder
passiv) oder nicht.

Später hat Altum jedenfalls in seiner Arbeit „über den wirtschaft=
lichen Wert der Wanderzüge unserer Schmetterlinge" (Zeitschr. f. Forst= und
Jagdwesen 1897, S. 599 bis 605) eine Auffassung über das Wandern von
Faltern vertreten, die es verbietet, ihn als Anhänger einer Theorie des Über=
fliegens (im Sinne einer Überflug g e f a h r) zu zitieren.

Altum hat sich in der genannten Arbeit zu der Auffassung bekannt,
daß in unseren Gegenden das plötzliche lokale Auftreten einer Insektenspezies
in enormen Massen nur selten auf Wanderung der flugfähigen Imagines
beruht. „Das sehr unregelmäßige Auftreten wandernder Insekten, als Heu=
schrecken, Libellen, Käfer, sowie Schmetterlinge, ist bekannt; doch wohl nur
wenige haben sie gesehen, die meisten nur davon gehört. Wenn jedoch
irgendwo im Revier anscheinend „plötzlich" eine Raupenart in bedenklicher
Menge sich bemerklich macht, so hört man in der Regel sofort die Vermutung,
daß die betreffenden Falter ohne Zweifel dorthin aus der Ferne eingewandert
sein müßten, denn im Jahre zuvor habe von diesen Schädlingen noch nichts
bemerkt werden können. Solche Wanderungen gehören aber in unseren
Gegenden zu den seltenen Ausnahmen, und außerdem wird das erste Auf=
treten und die anfängliche Vermehrung des Insekts in den ausgedehnten Be=
ständen, in denen es sich zunächst gar oft nur um eng umgrenzte Einzelstellen
handelt, zu leicht übersehen, als daß nicht ein ernstlicher Zweifel an der Tat=
sächlichkeit der Invasion in jedem einzelnen Falle durchaus berechtigt ist.

Nach meiner Überzeugung kann man sich sogar für berechtigt halten, die
Frage ganz allgemein aufzuwerfen, ob überhaupt solche Insekten=Massen=
wanderungen zur Verbreitung der betreffenden Spezies unternommen
werden? Schlagen diese Wanderer, am Schlusse ihrer Reise angelangt, da=
selbst für sich und ihre Nachkommen in der Tat eine neue Heimat auf? Die
Möglichkeit ist gewiß von vornherein nicht zu leugnen, und in diesem Falle
wären diese Wanderzüge von ganz erheblicher wirtschaftlicher Bedeutung.
Oder aber, bedient sich die Natur neben den räuberisch=feindlichen und den
parasitischen Insekten und Bakterien und sonstigen Mikroben und dergl. auch
noch dieses Mittels, des durch bestimmte, etwa meteorologische Verhältnisse
angeregten Wandertriebes, um sich zur Erhaltung oder zur Wiederherstellung
des harmonischen Zusammenstehens und Wirkens der verschiedensten Orga=
nismen der zerstörenden übermäßigen Massenvermehrung eines Gliedes zu
entledigen?"

---

[1]) 1886. Ebenda S. 216.

Altum führt zum Beweise für die Richtigkeit der ausgesprochenen Vermutung an, daß bei sehr bemerkenswerten Massenwanderungen — mit einziger Ausnahme natürlich der bekannten der Arterhaltung dienenden Wanderungen der Zugvögel — das Resultat die Vernichtung oder wenigstens das spurlose Verschwinden der Eindringlinge war. So verschwanden die Scharen der 1865 und 1888 von Asien her bei uns einfallenden Steppenhühner sehr schnell. Von den Wanderscharen der Lemminge, „wie von unserer gemeinen Feldmaus, die in sehr einzelnen Fällen in Masse wandert, hat man nie erfahren, wo sie geblieben, ob sie irgendwo neu angesiedelt sind". Ein ähnliches schnelles und spurloses Verschwinden ist bei den Zügen von Libellula quadripunctata beobachtet worden. Das gleiche gilt von Heuschreckenschwärmen, von denen nach einigen Tagen nicht ein einziges Individuum am Orte des Einfalles mehr am Leben war. An der See traf Altum ungeheure Massen in den Wogen umgekommener Weißlinge; ebenfalls am Seestrande sind mehrfach ungeheure Mengen von Coccinellen angetroffen worden, die natürlich mangels der ihnen zur Nahrung dienenden Blattläuse ebenfalls bei ihrem Wanderzuge ein schnelles Ende gefunden hatten.

Auch die Frage nach den die Massenwanderungen bedingenden Verhältnissen sucht Altum zu beantworten.

Er erkennt mit Gätke, dem bekannten Helgoländer Ornithologen, und gestützt auf dessen Mitteilungen, meteorologische Einflüsse als die wesentlich die Wanderung auslösenden Faktoren an. Gätke[1]) sagt, daß „wie die Vögel, so auch die Nachtschmetterlinge nicht schwärmen und ziehen an anderweitig günstigen, aber von Thau begleiteten Sommerabenden, während sie doch einem leichten warmen Regen nicht sofort zu weichen geneigt seien, daß auch die Bewegungen der Nachtschmetterlinge meteorologischen Beeinflussungen unterworfen seien, nach welchen dieselben unter gleichen Bedingungen wie die Vögel, und fast immer zusammen mit diesen, in ost-westlicher Richtung hier[2]) vorbeiziehen, und zwar in Schwärmen, die jeder Zahlenschätzung spotten und nur nach Millionen bezeichnet werden können".

Nach Mitteilungen eines Freundes, dessen Landsitz Helgoland gegenüber an der Ostküste Englands lag, wird dort Plusia gamma oft in so ungeheuren Massen beobachtet, „daß einzig und allein eine Massenwanderung die Erscheinung zu erklären vermag".

Dazu gibt Gätke einige bestätigende Notizen aus seinem Tagebuch:

„In der Nacht des 25. Oktober 1872 zogen während eines sehr starken Lerchenzuges Hibernia defoliaria zu vielen Tausenden gemischt mit Hunderten von Hibernia aurantiaria; im darauffolgenden Jahre in der Nacht des 25. Juli während einer warmen, ganz stillen Nacht Tausende von Engonia

---

[1]) Zitiert nach Altum.
[2]) D. h. Helgoland.

angularia nebst Hunderten von Lithosia quadra inmitten eines starken Zuges von jungen Charadrius auratus und hiaticula, vieler Totaniden und Tringen; ebenso in der Nacht vom 12. zum 13. August 1877 bei schwachem östlichen Winde und ganz leichtem warmen Regen „Myriaden" von Plusia gamma zusammen mit obigen Strandvögeln und vielen jungen Saxicola oenanthe und Sylvia trochilus und anderen kleinen Vögeln. Nichts aber übertrifft die Wanderzüge von Plusia gamma während der Mitte des August 1882: Am 15. war der Wind südost, begleitet von schönem warmen Wetter, es waren angekommen eine größere Anzahl kleiner Vögel; und sehr viele „Langbeiner" (Regenpfeifer, Wasser= und Strandläufer); von 11 bis 3 Uhr in der Nacht Myriaden Gamma — wie dickes Schneegestöber, alle von Ost nach West ziehend. Am 16. früh Wind West, Regen, Nachmittag schön, sonnig, still; am Abend und Nacht Süd, still, schön; starker Zug der obigen kleinen Vögel und Langbeiner; im Laufe der Nacht wieder unzählige Gamma; so während der Nächte des 17. und 18. unter gleichfalls ganz leichten südlichen und westlichen Winden. Am 19. Südost, schönes Wetter, während des Tages viele Sylvien, Fliegenfänger und dergleichen; während der Nacht bedeckte Luft, still, sehr viele „Langbeiner" und wiederum Tausende und Abertausende von Gamma, stets alle von Ost nach West wandernd, während der Nacht des 20. fernes Gewitter, welches allem Zuge ein Ende machte. Dies führt dann zu der Frage der Beeinflussung des Zuges durch gewaltsame elektrische Vorgänge in der Atmosphäre. So hatte der obige regelmäßige Zug der Myriaden von Gamma schon in der Nacht vom 11. bis 12., während welcher auch Vogelzug stattfand, begonnen; beides aber wurde bald darauf durch Gewitter unterbrochen."

Altum weist sehr treffend darauf hin, daß ja wegen des Flügelmangels der Weibchen eine Verbreitung der von Gädke in den Zügen beobachteten Frostspanner „a limine abgewiesen werden muß". Gleichwohl ist unerwar= tetes zahlreiches Auftreten der Hibernia defoliaria im Revier (Altum nennt beispielsweise ein ostpreußisches Revier) beobachtet worden. Er betont auch, daß niemals etwas bekannt geworden ist, daß an dem oben erwähnten Punkt der englischen Küste nun etwa eine mit dem Anfluge der Gamma=Eule in Verbindung zu setzende Massenzunahme ihrer Raupen beobachtet wurde.

Ähnliches gilt von Wanderzügen der Gamma=Eule, die er selbst 1871 im Herbst beobachtete. Hier war nachweislich der Flug nur der Ausklang, nicht das Signal und der Überträger einer Massenvermehrung.

Dasselbe ist Altums Meinung auch bezüglich der Nonne, deren ge= waltige Wanderzüge „wiederholt", auch von Gätke, über das Meer hin= streichend gesehen worden sind. Die neueren Forschungen, besonders die sorgfältigen Beobachtungen von Seblaczek, geben ihm vollkommen recht.

Wir dürfen also mit Altum — der von der „alltäglichen Behauptung des Forstbeamten, dieser oder jener Schädling, der „plötzlich" in seinem

Schutzbezirk in bedrohlicher Menge auftritt, müsse aus der Ferne her ange=
flogen sein", sagt, daß sie „in der That, zumal, wenn es sich um Schmetter=
linge handelt, auf sehr schwachen Füßen steht" — behaupten, daß „die eigent=
lichen Wanderzüge der Schmetterlinge (also nicht die lokal umherflatternden
Falter) nicht zur Ausbreitung der Spezies, nicht zur Übertragung der Brut
von nahrungsarmen nach anderen, noch futterreichen Gegenden dienen".

Mit der teleologischen Deutung, die der große Forstzoologe, seiner
eigenen Weltanschauung gemäß und als einer der letzten Naturforscher, denen
eine völlige Ausschaltung des teleologischen Betrachtungsmomentes nicht
möglich war, der Erscheinung gab, brauchen wir uns hier nicht zu beschäftigen.
Diese Betrachtungsweise, die mystisch und irreführend ist, hat die Wissen=
schaft heute aufgegeben und ausgeschaltet, — sie ist überwunden.

Ich hoffe aber, daß es nicht überflüssig gewesen ist, im Zusammenhange
mit der Untersuchung der Frage des „Überfliegens" des Spanners so ein=
gehend auf den Inhalt dieser wichtigen, anscheinend jedoch weniger bekannten
Arbeit Altums zu verweisen, wie geschehen. Die dort mitgeteilten Beob=
achtungen dürften doch geeignet sein, das Dogma von der Wanderlust der
Schmetterlinge und einer damit gesetzten Gefährdung der an Fraßgebiete
angrenzenden Distrikte etwas zu erschüttern.

Bevor wir neueren Diskussionen unseres Problems uns zuwenden, muß
ich jedoch noch der Auseinandersetzungen gedenken, die v. Varendorff in
der oben kurz erwähnten Polemik gegen Altum (11 Jahre vor der eben be=
sprochenen Abhandlung des Eberswalder Zoologen zurückliegend) dem
„Wandern" des Spanners widmet.

v. Varendorff[1]) hat, soviel ich sehe, als einer der ersten die prak=
tische Bedeutung erkannt, die der Entscheidung der Frage zukommt, ob der
Spanner als Falter wandert oder nicht: „Für die Vornahme von Ver=
tilgungsmitteln ist die Frage von außerordentlicher Wichtigkeit: ob die
Spanner regelmäßig an der Stelle, in den Jagen, wo sie den Puppen ent=
schlüpft sind, auch wieder ihre Eier ablegen."

Ich kann mich diesem Urteil ganz und gar anschließen, und meine, daß
allerdings derjenige sich selbst widerspricht, der die leichte Verwehbarkeit des
Spanners zugibt und doch eine Bekämpfung des Spanners durch Streu=
rechen, Schweineeintrieb oder dergl. empfiehlt.

Denn selbst die großartigste, sich über mehrere Oberförstereien er=
streckende Spannerbekämpfung bleibt, im Hinblick auf die allgemeine Ver=
breitung des Spanners, der in jedem Reviere zu finden ist, so daß der
epidemische Zündstoff gleichsam überall lagert, — eine lokale!

Obgleich v. Varendorff selbst meint, daß seine „Beobachtung viel=
leicht keine sehr genaue ist", glaubt er dennoch, „eine Wanderung des

---

[1]) Zeitschr. f. Forst= u. Jagdw. 1886, S. 216.

Spanners bei einer Massenvermehrung annehmen zu müssen". Allein es
ist nicht schwer, bei näherem Zusehen zu erkennen, daß diese Notwendigkeit
von v. Varendorff mehr aus gewissen Spekulationen teleologischer Art
erschlossen, als aus der Beobachtung gefolgert ist. Denn wer das „scheue"
Wesen des Spanners unvoreingenommen beobachtet hat, wird mir zugeben,
daß die von v. Varendorff angeführte Beobachtung kaum als beweis=
kräftig anzusehen ist.

v. Varendorff führt nur an, daß er „einst einen Spanner, der
hoch in den Zweigen eines Kiefernbestandes flog, eine weite Strecke durch
ein Jagen verfolgt" hat. Nun, wenn dieser Falter nur so hoch flog, daß
er als Kiefernspanner sicher erkannt werden konnte, so ist der Beobachter
ihm nicht nur gefolgt, sondern hat ihn wörtlich „verfolgt", gejagt! Daß
der Falter freiwillig auch nur die beobachtete „weite" Strecke geflogen wäre,
ist nicht bewiesen.

v. Varendorff sagt ferner: „Vielleicht ist es ein gewisser Instinkt,
der sie, um einer „Übervölkerung" zu entgehen, zur „Auswanderung"
zwingt und sie dann wohl naturgemäß solche Bestände aufsuchen läßt, die
ihnen nach Alter, Boden, Wuchs usw. besonders zusagen; vielleicht spielt
mitunter der Wind oder gar heftiger Sturm in der Flugzeit für die Ver=
breitung eine Rolle. Ähnlichen Erscheinungen begegnen wir bei einer Massen=
vermehrung im Tierleben öfter; ich erinnere nur an Lemminge, Heu=
schrecken usw.; bekannt ist auch, daß man, namentlich auf der See, schon
stundenlangen, dichten Schwärmen des Kohlweißlings begegnet ist. Aus
dem in Rede stehenden Spannerfraß diene hierfür folgendes Beispiel:

Nach den oben angegebenen Zahlen wurden in den nebeneinander=
liegenden Jagen 129—132 und 143—146 der Oberförsterei Rothemühl
auf den Probeflächen zusammen gefunden:

<pre>
        am 9. November 1881 . . . . 1568 Puppen
        am 6. März 1882   717   =
                                          ____
        zusammen auf 16 Probeflächen à 4 Ar . 2385 Puppen
        d. i. pro Ar rund   38   =
        und pro Stamm (bei 749 Stämmen) rund   3,2 =
</pre>

dessenungeachtet war hier Ende 1882 partieller Kahlfraß. Zu gleicher Zeit
wurde auf den Probeflächen in anderen Oberförstereien eine ungleich, ja bis
50 mal größere Puppenmenge gefunden, ohne daß diese Bestände erhebliche
Fraßspuren zeigten. Ich kann daher die Annahme nicht zurückweisen, daß
im Jahre 1882 ein Überfliegen des Spanners nach den genannten Rothe=
mühler Jagen, daß dort eine Massenkonzentration stattgefunden habe."

Aus dieser zweiten Beobachtung v. Varendorffs geht in Wahr=
heit jedoch weiter gar nichts hervor, als daß in dem nicht näher bezeichneten,
aber doch wohl als benachbart vorzustellenden Oberförstereien die normale
Progression der Individuenzahl des Spanners, — die unter gewöhnlichen

Verhältnissen, als Funktion der Fruchtbarkeit der Weibchen und der Angriffe von Schädlichkeiten (Schmarotzer, Krankheiten, Ungunst der Witterung) sehr gering ist, so gering, daß die Puppenzahlen eben ziemlich konstant bleiben, — keiner anormalen (durch Fortfall aller hemmenden Faktoren) auch weiterhin Platz gemacht hat, wie in Rothemühl, sondern konstant geblieben ist.

In Rothemühl kann sehr wohl, trotz der nur $^1/_{50}$ so großen Menge von Puppen, die sich bei der November- und März-Suche insgesamt vorfanden, eine erheblich größere Anzahl von Raupen gefressen haben. Die mir aus benachbarten Fraßgebieten der Tucheler Heide bekannten Schmarotzerbefalls-Prozente und Eizahlen lassen durchaus die Möglichkeit zu, daß, allerdings unter Annahme extremer Verhältnisse, in den Nachbarrevieren von 100 weiblichen Puppen nur soviel Raupennachkommenschaft während der Fraßzeit in den Wipfeln tätig war, als von einem einzigen zur Eiablage geschrittenen Falter herrühren kann, während 99% der Puppen als solche oder in dem auf sie entfallenden Teil der Nachkommenschaft durch Schädlichkeiten aller möglicher Art vernichtet wurden. Das würde auf 100 weibliche Puppen eine Nachkommenschaft von 100 Raupen (praktisch gleich der Nachkommenschaft eines einzigen Weibchens, wenn wir dessen Fruchtbarkeit gleich 100 setzen) geben.

In Rothemühl würden nur 2, — ca. pro Stamm, — dort vorgefundene weibliche Puppen, = $^1/_{50}$ der in den Nachbarrevieren gefundenen, in ihrer vollen Nachkommenschaft, d. h. mit 200 Raupen, zur Wirkung gelangt zu sein brauchen, um das von v. Varendorff bemerkte, seiner Meinung nach nur mit Überflug von Faltern aus der Umgebung zu erklärende Ergebnis zu zeitigen.

Ja, man braucht noch nicht einmal so extreme Verhältnisse zu postulieren, wie es eben geschah. Denn nach v. Varendorffs eigener Angabe war die Puppenmenge doch nur im extremen Falle, nicht durchgängig in den Nachbarrevieren 50 mal größer, und der Fraß hier war nicht erheblich, andererseits dagegen der Kahlfraß in Rothemühl nur partiell.

Der v. Varendorff angeführte Fall beweist also für die Annahme eines Überfluges auch nicht das geringste. Das könnte er nur dann, wenn man irgendwelche exakte Daten darüber besäße, in welchem Grade die Puppen der benachbarten Reviere als gesund zu betrachten waren, so daß z. B. die Vermutung (die ich hege) gegenstandslos wäre, daß sie vielleicht zu mehr als 90% mit Ichneumonen besetzt gewesen sein könnten.

Auch die in der Colbitz-Letzlinger Heide gesammelten Beobachtungen beweisen, daß die Wanderlust des Falters nur sehr minimal sein, ja praktisch gleich Null gesetzt werden kann:[1]

---

[1] Gieseler, Zeitschr. f. Forst- u. Jagdwesen, 1904, S. 432.

„Mitten in einem kahl gefressenen Bestande finden sich einzelne Kiefern, die völlig unberührt geblieben sind — der Grund muß wohl in der Beschaffenheit der Nadeln liegen, die dem Spanner nicht zusagten. Ferner sind die Kiefern in den Saufängen sämtlich gesund geblieben, trotzdem rund herum alles tot gefressen ist. Man sollte doch denken, wenn auch keine Puppen in den Saufängen ausgekommen sind, so hätte doch von den angrenzenden Bäumen von den Abertausenden Schmetterlingen ein Teil auch diese kleinen Orte mit Eiern versehen müssen — aber es war nicht der Fall! Ebenso verhält es sich mit den Flächen, in welche die Schweineherden der Dörfer eingetrieben waren. Die Fraßgrenzen sind der Jagengrenze entsprechend ganz scharf gezogen, der Spanner ist nicht zum Eiablegen übergeflogen. Genau so verhält es sich mit den Flächen, von denen die Streu abgegeben ist. Es muß sich hierbei dem Unparteiischen die Ansicht aufdrängen, daß der Spanner ein ganz lokal veranlagtes Tier ist, daß er nur da seine Eier ablegt, wo er ausgekrochen ist. Merkwürdig ist aber auch dabei wieder die Tatsache, daß er in einzelnen Beständen massenhaft geschwärmt hat, aber gerade nicht hier, sondern in den angrenzenden Jagen, wo sein Flug viel geringer war, stark gefressen hat.“

Badermann[1]) betont in seinem Bericht über die Resultate der amtlichen Untersuchungen über den Kiefernspanner, daß dieser „scheinbar plötzlich“, sobald eben „seiner Entwicklung besonders zuträgliche Witterungsverhältnisse“ eine stärkere Vermehrung der überall in mehr oder weniger geringer Zahl vorkommenden Individuen zugelassen haben, „in ungeahnten, bestandvernichtenden Massen“ auftritt.

„Nach den bisherigen Erfahrungen“, meint Badermann, „scheint aber die Annahme berechtigt, daß dieser Massenvermehrung mehr oder weniger zahlreiche kleinere Fraßzentren vorausgegangen sind, die aber leicht übersehen werden und daher unbeachtet bleiben. Schon im zweiten Fraßjahre fließen diese kleinen Fraßzentren vielfach ineinander, und sind dann kaum noch im einzelnen nachweisbar.“

Badermann legt deshalb großen Wert darauf, durch Beobachtung des Falterfluges und durch das Puppensammeln die „kleineren Fraßzentren“ rechtzeitig zu entdecken und dort eine wirksame Bekämpfung durchzuführen.

Altum[2]) hat der Frage des Vorkommens von Fraßherden des Kiefernspanners, die uns in diesem Zusammenhange interessiert, seine besondere Aufmerksamkeit zugewandt.

Darin scheint mir ja nun Altum zweifellos recht zu haben, daß ein Insekt durchaus nicht immer gleichmäßig über einen größeren Bezirk ver-

---

[1]) D. F.-Z. 1908, S. 954.
[2]) Zeitschr. f. Forst- u. Jagdw., 1886, S. 220 u. ff.

breitet ift, jondern „Herd“=weiſe in ganz erheblich ſtärkerer Individuenzahl zu finden ſein kann. Aber darum dreht ſich eigentlich auch nicht der Streit. Denn was bezweifelt wird und was zu beweiſen wäre, das iſt der „Herd“=Charakter dieſer lokalen Anſammlungsgebiete. Wenn wir ſonſt von Seuchen=herden ſprechen, ſo denken wir doch immer in erſter Linie an Orte, wo infolge günſtiger Entwicklungsbedingungen ein Organismus ſich ſtändig hält und von dem aus er durch Verſchleppung (z. B. durch den Menſchen), ſehr ſelten durch aktive Wanderung über weite Strecken oder nach entfernten Orten, die bis dahin frei waren, verbreitet werden kann. Eben in der Erkenntnis des n i ch t autochthonen Urſprungs vieler Epidemien beruht der Wert des rechtzeitigen Nachweiſes der „Herde“.

Beim Spanner (und auch bei der Nonne) wiſſen wir wohl etwas von der ungleichen Verteilung des Inſektes, wiſſen, wie Altum es auch ſchildert, daß es unter Umſtänden in einem einzelnen Schutzbezirk in Maſſen auftreten, ſonſt aber in ausgedehnten benachbarten Waldgebieten zu gleicher Zeit faſt völlig fehlen kann. Aber daß von ſolchen Orten durch Verſchleppung oder aktives Auswandern die über weitere Strecken ſich z. B. im Verlauf von 2 oder 3 Jahren ausbreitenden Kalamitäten ausgingen, dafür fehlt jeder zwingende Beweis. Erſt wenn dieſer erbracht wäre, dürften wir im Sinne der Epidemiologie von „Herden“ reden.

Fraßzentren beſtehen ganz zweifellos. Das zeigt beiſpielsweiſe der räumlich eng begrenzte Fraß in der Neuſtadter Gegend. Und hierher rechne ich auch u. a. die Jagen, in denen der Hagenorter und Wildunger Fraß zuerſt bemerkt wurde und von denen er ſich, — ſcheinbar, — über das ganze Revier ausbreitete.

Das Problem der „Fraßzentren“ bedarf zweifellos noch eingehender Studien. Aber was wir bisher von ihnen wiſſen, beſtärkt nicht in dem Glauben, daß ſie mehr wären, als das einfache Reſultat der ungleichen Verteilung des Schädlings im Revier und daß die Veränderungen dieſer Maſſenverteilung etwas anderes wären, als eine nur ſcheinbare, dem Phänomen der Wellenbewegung vergleichbare Verſchiebung, der ein wirk=liches Wandern der Teile alſo nicht entſpräche.

Altum ſelbſt vertritt die Anſchauung, daß die „Herde“, ohne jeden Zuſammenhang miteinander, gleichſam aus dem Boden ſchießen. Im erſten Jahre einer Kalamität einige wenige, im nächſten mehr, aber, um es noch=mals zu betonen, ohne daß die neuen Herde des zweiten Fraßjahres von denen des erſten irgendwie herrühren müßten.

Hinſichtlich der Frage, inwieweit dieſe Herde Ausgangspunkte der Kalamität, der ausgebreiteten Maſſenvermehrung werden könnten, iſt damit aber ſchon die Antwort gegeben und wird auch von Altum gegeben mit den Worten: „Der Zündſtoff iſt dann freilich ſchon überall vorhanden, das Inſekt überall einzeln zu finden.“ Das Zurückziehen in die noch dunklere, noch nicht kahl gefressene Nachbarschaft kommt wohl immerhin nur selten vor. In Jädkemühl soll es einwandfrei, nach Altums Zugeständnis zu urteilen, festgestellt sein.

Diese Erscheinung würde aber ganz und gar nicht ausreichen, um das Einwandern in ganze Reviere zu erklären.

Daß der Spanner sehr wohl in einem Jahre ganz unbemerkt bleiben und im nächsten eine so überraschende Individuenzahl trotz sicher autochthonen Ursprungs aufweisen kann, daß dem Revierverwalter sich als plausibelste Erklärung zunächst die Annahme eines Überfluges aufdrängt, zeigt die Mehrzahl der in der Literatur niedergelegten Beschreibungen der Entstehungsgeschichte von Spannerkalamitäten mit überraschender Deutlichkeit.

Der von Ratzeburg mitgeteilten Graßhoffschen Beobachtungen geschah schon oben Erwähnung.

Ähnliche Fälle ließen sich aus der Literatur in großer Zahl anführen.

Ich glaube, daß da in praxi Überraschungen vorkommen können, die zur Vorsicht bei der Hypothesenbildung mahnen.

Sehr zu beachten ist in dieser Beziehung entschieden der Rat Ecksteins,[1]) sich ja nicht bloß mit dem Puppensammeln zu begnügen, sondern auch ja während der Flugzeit auf den Falter zu achten.

Und auch bei Befolgung dieses Rates seitens der Revierverwalter und des Schutzpersonals wird man vorsichtig mit der Behauptung sein müssen, daß der Falter vorher nicht im Revier gewesen, folglich (wenn er irgendwo doch entdeckt, womöglich in fataler Anzahl bemerkt wird) nur übergeflogen oder =geweht sein kann.

Denn nicht nur die Puppe, auch der Falter kann leicht, — bei seinen eigentümlichen Fluggewohnheiten, die wir oben kennen lernten, — übersehen werden.

Knauth selber, der sich doch auch gewiß nicht als der erforderlichen zoologischen Kenntnisse bar wird haben brandmarken wollen, gibt zu, daß die ersten, vereinzelt in einem Bestande auftretenden Kiefernspannerfalter sehr leicht übersehen werden können. Er sagt p. 390 (1895):

„Der männliche wie weibliche Falter des Spanners sind verhältnismäßig so klein — nur um weniges größer, als jener der Forleule — daß derselbe im Vergleich zum Kiefernspinner, der Nonne, dem Rotschwanz usw. im vereinzelten Vorkommen nicht so leicht auffällig und als irgendein Mottenschmetterling angesehen und übersehen wird."

Vorläufig wird eben der Spanner meistens erst relativ spät bemerkt, und der Altum'schen Mahnung, mit einem guten Feldstecher die Kronen auf etwaige Fraßspuren zu kontrollieren, kann daher gar nicht genug

---

[1]) „Technik des Forstschutzes".

Gewicht beigelegt werden. A conto der Unterlassung dieser Maßnahme kommt sicher eine große Zahl überraschender Feststellungen einer hohen Befallsziffer.

Über die psychologischen Ursachen des Übersetzens des Spanners und des Überraschtwerdens durch ihn hat sich Altum[1]) gelegentlich in folgender Weise näher ausgelassen:

„Andererseits will man erfahrungsgemäß in stark befressenen, von den Forstbeamten vorher wiederholt besuchten Beständen nichts von einem Fluge des Falters bemerkt haben. Auch die Probesammlungen nach der Kiefern= spinnerraupe, neben deren Ergebnis auch die Zahl der dabei aufgefundenen Spanner= (und Eulen=) Puppen in die dafür bestimmten Rubriken ein= getragen werden, geben keinen festen Aufschluß, ja kaum einen bestimmten Anhalt zur Beurteilung der Anzahl der vorhandenen Spanner. Die letzteren, zur Zeit des Sammelns meist noch unverpuppte zusammengezogene Raupen, werden leicht übersehen; sie liegen außerdem nur ausnahmsweise am zahlreichsten oder gar gedrängt um den Wurzelanlauf der einzelnen Stämme, sondern gewöhnlich über die ganze Bestandesfläche, wenn auch nicht gleichmäßig, verteilt. Wo ferner die Spinnerraupe so spärlich auf= tritt, daß sich daselbst das Probesammeln nicht lohnt und deshalb auch nicht weiter ausgeführt wird, hätte vielleicht bei fortgesetzter Arbeit ein sehr be= achtenswerter Herd des Kiefernspanners entdeckt werden können; gleich= zeitiger Spinner= und Spannerfraß treten nicht stets an denselben Stellen des gleichen Bestandes auf. — Einen sicheren und fast mühelos zu ge= winnenden Beweis für die Anwesenheit, Verteilung und Menge des Span= ners liefert dagegen das Fraßbild als solches, sowie seine Ausdehnung und Intensität.“

In dieser Beziehung ist wieder ein von Knauth angeführter Fall sehr lehrreich.

Knauth[2]) erhielt am 10. Oktober die Mitteilung, daß in einem für spannerfrei (wegen der starken, mehrjährigen Streunutzung) gehaltenen 80jährigen Kiefernbestande der Raupenkot ähnlich wie bei einem starken Orgyia pudibunda-Fraß „riesele“. Der fragliche Ort war von dem zu= ständigen Schutzbeamten regelmäßig begangen und noch im Monat August und September von Knauth selbst sorgfältig in Augenschein genommen, aber keinerlei Anzeichen für den Fraß des Spanners gefunden worden.

Auf Grund der alarmierenden Nachricht wurden nun in der zweiten Oktoberhälfte Zählstämme gefällt.

Sie brachten „das überraschende Ergebnis von 1400 Spannerraupen auf 0,5 Normalkrone, somit für volle Normalkrone einen Belegstand von

---

1) 1890. Zeitschr. f. Forst- u. Jagdw., S. 82.
2) 1896. S. 48.

2800 Raupen, welche Anzahl, angeglichen an die Oberpfälzer Resultate, schon Licht= bis Kahlfraß bedingen konnte". An anderen Zählstämmen wurden 667 und 450 Raupen auf 0,3 und 0,2 Normalkrone gefunden.

„Erst bei schärferem Hinsehen wird für das ganz normale Auge der Fraß in den Baumwipfeln in diesem Stadium und zu dieser doch vor= gerückten Zeit auffällig, während nach Näherbesehung der Zweige konstatiert werden muß, daß tatsächlich die Nadeln bereits bis zu 0,7 und 0,8 ihrer ganzen Länge zerstört sind. Nur mit dem Fernglase konnte eine angehende Bräunung der Nadeln in diesem Gefährlichkeitsherde bemerkt werden und erst gegen Mitte November war diese Mißfärbung soweit gediehen, daß die= selbe vom gegenüberliegenden Hange aus so festgestellt werden konnte, wie sie in der beigegebenen Skizze abgegrenzt erscheint."

Es liegt also hier wohl auf der Hand, daß bei Befolgung des Altum = schen Rates der Fraß hier früher hätte bemerkt werden können. Die Puppen haben in dem regelmäßig berechten Bestande im mineralischen Boden liegen müssen. Wäre der Schutzbeamte nicht noch rechtzeitig durch den „rieselnden Kot" auf die Anwesenheit des Spanners aufmerksam geworden, so hätte der Flug im nächsten Jahr hier das beste Feld für eine Verwehungs= hypothese gegeben.

Daß aber eine relativ geringe Anzahl von Faltern schon einen recht bemerkenswerten Fraß zur Folge haben kann, ist ganz sicher.

Nehmen wir als richtig z. B. an, daß, wie Knauth[1]) versichert, die im Reg.=Bez. Oberpfalz für Nasch=, Halb=, Licht= und Kahl=Fraß „je eines (wohl normal bekronten) Stammindividuums" gefundenen Durchschnitts= sätze der jeweils tätig gewesenen Raupenmassen als annähernd zuverlässig einer Berechnung zugrunde gelegt werden dürfen, so würde ein Bestand von 1500 weiblichen Faltern, um eine von Knauth zu anderem Zweck ge= brachte Aufstellung zu wiederholen, folgende Fraßwirkung haben.

Bei Annahme einer Produktion von 107 Eiern pro Weibchen und deren normaler Entwicklung würden 1500 Weibchen den Bestand mit 160 500 Raupen infizieren.

Diese 160 500 Raupen können bei Annahme einer

Naschfraßzahl von 1000 Raupen	160	Stämme
Halbfraßzahl = 1000—2000 Raupen . . .	107	=
Lichtfraßzahl = 2000—3000 = . . .	64	=
Kahlfraßzahl = über 3000 = . . .	50	=

im entsprechenden Grade beschädigen.

Aber ich selbst sehe für die Richtigkeit der von mir vertretenen Auf= fassung, daß speziell die Danziger Grenzreviere während des Fraßes in der Tucheler Heide nicht durch verwehte Falter aus den Marienwerderer

---

[1]) N. Z. f. F. u. L. 1895, S. 393.

Spannerrevieren Königsbruch, Rehberg usw. infiziert worden sein können,[1] auch darin einen Beweis, daß trotz beträchtlichen Fluges im Sommer 1909 weder in diesem, noch im darauffolgenden Jahre ein nennenswerter Fraß beobachtet wurde, ja die Kalamität, wenn von einer solchen überhaupt die Rede sein konnte, mit dem Jahre 1910 als völlig erloschen betrachtet werden konnte, infolge von wichtigen autochthonen Bedingungen, von denen sogleich zu reden sein wird.

Davon habe ich mich bei meiner Bereisung der Reviere Hagenort und Wildungen überzeugt, daß der Fraß des Jahres 1909 nur ein ganz minimaler gewesen sein kann.[2] Und für die Erklärung dieser Erscheinung gaben mir die Zuchtergebnisse der aus diesen Revieren eingesandten Puppen den Schlüssel: das Verschwinden des Spanners war hier wesentlich durch den ganz außerordentlich hohen, bis 98 % der Puppen vernichtenden Schmarotzerbefall bedingt.

Wo sollen die enormen Massen von Ichneumonen und Tachinen vorher sich befunden haben? Sollen auch sie verweht worden sein? Das wird kaum behauptet werden dürfen, jedenfalls heute auch nicht mit dem Schatten eines Beweises erhärtet werden können. Und wenn auch von mir mancherlei Nonnenschmarotzer aus den Spannerpuppen gezogen werden konnten,[3] wenn es sich auch teilweise um andere Spanner- und um Eulenpuppen handelte, die sich in dem erwähnten Materiale fanden, Tatsache bleibt

---

[1] Wie oben erwähnt, komme ich hierauf im II. Teile meiner Arbeit spezieller zu sprechen.

[2] Die Kgl. Regierung in Danzig berichtete am 28. V. 09:

„Während der Kiefernspanner sich in den letzten Jahren nur gelegentlich auf kleinen Flächen im Belauf Lassek der Oberförsterei Deutschheide bemerkbar gemacht hatte und durch sofort nach Feststellung der Gefahr noch im Spätherbst vorgenommenes Zusammenrechen der Bodendecke vernichtet bezw. auf ein unschädliches Maß reduziert werden konnte, wurden von Ende Juni 1908 an größere Schwärme von Faltern von den Marienwerderer Grenzrevieren Rehberg und Königsbruch her in nordwestlicher Richtung in die Reviere Wildungen und Hagenort, ja bis in die südlichen Jagen der Oberförsterei Wilhelmswalde und Deutschheide verweht. Ein irgendwie nennenswerter und sichtbarer Fraß machte sich im Sommer und Herbst des vergangenen Jahres gleichwohl nicht bemerkbar. Dagegen ergaben die Probesammlungen nach schädlichen Insekten in den genannten Revieren stellenweise eine beachtenswerte Zunahme des Spanners. Da jedoch bei den Sammlungen im Oktober in der Hauptsache nur Raupen gefunden wurden, wurde Ende November nochmals gesucht. Dabei stellte sich denn heraus, daß in einzelnen Stangenorten in den der Marienwerderer Grenze anliegenden Beläufen der Oberförsterei Wildungen und Hagenort immerhin soviel Puppen gefunden wurden, daß Gegenmaßregeln notwendig erschienen." Wir werden diese Angaben später noch an der Hand der Karten kritisch näher betrachten.

[3] Über die gezüchteten Arten wird im III. Teil der Arbeit eingehend berichtet werden.

doch, daß die Mehrzahl der Schmarotzer typische Spannerschmarotzer [1] waren und daß deren Existenz (in solcher Anzahl) nur erklärlich ist, wenn man annimmt, daß sie seit Jahren in dem betreffenden Revier in ursprünglich wenigen Individuen ihres Wirtes, des Kiefernspanners, d. h. in dem selbstverständlich autochthonen eisernen Spanner=Bestande des Reviers ihre Entwicklungsbedingungen fanden.

Mit verwehten Spannern aus Nachbarrevieren können sie nicht dorthin gelangt sein. Eine Verwehung gesunder, befruchteter, noch nicht im Ursprungsrevier zur Ablage der Eier geschrittener Weibchen in ein benachbartes, seit Jahren spannerfreies Revier hätte der Kalamität dort von vornherein den Stempel einer frischen Infektion aufgedrückt. Nie hätte der Spanner so schnell dort in diesem Falle ein natürliches Ende finden können.

Die tatsächlichen Beobachtungen während des Spannerfraßes in der Tucheler Heide sprechen in keiner Weise für die gleichwohl wiederholt auch hier aufgestellte Behauptung, daß der Schädling von gewissen Herdstellen aus durch Überfliegen oder Überwehen sich plötzlich über mehr oder weniger große und entfernte benachbarte Revierteile verbreitet habe.

So berichtete die Oberförsterei Hagenort:

„Schon seit einigen Jahren war bei den Probesammlungen nach der großen Kiefernraupe eine langsame Vermehrung des Spanners bemerkt

---

[1] Es heißt übrigens in dem Bericht der Danziger Regierung vom 28. V. 09 ausdrücklich: „In denjenigen Revieren und Beläufen, in denen in den letzten Jahren merklicher Nonnenfraß stattgefunden hatte, wurden nur geringe Mengen von Spanner= raupen gefunden, so in Königswiese, Gr. Bartel, Wirthy, dem nördlichen Teile von Wilhelmswalde und im Belauf Waldhof der Oberförsterei Hagenort. Dagegen fanden sich Puppen in recht bedrohlicher Menge in der Oberförsterei Wildungen mit Ausnahme des östlichen Belaufes Kalemba und im Belauf Hagenort der gleichnamigen Oberförsterei; ferner wurden zwei kleinere Herde in den Oberförstereien Wilhelmswalde und Deutschheide vorgefunden, in denen die Puppenzahl aber nicht über 15 000 bis 30 000 Stück pro ha bei ganz genauer flächenweiser Probesammlung stieg.“

Hieraus geht klar hervor, daß in diesem Falle die Nonne sicher nicht imstande gewesen ist, eine erheblichere Anreicherung der angeblich durch Überwehen spanner= infizierten Bestände mit auch dem Spanner gefährlichen Schmarotzerinsekten zu bewirken und so ihrerseits dazu beizutragen, einer drohenden Massenwanderung des Spanners ein vorzeitiges Ende zu bereiten. An und für sich halte ich etwas derartiges durchaus für möglich. Aber dann muß die Nonne zuvor in nennenswerter Stärke aufgetreten sein.

Wie rapide der Spanner in Hagenort und Wildungen wieder zurückging, geht außer aus verschiedenen oben schon angeführten Einzelheiten auch mit daraus hervor, daß die Danziger Regierung selbst am 1. Februar 1910 berichtete:

„Ein sehr beträchtlicher Flug aber stellte sich wieder in den Oberförstereien Wildungen und besonders Hagenort ein, in dem ersteren Revier allerdings schwächer als im Vorjahre.“

Die Nachkommenschaft dieses Fluges ist dann, wie ich schon berichtete, mit einem Schlage von den Schmarotzerinsekten vernichtet worden.

worden, jedoch war die Anzahl der gefundenen Puppen nur ganz gering=
fügig. Im Sommer des Jahres 1908 zeigte sich ganz unerwartet ein sehr
starker Falterflug hauptsächlich im südöstlichen Teil des Belaufes Hagenort.
Die dann angestellten Probesammlungen ergaben, daß dieser Revierteil
außerordentlich stark mit Spannergruppen besetzt war; dann fanden sich noch
zwei kleinere Herde im Belauf N e u h o f und D l u g i, während das ganze
übrige Revier fast frei von Spannern war, so daß unbedingt angenommen
werden muß, daß die Falter von benachbarten Revieren überflogen sind."

An einer Stelle weiter unten im selben Berichte heißt es dann:

„Die Flugzeit des Falters zog sich sehr in die Länge. Bereits am
23. Mai[1]) wurde der erste Spannerfalter gesehen; während des ganzen
Monates Juni nur vereinzelte Exemplare, der Hauptflug war in der letzten
Hälfte des Juli und dehnte sich bis Mitte August aus. In den geharkten
Beständen war der Falterflug mindestens ebenso stark, wie in den nicht ge=
harkten. Im August war das ganze Revier von Spannern befallen, so daß
unzweifelhaft ein allmähliches Vordringen des Spanners nach Norden zu
stattgefunden hat."

Es ist nun meiner Überzeugung nach eine exakte Beweisführung für
die Richtigkeit dieser von dem Revierverwalter Herrn Oberförster
M a t t h i a ß so bestimmt vorgetragenen Anschauung ganz unmöglich an
der Hand der beobachteten Tatsachen zu führen.

Der Falter soll allmählich vorgedrungen sein. In Wirklichkeit mußte
ein einziger Flug, der des Sommers 1908, ihn über die ganze Oberförsterei
Hagenort verbreitet und verweht haben, da der Spanner ja nur eine einzige
Generation im Jahre erzeugt und seine Raupe notorisch nicht wandert.

Die benachbarten Marienwerderer Spannerreviere mit zum Teil
nennenswerter Befallsstärke, die Oberförstereien Königsbruch und Rehberg
liegen westlich und südlich von Hagenort und grenzen an den Belauf gleichen
Namens. Eine katastrophale Verwehung zur Zeit des Spannerfluges im
Jahre 1908 hätte aber dann bloß einen immerhin sehr beschränkten Teil des
Belaufes Hagenort infiziert, und ganz unverständlich bleibt es, daß in Neuhof
und Dlugi nur zwei kleine Herde gefunden werden konnten, während im
Süden die Reviere Rehberg und Wildungen (letzteres zum Reg.=Bezirke
Danzig gehörig) ihre Faltermassen produzierten.

Im zweiten Teil der Arbeit komme ich an der Hand der Karte noch
einmal auf dieses Problem zurück. (Im übrigen vergl. Taf. IV.)

Selbstverständlich würde der Spanner sich nicht auf ein allmähliches
„Vordringen nach N o r d e n" beschränkt haben, wenn er wirklich von den
Orten der ersten Invasion aus sich über das ganze Revier verbreitet gehabt
hätte.

---

[1]) 1909.

Es ist bezeichnend, daß selbst ein so sorgsamer Beobachter, wie Herr Oberförster M a t t h i a ß , dem wir eine ganze Reihe von Mitteilungen über die Biologie des Spanners verdanken, nichts Positives über die Richtung des Fluges, über eigene oder fremde Wahrnehmungen des Ursprungs, der Richtung und des Endes von Falterzügen, anzugeben imstande ist.

Es hat sich in Wirklichkeit in Hagenort um einen, auch seiner räumlichen Ausdehnung nach, keineswegs bedeutenden Fraß gehandelt, — die Vertilgungsmaßregeln erstreckten sich auf 417 ha, — dessen Spuren so, wie sie sich mir im Frühjahr 1910 bei der Bereisung des Reviers darboten, in keiner Weise als bedenklich erschienen.[1]) Dieser Ansicht war übrigens auch der Herr Revierverwalter. Es liegt kein Anlaß vor, zur Erklärung der Entstehung dieses Fraßes von der immer zunächst liegenden Annahme eines autochthonen Ursprungs der Falter abzugehen.

Die Marienwerderer Regierung hat mit Recht dem „Abwandern" des Falters von Anfang an sehr skeptisch gegenüber gestanden. Hierbei konnte sie sich auf eigene, schlagend die Berechtigung einer solchen Skepsis dartuende Versuche stützen. Bestimmt entschieden hat sie sich weder für noch gegen eine solche Annahme, obgleich meiner Meinung nach die in den Marienwerderer Revieren gemachten Erfahrungen teils sehr entschieden gegen, teils in keiner Weise beweisend für die Annahme eines „Abwanderns" sprechen, wie ich noch zeigen werde. Ich zitiere zunächst wörtlich den betreffenden Passus aus dem Bericht der Kgl. Regierung in Marienwerder vom 29. Dezember 1909:

„Ob ein A b w a n d e r n der Spannerfalter in der Tat· stattfindet, erscheint zweifelhaft; verschiedene im hiesigen Bezirk gemachte Beobachtungen scheinen es zu bestätigen.

In einem Falle (Oberförsterei Junkerhof) blieben an befallene Bestände angrenzende Flächen, welche nur mit der Egge umgebrochen wurden, ohne daß ein Zusammenbringen der Streu stattfand, von dem Fluge verschont, während auf anderen, in keiner Weise bearbeiteten Flächen, welche an befallene Bestände angrenzten, eine starke Zunahme des Fluges festgestellt wurde.

In einem anderen Falle wurde auf einer Fläche (Oberförsterei Rehberg), die infolge eingetretenen Frostes nur schlecht beharkt worden war, ein starker Flug beobachtet. Bei späterhin vorgenommenen Probefällungen fand man jedoch am Stamm nur äußerst wenig Raupen.

---

[1]) Weshalb ich auch nicht darüber erstaunt war, daß in diesem Revier, in dem ähnlich, wie in der benachbarten Oberförsterei Wildungen, die Insektenschmarotzer dem Untergange des Spanners stark, ja wohl ausschlaggebend vorgearbeitet hatten, ein Unterschied zwischen behandelten und nicht behandelten Flächen nicht bemerkt werden konnte.

Die Weibchen haben scheinbar zur Eiablage Bestände aufgesucht, deren Bodenverhältnisse ihrer Nachkommenschaft eine günstige Weiterentwicklung sichern.

Auch bei Beachtung der zu 6) erwähnten Versuche (Streuwallversuche) wird man sich vielleicht der Annahme nicht verschließen können, daß ein Abwandern stattfindet. Wenn von den in verschiedenen Schichten mit 100, 50 und 30 cm Streubedeckung eingebetteten Puppen immerhin 3,5 % zur Weiterentwicklung gelangten, so wird voraussichtlich auf den bearbeiteten Flächen, wo die Puppen in den zusammengeharkten Streuwällen meistens keine größere Bedeckung als 30 cm gehabt haben dürften, mindestens derselbe Prozentsatz, wenn nicht mehr, zur Entwicklung gelangt sein, zumal nach den hier gemachten Beobachtungen auch von den auf freigelegtem Boden in der Humusschicht verbleibenden Puppen nur ein Teil zugrunde ging.

Kommen aber mehr als 3,5 % der Puppen auf den bearbeiteten Flächen zur Entwicklung, so wird man bei der Fortpflanzungsfähigkeit dieser Insekten von einer vollkommenen Vernichtung des Schädlings nicht reden können. Sind trotzdem die Bekämpfungsmaßnahmen von durchschlagendem Erfolg begleitet und bleiben die bearbeiteten Bestände vor der Wiederholung des Fraßes bewahrt, so wird das möglicherweise zum kleinen Teil der Abwanderung der Falter zuzuschreiben sein. Allerdings müßte dann in benachbarten Beständen eine erheblichere Vermehrung gefunden werden, was bis jetzt nicht der Fall gewesen ist."

Die angeführten Gründe für das Wandern der Schmetterlinge charakterisieren die Deutungen, die nach diesem Bericht eventuell für ein „Abwandern" sprechen könnten, als wissenschaftlich unhaltbar, weil sie psychische Qualitäten bei dem Schmetterlinge voraussetzen, deren Gegebensein erst bewiesen werden müßte. Wir brauchen uns mit einer weiteren Widerlegung dieser „post hoc, ergo propter hoc"-Konstruktionen nicht aufzuhalten.

Die Möglichkeit eines „Verwehens" ist in einem Berichte der Oberförsterei Osche vom 19. Juli 1909 in Betracht gezogen worden.

„Die Vermehrung ist in allen Schutzbezirken des Reviers eine ganz bedeutende gegen das Vorjahr, die ganzen Stangenhölzer und geringen Baumhölzer sind in der Flugzeit voll von Spannern gewesen. In welchen Beständen die Eier in der Hauptsache abgelegt sind, läßt sich aber nicht mit Sicherheit angeben, da in der Hauptflugzeit tagelang starker Wind aus Nordost und Nordwest wehte, der die Falter möglicherweise in andere Bestände geweht hat."

Irgendwelche direkte Beobachtungen eines Verwehens von Faltern liegen also auch hier nicht vor.

Wenn es sich darum handelt, das Verschwinden des Schmetterlings in einem Revierteil oder Reviere und sein späteres Auftreten in einem anderen, mehr oder weniger nahe benachbarten zu erklären, so greifen wir am wenigsten zu Hypothesen, lassen, um mit Mach zu reden, die größte Denkökonomie walten, wenn wir annehmen, daß natürliche hemmende, reduzierende Faktoren am einen Ort die Oberhand gewannen, am anderen aber, wo solche noch fehlen, die Vermehrungsziffer des Insektes in ihrer natürlichen, imponierenden Progression anwächst.

Aus dem Verschwinden des Insekts nach starkem Flug kann, wenn nicht gegenteilige direkte und völlig einwandfrei angestellte Beobachtungen vorliegen, aber nur der eine Schluß gezogen werden, daß es zugrunde gegangen ist: als Falter noch vor der Eiablage, oder als dessen junge Nachkommenschaft — früher oder später, jedenfalls eher, als sich erneuter Fraß bemerkbar machen konnte, endlich eventuell auch noch als Puppe.

Für Hagenort und Wildungen habe ich, wie oben ausgeführt, wirklich beweisen und sagen können, daß der Spanner durch seine Schmarotzer vernichtet wurde. Hier konnte weder die Bekämpfung erkennbar wirken, noch ein Abwandern eintreten.

Als sehr lehrreiches Beispiel kann ich aber auch einen von Altum 1884 kurz mitgeteilten Fall anführen.[1]) In den Eberswalder Lehrrevieren hatte 1883 der Spanner in manchen Stangenorten und älteren Schonungen einen überraschenden und bedrohlich stark erscheinenden Flug gezeigt. „Der nachfolgende Fraß entsprach jedoch einer solchen Schmetterlingsmenge nicht."

Für dasselbe Jahr hatte Altum auf Grund des bedrohlichen Eulenfraßes im Jahre 1882 eine Kalamität durch entsprechende Zunahme der piniperda prophezeit, jedoch im Herbste schon die Überzeugung gewonnen, daß diese Prognose nicht eintreffen würde. Er fand nämlich im Herbst derartige Massen von Tachina fera, einem exquisiten Eulenschmarotzer, daß er auf den Untergang der Mehrzahl der Raupen resp. Puppen der Kieferneule gefaßt sein mußte. Im Frühjahr 1883 zeigten sich zwar zahlreiche Falter. Diese waren aber offenbar nur dadurch so bemerkbar geworden, daß diese Reste des Kieferneulenbestandes sich an gewissen Revierstellen (an Gebäuden usw.) in größerer Dichte zeigten. Denn „die Raupen blieben aus". Ähnlich lagen die Verhältnisse in betreff des Kiefernspinners.

Altum sagt nun geradezu und, — wie ich auf Grund meiner Erfahrungen in gewissen Revieren des Tucheler Spannerfraßgebietes glaube behaupten zu können, — das ist sicher die nächstliegende, am wenigsten auf Hypothesen sich stützende Erklärung:

„Ohne Zweifel haben die vorhin bei Forleule erwähnten Parasiten ebenfalls sowohl gegen den Kiefernspinner als gegen den Kiefernspanner ver-

---

[1]) Zeitschr. f. Forst- u. Jagdw. 1884, S. 62.

nichtend gewirkt. Ähnliches möchte ich von Bombyx pudibunda behaupten, die sich nach einer ernst drohenden Miene im vorigen Jahre auch kaum mehr blicken ließ. Ebenfalls die bereits progressiv auftretende, im vorigen Jahre stellenweise sogar schon häufige Nonne hat sich von der Bühne zurückgezogen.

Dagegen hatte der nicht in den tachinenreichen Beständen, sondern an den Pappeln der durch die freien Flächen sich hinziehenden Chausseen lebende Weidenspinner (Bombyx salicis) sich zu Massen vermehrt, deren Raupen die befallenen Baumkronen gar bald als nackte Besenreiser erscheinen ließen."

Das immer wieder behauptete und im krassen Widerspruch zu den unleugbaren Erfolgen des Streurechens stehende Wandern der Falter aus den kahlgefressenen nach den noch grünen Orten halte ich nach alledem nicht für bewiesen, erkläre vielmehr das Verschwinden in den erstgenannten mit der bekannten Tatsache, daß da, wo die Massenvermehrung eingetreten ist, sich auch die Vermehrung der Schmarotzerinsekten, die Entstehung von Krankheiten eher fühlbar machen, also schließlich, wenn der Bestand nach beobachtetem einjährigen (in Wirklichkeit wohl fast stets mehrjährigen) Fraß kahlgefressen worden ist, ein relativ geringer Falterflug sich zeigen, während mit ziemlicher Wahrscheinlichkeit in den noch grünen Beständen, falls hier nicht dauernd der Spannervermehrung ungünstige Verhältnisse vorliegen (nasser, mooriger Boden z. B.), eine Zunahme des Falterfluges, die den Beamten auffällt, zu erwarten sein wird.

Ich glaubte, diese Überzeugung, die ich an Ort und Stelle im Tucheler Fraßgebiete mir gebildet habe und die durch die kritische Sichtung der in der Literatur niedergelegten Beobachtungen und Angaben nur noch bestärkt wurde und mir sogar allgemeine Gültigkeit auch für andere forstschädliche Falter zu haben scheint, eingehender begründen zu sollen, da ich gerade für das Streurechen als rationellste Methode der Spannerbekämpfung in dieser Arbeit warm eintreten werde.

Da ich erst in dem der Darstellung der Geschichte der Tucheler Spannerkalamität und der Bekämpfung des Schädlings gewidmeten II. Abschnitt an der Hand von Karten die Ausbreitung der einzelnen vom Spanner stärker befallenen Revierteile vorführen werde, will ich dort noch einmal kurz auf die „Verwehungs"- und „Überflugs"-Frage zurückkommen und zeigen, daß auch die Verbreitung der Kalamität in der Tucheler Heide in keiner Weise uns dazu nötigen kann, eine andere als die autochthone Entstehung des jeweils in Aktion getretenen Raupenbestandes anzunehmen.

2. Kapitel: Biologie des Eies.

Die Eier haben eine hellspahngrüne Färbung. Von oben gesehen, sind die Eier oval geformt und mit einer Delle (die der Unterseite fehlt) ver=sehen. Sonst ohne auffallende Skulptur. Kurz vor dem Ausschlüpfen der Räupchen werden die Eier glasartig durchscheinend. Man kann bei stärkerer Vergrößerung dann deutlich das darin liegende Räupchen erkennen. Der gelblich gefärbte Kopf liegt über den ebenso gefärbten letzten Abdominal=segmenten (von oben gesehen). Meist ist auch das erste Brustsegment gelblich gefärbt. Der ganze übrige Körper schimmert grünlich durch. (Vergl. Fig. 3 auf Taf. II.)

Die Eier sind kaum halbmohnkorngroß. Ihr größter Durchmesser beträgt durchschnittlich 0,8 mm.

Nach dem Ausschlüpfen der Räupchen beobachtete ich, daß die Eier eigentümlich nach Rosa hin perlmutterartig gefärbt erscheinen,[1] und zwar in ziemlich auffallender Weise. Ich möchte das deshalb erwähnen, weil diese Färbung charakteristisch ist. Eier mit krankem Inhalt zeigen sie nicht, sehen vielmehr mißfarbig grau aus. Wir werden auf das Aussehen der kranken Eier im dritten Abschnitt der Arbeit zurückkommen. Auch Knauth[2] erwähnt übrigens, daß die leeren, in normaler Weise von den Räupchen verlassenen Eischalen, leicht an ihrer Färbung erkannt werden konnten. Er gibt an, daß diese Eier „beim Wenden der Nadeln schwach in Rosa „changieren" — à la changeant-Stoffe —", oder „perlmutter=artig" glänzen. Darüber, wie lange man die Eier in diesem Zustande noch an den Nadeln vorfindet, werden sogleich einige nähere Mitteilungen ge=macht werden.

Wie durch die Beobachtungen in den Oberförstereien Osche und Reh=berg bestätigt wird, findet die Eiablage stets an den Nadeln, und zwar in die von der Unterseite gebildete Furche statt. Sie werden hier ver=mittels des Sekrets zweier besonderer, in den Scheidenvorhof des Weibchens einmündender Kitt=Drüsen (Glandulea sebaceae) angeklebt.

Die Eier werden so abgelegt, daß ihre längere Achse der Längsachse der Nadel parallel läuft.

Die Ablage der Eier erfolgt meist nur in einer Reihe und fast stets in geringerer Stückzahl, als das bei der Eule der Fall ist. Dies ist nach allen älteren und neueren Beobachtungen, wie nach meinen eigenen, im Laboratorium angestellten die Regel. (Vergl. Fig. B auf Taf. I.)

Herr Oberförster Matthiaß=Hagenort, der sehr große Zahlen an=gibt (vergl. weiter unten), berichtet zwar, daß er auf keiner einzigen Nadel eine glatte, ununterbrochene Reihe von Eiern gefunden habe, und daß

---

[1]) Nicht „bläulich durchscheinend", wie Bernas angegeben hat.
[2]) N. Z. f. F. u. L. 1895, S. 406.

diese unregelmäßige Ablage der Eier seines Erachtens auf eine Degeneration des Spanners schließen lasse, da das gesunde Weibchen seine Eier in einer einzigen Reihe ohne Unterbrechungen ablegt. Aber er sagt selbst, daß „meist nur 2 bis höchstens 6 Eier zusammen lagen, dann kam eine leere Stelle, darauf wieder einige Eier, dann ein leerer Zwischenraum, hierauf wieder einige Eier".

Bei einem Falter dessen Eierreihen durchschnittlich überhaupt nur aus 5 Eiern zu bestehen pflegen, wird man meiner Überzeugung nach unter solchen Umständen noch nicht von Degeneration sprechen dürfen. Es ist im Gegenteil zu erwarten, daß das Spanner=Weibchen, das, wie ich beobachtete, nach Ablage einer Eierportion eine Ruhepause bis zur Dauer einer halben Stunde eintreten läßt, während dieser Pause aber auf dem Zweige herumkriecht und nur selten regungslos bis zum Beginn des nächsten Ablageaktes sitzen bleibt, höchstens in Ausnahmefällen eine be= trächtliche Anzahl Eier, d. h. mehr als 5 oder 6 Stück, in ununterbrochener Perlschnurform zur Ablage gelangen lassen wird. Aber auch aus anderen, sogleich zu erörternden Gründen ist es nicht möglich, auf Grund der Hagen= orter Befunde von einer Degeneration des Falters zu sprechen. Eine ununterbrochene Ablage des gesamten Eiervorrates ist ja schon räumlich ausgeschlossen.

S e p p hat 6, 7, auch 8 Eier an der einzelnen Nadel abgelegt gefunden.

H e n s c h e l gibt in seinem bekannten Lehrbuch als Norm eine zeilige Ablage bis zu 12 Eiern pro Nadel an. B e r n a s [1]) fand Ablagen bis zu 25 Stück in einer einzigen Reihe, bisweilen auch zwei Reihen neben= einander auf einer einzigen Nadel, N i t s c h e hat sogar über Eierreihen von 30 Stück berichtet. Herr Oberförster M a t t h i a ß=Hagenort fand bei seinen sehr eingehenden Untersuchungen über die Eiablage des Kiefern= spanners als Höchstzahl an einer Nadel 14 Eier; meist waren an einer Nadel 4 bis 12, oder 3 bis 13 Stück Eier abgelegt.

In dem Berichte der Danziger Regierung vom 1. Februar 1910 wurde auf Grund der in Hagenort 1909 gemachten oben erwähnten Beobachtungen mit Bestimmtheit angegeben, daß eine ziemlich allgemeine Degeneration des Schmetterlings angenommen werden könne, weil (in Hagenort) eine „durchweg unregelmäßige Ablage der Eier" festgestellt worden sei. „Das gesunde Weibchen pflege seine Eier in einer einzigen Reihe ohne Unter= brechung abzulegen."

In Wirklichkeit wissen wir aber bis jetzt gar nichts darüber, ob und inwieweit unterbrochene Eierreihen nur von degenerierten Weibchen ab= gelegt werden. Es können ebensogut (ganz abgesehen von den natürlichen Ruhepausen, von denen oben die Rede war) ganz andere, für die normale

---

[1]) S. 21.

Entwicklung der aus den so abgelegten Eiern entstehenden Nachkommen=
schaft völlig belanglose Faktoren (z. B. Witterungsverhältnisse besonderer
Art während der Zeit der Ablage) die Ursache der Unterbrechungen sein, —
wenn es sich überhaupt um solche gehandelt hat und die Lücken nicht dieselbe
einfache Ursache gehabt haben, wie im Reviere K n a u t h s, d. h. durch Ab=
springen einzelner Eier aus der Reihe entstanden sind. Zudem wissen wir
durch N i t s ch e, daß durch das frühere Fliegen der aus einer Brut stammen=
den männlichen Individuen, der Inzucht sehr wirkungsvoll vorgebeugt wird.

Die Eiablagen, die ich zu untersuchen Gelegenheit gehabt habe, zeigten
hinsichtlich der Dauerhaftigkeit des Kittes, mit dem der Falter das Ei
an der Nadel befestigt, ein ganz ähnliches Verhalten, wie es von K n a u t h[1])
auch geschildert, aber m. E. zu wenig in seiner praktischen Bedeutung,
nämlich in bezug auf die Unzuverlässigkeit der Belag=Zahlen, zu denen man
auf Grund des Eierzählens kommt, gewürdigt worden ist. Der erwähnte
Kitt wird nämlich sehr schnell in einem solchen Maße glasartig spröde, daß
ähnlich, wie es bei den Eiern der Nonne der Fall ist, die Eier ganz oder
teilweise bei nur einigermaßen unvorsichtiger Berührung von der Nadel
abspringen.

Daß das bei Probezählungen, die so spät vorgenommen werden, daß
die leeren Eischalen und die ausgeschlüpften Räupchen noch nebeneinander
angetroffen werden, infolge des Prellens und Streifens in hohem Maße der
Fall sein muß, leitet K n a u t h mit vollem Recht aus den Befunden seiner
10 Probestämme ab. Es ergaben nämlich Probestamm

Nr. 1	. . . . . .	300 Eier,	30	Räupchen
= 2	. . . . .	0 =	0	=
= 3	. . . . .	0 =	30	=
= 4	. . . . .	0 =	12	=
= 5 [2])				
= 7 }	. . . .	368 =	126	=
= 8	. . . . .	36 =	10	=
= 9	. . . . .	55 =	1	=
= 10	. . . . .	961 =	371	=

Man kann nun auf Grund dieser von K n a u t h an 10 Probestämmen
gefundenen Zahlen gewiß noch nicht behaupten, „daß in der Regel am ge=
fällten Stamm . . . nur etwa $^1/_{10}$ resp. 10 % Raupen des wirklichen Beleg=
standes[3]) gefunden werden. Da die Eiablagen durchgängig sehr groß
gewesen sind (die Eier fanden sich in Reihen von 8 bis 10, ja 12 Stück,

---

[1]) N. Z. f. F. u. L. 1895.
[2]) Über Probestamm Nr. 6 macht K n a u t h keinerlei Angaben.
[3]) = Zahl der entwicklungsfähigen Eier.

einmal sogar bis zu 16 Stück), aber nach Knauths Angabe sehr häufig Unterbrechungen zeigten, „die sicher vorher mit Eiern ausgefüllt waren", so können Angaben, auch nur schätzungsweiser Art, auf Grund des Knauthschen Zählverfahrens gar nicht gemacht und die wahren Belegs=zahlen ebensogut viel größer als er es annimmt, gewesen sein.[1] Das ist sicher, daß wir an gefällten Stämmen die Ablagen nicht gerade häufig intakt erhalten zu Gesicht bekommen. Prüft man allerdings mit der Lupe die Lücken der Eierreihen näher, so erkennt man bisweilen deutlich die Reste der Kittsubstanz als zarten lackartigen Überzug.

Nur bisweilen erhält sich ein Teil der leeren Eihüllen recht lange an der Nadel. So zählte Knauth[2] noch am 17. September an seinem 11. Zählstamm 186 Eihüllen (und 216 Raupen).

Die auf der Oberförsterei Osche und von mir in meinem Laboratorium angestellten Beobachtungen ergaben, daß das junge Räupchen schon nach wenigen Wochen (bei mir in Bromberg nach 13 bis 18 Tagen) aus dem Ei ausschlüpft.

Unbefruchtete Eier werden sehr bald an ihrem veränderten Äußern kenntlich. Ihre Färbung wird schmutzig=grau oder =gelbgrün, und ihre Wandung fällt alsbald, da der Inhalt vertrocknet, unter Faltenbildung ein, so daß die Eier schon mit bloßem Auge unregelmäßig eingedellt erscheinen. Bei fortschreitendem Eintrocknen berühren sich die Schalenwände in der Mitte der Delle. Das Ei erscheint dann hier vollkommen durchsichtig.

Aus Knauths[3] Angaben über die Dauer des Falterfluges (in seinem Revier von Mitte Mai bis Mitte Juni) und die Dauer des Ausschlüpfens der Räupchen (beendet mit Schluß der ersten Juliwoche) läßt sich für das Eistadium im freien Bestande ungefähr eine Zeit von 3 Wochen be=rechnen. Ungewöhnlich warme Witterung, besonders im Juni, wird eine Abkürzung dieses Stadiums bis auf etwa 2 Wochen bewirken können. Bei kalter Witterung ist eine nicht unbeträchtliche Verzögerung der Entwicklung im Ei zu erwarten.

In Rehberg[4] vermutete man, daß die Räupchen „in der zweiten oder gar dritten Woche nach der Eierablage schlüpften".

In Hagen ist an gefällten Stämmen das Ausschlüpfen der Räupchen aus den Eiern näher beobachtet worden. Die meisten Eier kamen in der Zeit vom 8. bis 16. August (1909) aus.[5]

---

[1] Im zweiten Abschnitt wird auf das Knauthsche Zählverfahren zurück=zukommen sein.

[2] N. Z. f. F. u. L. 1895, S. 46.

[3] 1896.

[4] Bericht vom 2. August 1909.

[5] Die ersten Räupchen wurden am 17. Juli gefunden!

Nach allen mir vorliegenden Angaben der Spannerliteratur würde dieser Termin als der späteste zu betrachten sein, an dem normaler Weise noch die übrigen gesunden Eier auskommen.

Das ausschlüpfende Räupchen nagt ein Loch in die seitliche Eiwand, durch das es das Ei verläßt. Die Eischale wird später nicht mehr weiter benagt. Deshalb spricht Bernas wohl geradezu von einer „Deckel=öffnung", die sämtliche Eier auf einer Seite hätten. Daß sämtliche Eier auf ein und derselben Seite von den Räupchen verlassen werden, habe ich auch stets beobachtet. Daß aber ein Stück von deckelartig=regelmäßiger Form dabei herausgeschnitten wurde, konnte ich nicht wahrnehmen.

Das Ausschlüpfen war in meinen Zuchten nach 6 bis 7 Stunden voll=endet; nach Bernas braucht das Räupchen einen halben Tag zu dieser Arbeit.

Über die Verteilung der Eiablagen am einzelnen Baum und im Revier, eine doch zweifellos sehr wichtige Frage, bringt die Spannerliteratur nicht eben viele und durchaus nicht widerspruchsfreie Angaben. Besonders hierauf gerichtete Untersuchungen anzustellen,[1] war es im Frühjahr 1910, wie in der Einleitung begründet wurde, zu spät.

Ich sah aber allenthalben, daß der Fraß von oben nach unten in den Kronen sich bewegt hatte, was natürlich, wie auch so manche der schon erörterten Eigentümlichkeiten der Biologie des Falters, sehr dafür spricht, daß die Eiablage gewöhnlich nur in den höheren Partien der Baumkrone, nicht an den tiefer stehenden Ästen, erfolgt.

Es soll aber nicht bestritten werden, daß gelegentlich Ausnahmen vor=kommen können, wenigstens für einen Teil der Eiablage, vor allem, wenn ungünstige Witterung den Flug beeinflußt, wie es nach Ratzeburgs[2] Andeutungen in einem von ihm positiv beobachteten Falle, wo die Eier auf das Unterholz abgelegt worden waren, geschehen sein muß.

Aber es müssen durchaus positive beweiskräftige Untersuchungsresultate vorliegen, wenn man geradezu die Behauptung aufstellen will, daß der Falter die tieferen Kronenpartien bevorzugt habe. Etwas widerspruchs=voll erscheint mir in dieser Beziehung Heß's Bericht über die Eiablage beim Wölfiser Fraß.[3] Es heißt da, daß bei der zur Zeit des Fluges herrschenden nassen Witterung „sich die schwerfälligen Weibchen kaum vom Boden er=heben konnten und auch die sonst schnell und wie taumelnd umherfliegenden Männchen nur periodisch bei einfallenden Sonnenblicken schwärmten".

„Doch konnten sie sich kaum bis zu den Gipfeln des Stangenholzes empor=schwingen. Die Ablage der ganz kleinen grünen Eier, welche bekanntlich

<hr>

[1] Wie solche z. B. in allen von der Nonne heimgesuchten preußischen Staats=revieren seit dem Herbste 1911 auf meinen Wunsch hin ausgeführt werden.

[2] „Waldverderbnis", I, S. 167.

[3] Allg. Forst= u. Jagdztg. 40. Jahrg. 1864, S. 441.

zeilenartig an die Nadeln der Krone gelegt werden, erfolgte Ende Juni. Es verdient hierbei besondere Erwähnung, daß sich dieselben nicht nur in den höchsten Kronenpartien, sondern an fast sämtlichen Nadeln vorfinden." Dann sind aber die Weibchen doch tatsächlich in die Kronen gelangt, und da mit keiner Silbe der doch enorm wichtigen Feststellung gedacht wird, daß sie etwa den Stamm in die Höhe geklettert wären, so bleibt nur übrig, anzunehmen, daß sie, und dann natürlich ebensogut die Männchen, mindestens zu einem Teil doch fähig gewesen sind, sich bis zu den Gipfeln emporzuschwingen. Einen weiteren und bedenklicheren Widerspruch finde ich darin, daß H e ß auf die zitierte Beobachtung hin meint, die Angabe in K ö n i g s „Waldpflege",[1]) daß der Schmetterling seine Eier „in der h ö ch st e n Kronenpartie an Nadelspitzen klebe, sei einer doppelten Korrektur bedürftig". Nun ist aber diffuse Verteilung der Eier, wie wir bestimmt wissen, eine nach eingetretener Massenvermehrung bei vielen Insekten ganz gewöhnliche Erscheinung: die ungeheuren Mengen zur Ablage schreitender Weibchen legen dann die Eier ab, wo Platz ist. Im Wölfiser Forste hatte der Spanner offenbar seine Eier bis sehr tief in die unteren Kronenpartien hinein abgelegt, auch in jüngeren Stangenhölzern, denn es heißt in H e ß's Bericht, daß „nach stattgehabter Eierablegung wiederholt eine starke Reisigdurchforstung in die vom Insekte angegangenen Bestandesstellen gelegt, etwa 4 Schock (= 240 Stück 1 Fuß im Durchmesser haltende, 4 Fuß lange Wellen) pro Acker gewonnen und das mit Eiern besetzte Material unverzüglich aus dem Walde geschafft" worden sei. „Bei der Aufarbeitung der abgeholzten Stangen", heißt es dann weiter, „ließen sich indes im ganzen wenig von den Schmetterlingen abgesetzte Eier vorfinden."

Gewiß könnte man annehmen; daß die von H e ß erwähnten Regenwochen, die die Flugzeit unterbrachen, die Flugkraft der während dieser Zeit (spärlich) ausgekommenen Weibchen geschädigt haben und sie zum großen Teil die Wipfel nicht hätten erreichen lassen. Wenn man das behaupten wollte, hätten aber die Wipfel zur passenden Zeit auf die Eiablagen hin revidiert werden sollen, was nicht geschehen ist. Weshalb bei der Aufarbeitung nur wenig Eier gefunden wurden, kann uns nach den eigenen Erfahrungen K n a u t h's nicht rätselhaft sein: die Eier waren inzwischen abgefallen.

Mir scheinen also die Angaben H e ß's jedenfalls nicht zu beweisen, daß der Spanner unter bestimmten Witterungsverhältnissen die Eier sonderlich tief ablegt.

K n a u t h schreibt in seiner mehrfach zitierten Arbeit über die Verteilung der Eier in der Krone seines Probebaumes Nr. 10:

---

[1]) 1859, S. 139.

„Die meiſten, reichlich $7/10$, der Eihüllen waren im unteren geſchützteren Teile der Krone zu finden, und hier wieder in dem inneren Kronenraume in größerer Anzahl wie in der äußeren Peripherie. Dementſprechend waren auch die Räupchen verteilt, welche teils an den Nadeln gefunden, großenteils aber ſchließlich in der Bodendecke nachgeſucht wurden."

Da Knauth ſelber die Fehler betont, welche dadurch entſtehen, daß beim Fällen der Bäume ein großer Teil der Eier abſpringt, ſo wird man nicht annehmen dürfen, daß er glaubte, daß der eben geſchilderte Befund der wahren Verteilung der Eier in der Krone entſpricht. Die in den äußeren und oberen Kronenteilen abgelegten Eier — das Gros — werden vor allem durch das Anſtreifen beim Fall des Baumes ſicher am ſtärkſten inſultiert und daher in beſonders großer Zahl abſpringen.

Jedenfalls ſprechen die in Weſtpreußen gemachten Erfahrungen über die Entwicklung des Fraßbildes mit Entſchiedenheit dafür, daß die Eiablage mit Vorliebe in den höchſten Teilen der Krone erfolgt.

Es iſt ſelbſtverſtändlich, daß der Spanner da im Revier, wo er bei der Eiablage am wenigſten geſtört wird, ſich am eheſten in bemerkenswerter Zahl entwickelt. Die widrigen Faktoren werden ſeine Vermehrungsziffer immer relativ herabdrücken. Man muß ſich dieſe natürliche Abhängigkeit, bei der das Inſekt eine durchaus paſſive Rolle ſpielt, vor Augen halten, wenn man etwas ungenau von der „Abneigung" und von „der Vorliebe des Spanner= weibchens für beſtimmte Beſtandesverhältniſſe ſpricht". Am günſtigſten liegen die Bedingungen für eine normale Eiablage im Beſtandesinnern, das Weibchen iſt vor irritierender heftiger Luftbewegung dort am meiſten geſchützt.

Die Abneigung gegen zugige Orte iſt, wie oben erwähnt, ſo charakte= riſtiſch für die Spanner überhaupt und den Kiefernſpanner im ſpeziellen, daß die verſchiedenen Angaben[1] über die Lage der Fraßherde im Beſtandes= innern durch ſie eine ungezwungene Erklärung finden.

Ratzeburg hat angegeben, daß der Kiefernſpanner „mehr die Stangenorte und die jüngeren Hölzer, als die alten" liebe, „vielleicht weil die Schmetterlinge in die Kronen der Bäume abzulegen gewohnt ſind und nicht höher als 20—30 Fuß fliegen können".

Das iſt, mindeſtens der Begründung nach, nicht richtig. Denn daß bei Maſſenvermehrung alle Altersklaſſen, vom Stangenholz, ja von der 15 jäh= rigen Schonung an aufwärts bis zu den älteſten Beſtänden, mit Eiern be= legt werden, darüber ſind alle ſpäteren Autoren einig und das iſt auch (ich gehe hierauf im III. Abſchnitt der Arbeit näher ein) in der Tucheler Heide überall beſtätigt gefunden worden.

---

[1] Vergl. u. a. Schulze, Verh. d. ſächſ. Forſtvereins. Zeitſchr. f. Forſt= u. Jagdw. 1898, S. 630.

Nicht nachdrücklich genug kann darauf hingewiesen werden, und ich wiederhole es deshalb auch im Zusammenhang mit der Behandlung der Biologie des Eies, daß die anscheinend in forstlichen Kreisen weiter verbreitete Annahme, das Spannerweibchen treffe eine prospektive und natürlich „zweckmäßige" Auswahl unter den für die Eiablage sich ihm bietenden Bäumen und Bestandesverhältnissen, einen Trugschluß darstellt, der praktisch verhängnisvoll werden würde, wenn man ihm gemäß handelte.

Das geht z. B. aus einem Berichte der Danziger Regierung vom 28. Mai 1909 hervor: „Da nach den in Kielau[1]) seinerzeit gemachten Erfahrungen die Spannerfalter geharkte Orte zur Eiablage meiden, wird in geeigneten Fällen, wie in Hagenort, wo das Spannergebiet mit dem Hauptgestell D scharf abschneidet, in den nordwestlich vorgelagerten 80er Jagen ein breiter Streifen geharkt werden, um dem Vorwärtsschreiten des Spanners vorzubeugen."

Daß befallene Bestände im nächsten Jahre wenig oder nicht, dafür aber die angrenzenden vom Falter mit Eiern belegt werden, ist vielfach, auch schon in älteren Berichten, behauptet worden, ohne daß sich diese Angaben aber auf exakte Untersuchung des Belages gestützt hätten. Man hat nach dem Augenschein geschätzt und geurteilt und sich kaum darüber Gedanken gemacht, daß z. B. eine Nachkommenschaft, wie sie bei einer stationär bleibenden[2]) Befallsziffer resultiert, sich in den gelichteten Kronen nicht deutlich, jedenfalls nicht so deutlich bemerkbar macht, wie der in benachbarten Beständen frisch einsetzende Fraß des dort autochthon inzwischen zu ansehnlicher Größe angewachsenen Schädlingsheeres.

Zum Beispiel gedenken Heß und Bernas eines derartigen Verhaltens, ohne übrigens weitergehende Schlüsse zu ziehen.

Nitsche dagegen geht in seinem Lehrbuche so weit, zu behaupten, daß Fraßwiederholung beim Spanner selten wäre, eine Behauptung, die in eindrucksvollster Weise außer von manchen anderen von den Colbitz-Letzlinger Revieren widerlegt wird.

Daß nicht in zwei aufeinanderfolgenden Jahren am selben Baume Kahlfraß[3]) entsteht, hat schon Ratzeburg behauptet. Seeling hat das nach seinen Worten in Bortuchen ganz einwandfrei beobachtet.

Das nächstliegendere ist nun sicherlich, anzunehmen, daß die auskommenden Raupen, wie so häufig in der Natur nach Massenvermehrung, an Futtermangel eingehen (wenn wir einmal ganz von der Annahme einer Anreicherung des Bestandes mit Schmarotzerinsekten absehen), als daß der

---

[1]) Ausführlichere Veröffentlichungen über den Kielauer Fraß scheinen leider nicht erfolgt zu sein. Mir ist jedenfalls nichts von solchen zu Gesicht gekommen.

[2]) Vielleicht durch Schmarotzerbefall, — Prüfungen oder Notizen hierüber sind nirgends beigebracht worden.

[3]) 1866, S. 104.

Schmetterling, weil er keine Nadeln zur Eiablage findet, auswandere, was auch in dem von Ratzeburg angeführten Falle nicht hat beobachtet werden können.

Im übrigen sind wir heute jeder Diskussion dieser alten Streitfrage durch die — leider — gar nicht so selten eingetretenen Fälle überhoben, in denen sich die Forstverwaltungen haben überzeugen müssen, daß der Kiefern=spanner, der trotz seiner späten Fraßperiode mindestens ebensoviel Sorge machen kann, wie die Nonne (um ein sehr wahres Wort des Herrn Ober=forstmeisters Kranold zu zitieren) sehr wohl Bestände zweimal hinter=einander kahlfressen kann. Ausgedehnte Kahlschläge haben bei jeder der Spannerkalamitäten, die wir seit dem bayerischen Spannerfraß erlebt haben, Zeugnis davon abgelegt, daß der nach Hartig für die Kiefer allein töd=liche zweimalige Fraß eingetreten war.[1])

Ich hoffe gerade im Hinblick auf diese Streitfrage, daß das warme und auf gründlicher Würdigung aller damals bekannten Tatsachen, aus denen die Gefährlichkeit des Spanners zur Genüge hervorging, basierte Eintreten der Marienwerderer Regierung für eine energische und großzügige Bekämpfung des Insektes sogar noch mehr bewirkt haben wird, als die Rettung aus=gedehnter, in den Jahren 1908—10 bedroht gewesener Bestände; daß die Spannerbekämpfung in der Tucheler Heide vielmehr auch für alle Zukunft dargetan haben wird, daß es besser ist, energisch vorzugehen, wenn nur die Biologie des Schädlings diesen irgendwann wirklich in unsere Hände gibt, als sich mit vagen Hypothesen zu beruhigen.

Von solchen Hypothesen würde jedenfalls die, daß der Spanner einmal kahlgefressene Bestände nicht (nach Nitsche sogar überhaupt die befressenen Bestände in der Regel nicht) wieder mit Eiern belege, weil das Weibchen „ja wisse", daß seine Nachkommenschaft dort kein oder nicht genügendes Futter finden kann, eine der verhängnisvollsten sein, wenn sie nach allem heute Bekannten noch weiter nachgesprochen und gegelaubt würde.

Daß da, wo schon in einer Fraßperiode die Kiefer im wörtlichen Sinne kahlgefressen worden ist,[2]) kein zweiter Fraß stattfindet, ist selbst=verständlich. Die Räupchen aus den auch dort in Ermangelung der Nadeln an die kahlen Zweige selbst abgelegten Eiern verhungern ein=fach (wie ich z. B. auch an meinen Zuchten beobachten konnte), weil der Austrieb im nächsten Jahre in den trockenen Spannerdistrikten aus=bleibt oder nicht genügt. Es heißt dann (weil niemand den Eiern oder den toten winzigen Räupchen nachgeforscht hat): „Der Spanner hat sich in die noch grünen Bestände gezogen".

---

[1]) Ich nehme natürlich die wohl bekannten Fälle aus, wo erst der Waldgärtner dem Baume den Rest gab.

[2]) Vergl. hierüber R. Hartig, Forstl. Nat. Zeitschr. 1896, S. 311.

Da aber alle möglichen Stadien von starkem Fraß schlechthin als
K a h l f r a ß angesprochen zu werden pflegen, ist die ohnehin irrige Lehre,
daß das Weibchen eine prospektive Wahl bei der Eierablage treffe, daß
nur im noch nennenswert grünen Bestande Eier abgelegt werden, geeignet,
den Revierverwalter in verhängnisvoller Weise in Sicherheit zu wiegen.
Darum war es notwendig, ihre Unhaltbarkeit an dieser Stelle näher zu
beleuchten.

3. Kapitel: Biologie der Raupe.

Die Länge des Körpers der erwachsenen Raupe, gemessen vom Vorder=
rande der Oberlippe bis zu den Nachschiebern (den die Afterklappe über=
ragenden Fortsätzen derselben) ist durchschnittlich 2,7 cm. Der Körper besitzt
annähernd gleichmäßig=zylindrische Form. Im Verhältnis zu anderen
Spannerraupen erscheint der Körper der ruhig sitzenden Raupe ziemlich
dick. Die „spannende" Raupe ist über 3 cm lang. Ihre Grundfarbe ist
dunkelgrün. Die 6 Brustfüße sind schwach entwickelt, die 4 Bauchfüße sind
kräftig gebaut und haben eine hakige Sohle. Alle Füße sind grün gefärbt.
Nur bei jüngeren Raupen beobachtete ich, daß die Brustfüße himbeerrot
gefärbt waren. Die Afterfüße tragen hinten die Afterklappe überragende
Fortsätze. Schon bei den eben aus dem Ei ausgeschlüpften Räupchen sind
die Geschlechtsdrüsen als paarige, je vierlappige Gebilde angelegt, deren
geschlechtliche Zugehörigkeit sich bei näherer Untersuchung feststellen läßt.

Ich würde mich jedoch zu weit von der speziell forstzoologischen Auf=
gabe dieser Zeilen entfernen, wenn ich es unternähme, auf diese Verhältnisse
hier näher einzugehen.

K o p f groß, flach, vorgestreckt, oben abgerundet,[1]) grün, oben mit
drei weißen Längsstreifen, von denen die zwei äußeren ziemlich blaß sind.
Diese Längsstreifen des Kopfes bilden die Fortsetzung von 3 Rückenlinien
des Körpers (der Medianlinie und der beiden medialen Rückenstreifen).
Die 6[2]) schwarzen Ocellen („Punktaugen") stehen auf einem hellgelblichen
Wulst in Sichelform (?) angeordnet (vergl. Fig. 6 auf Taf. IV), jedoch so,
daß man von der Seite das den Griff der Sichel markierende sechste Auge nicht
ohne weiteres wahrnimmt. Dieser helle Wulst bildet mit seiner gelblichen Fär=
bung mehr oder weniger deutlich die Fortsetzung der beiden gelblichen Längs=
streifen des Körpers der Raupe, die unter den Luftlöchern (genauer im

---

[1]) Wie wir das bei den Jungraupen der meisten Schmetterlingsarten beobachten,
ist auch beim eben aus dem Ei geschlüpften Spannerräupchen der grün gefärbte Kopf
ganz unverhältnismäßig groß.

[2]) In den forstlichen Lehrbüchern, z. B. im J u d e i c h = N i t s c h e, ist irrig von
„5 Punktaugen" die Rede. Allerdings sieht man bei flüchtigem Hinsehen von der Seite
nur 5. Das sechste wird sofort sichtbar, sobald man die Raupe von unten betrachtet.
Es steht ein wenig hinter der Antennenwurzel.

Niveau ihres Zentrums, so daß die Luftlöcher mit ihrer unteren Hälfte in den Streifen einschneiden) jederseits entlang laufen.

Man zählt also am Kopfe im ganzen 5 Längsstreifen.

Um sich die Lage dieser Streifen klar zu machen, denke man sich den Hautschlauch der Raupe durch einen medianen Längsschnitt auf der Bauch= seite geöffnet und nun flach ausgebreitet. Praktisch verfährt man so, daß man den Schnitt neben der ventralen Medianlinie, etwas rechts davon, führt oder geführt denkt und einen größeren Teil jedes Hautringes (je einem Segment entsprechend), der dorsale und ventrale Medianlinie mit um= fassen muß, untersucht.

Nebenstehendes Schema erläutert dies:

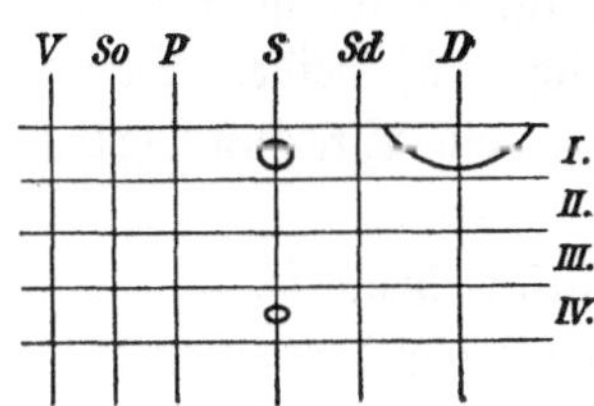

D bedeutet die Dorsale, V die Ventrale, Sd die Subdorsale, S die Stigmatale, P die Pedale, So die Supraventrale. Die Segmente sind mit römischen Zahlen beziffert.

Wenn sich der Leser dieses Schema auf unsere Photogramme (Fig. 1—3 und 7 auf Taf. VI) übertragen denkt, wird die folgende Be= schreibung der Zeichnung ihm volle Klarheit geben. Unsere Figur C auf Taf. I gibt natürlich nur ein allgemeines Habitusbild.

An der Seite der Raupe sind die ziemlich lebhaft rostbraun=gefärbten[1]) Stigmen sichtbar, die auf dem 1. und dem 11. Leibes=Segment, wie es bei den meisten Raupen der Fall, größer sind, als auf den übrigen Segmenten. Ebenso fehlen diese „Lüfter“ am 2. und 3., wie an den letzten 3 Segmenten.

Die außerordentlich kleinen, einzelne kurze Haare tragenden, nur mit der Lupe wahrzunehmenden Warzen sind schwarz.

Auf dem Körper der Raupe sind die Streifen in folgender Weise verteilt und gefärbt.

Die Dorsale (Rückenlinie) verläuft median vom Nackenschild bis zur Afterklappe (diese ist in der Grundfarbe, grün gefärbt) und zeigt auf den

---

[1]) „Rot“, wie sie bei Ratzeburg beschrieben und abgebildet werden und wie auch spätere Autoren, u. a. ja auch Eckstein, die Färbung der Stigmen genannt haben, konnte ich sie bei den von mir untersuchten Exemplaren nicht gefärbt finden. Merkwürdig wenige Praktiker haben sich übrigens an den mangelhaften in der forst= lichen Literatur verbreiteten Abbildungen der Spannerraupen gestoßen. Ich habe nur eine dahingehende Notiz gefunden und zwar bei Knauth. Er sagt (N. Z. f. L. u. F. 1896, S. 52):

„Die volle Zeichnung der Raupen, so namentlich die in Ratzeburgs Tafeln gegebenen roten Punkte zwischen den wohl ausgebildeten gelben und grünen Längs= streifen, konnte bei keinem einzigen der vielen vorgelegenen Exemplare — auch jenen von den letzten Probesuchen nicht, — be= stätigt werden. (Im Original gesperrt.)

erſten drei bis vier Segmenten eine ziemlich rein=weiße, dann eine gelbliche Färbung. Auf der Afterklappe erſcheint ſie ſehr fein und blaß gefärbt.

Die Subdorſalen (Nebenrückenlinien) ſind ebenfalls auf den erſten Segmenten weißlich, dann gelblich gefärbt, erſcheinen im ganzen aber viel blaſſer, als die Rückenlinie. Sie ſind auf beiden Seiten dunkelgrün umſäumt. Daß jederſeits zwei Subdorſalen, jede in der erwähnten Weiſe dunkelgrün umſäumt, vorhanden wären, wie Nitſche in ſeinem Lehr= buche angibt, habe ich an meinen Raupen nicht finden können. Auch die ſonſt in der Literatur gegebenen Beſchreibungen widerſprechen der Dar= ſtellung Nitſches durchaus.

Die Stigmatalen (Seitenlinien) ſind wieder vorn weiß, dann mehr ins Gelbliche ſpielend (die Färbung iſt oft ſehr wenig — im ganzen Ver= lauf der Linie eingeprägt), nur ventralwärts (nicht auf beiden Seiten) dunkelgrün[1]) geſäumt. Die Stigmatalen gehen auf die Afterfüße (Nach= ſchieber) über.

Die Linienzeichnung des Bauches (die, beiläufig bemerkt, an aus= geblaſenen Raupen ſehr undeutlich wird) gliedert ſich folgendermaßen:[2])

Die Pedalia (Fußlinien) ſowie die Ventrale (Bauchlinie) gelblich, jede beiderſeits dunkelgrün geſäumt.

Eckſtein[3]) hat Färbung und äußere morphologiſche Verhältniſſe einer am 2. Auguſt 1892 unterſuchten, 26 mm langen, alſo ſchon ſehr weit im Wachstum vorgeſchrittenen[4]) Kiefernſpannerraupe in folgender Weiſe beſchrieben:

„Die Raupe iſt blaugrün (genauer graugrün mit grauer Schlangen= zeichnung, Nachſchieber etwas gelblichgrün). Der Kopf flach, wird mit dem Untergeſicht vorgeſtreckt, alſo ſehr flach getragen, blaugrün mit drei breiten, blaßweißen Streifen, die ſich auf den Körper fortſetzen; der mittlere wird auf dem etwas feſteren, hornigen, erſten Segment leuchtend weiß, ſpäter etwas matter, bekommt einen Stich ins Gelbliche und wird nach hinten immer mehr gelblichweiß; er verjüngt ſich auf der Nachſchieberplatte. Links und rechts davon iſt die grüne Hautfarbe gelb unterlaufen. Die beiden ſeitlichen Rückenſtreifen ſind ſehr ſchmal gelblichweiß und verlieren ſich dicht vor dem Nachſchieber; zu beiden Seiten eines jeden dieſer Nachſchieber hat die Haut einen blauen Anflug. Stigmen rot; darunter eine breite, gelbe Binde. Dieſe vor den Augen intenſiv beginnende, dann blaſſe Binde

---

[1]) Blaugrün habe ich die Einſäumung nicht finden können. In manchen guten Schmetterlingswerken wird ſie ſo beſchrieben.

[2]) Nitſche ſagt kurz: „Bauch mit gelblichen Längsbändern.“

[3]) „Die Kiefer und ihre tieriſchen Schädlinge“. 1893. S. 30.

[4]) Die Raupe müßte ihrer Größe nach ſchon die 3. Häutung vollzogen gehabt, dann aber ungewöhnlich früh, mindeſtens ſchon Mitte Juni, aus dem Ei ausge= ſchlüpft ſein.

jetzt am erſten Bruſtſegment mit leuchtender Farbe ein, iſt auf den Bruſt=
ſegmenten nach Falten getrennt gelb oder weiß, am Abdomen gelb, und ſetzt
ſich auf die Nachſchieber fort; Beine grün; Krallen der Bruſtbeine braun.
Unterſeite weißlichgrüngrau mit drei gelben Längsſtreifen. Körper einzeln
behaart, ſo z. B. jedes Abdominalſegment auf dem Rücken mit 4, über dem
Stigma mit 1 und unterſeits mit etwa 6 ſchwarzen Börſtchen; Kopf, Bruſt,
Nachſchieber und Beine ebenfalls behaart. Die ruhende Raupe legt die
Haut in der hinteren Hälfte der Segmente in unregelmäßige Falten.“

Über die Schwierigkeit, die Raupen auf den Nadeln zu erkennen, (die
praktiſch bei der Unterſuchung von Fangbäumen gar nicht hoch genug ein=
geſchätzt werden kann) hat ſchon S e p p [1]) ſeine Betrachtungen angeſtellt:

„Onder alle die Soorten van Rupsjen, welken zeer bezwaarlyk te
vinden zyn, mag men deze mede boven aan plaatsen, vant jong zynde
konnen ze byna onmogelyk van de Denne-Naalden onderscheiden worden,
ja alsdan ook niet, wenner zu reeds een paar Maal verveld zyn, vermits
ze niet alleen in Couleur en Gestreeptheid mit de gemeelde Naalden de
grootste Overeenkomft hebben, maar ze zitten ook, in Rust zynde, dicht
aan dezelven als gekleefd en recht uitgestreckt, gelyk zich hier een
Rupsje by Fig. 3 verstoond, geen Wonder is het derhalven, dat men ze
licht over ’t Hoofd ziet, en niet, dan met een naarstig en gestaadig Oog
kan ontdekken; doch wanneer ze zich beweegen of gaan, gelyk het
Rupsje by Fig. 4., zyn ze gemakkelyk te vinden.“ (Vgl. hierzu unſere
Fig. 6 auf Taf. II und Fig. 2 auf Taf. III.)

Die jungen Räupchen ſind beim Ausſchlüpfen gleichmäßig (ohne Zeich=
nung) grünlichgelb und meſſen 3 bis 4 mm. Sie ſpannen und ſpinnen
ſofort, ſind aber zunächſt nicht ſehr beweglich und wachſen recht langſam.
Die beiden abdominalen Fußpaare fallen ſofort auf durch ihre äußerſt
kräftige Entwicklung, die es den jungen Räupchen ermöglicht, ſich an den
Nadeln ſehr feſt zu halten. Deshalb werden auch junge Spannerräupchen
nicht herabgeweht (wie z. B. die Spiegelraupen der Nonne) oder durch
Anprällen zum Abſpinnen gebracht. In letzterem Falle „ſtellen“ ſie ſich viel=
mehr ſofort „tot“.

Ich wende mich nun der ſpeziellen Darſtellung der Lebensweiſe der
Spannerraupe zu.

Darüber, wann die Raupen im Revier (Laboratoriumszuchten, wie
ſie mir zur Verfügung ſtanden, können zur Entſcheidung dieſer Frage nicht

---

[1]) I. Del, VI. St. p. 19. Für die Nicht=Entomologen unter meinen Leſern bemerke
ich, daß S e p p im letzten Drittel des 18. Jahrhunderts ſchrieb. Sein klaſſiſches
Inſektenwerk, deſſen Abbildungen noch heute unübertroffen ſind (unſere Figur 6 auf
Tafel II kopierte ich aus dieſem Werk, weil ſelbſt die Photographie die Stellungen
der Raupe nicht getreuer hätte wiedergeben können), deſſen Beſchreibungen der Lebens=
weiſe der einzelnen Spezies ſpätere Autoren nur ſelten Gleichwertiges an die Seite
ſtellen konnten, erſchien ſeit 1762.

dienen) spätestens sämtlich ausgeschlüpft sind, liegen merkwürdig wenig An=
gaben vor. Das hängt damit zusammen, daß es begreiflicherweise sehr
schwierig ist, die Entwicklung der Eier in den Kronen zu überwachen. Nur
Knauth scheint an seinen in anderer Absicht gefällten Probestämmen
Beobachtungen hierüber angestellt zu haben. Nach seinem Bericht wären
in Mittelfranken im Jahre 1895 spätestens am 8. Juli sämtliche gesunden
Eier von den jungen Räupchen verlassen, das Ausschlüpfen also beendet
gewesen. Die ersten noch ganz jungen Räupchen wurden am 21. Juni
gefunden.

Darüber, wann die ersten Räupchen gefunden wurden und (schätzungs=
weise) das Gros vollzählig beim Fraße war, liegen mir einige zuverlässige
Angaben aus der Tucheler Heide vor.

In Hagen waren Ende August alle Raupen beim Fraß. In
Königsbruch wurden[1]) am 15. Juli die ersten Raupen beobachtet. In
Osche[2]) bemerkte man bereits am 19. Juli den Beginn des Fraßes. In
Rehberg[3]) wurden am 23. Juni, 2. und 16. Juli die ersten Räupchen
gesehen.

Hinsichtlich der Futterpflanzen der Kiefernspannerraupe kann man
unbedenklich nach allen vorliegenden Beobachtungen sagen, daß praktisch
allein die Kiefer vom Kiefernspanner befressen wird.

Guth[4]) gedenkt allerdings eines Falles, wo von einem schädlichen
Kiefernspannerfraß an Fichten gesprochen werden muß.

Daß die Raupe des Kiefernspanners zuweilen „sogar Tannen und
selbst Wachholder angehen“ soll, berichtet Ratzeburg.[5])

In der Tucheler Heide sind ähnliche Beobachtungen, die natürlich des=
wegen durchaus nicht angezweifelt werden sollen, nicht gemacht worden.

Heß hat beim Wölfiser Fraße[6]) beobachtet, daß nach gänzlicher Ent=
nadelung der Kiefernstangen hie und da unterdrückter Fichtenanflug im
Bestande angegangen wurde.

Wenn Kaltenbach[7]) sich nicht etwa bloß auf Ratzeburgs ältere
Angaben gestützt hat, was er aber hierfür nicht ausdrücklich angibt, muß
man aus seiner generellen Versicherung: „Die schädliche Raupe (nämlich
des Kiefernspanners) findet sich im September und Oktober auf Kiefern
und Fichten“, den Schluß ziehen, daß ihm das Vorkommen auf Fichten

---

[1]) Bericht vom 16. VII. 09. In Jagen 110.

[2]) Bericht vom 19. VII. 09. u. 2. VIII. 09. Die beiden ersten Funde in den Be=
läufen Rehberg und Kaltspring.

[3]) Bericht vom 2. VIII. 09.

[4]) Meyers Zeitschr. f. d. Forst= u. Jagdw. in Bayern. IV. Bd. S. 104.

[5]) „Forstinsekten“, II. Bd. 183.

[6]) Allg. Forst= u. Jagdztg. N. F. XL. Jahrg. 1864, S. 442.

[7]) „Die Pflanzenfeinde aus der Klasse der Insekten“. 1872, S. 680.

als nichts Ungewöhnliches erscheint. Vielleicht würde es bei darauf ge=
richteter Aufmerksamkeit in gewissen Fraßgebieten wirklich häufiger zu
beobachten sein.

Bernas[1]) fand, daß die Spannerraupen, „nachdem sie oben in den
Kiefernkronen bereits weniger oder gar nichts mehr zu ihrer Nahrung vor=
fanden", auf dem Fichten= und Wacholder=Unterwuchs, um sich diese dort
zu suchen, in ungeheuren Mengen sich herabspannen.

„Dies zeigten augenscheinlich die zahlreichen Raupen, welche sich ent=
weder auf schwachen Fäden von den jedenfalls übervölkerten Kiefernkronen
zu Boden herunterließen und hier sich entweder mit dem Fichtenunterwuchse
begnügten, oder aber auf der Erde oder auf frischen Stämmen nach Nah=
rung suchend weiterspannten. In größter Anzahl häuften sie sich auf den
Endtrieben des Unterwuchses an, wo sie sich zu einem förmlichen Gespinnst
zusammenballten.

Der auf diese Weise angefallene Unterwuchs, bestehend aus unter=
drückten Fichten, stellenweise auch Wacholderbüschen, wurde, wenigstens in
den höheren Partien, total kahlgefressen, was einen deutlichen Beweis für
die Polyphagie der Spannerraupe liefert."

Die Polyphagie der Raupe wird auch von Nitsche bestätigt, der im
Reichswalde wohl größere eingesprengte Fichtenhorste meist verschont, ein=
zelne beherrschte dagegen, selbst ältere Stämme, völlig kahl gefressen, ja
Fichtenunterholz ebenso wie den Wachholder ganz entnadelt fand. Als
Spätfraß war diese Beschädigung jedoch ohne praktischen Belang und Fichten
wie Wachholderstämme benadelten sich vollständig von neuem.

Über den Fraß der Raupen an der einzelnen Nadel[2]) machte ich an
Exemplaren, die ich in Petrischalen mit Kiefernadeln fütterte, Beob=
achtungen, die ganz das bestätigen, was Bernas, Altum, Eckstein
und andere berichtet haben: Bei reichlich vorhandenem Futter wird nur die
Spitzenhälfte, die dann meist seicht eingekerbt erscheint, befressen, bei
Futtermangel (der immer noch nicht mit Platzmangel identisch ist! Dann
wäre die Erscheinung natürlich nicht weiter merkwürdig) dagegen die ganze
Nadel, zwar ebenfalls durch Einkerbung von beiden Seiten her, aber meist
bis zur Mittelrippe und herab bis zur Nadelscheide.

Es scheint, als ob die Raupen einen gewissen Fraßraum brauchten, um
ihren normalen quasi sorglos=verschwenderischen Halbnadelfraß machen zu
können. Bestimmt behaupten möchte ich es nicht und mich so selber eines
unbefriedigenden Erklärungsversuches nach dem alten kausalen Schema

---

[1]) S. 28.

[2]) Den Fraß in seiner Gesamterscheinung werden wir in einem späteren Ab=
schnitt (II) behandeln. Hier sei zunächst auf unsere Figuren 1, 3, 4 und 5 auf Taf. III
und die Seppsche Abbildung, Fig. 6 auf Taf. II verwiesen.

schuldig machen, daß ich nach Kräften zu überwinden und als überwindbar darzulegen mich zu dieser Arbeit bemühe — ich begnüge mich also, als Tatsache zu registrieren —, das steht durch die Beobachtung fest, daß, wenn relativ große Raupenmengen auf relativ wenig Nadeln angewiesen sind, die Nadel in ihrer ganzen Ausdehnung befressen wird.

Der Kot der Spannerraupe ist klein und von sehr unregelmäßig eckiger Form. Er besteht aus den lose mittels schleimiger Absonderungen des Darmes verklebten Nadelbissen. (Vergl. Fig. 6 auf Taf. III.)

Ratzeburg hat angegeben, daß man am frühesten die Anwesenheit der jungen Räupchen durch Abklopfen der Äste (etwa über einem weißen Tuch) feststellen kann. Das ist an sich gewiß möglich. Aber nur in qualitativer, nicht in quantitativer Hinsicht. Man würde nämlich sehr irren, wenn man glaubte, so irgend einen Aufschluß über die Zahl der an dem betreffenden Aste oder in der betreffenden Krone fressenden Räupchen zu erhalten. Das scheitert an einer Eigentümlichkeit, die die jungen Räupchen des Kiefernspanners mit denen zahlreicher Familiengenossen gemein haben.

Die eben ausgeschlüpften Räupchen stellen sich nämlich wie auf Kommando „tot", sobald man den Zweig, auf dem sie sitzen, erschüttert. Diese Eigentümlichkeit behalten sie bis zur ersten Häutung. Wenn sie sich in dieser „Schutz"-Stellung befinden, ist es fast unmöglich, selbst für ein sehr geübtes Auge, sie wahrzunehmen oder gar mit einiger Sicherheit zu zählen.

Später verliert die Spannerraupe diesen „Schutzreflex" ganz. Besonders gegen Ende ihrer Entwicklung (aber eben leider erst dann) lassen sie sich schon nach relativ unbedeutender Erschütterung sofort an einem Spinnfaden fallen.

Nur die älteren Raupen also reagieren auf Erschütterung des Baumes mehr oder weniger prompt mit Abspinnen.

Ich habe das Verhalten der jungen Raupen in dieser Hinsicht experimentell näher studiert (im Revier bot sich kaum Gelegenheit mehr dazu), um mir ein Urteil darüber zu bilden, welche der in der Literatur niedergelegten Meinungen die richtige sei. Eckstein[1]) hat das Verhalten der jungen Raupe so geschildert, wie ich es eben auf Grund eigener Beobachtung getan habe. Ich kann also diesem Forscher in der Feststellung dieser praktisch nicht unwichtigen Eigentümlichkeit des Spannerräupchens nur beipflichten, muß dagegen Altum[2]) widersprechen, der gerade das Gegenteil behauptet hat, indem er, im Anschluß an die Mitteilung, daß die erwachsenen Raupen sich vielfach an einem Spinnfaden zur Verpuppung herablassen, behauptet, daß „letzteres in ihrer Jugend auch oft beim Sturm der Fall ist, worauf sie

---

[1]) „Die Kiefer und ihre tierischen Schädlinge", Berlin 1893, S. 30.
[2]) „Forstzoologie", Bd. III, S. 158.

möglichst bald an diesem Seil wieder emporklettern". Auch N i t s ch e be=
stätigt übrigens, daß die sich herabspinnenden Raupen sich „auch wieder bis
zu ziemlicher Höhe an dem Spinnfaden hinauf zu haspeln vermögen". Und
R a tz e b u r g hat in seinen Forstinsekten eine solche Raupe sehr schön ab=
gebildet. In Fig. 4 auf Taf. II findet der Leser diese Zeichnung reproduziert.

Ich habe derartiges immer erst an Raupen beobachtet, die die dritte
Häutung hinter sich hatten, also gewiß nicht mehr im Jugendalter standen.

Praktisch ist dies Verhalten deshalb wichtig, weil sich daraus die Not=
wendigkeit ergibt, die Frühdiagnose des Fraßes auf Grund der charakteristi=
schen Veränderungen des Aussehens der Baumkrone (und durch Probe=
fällung zu sichern), auf das A l t u m selbst als erster aufmerksam gemacht
hat, zu stellen, während es ganz vergeblich sein würde, etwa mittels An=
prellens der Stämme die jungen Räupchen veranlassen zu wollen, durch
Abspinnen nicht nur ihre Anwesenheit sondern auch annähernd zutreffend
ihre Menge zu verraten.

B e r n a s hat eine eigentümliche und durch Beobachtungen in der
Tucheler Heide ganz und gar nicht bestätigte Ansicht über die Ausbreitung
des Fraßes geäußert, die hier berührt werden muß.

Er glaubt nämlich, daß vollständiger Kronenschluß das Umsichgreifen
des Fraßes in hohem Maße begünstige. Er kommt in seiner Arbeit auf die
Fraßherde zu sprechen und erläutert dann die Wirkung des Kronenschlusses
und den Begriff der Fraßzentren mit folgenden Worten:

„Diese Ausbreitung von den Fraßzentren aus wäre jedoch nicht derart
aufzufassen, daß n u r in diesen Fraßherden Raupen zum Vorschein kommen,
hier die Entnadelung vollführen und sich dann seitwärts in die noch u n =
v e r s e h r t e n, anliegenden Bestände ausbreiten, sondern es ist offenbar
anzunehmen, daß die Baumkronen s ä m t l i ch e r Bestände des Reviers
bei der Eierablage durch die weiblichen Falter bedacht werden, jedenfalls aber
in sehr ungleichem Maße, so daß beim Erscheinen der Raupen eben die
„Fraßzentren" von dem verheerenden Insekt übervölkert erscheinen, wäh=
rend die anderen Bestände, zwar auch von allem Anfang an infiziert, jedoch
durch die mindere Anzahl der Raupen mit ihrem Vernichtungseffekte minder
oder gar nicht in die Augen fallen. Erst dann, wenn der Bestand im „Fraß=
zentrum" vollkommen entnadelt wurde, ist die Raupenbrut gezwungen, ihre
Nahrung in den angrenzenden, minder befallenen Beständen zu suchen. —
Durch diese Einwanderung werden aber selbe abermals übervölkert und
kahlgefressen — und auf diese Art schreitet die Vernichtung gleichsam von
einem Punkte ausgehend vor sich. Auf diese Erklärung gestützt, glaube ich
berechtigt zu sein, diejenigen Orte, wo der Fraß durch die bedeutende Menge
der auftretenden Raupen z u e r st wahrgenommen wurde, als Fraßherde
oder Fraßzentra zu bezeichnen."

Ich gehe wohl nicht fehl, wenn ich nach dem, was Bernas über den Kronenschluß vorher ausführte, ferner auch nach seinen Vermerkungen über die günstige Wirkung einer Durchmischung der Kiefer mit Fichte[1]) annehme, daß er diese Wanderung sich im wesentlichen von Krone zu Krone erfolgend vorstellt.

Diesen Ausführungen von Bernas stehen aber auch sonst, ganz abgesehen von den neueren Anschauungen über den freien Stand der Kronen auch bei dichtem Bestande, die ausdrücklichen Angaben Ratzeburgs und neuestens die sehr sorgfältigen Versuche des Herrn Oberförsters Teichmann in Junckerhof entgegen, der durch Anlegung von Fanggräben den Nachweis erbrachte, daß die Raupen selbst auf dem Boden keinesfalls nennenswerte Wanderungen machen. Früher hatte er geglaubt, eine solche Wanderung, dem Wesen nach etwa im Sinne von Bernas (nur nicht von Krone zu Krone), annehmen zu müssen, indem die Spannerraupe damals (1908)[2]) nicht der Frost, sondern der Hunger (infolge Kahlfraß) zum Abbaumen veranlaßt und nur der Frost sie unterwegs überrascht und getötet habe.

Auch die Angaben über ausgedehnte Wanderungen der Spannerraupe, die sich in der Arbeit von Holmerz (Entomol. Tidskrift 1891, S. 49)

---

[1]) „Markant trat hervor, wie bei der fortschreitenden Ausbreitung des Fraßes sorgfältig diejenigen Bestände gemieden werden, in denen sich die Fichte aus dem schwachen, unterdrückten Unterwuchse zu lebensfähigen, wüchsigen, eingesprengten oder sogar dominierenden Exemplaren emporgearbeitet hatte. Alle solche mit Fichten stark durchmischten Kiefernbestände sind ganz intakt geblieben und geben den sprechendsten Beweis, von welchem Vorteile wenigstens eine teilweise Durchmischung zweier Holzarten ist."

Ich kann dieser optimistischen Beurteilung des Kiefern-Fichten-Mischwaldes im Hinblick auf den Verlauf von Schädlingsepidemien freilich ganz und gar nicht zustimmen. Wer die Nonne in solchen Wäldern hat hausen sehen, wird mir recht geben.

[2]) In einem Berichte führte Herr Oberförster Teichmann damals (4. 11. 08) aus, daß nicht der Frost die Raupen zum Abbaumen veranlaßt habe, sondern der Kahlfraß und das daraus resultierende Bestreben der Raupen, andere, noch grüne Stämme aufzusuchen. Bei diesem Abbaumen sollen die Sannerraupen in Junkerhof vom Frost überrascht und dabei getötet worden sein, und zwar zu 10 %.

Der Herr Berichterstatter hoffte, daß ein großer Teil der halberfrorenen Raupen, der sich noch unter die Bodendecke flüchten konnte und dort aller Wahrscheinlichkeit nach erst eingehen würde, durch Ansteckung die benachbarten noch gesunden Raupen zugrunde zu richten imstande sein dürfte. Durch die verfaulenden toten Raupen sollten Ansteckungsstoffe auf die gesunden Raupen übertragen werden.

Später hat sich, wie gesagt, Herr Oberförster Teichmann durch eigene Versuche selbst von der Haltlosigkeit dieser Hypothese überzeugt. Ich erwähnte sie auch nur, weil dem um seinen Wald in höchstem Maße besorgten Praktiker solche Ideengänge immer ziemlich nahe zu liegen scheinen.

In den anderen Berichten aus dem Tucheler Fraßgebiet ist die Frage nicht berührt worden.

finden, finden für unsere Klima nirgends (außer eben bei B e r n a s) in der Literatur und, wie gesagt, auch nicht durch die Beobachtungen in der Tucheler Heide eine Bestätigung.

Die betreffende Stelle in der kurzen Mitteilung des schwedischen Forschers über den Spannerfraß 1889—90 in den Forsten Vißboda, Lerbäcks, Grimstens, Kenula und Hardemo, deren Sinn ich richtig verstanden zu haben hoffe, sei hier wiedergegeben:

„Larverna iakttagos först i medlet af september månad, efter hvilken tid den egentliga härjningen började, och utbredde sig sedan ornkring 100 fot per dag, först i sydlig och vestlig riktning samt längre fram på hösten åt norr och öster, på det sätt, att de kröpo ned längs stammarne på · träden eller släppte sig ned från kronorna å de affrätna träden, hvarefter de i den förnt nämd riktningen begåfvo sig till friska träd. Under dessa vandringar angrepos larverna flitigt af myrorna."

Auf die hier berührte Bedeutung der Ameisen kommen wir im letzten Abschnitt der Arbeit noch zurück.

Mit der für unser Gebiet kaum zu bezweifelnden geringen Wanderlust der Raupe erklärt sich das Fehlen von Puppen auf freien Blößen. Aber auch im geschlossenen Bestande sind die Puppen durchaus nicht gleichmäßig verteilt, — aus demselben Grunde. Die „Puppendichte" ist im Schirmbereich erheblich größer, als außerhalb davon, unter Bäumen mit Vollkronen beträchtlicher als unter schwachkronigen Bäumen. Erfahrene Puppensammler wissen das und die Anfänger bekamen es sehr bald heraus, wenn das Sammeln nach Gewicht akkordiert wurde.

Von größeren freiwilligen Ortsveränderungen der Raupe ist also nur das Verlassen der Baumkronen im Herbste zu nennen. Das Abbaumen der Raupen zum Zwecke des Aufsuchens ihres Winter= und Puppen=Lagers erfolgt über die Baumrinde hinweg oder durch Abspinnen an lang vom Wipfel herabhängenden Fäden. Die Spinnfähigkeit besteht schon während des Herbstes geraume Zeit, bevor die Raupen die Streudecke aufsuchen. Man sieht dann die Tiere häufig an ihren Fäden mehr oder weniger tief herabhängen und häufig daran wieder umkehren und zur Krone emporklimmen.

R a t z e b u r g hat wohl als erster auf diese Erscheinung hingewiesen und auch die charakteristische Art und Weise, wie die am Spinnfaden hängende Raupe das Umkehren bewerkstelligt, zuerst beschrieben und abgebildet.

Er schreibt darüber[1]): „Sie lassen sich auch wohl an langen Fäden herunter, an denen man sie aber schon während des ganzen Herbstes hier und da hängen sieht. Wenn sie bis zu einer Höhe von 5—7 Fuß über der Erde sich herabgelassen haben, fangen sie öfters mit einem Male wieder an,

---

[1]) „Forstinsekten", Bd. II, S. 183.

sich an dem Faden hinaufzuhelfen, indem sie denselben um ihre Brustfüße wickeln und dabei hin= und herschaukeln."

Heß[1]) konstatierte, daß das Abbaumen weniger durch Herabspinnen an freihängenden Fäden, als vielmehr durch Abwärtsspannen an den Stämmen erfolgte. Klima und Witterung mögen wohl für das Verhalten der Raupen nicht ohne Bedeutung sein.

Bernas[2]) erwähnt eine Erscheinung, von der ich nach dem in der Einleitung Gesagten selbstverständlich weder 1910, noch in den folgenden Jahren etwas wahrnehmen konnte, die aber auch von keinem der in Frage kommenden Revierverwalter in der Tucheler Heide bemerkt worden ist, also wahrscheinlich sehr selten und nur unter ganz ungewöhnlichen Verhält= nissen, wie sie damals in Waldsteinruh gegeben gewesen sein mögen, auftritt: ich meine ein dem Schleiern der Nonne entsprechendes, oder wenigstens vergleichbares Phänomen. Bernas berichtet nämlich, daß die Spanner= raupen, die sich von den „übervölkerten Kieferkronen" auf den Unterwuchs herunterließen, sich dort „in größter Anzahl auf den Endtrieben anhäuften", „wo sie sich zu einem förmlichen Gespinnst zusammenballten".

Bei künftigen Kalamitäten wird darauf zu achten sein, ob sich in den Orten stärksten Befalles ähnliches beobachten läßt.

Wenn die erwachsene Raupe verpuppungsreif ist, so wird sie freßun= lustig und spinnt sich dann in der oben geschilderten Weise zum Boden herab oder erreicht dasselbe Ziel auf dem „Umwege" über die Stammrinde. Sie sucht sich dann, nach kurzem, nur wenige Fuß Weges betragenden Umher= wandern am Boden, in die Streudecke einzubohren, um sich hier zu ver= puppen. Zunächst ruht sie jedoch noch geraume Zeit als Raupe im Boden, bevor sie zur letzten Häutung schreitet, aus der die Puppe hervorgeht. Wäh= rend dieser Zeit setzen schon die Einschmelzungs= und Umbildungsprozesse ein, die innerhalb der Puppenhaut weiterlaufen und zur eigentlichen Ver= wandlung der larvalen Organisation in die des Schmetterlings führen. Sie finden ihren Ausdruck in einer auffallenden Verkürzung der Raupe.

Das Vordringen der Raupe in die tieferen Schichten der Streudecke werde ich, da die hiermit zusammenhängenden Fragen innig mit solchen der Puppenbiologie verknüpft sind und erst hier praktische Bedeutung ge= winnen, in dem die Puppe behandelnden Abschnitte näher erörtern.

Zuvor habe ich mich aber noch einer praktisch nicht gerade unmittelbar interessierenden Streitfrage zuzuwenden.

Reh hat in seiner Darstellung im Sorauerschen Handbuch der Pflanzenkrankheiten die alte, schon von Ratzeburg zurückgewiesene Angabe wieder vorgetragen, daß sich die Raupen „in oder unter der Boden= decke verspinnen".

---

[1]) Allg. Forst= u. Jagdztg. 1864, S. 441.
[2]) S. 28.

Die erste irrige Angabe dieser Art scheint die von Ratzeburg angezogene von Hennert[1] zu sein. Ratzeburg hat ebensowenig, wie die erfahrenen Praktiker, auf die er sich mitberuft, jemals etwas von einem „leichten Gespinnst" wahrgenommen. Auch während der letzten Spanner= kalamität ist etwas derartiges selbst da, wo die Puppen sehr tief in der Humusschicht lagen (in der Mineralschicht liegende habe ich nicht zu sehen bekommen) keinerlei Gespinnst wahrgenommen.

Von den älteren Autoren erwähnt nur Sepp ein dünnes, weit= maschiges Gespinnst,[2] das jedes Räupchen nach dem Einbohren ins Winter= lager anfertige.

Da später, von Hennert abgesehen, niemand wieder etwas ähnliches beobachtet hat, so meine ich, daß es sich auch bei dem trefflichen Niederländer um einen Beobachtungsirrtum handeln könnte, vielleicht dadurch veranlaßt, daß er feine Myzelien, die das Moos und den Humus durchwucherten, für von der Raupe angelegte Gespinnste hielt.

Nach den vorangegangenen Erörterungen der äußeren Erscheinungen des Raupenlebens haben wir uns nun den praktisch nicht weniger inter= essanten, des Wachstums der Raupe, zuzuwenden.

Über die Anzahl der Häutungen der Kiefernspannerraupe fand ich in der forstlichen und in der rein=entomologischen Literatur keine Angaben. Ich zählte in einer meiner Zuchten deren vier, kann aber über die Dauer der einzelnen Stadien zurzeit keine präzisen näheren Angaben machen.

Praktisch wäre die Kenntnis der zwischen den einzelnen Häutungen verstreichenden Zeiten auch kaum von Belang. Im Freien werden sie jeden= falls lokal, je nach den klimatischen Verhältnissen, ebenso wie die gesamte Dauer der Verwandlung, großen Schwankungen unterworfen sein.

Die dorsal gelegenen einzelligen Hautdrüsen sind vor allem während der Häutung von nicht geringer Bedeutung. Sie verhindern das Verkleben der schon abgestoßenen alten mit der unter ihr sich bildenden neuen Haut und deren noch weicher, frisch abgeschiedener Chitindecke.

Nachdem die Bildung der letzteren genügend vorgeschritten ist, zieht die Raupe den Kopf aus dem Kopfpanzerstück der alten Haut zurück und sprengt diese selbst dabei hinter dem Kopfstück in der Rückenlinie. Durch diese Öffnung kriecht sie dann aus der alten Haut heraus.

Im Verhältnis zur Wachstumsgeschwindigkeit anderer auf der Kiefer lebender Raupen vollzieht sich das Heranwachsen der jungen Spannerraupen bis zur Verpuppungsreife sehr langsam. Das ergibt sich aus der unbe=

---

[1] „Über den Raupenfraß und Windbruch in d. Kgl. preuß. Forsten i. d. Jahren 1791—1794". Leipzig 1798. 2. Aufl.

[2] I. Deel, VI. St., p. 19: „Ze maken daar, elk in 't byzonder, een teer en luchtig Spinzel, t'welk ten eersten aan stukken raakt, als men het nit de Aarde neemt."

ftrittenen Tatſache, daß friſche Puppen niemals vor Mitte September, durch=
ſchnittlich ſogar nicht vor Mitte Oktober gefunden werden.

Die Tatſache, daß die Raupe zuerſt ſehr langſam wächſt, in einem
geradezu einzigartig langſamen Tempo, muß wohl beachtet werden. Sie iſt
vielfach den Praktikern nicht bekannt und verführt dann dieſe, auf Grund
ihrer Feſtſtellungen und bei begreiflicher Neigung, Anzeichen eines be=
ginnenden Abflauens der Kalamität ausfindig zu machen, da von einer
„Degeneration", die ſich in kümmerlicher Entwicklung der Raupen äußern
ſoll, zu reden, wo in Wirklichkeit ganz normale Entwicklungsverhält=
niſſe vorliegen. Es iſt alſo als vollkommen normal anzuſehen, wenn die
Raupen unter dem Einfluß des ſehr rauhen Klimas der Tucheler Heide
erſt wenige Tage oder Wochen vor dem Abbaumen, d. h. nicht vor Ende
Oktober, annähernd die oben angegebene normale Größe erlangt haben.

Es iſt durchaus nicht befremdlich, daß in Lindenbuſch die laut Bericht
vom 25. November 1908 durchaus geſunden Raupen zurzeit größtenteils
„halb= bis dreiviertelwüchſig" und nur vereinzelt ſchon voll ausgewachſen
waren.[1])

Wenn es in einem Berichte der Oberförſterei Charlottenthal[2]) heißt: „Die
Raupen, welche im Laufe des Sommers durch Fällen von Bäumen gefangen
wurden, zeigten ein kümmerndes Wachstum; dieſelben waren am 20. Auguſt
1909 1 cm lang, am 16. September 1909 waren die abermals geſuchten
Raupen weſentlich länger und die am 20. September 1909 abgeſuchten
zeigten nur eine Länge von 1,5 cm", ſo kann ich nach allem, was wir heute
über die normale Biologie derSpannerraupe wiſſen, der Wertung der unter=
ſuchten Raupen als Kümmerformen durchaus nicht zuſtimmen.

Die „Halbwüchſigkeit" der Raupen hüte man ſich gleich als Degene=
rationsmerkmal zu deuten und in prognoſtiſch=günſtigem Sinne auszu=
werten. Man findet in der Literatur der Spannerkalamitäten ſogar auf=
fallend oft die Angabe, daß die nach der Fraßleiſtung wie nach Maßgabe
der weiteren Entwicklung der Kalamität zweifellos geſunden Raupen halb=
wüchſig zur Verpuppung ſchreiten mußten.

Dieſes Umſtandes gedenkt, um nur ein Beiſpiel zu nennen, K n a u t h
in ſeiner III. Mitteilung vom Jahre 1896[3]) und verweiſt ſelbſt auf die Notiz
von F ü r ſt ,[4]) der dasſelbe Verhalten u. a. beim mittelfränkiſchen Spanner=
fraß bemerkte.

---

[1]) Aus Taubenfließ liegen mir keine näheren Angaben vor. Es heißt im Bericht
vom 30. IX. 08 nur: „Die Raupen erſcheinen vorläufig geſund, etwa $^2/_3$ ſind aber
ſchwach entwickelt."

[2]) Fragebogen vom 6. Dez. 1909.

[3]) N. Z. f. F. u. L. 1896, S. 47.

[4]) Forſtw. Centralbl. 1895, S. 604.

Mit diesem langsamen Wachstum der Raupen hängt es auch zusammen, daß der Fraß des Spanners gewöhnlich nicht vor September bemerkt wird. Das ist schon von den älteren Schriftstellern, u. a. auch von Bernas, treffend hervorgehoben worden.

Ist eben die Witterung einigermaßen günstig, so halten sich die Raupen, dem spezifisch (kann man behaupten!) langsamen Tempo ihres Wachstums entsprechend, sehr lange in den Kronen auf. Das ist verschiedentlich beobachtet worden und möge bedacht werden, bevor man eine im Herbst als „halbwüchsig" befundene Raupe als degeneriert ausgibt. Man unterschätze auch nicht den Einfluß der Witterung auf die Freßlust der Raupe. Schon Nitsche erwähnt, daß die Spannerraupen, genau wie die der Nonne, an kalten regnerischen Tagen nicht fressen, oder mindestens erheblich weniger freßlustig sind, wie sich direkt durch Massen der auf untergebreitete Planen fallenden Kotmenge bestimmen läßt.

Auch bei dem Fraße in der Tucheler Heide fiel es den Revierverwaltern auf, daß die Raupen sich außerordentlich lange in den Wipfeln halten. In Lindenbusch wurden im September[1]) noch keine Raupen unter der Streudecke gefunden. In Junkerhof saßen sie im Belauf Bechsteinswalde am 13. Oktober 1908[2]) noch sämtlich in den Kronen. In Rehberg waren die Raupen in der ersten Novemberhälfte[3]) zum größten Teil noch nicht abgebaumt, saßen auch in den Beobachtungskästen noch am Futter.

Schon Sepp hat in seinen Zuchten beobachtet, daß die langsam wachsenden und sich deshalb in langen Zwischenräumen häutenden Raupen drei Monate fraßen, bis sie erwachsen waren.

Aber auch im Winterlager schreitet ein großer Teil der Raupen ganz normalerweise, d. h. ohne daß die resultierenden Falter irgendwie in ihrer geschlechtlichen Leistungsfähigkeit als minderwertig angesehen werden dürfen, erst sehr spät zur eigentlichen Verpuppung.

In Hagenort war ein erheblicher Teil der Raupen noch im April unverpuppt. Dieser Befund stimmt gut mit dem dort sehr spät einsetzenden Falterfluge überein.

Auch die Oberförsterei Laska[4]) berichtet, daß erst 10 % der Spanner im Belauf Slusa sich verpuppt hatten, während die übrigen noch als Raupen dalagen.

Überhaupt haben die Beobachtungen im Marienwerder Bezirk recht interessante Daten darüber ergeben, wie lange noch unverpuppte Raupen in der Streudecke gefunden werden konnten. Ich stelle sie am übersichtlichsten in einer kleinen Tabelle zusammen.

---

[1]) Ber. vom 25. IX. 1908.
[2]) Ber. vom 4. XI. 1908.
[3]) Ber. vom 7. XII. 1909.
[4]) Am 2. Dez. 1908.

Revier	Datum der Beobachtung	Noch als Raupen gefunden	Verpuppt gefunden	Bemerkungen
Lindenbusch .	23. XII. 08	70%	30%	Es wurde (irrig) angenommen, daß die Raupen nicht mehr zur Verpuppung gelangen würden.
Rehberg . .	21. XI. 08 22. I. 10	75% 10%	25% 90%	Die Puppen waren meistens auffallend klein.
Charlottenthal	8.—16. XI. 09	30—34%	66—70%	Im Belauf Ottersberg erwiesen sich die Raupen als krank.
	27.—28. XII. 09	15%	85%	Die Raupen waren „fast alle tot".
Königsbruch .	28. XI. 08	?	?	Führte die Verspätung der Verpuppung auf Degeneration zurück.[1]
Gildon . . .	21.—27. XI. 08	Fast nur Raupen gefunden	Nur vereinzelte frische Puppen gef.	Vgl. Fußnote [2].
Laska . . .	2. XII. 08	90%	10%	do.
Ciß	Ende X. 10	„Noch unverpuppte Raupen"	Erste Puppen gefunden	do.
	Ende XI. 10	Die noch jetzt gefundenen Raupen vielfach noch nicht ausgewachsen	do.	do.

In der Colbitz-Letzlinger Heide ist seinerzeit ebenfalls sehr späte Verpuppung des Kiefernspanners beobachtet[3] worden: „Noch Anfang Februar fand man noch viele unverpuppte gesunde Raupen im Boden vor."

Es ist deshalb von größter Wichtigkeit, daß das Puppensuchen im März oder April, sobald die Witterung es erlaubt, wiederholt wird. Altum hat schon hervorgehoben, daß zu Beginn des Winters (November, Dezember) die vielen noch unverpuppt in der Bodenstreu ruhenden Raupen

---

[1] Das geschah auch 1908 irriger Weise in Rehberg.

[2] In dem Berichte vom 10. XII. 1908 der Oberförsterei Gildon heißt es: Am 21. bis 27. November wurden fast nur Raupen und vereinzelte Puppen gefunden, da bereits vor dem Abbaumen, Mitte Oktober, ein mehrtägiger starker Frost mit folgendem starken Schneefall einsetzte, lag die Annahme nahe, daß hierdurch die Raupen so gelitten haben könnten, daß sie überhaupt nicht zur Verpuppung kämen. Diese Annahme dürfte aber irrig sein; bei einem kürzlich nochmals in Jagen 6 vorgenommenen Sammeln hatte sich das Zahlenverhältnis schon merklich zu Ungunsten der noch unverpuppten Raupen verschoben. Es scheint also durch die Witterung die Verpuppung der meisten Raupen nur verzögert, aber keine erheblichen Abgänge verursacht zu sein."

[3] Gieseler, Zeitschr. f. Forst- u. Jagdwesen, 1904, S. 432.

nur allzuleicht übersehen werden, und auch die Mehrzahl der Praktiker hat diese Fehlerquelle zugegeben oder geradezu gegen das Puppensuchen ausgespielt, — freilich sehr zu Unrecht, da bei Wiederholung des Suchens zu einem geeigneten späten Termin, event. ausschließlicher Vornahme zu dieser Zeit, diese Fehlerquelle sicher vermieden werden kann.

Daß ein derartiges fehlerhaftes, die spezifischen Eigentümlichkeiten der Puppenbiologie des Kiefernspanners vernachlässigendes Puppensuchen zu falschen Ergebnissen führen muß, hat ja Knauth in seiner 3. Mitteilung[1] vollkommen zutreffend nachgewiesen. Nur ist er dabei irrigerweise zu einer Verwerfung der Methode im Prinzip gelangt, anstatt zu bemerken, daß sie in seinem Revier in sinnwidriger Weise ausgeführt worden ist. Denn anders, als sinnwidrig wird man kaum ein Verfahren bezeichnen dürfen, das die Puppenzahl am 5. Dezember festzustellen sucht, obgleich bekannt war, daß trotz heftiger Fröste der Hauptbestand der Raupen in den Kronen blieb „und notorisch weitergefressen hat bis gegen Ende des Monats November bezw. sogar Anfang Dezember", ja obgleich am 6. Dezember konstatiert wurde, „daß wirklich noch einzelne Spannerraupen in den Wipfeln gefressen haben" und noch am 12. Dez. „Raupen und Puppen in allen Stadien vorgefunden" wurden.

Im übrigen ist, wie bei allen Insekten, auch beim Kiefernspanner das Wachstum hinsichtlich des schließlich erreichten Größenausmaßes der Intensität und Dauer des Fraßes direkt proportional. Ungenügende Ernährung verzögert an sich das Wachstum außerordentlich und führt schließlich zur „Notverpuppung". Aber auch dann resultieren kleine Puppen, die unter Umständen wirkliche Kümmerformen sein können, wenn die Fraßperiode ungewöhnlich früh — meist, weil sie ungewöhnlich spät begann — ein Ende findet.

Die Beobachtung eines auffallend verspäteten Fluges gestattet daher ziemlich sicher eine günstige Prognose. Die Oberförsterei Schwiedt[2] bringt sehr richtig das Verschwinden des Spanners hauptsächlich mit dem sehr späten Flug (Hauptflug Mitte bis Ende Juli) in Zusammenhang.

Die Raupen kommen dann eben, infolge zu kurz bemessener Fraßzeit, zu früh „unreif" in den Winter. Solche Raupen können in extremen Fällen keine kräftigen, vollfortpflanzungsfähigen Falter geben. Daß außerordentlich kleine Puppen entstehen müssen, wenn beispielsweise kaum stopfnadelstarke Raupen[3] zur Verpuppung schreiten, ist ohne weiteres verständlich.

---

[1] 1896, S. 56.

[2] Bericht vom 17. Dez. 1909.

[3] In Junkerhof (vergl. Bericht vom 10. I. 1910) im Herbst 1909 beobachtet. Auch in Taubenfließ (Bericht vom 23. I. 1910) war „die Mehrzahl der gesammelten

Die Oktoberfröſte, von denen in dem S ch w i e d t e r Bericht die Rede iſt, bewirken — deshalb erwähne ich ſie hier, nicht im Zuſammenhang mit der Behandlung der Kälteempfindlichkeit der Raupe — nicht als ſolche die frühzeitige Verpuppung. Sie machen vielmehr der Raupe, die bei einem tieferen Sinken der Temperatur nicht mehr frißt, die weitere Nahrungsaufnahme unmöglich, ſo daß das unmittelbare Agens wirklich die ungenügende Ernährung iſt.

Es iſt übrigens keineswegs ausgemacht, daß immer eine ſehr lange Dauer des Fraßes — die Raupe fraß in Bayern in einzelnen Gebieten, z. B. im Revier K n a u t h s , faſt volle 5 Monate lang, was K n a u t h mit Recht als die Norm überſteigend anſieht — zum Erwachſen beſonders großer Raupen führen, oder daß Halbwüchſigkeit der verpuppungsreifen Raupen dann ein Zeichen von „Degeneration“ ſein müſſe.

Wenn, wie es bei dem von K n a u t h ſtudierten Fraße der Fall ge= weſen zu ſein ſcheint, auf ein ſehr warmes Frühjahr (das einen ſehr frühen Falterflug bedingt) ein Sommer folgte, deſſen Witterungsverhältniſſe „her= vorragend günſtig“ der Raupenentwicklung waren, ſo müſſen wir, da keiner der b e k a n n t e n , wachstumsverzögernden Faktoren: kalte Witterung, Futtermangel, in Frage kommt, bekennen, daß wir hier, wie noch in manchen ähnlichen Fällen die Bedingungen für die Wachstumshemmung der Raupen nur ſehr unvollkommen kennen. Ich ſage nicht, daß wir uns keinerlei Vor= ſtellung von ihrer Art zu machen imſtande wären. Wir kommen hier, wie allenthalben in der Pflanzenpathologie, auf den wichtigen Begriff der Disposition (S o r a u e r). Ich erinnere nur an die Möglichkeit, daß es fraglich ſein kann, für wen von beiden eine hervorragend günſtige Witterung „unter Umſtänden“ fördernd ſein kann: für den Baum oder für die Raupe. Sicher iſt, daß im beſten Wuchs befindliche Bäume Inſektenangriffen ver= ſchiedenſter Art weniger unterliegen als mangelhaft ernährte. Hierüber müſſen in dem uns intereſſierenden Fall (und ſonſt!) noch weitere Beob= achtungen geſammelt werden, weſentlich in der Richtung einer näheren Feſtſtellung, inwieweit die Nadeln etwa bei optimalen Wuchsbedingungen (für den Baum) eine Beſchaffenheit annehmen, die ſie als Futter für die Raupe weniger geeignet macht. In dieſer Beziehung iſt bemerkenswert, daß die Raupen nach K n a u t h s Bericht wirklich nur auffallend geringen Fraß= ſchaden gemacht hatten.

Spannerpuppen auffällig ſchwach entwickelt“. Der Herr Berichterſtatter hat dieſe Er= ſcheinung übrigens nicht, wie die Mehrzahl ſeiner Kollegen es irrtümlich getan haben, als „Degeneration“ des Falters gedeutet, ſondern ſehr zutreffend angegeben, daß dies „jedenfalls mit dem verſpäteten Flug des Spanners zuſammenhängt“, d. h. mit der dadurch bedingten Verkürzung des eigentlichen Fraßes.

Über den gleichen Befund berichten ohne nähere Interpretation die Oberförſtereien Hagen (4. I. 1910) und Rehberg (22. I. 1910).

Razeburg[1]) schon führt unter den die Entwicklung einer Spanner=
kalamität hemmenden Einflüssen „anhaltende kalte Witterung und Regen"
an, welche seiner Ansicht nach den Kiefernspanner im selben Maße be=
lästigen, wie das auch in bezug auf die Eule damals schon vielfach beobachtet
und von Razeburg näher untersucht worden war, unter anderem speziell
während des Sommers 1838, während dessen Eule und Nonne gemeinschaft=
lich mit dem Spanner fraßen. Später hat er[2]) aber selbst Beispiele dafür
angeführt, daß die erwachsenen Spannerraupen, aber auch schon solche in
jüngerem Alter, viel aushalten können. „Nämlich im Jahre 1864 war
erst an einzelnen Stellen ein Halbkahlfraß, und zwar erst auf dem
Unterholze eingetreten, auf welches die Raupen teils durch Herabspinnen
gelangt waren, auf welches aber auch Eier, deren Spuren ich in den
schneeweißen Schalen noch im Winter fand, abgelegt waren, zum Beweise
eines durch unnatürliche Witterung veranlaßten Fluges. Es ereignete
sich dies noch dazu in einem sehr lückigen und vom freien Nord=
winde bestrichenen Stangenorte (am Friedhofe) auch bei stürmischem Wetter.

Am 6. Dezember nämlich, nachdem schon in früheren Wochen ab=
wechselnd Regen und Frost bis zu 5 ° R. dagewesen war, auch viele
Raupen schon im Winterlager sich verpuppt hatten, fand ich bei einer mit
meinen Zuhörern unternommenen Revision noch frische und gesunde Raupen
oben, am 7. (bei höchstens + 2 ° R.) noch fressende und an Fäden langsam
herabspinnende. Die meisten waren allerdings schon unten — zirka 10 bis
20 pro Quadratfuß —, aber noch nicht verpuppt. Es hingen jetzt auch sehr
viele tote an den Zweigen, hier und da auch eine am Baume gestorbene
Familie von Blattwespen. Erst am 17. oder 18. Dezember erfolgte der
Tod der noch auf den Bäumen befindlichen tausenden bis dahin lebendig ge=
wesener Raupen." An anderen Orten hatten die jungen Raupen (um
Johanni) sich gegen schwere und anhaltende Regenfälle,[3]) vor allem aber,
nach brieflichen Mitteilungen von v. Baumbach an Razeburg (aus
dem Jahre 1850), auch gegen Frost völlig widerstandsfähig erwiesen.
v. Baumbach fand die Raupen „noch im November, als mehrere Grade
Kälte und starker Schneefall eingetreten waren, auf den Bäumen" und be=
richtete, daß sie „erst gegen Mitte des Dezember bei starkem Sturme an
Fäden herabgekommen seien". „Bei einer im Januar angestellten Unter=
suchung fanden sich unterm Moose zwar Puppen, aber auch steif gefrorene
Raupen, welche in der warmen Hand wieder auflebten".[4])

---

[1]) „Forstinsekten".

[2]) „Waldverderbnis" I, S. 167.

[3]) Fraß in der Uckermünder Gegend, Anfang der 60er Jahre, speziell in
Jädkemühl.

[4]) Pfeils Krit. Bl. Bd. 30, Heft 2, S. 152.

Ratzeburg selbst fand, daß die Raupen erst bei — 6° C. erstarrten und erst bei — 12° C. erfroren.

Die Hoffnung auf eine Vernichtung der Raupen durch die ersten Frost=nächte scheint freilich bei jeder Spannerkalamität von neuem aber nicht mit besserer Begründung wiederzukehren.

Auch Heß schreibt in seinem Berichte über den Wölfiser Fraß,[1] daß er sich selbst am 13. November 1863 davon überzeugte: „Fast an allen Stämmen innerhalb eines Distriktes von 15 bis 20 Ackern waren erfrorene Raupen auf der Rinde, sowie zwischen den Ritzen derselben zu sehen, die, im Begriff herabzusteigen, ihren Tod gefunden hatten."

In seinem zweiten Berichte[2] über den Wölfiser Fraß heißt es dann:

„Die abwechselnd nasse und kalte Witterung, sowie Fröste der Monate November und Dezember 1863 wirkten verhängnisvoll auf die von den Bäumen herabsteigenden Raupen. Dennoch erreichte ein nicht unbeträcht=licher Teil das Winterlager. Die Verpuppung begann im allgemeinen sehr spät (Mitte November), — namentlich wenn man das baldige Ausschlüpfen der Schmetterlinge in Betracht zieht; zum Teile erfolgte sie gar nicht. Denn noch Ende Dezember fanden sich neben einer nicht unbedeutenden Menge Puppen Raupen in ziemlicher Anzahl unter der Moosdecke, doch so matt, zusammengekrümmt, dem Anscheine nach leblos, nur bei Berührung mit der Hand noch einiges Leben zeigend, daß es als höchst zweifelhaft erscheinen mußte, ob diese Raupen noch zur Verpuppung gelangen würden."

Wenn man dann Anfang März 1864, nach dem ersten Weggange des Schnees „obigem Vermuthen entsprechend, auch todte, verkümmerte Raupen unter dem Moose entdeckte", so wird dies kaum auf Rechnung eines doch die Gesamtheit des Raupenbestandes so gleichmäßig treffenden Faktors gesetzt werden dürfen, wie es eine naßkalte Witterung darstellen würde. Heß's objektiver Bericht scheint mir daher seiner vorgetragenen Ansicht nicht zur Stütze zu dienen, wie er denn überhaupt von unzutreffenden Voraussetzungen über die Verpuppungszeit und den Zustand der Raupe vor der Ver=puppung ausgeht.

Auch Bernas hat behauptet, daß anhaltende kühle Regen, welche die Räupchen 1887 gerade „in ihrem empfindlichsten Stadium — der ersten Häutung — überraschten", diese „ungemein dezimiert" hätten.

Und Henschel sagt in seinem Lehrbuche: „Der Umstand, daß die Spannerraupe gegen Frost und Nässe ziemlich empfindlich ist, führt bei plötz=lich eintretender ungünstiger Witterung oft ein jähes Erlöschen des Fraßes herbei."

---

[1] Allg. Forst= u. Jagdztg. N. F. XL. Jahrg. 1864, S. 441.
[2] Allg. Forst= u. Jagdztg. N. F. XL. Jahrg. 1866, S. 421.

Endlich heißt es in einem Bericht der Danziger Regierung vom 1. Februar 1910:

„In der Oberförsterei Hagenort wurde Ende Oktober (1909) eine ganze Menge toter Raupen auf den Gestellen und Wegen gefunden. Die im Spät= herbst — Anfang November — so plötzlich eingetretene Kälte mit starkem Schneefall hat anscheinend den Raupen außerordentlichen Abbruch getan." Mir scheint der erwähnte Temperatursturz um so weniger in dem gedachten Sinne verantwortlich gemacht werden zu können, als er ja dem Auffinden der toten Raupen folgte, nicht voranging! Ich halte diese Beobachtungen vor allem nicht für ausreichend, um das Ende der Kalamität einfach als vornehmliche Folge „der Ungunst der Witterung im Vorjahre mit ihrem sehr nachteiligen Einfluß auf die Entwicklung des Schädlings" hinzustellen.[1]

In der Tat liegen einwandsfreie gegenteilige Beobachtungen vor. Zu= nächst werden Raupen nicht einmal regelmäßig durch Unwetter zum defi= nitiven Abbaumen gebracht. Beispielsweise berichtet Knauth: „Am 4. Oktober nun hatte ein vorübergehender Witterungsparoxysmus sehr heftigen SW.=Sturm gebracht und konnte von dessen günstiger Wirkung namentlich in der dem Sturmanprall frei ausgesetzten Abteilung „Rollenkopf" schon viel erwartet werden.

Die Hoffnung erwies sich hier und anderenorts als trügerisch, es waren — weil die Raupen ja spinnen — ganz wenige Raupen zu Boden gekommen, sie konnten von Zweig zu Zweig, vielleicht auch von Krone zu Krone geweht sein. So wurden unterm 9. Okt. in Abt. „Schwarzpfuhl" an Zählstamm Nr. 12 außer 22 (immer noch) Eihüllen 270 Stück Spannerraupen pro Normalkrone bestätigt, am 22. Okt. in Abt. „Rollenkopf", Zählstamm Nr. 17, 440 Raupen auf 0,7 Normalkrone."[2]

Es stehen damit die Erfahrungen der letzten großen Spannerkalami= täten durchaus im Einklang, nach denen die Raupen selbst durch sehr heftige mechanische Erschütterungen nicht zum freiwilligen Verlassen der Krone ver= anlaßt werden, zufällig Heruntergeworfene (das gilt auch für Vollwüchsige) vielmehr an ihrem Spinnfaden hängen bleiben und daran umkehrend und zurückkletternd die Krone erreichen, ohne den Boden berührt zu haben, ge= schweige denn zur Rückkehr auf dem Umwege über den unteren Stamm= abschnitt gezwungen worden zu sein. Daher auch die Aussichtslosigkeit des Leimens.

---

[1] In der Tat scheinen, wie auf Grund meiner Untersuchungen des aus den in Frage kommenden Beständen stammenden Puppenmaterials behauptet werden darf (vergl. den II. und III. Teil dieser Arbeit), wesentlich die Schmarotzerinsekten in Hagenort die Kalamität beendet zu haben. Dazu paßt auch der Befund zahlreicher toter Raupen im Oktober 1909 recht gut.

[2] N. Z. f. F. u. L. 1896, S. 47.

Auch bei dem Fraß in der Colbitz-Letzlinger Heide wurde mit völliger Sicherheit die außerordentliche Unempfindlichkeit der Raupe gegen starken Frost beobachtet:[1] „Ende November 1902, als die Raupe noch auf den Bäumen fraß, trat plötzliche Kälte ein, die eine Höhe von — 15° C. (= 12° R.) erreichte. Die Raupen schienen erfroren zu sein, so steif lagen sie massenhaft am Boden und hingen sie an den Bäumen. Doch kaum wurde die Witterung wieder gelinder, so waren sie alle wieder mobil, fraßen zum Teil noch weiter und zum Teil suchten sie ihr Winterlager auf."

Von den Berichten aus der Tucheler Heide vertritt allerdings ein solcher aus Jägerthal (d. 21. Novemb. 08) die Ansicht, daß der erste Frost wenigstens für das Abbaumen entscheidend sei. Der Berichterstatter nimmt an, daß nach eingetretenem Frost ein Probesuchen nach Spanner= raupen auf den Kronen überflüssig ist. „Seit dem 9. November ist anhalten= der Frost von — 14° R. (dazu Schnee bis zum 17. d. M.)." — Es sei danach absolut ausgeschlossen, daß sich auf den Bäumen noch Spannerraupen be= finden.

Dem widersprechen aber spätere präzise Angaben aus einem anderen Revier. Die Oberförsterei Lindenbusch (2. November 1909) rät, die Probesuchungen nicht vor mehrfachen stärkeren Frösten vorzunehmen, da eine Frostnacht zum 27. Okt. 09 mit — 4° R. Kälte noch keinerlei Ab= steigen der Raupen herbeigeführt hatte.

Die Kgl. Regierung in Marienwerder macht sehr treffend auf die außer= ordentliche Kältefestigkeit der Raupen aufmerksam. In ihrem Berichte vom 21. XII. 08 heißt es:

„Der Ende Oktober plötzlich eintretende Frost (bis — 16° C.) schien uns von dem Spanner zum größten Teile befreien zu wollen, da die Raupen in großer Menge an den Stämmen herabwanderten und dabei erfroren zu sein schienen. Leider ist der Tod nur bei einem kleinen Teile von ihnen eingetreten, die große Mehrzahl war nur verklamt und ist bei Eintritt wärmeren Wetters zunächst wieder aufgebaumt und nachher zur Ver= puppung gelangt."

Die Hoffnung, daß die Oktoberfröste die Raupen abgetötet haben würden, war durch einige Berichte erweckt worden, auf die ich doch noch mit einigen Worten eingehen möchte.

Daß die zum Abbaumen durch den Frost gezwungenen Raupen durch die Kälte größtenteils vernichtet seien, nahm man vor allem im Revier Warlubien an.

Die Oberförsterei Warlubien[2] hatte am 18. Oktober mehrere Tage anhaltenden starken Frost gehabt. Die damals meist wohl noch nicht ver=

---

[1] Gieseler, Zeitschr. f. Forst= u. Jagdw. 1904, S. 432.
[2] Bericht vom 7. Nov. 1908.

puppungsreifen Raupen baumten ab und versuchten nach Wiedereintritt
warmer Witterung den Rückweg nach der Fraßstelle anzutreten. Dabei
sind die meisten Raupen „wie noch jetzt festzustellen ist" eingegangen. Die
in der Moosdecke gebliebenen Raupen sind „augenscheinlich z. Teil nicht ver=
puppungsfähig, einzelne sind in der Verpuppung begriffen, scheinen aber
diesen Zustand nicht erreichen zu können". Der Beobachter führt das alles
auf Frosteinwirkung zurück. „Fertige gesunde Puppen wurden bisher nur
ganz wenige gefunden."

Die Oberförsterei C h a r l o t t e n t h a l (27. 11. 08) findet nach strenger
Novemberkälte gelegentlich des Abeggens in den Beläufen Pfalzplatz und
Schwarzwasser einen großen Teil der bloßgelegten Raupen erfroren vor.

Die Oberförsterei J u n k e r h o f berichtete (4. November 08): Die
kalten Nächte vom 20. bis 24. Oktober haben einen großen Teil der
Raupen vernichtet, trotzdem sind noch bedeutende Mengen lebender Raupen
gefunden worden, so daß die befallenen Bestände nach wie vor stark ge=
fährdet sind.

Alle diesen Angaben ist deshalb keine Beweiskraft zuzumessen, weil eine
nähere Untersuchung der Todesursache (wenn die Raupen überhaupt wirk=
lich tot waren! Die in Verpuppung begriffenen Raupen können, noch
dazu wenn sie verklamt sind, leicht irrtümlich für tot gehalten worden sein!)
gar nicht stattgefunden hat, und vor allem, weil sich Herr Oberförster
T e i c h m a n n in Junkerhof kurz darauf selbst davon überzugt hat, daß die
Raupen von der Kälte nicht getötet worden sind.

Er berichtete (4. 11. 08), daß er entgegen der anfänglichen Annahme,
daß ein großer Prozentsatz der Raupen beim Abbaumen vernichtet worden
sei, sich später davon überzeugt habe, daß von den Raupen, die sich damals
kaum bewegen konnten, nur ein verschwindend geringer Teil wirklich er=
froren ist (der am Stamm haften blieb), während der andere Teil in die
Moosdecke eingewandert ist und dort im Bereich der Baumscheibe liegt.

In H a g e n[1]) wurden am 17. Nov. 1909 nach einem Schneetreiben
viele Raupen auf dem Schnee gefunden. Über eine Schädigung der Tiere
durch Nässe und Kälte wird jedoch nichts erwähnt.

Bezeichnend ist auch für die Frostfestigkeit der Raupen — wenn man
bedenkt, daß in dem Tucheler Spannerfraßgebiet allenthalben ein großer
Teil der Raupen erst im März—April zur Verpuppung schritt — der Be=
richt der Marienwerder Regierung vom 25. Juni 1909, aus dem hervor=
geht, wie außerordentlich lange die Streudecke gefroren blieb. Es heißt dort
in bezug auf den Verlauf der Arbeit des Streurechens, die Anfang November
in Angriff genommen worden war: „Leider setzte ihr der früh beginnende
und lang anhaltende Winter ein Ziel. Außerordentlich starke Schneefälle

---

[1]) Bericht vom 4. Jan. 1910.

gingen noch im Monat März über dem gefährdeten Gebiet der Tucheler Heide nieder, verzögerten das Auftauen und Schwinden des Frostes aus der Streudecke. Bevor dies eingetreten war, konnten die Arbeiten nicht wieder beginnen; demgemäß ließ sich ihre Wiederaufnahme erst Anfang April, in der Hauptsache erst nach Ostern, vom 13. genannten Monats ab, ermöglichen."

Hierbei ist zu bedenken, daß, wie oben ausgeführt wurde, nach meinen mit den älteren Erfahrungen übereinstimmenden Beobachtungen die Raupe innerhalb der Streudecke keinerlei Wanderungen weder in horizontaler, noch in vertikaler Richtung unternimmt oder zu unternehmen imstande ist, da sie jedes Lokomotionsvermögen (infolge der Rückwirkung des schon zu dieser Zeit beginnenden Einsetzens der tiefgreifenden Einschmelzungsprozesse auf ihr gesamtes Befinden) von dem Zeitpunkt des Einbohrens in die Streudecke ab verliert. Sie ist also nicht fähig, wie andere im Boden überwinternde Tiere es z. T. sind, vor dem eindringenden Frost in tiefere, wärmere Bodenschichten zu flüchten.

Sehr schön wird die hohe Frostfestigkeit der Spannerraupe auch durch die Beobachtung Knauths[1]) illustriert:

„Am 21.—24. Oktober war ziemlich empfindlicher Frost und Reif eingetreten, welcher gemäß der Ergebnisse des Probesuchens vom 28. Okt. keinen Einfluß auf die Spannerraupen gehabt hat, während ein Teil der Blattwespen-Afterraupen die Verspätung ihrer bereits unterm 15. Okt. begonnenen Verpuppung mit dem Tode gebüßt hat. Der 29. Okt. brachte dann leichten Neuschnee, welcher wohl 6—8 Stunden ziemlich ausgiebig in den Wipfeln hängen geblieben war, dann am selbigen Tage abschmolz und gleichfalls den Spannerraupen nur ganz geringen Abbruch zu tun vermochte. Man mußte die wenigen allerdings erstarrten Raupen am Boden förmlich suchen. In kurzem Wechsel folgte am 1. November abermals empfindlicher Frost, so daß die Wege selbst in den geschlossenen Beständen hart gefroren waren. Mit diesem Froste war den noch lebenden Blattwespen[2]) der Rest gegeben, die ganzen Klumpen wurden, wie sie beim Fressen ineinander verschlungen waren, erfroren und nach einigen Tagen verdorrt gefunden, während die in verhältnismäßiger Höhenlage, im Innern der Bestände und in den Baumkronen arbeitenden Spannerraupen durch denselben abermals nicht belästigt worden sind. Es waren in jenen Tagen gleichfalls nur vereinzelte Exemplare zu finden, die erstarrt und leblos am Boden lagen, während der Hauptbestand in den Baumkronen geblieben ist und notorisch weiter

---

[1]) N. Z. f. F. u. L. 1896, S. 49.

[2]) In den Abt. „Landschaden" und „Spitzer Kippenberg" war, wie Knauth selbst bemerkt, „ziemlich überraschender Weise", nachdem im Frühjahr nur „wenige Puppenhüllen" gefunden worden waren, ein frühzeitiger starker Besatz der Kronen mit den Afterraupen der 2. Generationen von Lophyrus pini festgestellt worden.

gefressen hat bis gegen Ende des Monats November bezw. sogar Anfang Dezember."

Im Winterlager sind die Raupen (und erst recht die Puppen) vollkommen auch gegen die strengste Kälte geschützt. Dem entgegenstehende Erfahrungen sind nirgends gemacht worden. Es ist mir auch nur ein einziger Fall bekannt geworden, wo man Hoffnungen darauf gesetzt hat, daß durch die nach dem Abbaumen der Raupen im Herbste einsetzende „starke und anhaltende Kälte mit Schneefällen" . . . „die noch nicht verpuppten Raupen wohl durch die tief in den Boden eindringende Kälte an der Verpuppung gehindert und gestört werden würden".

Übrigens hat die Danziger Regierung, obwohl sie diese von den Herren Revierverwaltern geäußerte Hoffnung in ihrem Berichte vom 28. V. 09 nicht glaubte ganz von der Hand weisen zu dürfen, doch „dessenungeachtet noch im Herbst mit dem Streuharken in den gefährdeten Orten begonnen". Die Erfahrungen des Jahres 1909 haben denn auch gezeigt, daß ein Erfrieren der Raupen im Winterlager nicht stattgefunden hatte.

Daß die Raupen nach dem Abbaumen besonders frostempfindlich sein sollen, ist jedenfalls gewöhnlich bloß daraus geschlossen worden, daß später tote Raupen gefunden wurden; deren Todesursache ist, wie gesagt, durch geeignete Untersuchungen in keinem Falle festgestellt. Vorsichtiger wieder haben sich einige wenige andere Beobachter in dieser Beziehung ausgedrückt. So glaubte man z. B. in Junkerhof[1]), ein frühes Streukratzen hätte den Vorteil, daß die in der Verpuppung gestörten Raupen, auch wenn sie noch so frosthart sein sollten, vielfach eingingen. Seien doch z. B. im Jagen 178 eine große Zahl Raupen, die freigeharkt waren, eingegangen und zwar hätten sie sich bei näherer Untersuchung als mit schwärzlichen Flecken bedeckt und innen in eine faulige Masse verwandelt erwiesen.

In Junkerhof hatte man allerdings ein sehr eklatantes Beispiel der Frostwiderstandsfähigkeit der Spannerraupe erlebt.[2])

4. Kapitel: Biologie der Puppe.

Gewöhnlich wird für die Spanner-Puppe (z. B. von Henschel) eine Länge von 14—15 mm angegeben und die Färbung als grün bis dunkelbraun beschrieben. Ich fand die Puppen im allgemeinen über 1 cm lang. 11—12 mm (ohne den Aftergriffel gemessen) lange Puppen sind normal. 14—15 mm sind extreme Größen, aber nicht selten. Puppen, die 9 mm und weniger lang sind, gehören Kümmerformen an. Die Puppen sind von recht gedrungener Gestalt. Kopfende schmäler als die Mitte. Der konisch zu-

---

[1]) Vergl. Bericht vom 2. Aug. 1909.

[2]) Der oben referierten Schlußfolgerung stimme ich natürlich nicht zu, denn dafür, daß der Tod der Raupen irgendwie mit den Streurechen in Zusammenhang zu bringen wäre, liegt nicht der geringste Anhaltspunkt vor.

laufende weit punktierte[1]) Hinterleib trägt einen kleinen, kuppelförmigen, mit unregelmäßig skulpturierten Runzeln, die den Leibesringen annähernd parallel laufen, bedeckten Höcker, der den charakteristischen kurzen Griffel trägt. Dieser ist bei allen von mir untersuchten Puppen stets einfach gewesen. Nach einer in der forstlichen Literatur wenig beachteten Angabe Ratzeburgs ist er bisweilen gablig gespalten. Die Flügelscheiden reichen bis über die Körpermitte nach hinten und lassen bald mehr, bald weniger deutlich das Relief der Flügelrippen erkennen. Die luftgefüllten Tracheen schimmern oft bei wenige Tage vor dem Ausschlüpfen stehenden Puppen ziemlich deutlich durch. Desgleichen kann man recht oft die abwechselnd dunkle und helle Fleckenzeichnung des Randsaumes der Flügel durch die Puppenhaut hindurchschimmern sehen. Die Hinterflügel prägen sich im Flügelscheidenrelief der Puppe nur als ein sehr wenig hinten unter dem Rande der Vorderflügelscheiden absatzartig hervorstehender Streifen aus.

Die Flügelscheiden berühren sich hinten in der zentralen Mittellinie. Nicht ganz bis zu dieser Stelle ragen die Fühlerscheiden, die gegliedert und beim Männchen deutlich breiter als beim Weibchen sind. Die Rüsselscheide reicht nicht ganz bis zu den Fühlerspitzen nach hinten. Scheiden des zweiten Fußpaares der Rüsselscheide dicht anliegend. Hüften nicht sichtbar.

Vom benachbarten 3. Fußpaar sind die Fußglieder nicht sichtbar.

Kurz nach der Verpuppung sind sämtliche Gliedmaßen-, Fühler- und Flügel-Scheiden der noch ganz weichhäutigen jungen Puppe fast gar nicht mit der darunter liegenden Chitinhülle des Puppenkörpers verklebt, wie in Alkohol konservierte Exemplare (vergl. Fig. 5 u. 6 auf Taf. V) sehr schön zeigen.

Scheitelstück der Puppe annähernd halbkugelig gewölbt (von vorn gesehen!). Halsschild mit oft wenig deutlicher, dann nur angedeuteter medianer Leiste. An frischen Puppen erkennt man vorn auf dem Halsschild sehr feine Härchen.

Leichter, als an der Breite der Fühlerscheiden (die immer nur ein recht relatives Merkmal sind) läßt sich das Geschlecht der Puppe an der Lage der Geschlechtsöffnungen, richtiger der ihnen entsprechenden Reliefbildungen der Puppenhülle, erkennen.

Die in Frage kommenden Unterschiede sind bei den kleinen Puppen des Kiefernspanners nicht so leicht zu sehen, wie bei größeren Schmetterlingspuppen, z. B. denen der Nonne, wo sie von Wahl studiert und kürzlich (Centralbl. f. Bakteriol., II. Abt., 35. Bd. 1912) sehr gut abgebildet und beschrieben worden sind.

Mit einer guten Lupe, schon bei ungefähr 5-facher Vergrößerung, kann aber alles wesentliche gesehen werden, wie unsere Figur 7 auf Taf. V zeigt. Es soll auch hier nur auf das eingegangen werden, was praktisch richtig ist.

---

[1]) Die Punkte selbst sind immerhin so fein, daß man sie meist nur mit der Lupe deutlich wahrnehmen wird. Vgl. die Figuren auf Taf. V.

Das unmittelbar hinter den Fühlerscheiden sichtbare Segment ist das vierte. Die folgenden Segmente sind nicht gleichmäßig deutlich gegeneinander abgegrenzt. Deutlich sind die Grenzen nur beim 5., 6. und 7. Segment. Das 8., 9. und das die Afteröffnung tragende 10. Segment sind miteinander stark verschmolzen. Die Grenzen sind hier nur bei genauer Untersuchung als feine Nähte erkennbar.

Der einen länglichen Spalt darstellende After (A in Fig. 7 auf Taf. V) liegt stets unmittelbar vor dem oben beschriebenen, griffelbewehrten Höcker, dem sog. Kremaster.

Bei der weiblichen Puppe liegt nun die Geschlechtsöffnung (♀ in Fig. 7 auf Taf. V) entfernt von der Afteröffnung, also weit nach vorn gerückt. Sie stellt einen Längsspalt dar, der kaum so weit, als er selbst lang ist, von der Grenze zwischen 7. und 8. Segment entfernt beginnt, und fast um das doppelte der eigenen Länge von dem vorderen Ende der Afterspalte entfernt endigt.

Der kürzere Spalt der männlichen Geschlechtsöffnung (♂ auf unserer Figur) beginnt weit hinter der erwähnten Segmentgrenze (um fast das doppelte seiner Länge davon entfernt) und liegt der Afteröffnung entsprechend genähert, und zwar auf einem mehr oder weniger deutlichen Wulst.

Die Puppen sind anfangs ganz grün gefärbt. Im Laufe der weiteren Entwickelung, gewöhnlich schon nach 1 bis 1½ Monaten der Puppenruhe und entsprechenden Fortschrittes der Entwickelung des Schmetterlings, sind nur noch die Flügelscheiden grün, und zwar ziemlich dunkelgrün gefärbt. Gegen Ende des Winters, schon von Anfang Februar an, ist die Mehrzahl der Puppen am ganzen Körper glänzend braun gefärbt.

Auf das Aussehen der kranken Puppen werde ich erst in dem Abschnitt über die Krankheiten des Kiefernspanners näher eingehen.

In diesem Zusammenhang mögen nur ein paar darüber allgemein orientierende Worte Platz finden.

Gesunde Puppen schlagen, wenn man sie berührt, mit dem Schwanzende sehr kräftig hin und her (Fig. 3, Taf. V). Das tun kränkelnde Puppen nur schwach, von Ichneumonen oder Tachinen besetzte höchstens noch kurze Zeit nach der Verpuppung und auch dann nur noch schwach, später gar nicht mehr. Solche Puppen sind dann ebenso, wie etwa an anderen Krankheiten eingegangene, völlig steif und bewegungslos, sehen auch meistens gleichmäßig braun gefärbt aus. Häufig erscheinen die Segmente auseinandergetrieben (Fig. 4 auf Taf. V).

Bernas[1]) berichtet einen Vorgang, den ich zwar selbst weder im Revier noch in meinen Zuchten habe beobachten können, aber nicht anzweifeln möchte, da aktive Bewegungen der Puppe physiologisch sehr wohl möglich

---

¹) Vereinsschr. f. Forst-, Jagd- u. Naturkde., 161. Heft. Prag 1889/90. S. 49.

sind. In Waldsteinruh wurde nämlich beobachtet, daß „von den durch die Entfernung der Moosdecke auf der sandigen Erdoberfläche freigelegten Puppen nur die matteren von der kalten Regenzeit getötet wurden, die frischeren hingegen sich durch Bewegung ihres Hinterleibes in die Erde einzubohren suchten, was manchen bis auf 1½ Zoll Tiefe gelang".

Um die Unterscheidung der Puppen des Kiefernspanners von den Puppen anderer, mit ihm vergesellschaftet auftretender Spannerarten und denen der Forleule zu erleichtern, gebe ich beifolgende kurze Übersicht:

Spezies	Puppe
atomaria L.	P. in der Mitte verdickt, nach hinten spitzig, mit feinem zweispitzigem Kremaster, braun.
piniarius L.	P. mit kegelförmigem, einfach = stumpfspitzigem Kremaster, glänzend braun, mit grünlichen Flügelscheiden.
variata Schiff. . . .	P. gestreift, Kremaster jederseits mit einer Häkchenreihe. In weitmaschigem Gespinst zwischen Nadeln.
liturata L.	P. schlank, mit einem höckerigen, mit einer stumpfgabligen Spitze besetzten Kremaster, braun.
fasciaria L. . . . . (var. prasinaria Hb.)	P. dunkel rotbraun.
consortaria F. . . .	P. mit zwei kurzen Dornen am Kremaster, braun.
crepuscularia W. V. .	P. schlank, mit kegelförmigem, gabelspitzigem Kremaster, rotbraun.
consonaria Hb. . . .	P. rotbraun.
Panolis piniperda Esp..	P. rotbraun oder schwarzbraun; Kremaster kegelförmig mit zwei kräftigen, eine feine Gabel bildenden Borsten in der Mitte und zwei längeren dünnen an jeder Seite.

Ist der Zeitpunkt des Ausschlüpfens gekommen, so sprengt der Falter den Rücken der Puppenhülle, und zwar des Brustteiles.

Durch rüttelnde Bewegungen werden Flügel und Beine in ihren Scheiden gelockert. Der Falter schiebt sich, den Hinterleib dabei kräftig anstemmend, weiter hervor, macht zuerst die Beine durch völliges Herauszziehen derselben aus ihren Scheiden frei und zieht sich nun hauptsächlich mit deren Hilfe ganz aus der Puppenhaut heraus.

Jetzt kriecht er durch das ihn überlagernde Moos zur Bodenoberfläche empor.

In bezug auf die Tageszeit, zu der das Ausschlüpfen aus der Puppe stattfindet, verhält sich der Kiefernspanner, ganz entsprechend seinem sonstigen Sonderverhalten in bezug auf die Lebensgewohnheiten, ähnlich wie die Tagschmetterlinge. Das heißt, er schlüpft, im Gegensatz zu der überwiegenden

Zahl der übrigen Spanner (und der fog. Nachtfalter überhaupt) nicht abends, sondern während der frühen Morgenstunden aus. Ich beobachtete dieses Verhalten sowohl im Freien, als in meinen Laboratoriumszuchten.

Hiermit dürfte es sich erklären, daß einzelne Praktiker, wie z. B. Knauth, das Sammeln der Falter empfohlen haben.

Zu beachten ist, daß die Puppen nicht allein unter dem Schirm der Bäume, sondern mehr oder weniger gleichmäßig über den ganzen Bestand zerstreut sind. Das liegt daran, daß die Raupen nach dem Abbaumen erst kleinere Strecken über den Boden hinkriechen, bevor sie sich in die Streu einbohren.

Immerhin wissen erfahrene Puppensammler ganz genau, wo (Fraßbäume!) sie die meisten Puppen finden.

Von älteren Forschern hat vor allem Altum[1]) großes Gewicht auf die Feststellung gelegt, daß die Spannerpuppen gewöhnlich durchaus nicht am zahlreichsten und gedrängtesten um den Wurzelanlauf der einzelnen Stämme liegen, sondern über die ganze Bestandesfläche, wenn auch nicht gleichmäßig verteilt sind.

Die Konsequenzen, die sich für die in einem anderen Abschnitte dieser Arbeit zu behandelnde Technik des Puppensuchens ergeben, liegen auf der Hand.

Nach den im Danziger Bezirk gemachten Beobachtungen, deren Richtigkeit ich durch eigene Untersuchungen in den Marienwerderer Revieren bestätigt fand, liegen unter hohem und dichtem Heidekraut auffallend wenig Puppen, ebenso unter den Polstern des, wie der Danziger Bericht hervorhebt, den Boden stark durchwurzelnden Polytrichum formosum.

Über die Lagerung der Puppen innerhalb spezifisch verschiedener Moosdecken sind im Regierungsbezirke Danzig interessante Beobachtungen gemacht worden. In den nur locker dem Boden aufliegenden und leicht abhebbaren Hypnum-Polstern wurden nur wenig Puppen gefunden. „In dem kurzen und dichten Polster von Dicranum scoparium und Polytrichum commune dagegen, das fest auf dem Boden haftet, fanden sich viele Puppen.“

Wie sich durch Versuche, z. B. Umkehren ganzer Moosplaggen, in die man nun Spannerraupen von oben her (d. h. von der Wurzelfilzseite her) sich einbohren läßt, gut noch nachträglich im Laboratorium zeigen ließ, ist die Spannerraupe nicht kräftig genug, um tiefer in den dichten Wurzelfilz einzudringen. In meinen Versuchen bohrten sich die Raupen nur da ein, wo Risse, die beim Herrichten der Plagge entstanden waren, ihr das leicht machten. Weitaus der größte Teil der Raupen vermochte überhaupt nicht, den „umgekehrten“ Weg in die ihnen gebotene Streu sich zu bahnen. Die Raupen dringen also in Moospolstern der bezeichneten Art im allgemeinen

---

[1]) 1890. Zeitschr. f. Forst- u. Jagdw., S. 82.

nur so weit vor, als es die Lockerheit der Polsterstruktur erlaubt. Da, wo die Verfilzung bedeutender wird, ist den Raupen ein unüberwindliches mechanisches Hindernis in den Weg gelegt, das ihnen ein weiteres Ein= bringen in die Tiefe unmöglich macht. Diesen Zusammenhang sah auch der Danziger Bericht [1]) als wahrscheinlich an.

Im selben Berichte heißt es weiter, daß im Belauf Dlugi der Ober= försterei Hagenort „die Puppen, abweichend von dem allgemeinen Befunde, gerade die schwarze, von dem goldgelben Myzel der Bodenpilze durchzogene und in Verwesung begriffene Humusschicht in auffallender Weise bevorzugt hatten".

Es ist hier auch mit einigen Worten der Frage zu gedenken, ob und in welchem Umfang und in welcher Weise etwa eine Kommunikation des Puppenlagers mit der Bodenoberfläche besteht, die bei dem Ausschlüpfen des Schmetterlings später eine Rolle spielen könnte. In der Tucheler Heide war man teilweise der Ansicht, daß schon die leichteste Bedeckung — die einfache Dicke der Moosdecke — das Auskommen des Schmetterlings vereitele, da nur der Schmetterling fliege, der durch denselben Gang wieder zu Tage komme, welchen die Raupe im Herbst angelegt habe, um zum Verpuppungs= ort zu gelangen.

Das ist unrichtig. Der Schmetterling macht wohl immer einen neuen „Gang", ist jedenfalls, wie meine Versuche beweisen, durchaus fähig dazu.

Da die Frage praktisches Interesse hat, gebe ich zunächst die Begründung jener erwähnten Anschauung hier wieder.

Aufgestellt worden ist die „Raupengang=Theorie" in einem Berichte der Oberförsterei Lindenbusch vom 21. VII. 09, in dem die Wirkung des Streurechens (inkl. Zusammenbringen der Streu in Wälle) erörtert wird: „Die Puppen sind dabei in eine Lage gekommen, in der ihnen die weitere Entwicklung zur Unmöglichkeit gemacht worden ist. Auf den geharkten Flächen sind nur die Puppen ausgefallen (= ausgeschlüpft), welche, im Humusboden steckend, weder vertrocknen, noch von den Vögeln aufgenommen, noch in die Wälle geharkt wurden, sowie diejenigen Puppen, die o b e n a u f in den Wällen lagen, bei denen der sich entwickelnde Schmetterling kein mechanisches Hindernis fand, hervorzukriechen. Die leichteste Bedeckung, schon die einfache Dicke der Moosdecke, hindert das Fliegen und ich bin der Ansicht, daß in ungeharkten Beständen nur der Schmetterling fliegt, der durch denselben Gang wieder zu Tage kommt, den die Raupe im Herbst her= stellte, um sich unter dem Moose zu verpuppen. Wenn man in den Wällen nach Puppen suchte, fand man Pupen, nur von einer einfachen Moosschicht bedeckt, die ebenso zur Entwicklung kamen als solche, die auf dem Grunde der Wälle ruhten. Aus diesen Beobachtungen erschien es mir ausreichend,

---

[1]) Vom 28. V. 1909.

um das Fliegen des Schmetterlings zu verhindern, wenn die Moosdecke durch Harken, Schaufeln oder Eggen derartig verschoben wird, daß der Schmetterling seinen oben erwähnten natürlichen Ausgang nicht findet. Das Zusammentragen der Wälle würde sich dadurch vollkommen erübrigen, und es würde vermieden werden, daß viele Puppen an der Oberfläche der Wälle zur Entwicklung kämen."

Im allgemeinen darf nach allen sonstigen Beobachtungen und den vorliegenden, von meinen eigenen, dieser Frage gewidmeten Untersuchungen n i c h t behauptet werden, daß der ausschlüpfende Schmetterling bestimmter vorgebildeter „Ausschlupfgänge" bedürfe, um aus seinem Puppenlager in der Streudecke sich emporzuarbeiten. Daß solche gelegentlich resultieren, mag zugegeben werden. Denn es ist nicht einzusehen, warum nicht in gewissen Streuarten der „Gang", durch den die Raupe im Spätherbst zum Orte der Verpuppung vordrang, bisweilen soweit erhalten bleiben sollte, daß selbst sein mehr oder weniger bis zum Frühsommer durch Trümmer vegetabilischer Art verlegtes Lumen immer noch ein locus minoris resistentiae ist, durch den der Falter sich mit größter Wahrscheinlichkeit den Weg zum Lichte bahnt.

Aber notwendig ist das Persistieren des „Ganges" — wenn man von einer diesen Namen verdienenden und einige Zeit persistierenden Bahnung eines Weges durch die sich einbohrende Raupe reden will — bestimmt nicht. Denn sonst hätte in den meisten meiner Zuchtgläser kein einziger Falter normal an die Oberfläche des oft von meinem Laboranten etwas fest über den Puppen zusammengestopften Mooses gelangen und seine Flügel unverletzt entwickeln können, wie es doch stets der Fall gewesen ist. Man muß sich überhaupt den aus der Puppe eben ausgekommenen Falter bei aller Zartheit und Ungeschütztheit seines Körpers doch durchaus nicht als g e b r e c h l i c h , brüchig vorstellen, vielmehr als im höchsten Grade geschmeidig und sehr geeignet, sich durch Hindernisse hindurchzudrängen, — wenn diese eben sich nur nicht zu sehr häufen, vielmehr, je weiter der Falter nach oben vordringt, geringer werden, leichter beiseite zu drücken sind. So verhält es sich aber in der Moosdecke normalerweise. Drehen wir, wie es experimentell in Neustadt durch Plaggenhauen geschah, die Reihenfolge der Hindernisse um, so daß der Schmetterling da sich weiterdurcharbeiten muß, wo im Herbste die Raupe Halt machte, weil das immer dichter, fast torfartig-feste Gefüge von Moosrhizomen, Wurzeln und verrottender Nadelstreu von ihr nicht weiter durchtrennt werden konnte,[1] so reicht freilich die Kraft des Falters nicht aus. Und auch sonst können gehäufte Hindernisse an sich leichterer Art ihn schließlich gefangen halten. Darauf beruht eben mit, wie wir im II. Teil dieser Arbeit sehen werden, die r a d i k a l e Wirkung des Streurechens.

---

[1] Spezielle Versuche und der Vergleich der verschiedenen im Walde realisierten Verhältnisse zeigten mir, daß gesunde Puppen aus dem angedeuteten Grunde um so flacher liegen, je fester das Medium ist, in das sich die Raupe einzubohren hatte.

Das verschiedentlich beobachtete klumpenweise Zusammenliegen von „Raupen und Puppen“ — in Wildungen und Hagenort sollen nach einem Danziger Bericht[1]) bei der Puppensuche im Herbst 1908 „die etwa zu gleichen Teilen vorhandenen Puppen und Raupen immer klumpenweise und tief im Sande unter der Humusschicht zusammen“ gelegen haben[2]) — halte ich teils für einen rein zufälligen Befund, teils für das Werk der Waldmaus, von der wir wissen, daß sie eine eifrige Vertilgerin der in der Bodenstreu des Waldes ruhenden Insekten-Larven und Puppen ist, die sie wohl auch gelegentlich in ihren Gängen in der beobachteten Art zusammenträgt.[3])

Ähnliches hat Ratzeburg über Forleulenpuppen mitgeteilt.[4]) Nach seinem Bericht fand Stadtförster Gansow „die Puppen dieses Schädlings in der lockeren Erde oft zu 40—50 in einer Tiefe von 3—4", ja bis 6". Besonders interessant erschien in dieser Beziehung die Beobachtung des Oberförsters Witzmann, welcher mir darüber folgendes schrieb: „Der Befund der Puppen war sehr verschieden. Nicht immer lagen sie unter der Schirmfläche des Stammes gleichmäßig verbreitet, sondern oft klumpenweise zusammen, namentlich dann, wenn eine Holz- und Dammerdeschicht ihnen ein bequemes Winterlager darbot. Namentlich muß ich hier eine Erscheinung berühren, die, soviel mir bekannt, bis jetzt noch nicht erwähnt worden ist, die aber sehr beachtenswert erscheint. Durch Zufall entdeckte ein Sammler in einem Loche, welches durch Ausfaulen eines Stammes entstanden war und 8 bis 10" Durchmesser bei einer Tiefe von 8 bis 10" haben mochte, in der darin aufgehäuften Dammerde zirka 180 Puppen, welche hier schichtenweise übereinander lagen, und zwar so, daß die Schwanzspitze nach unten stand. Dieses

---

[1]) Vom 26. V. 1909.

[2]) Das ist bestimmt ein mißverständlicher Ausdruck in dem betreffenden Bericht gewesen. Von einem regelmäßigen Befunde dieser Art kann nach mir an Ort und Stelle von beiden Revierverwaltern auf Befragen erteilter Auskunft nicht die Rede sein. Man hat mir auch nicht eine einzige derartige Stelle im April 1910, als ich die Reviere bereiste, zeigen können.

Ja, in dem oben zitierten Bericht wird bemerkt, daß bei einem zweiten Probesammeln im April 1909, wo es sich also um die Puppen derselben Faltergeneration handelte, „im Gegensatze zu den Probesammlungen im Herbst . . . fast nur Puppen gefunden wurden, die nicht mehr in der tieferen Sandschicht klumpenweise zusammenlagen, vielmehr einzelne — wenn auch flächenweise in verschiedener Menge — und meist in der obersten Sandschicht unmittelbar unter dem Humus; innerhalb der Humusschicht und in der toten oder lebenden Bodendecke, soweit sie in der Hauptsache aus den dem Boden locker aufliegenden und leicht abhebbaren Moospolstern von Hypnum-Arten besteht, war die Puppenzahl i. a. gering“.

[3]) Die Gründe, die mir gegen die Zurückführung der Erscheinung auf die Spitzmaus zu sprechen scheinen, werden später in anderem Zusammenhange noch näher erörtert werden.

[4]) Krit. Bl. XXXIII. Bd. 1853.

Loch war mindestens zu $^2/_3$ seiner Tiefe mit Dammerde angefüllt. Die ersten Puppen fanden sich in einer Tiefe von zirka 5", und die untersten bis 8" tief."

Ratzeburg bemerkt ferner, daß „da, wo die Puppen klumpenweise beisammen lagen, was die Arbeiter bald weg hatten, das Sammeln außerordentlich erleichtert wurde und in solchen Fällen allen anderen Mitteln vorgezogen zu werden verdient".

Ratzeburg betont[1] in bezug auf den Spanner ausdrücklich, daß die Puppen sich nicht im mineralischen Boden liegend finden. „Die Puppen findet man während des ganzen Winters bis zum Mai unter dem Moose, aber nicht bloß um die Stämme herum, sondern auch entfernt davon, überall unter der Schirmfläche der Bäume. Herr Th. Hartig (Konvers.-Lex. S. 627) vermutet zwar, daß die Puppen auch in der Erde lägen, weil er in stark befressenen Beständen im Frühjahre keine Puppen finden konnte und weil Hennert (Raupenfr. S. 42) auch von Verpuppung in der Erde spräche. Allein das sind wohl noch nicht Gründe genug, indem im ersteren Falle die Raupen noch vor Winter untergegangen sein konnten und im zweiten offenbar ein Irrtum obwaltet, da Hennert auch von einem leichten Gespinst spricht. Dies habe ich nie gesehen, auch in den zahlreichen von mir selbst beobachteten Raupenfräßen immer die Puppen oberflächlich gesammelt, wie dies ja erfahrene Forstleute behaupten."

Später (1853) hat Ratzeburg[2] seine Ansicht über das Puppenlager des Spanners geändert. Er sagt:

„Der Spanner ist der gewöhnlichste Begleiter der Eule, wie dies auch wieder die eben geschilderte große Raupenausbreitung in Schlesien gezeigt hat. Hier spielte er indessen stets eine untergeordnete Rolle, und auch das ist Regel, obgleich er wohl im ganzen insofern gemeiner genannt werden kann, als er wenigstens in unschädlicher Menge sich alljährlich vorfindet, während man oft von der Eule in vielen Jahren keine Spur im Winterlager findet. Bei Gelegenheit des großen schlesischen Fraßes wurde mir überall gesagt, der Spanner sei gegen den Winter verschwunden, und zwar, wie einige der Berichterstatter hinzusetzten, weil in den durch die Eule gänzlich verseuchten Orten kein Futter für die später erst sich entwickelnden Raupen übrig geblieben wäre. Es ist aber auch möglich, daß man die Puppen übersehen hat, und daß hier auf negative Weise ein Beweis für das Überwintern in der Erde gefunden werden dürfte. Es ist nämlich jetzt außer Zweifel, daß die Spannerraupe auch häufig in die Erde geht, um sich hier zu verpuppen. Der Oberförster von Bernuth hat dies im Reviere Jägerhof bei Clokow in Pommern ganz bestimmt beobachtet, und dadurch die bereits in meinem 2. Bande der „Forstinsekten" (S. 185) mit-

<hr>

[1] „Forstinsekten".
[2] „Waldverderbnis".

geteilte Erfahrung von Th. Hartig bestätigt. Er schrieb mir darüber nämlich folgendes: „Die Puppen des Spanners fanden sich besonders in einem Forstorte in der Erde, welcher vom Vieh nicht betreten wird und eine sehr starke Moosschicht hat. Die Puppen wurden dort förmlich aus der Erde herausgeholt, nachdem die wenigen zwischen Moos und Erde (also a u f der Erde) gelagerten abgesammelt worden waren. Daß Puppen in der Erde sein mußten, war hier auch ganz notwendig, da die Raupen in dem Forstorte gefressen hatten und sich als Puppen doch irgendwo wieder finden mußten“.“

Jedenfalls hat Ratzeburg[1]) die Bedeutung einer genauen Kenntnis der Puppenlage für ein rationelles Probesammeln zuerst im vollen Umfange erkannt.

„Nach der Lage der Puppen, welche sie über Winter zeigten, habe ich mich ganz besonders erkundigt, weil mir dies für das Sammeln höchst wichtig erschien. Im ganzen ist dieselbe Verschiedenheit der Lage über oder unter der Erde beobachtet worden, über die ich in meinen „Forstinsekten“ berichtet habe. Genaue Beobachter, wie z. B. Oberförster Muß, stellen den Aufenthalt in der Erde durchaus in Abrede. Andere dagegen konnten sich leicht und ganz bestimmt von der subterranen Lage überzeugen. Fast überall ereignete sich diese da, wo man Raupengräben gezogen hatte und wo die Raupen in die Fallöcher gerieten.“

Wilde[2]) erwähnt kein Wort, daß die Puppe des Kiefernspanners im mineralischen Boden ihr Winterlager habe. Er sagt vielmehr ausdrücklich: „. . . und verwandelt sich an der Erde im Moose; Puppe überwintert“.

Dagegen wissen wir von einer ganzen Anzahl von Spannerarten, die sich, wie erwähnt, mit dem Kiefernspanner vergesellschaftet haben, daß ihre Puppen mit Regelmäßigkeit oder doch sehr häufig im Erdreich selbst ruhend gefunden werden.

Auf diese Spannerarten und ihre Biologie werde ich weiter unten kurz eingehen.

Nach exakten Feststellungen im Regierungsbezirke der Oberpfalz[3]) lagen

in der Moos= und Nadeldecke 35 % der Puppen,

in der eigentlichen Humusschicht 60 % „ „

im Mineralboden 5 % „ „

In Revieren mit häufiger Streuentnahme und aus anderen Gründen ungewöhnlich dürftiger Bodenstreu liegen die Puppen im mineralischen Boden, was Knauth bei seinem Kritisieren des Puppensuchens und Streurechens außer acht gelassen, im übrigen aber selbst hervorgehoben hat.

---

[1]) Krit. Bl. XXXIII. Bd. 1853. Bezieht sich dort speziell auf ihre Forleule.
[2]) Die Pflanzen und Raupen Deutschlands. 1861.
[3]) Knauth, N. Z. f. F. u. J. 1895, S. 395.

In der Colbitz-Letzlinger Heide[1]) hat man die Erfahrung gemacht, daß die Abweichungen der Lagerung der Puppen, je nach Gestaltung der Bodendecke (nach „ihrer größeren oder geringeren Mächtigkeit oder gar ihrem völligen Fehlen, sowie dem Vorhandensein von Gras und Beerkräutern") nur geringfügiger Natur sind. Auch bei dem Fraß in der Tucheler Heide ist vielfach (abgesehen von dem oben erwähnten Berichte) behauptet worden, daß die Verpuppung noch unter der dichten Humusschicht, in der Sandschicht stattfinde. Es müsse daher die obere Humusschicht mit entfernt und die Sandschicht durchharkt werden. Diese Beobachtung stützt sich aber allein auf den Satz: „Erst nach Entfernung der Humusschicht konnten die Vögel, besonders die Drosseln, die Puppen vernichten."[2])

Auch in einem Berichte der Marienwerderer Regierung vom 21. Dezember 08 heißt es, daß „viele Puppen erst in der oberen Sandschicht liegen". Sehr beträchtlich kann aber, da das Streurechen bestimmt nicht (wie man damals wohl mit glaubte) durch das Trockenlegen, sondern durch das Ersticken der Puppen und mechanische Zurückhalten der auskommenden Falter wirkt, die Zahl dieser Puppen nicht sein, denn sonst könnte das Streurechen eben nicht den eklatanten Erfolg zeitigen, den gerade die Marienwerderer Reviere erfreulicherweise zu verzeichnen gehabt haben.

Die vorgenannten Angaben, nach denen das Gros der Puppen in der obersten Sandschicht liegen soll, kann ich also auf Grund meiner eigenen

---

[1]) Badermann, D. F. Z., S. 954.

[2]) In dem Berichte der Oberförsterei Junkerhof (Bericht vom 4. XI. 1908) heißt es: „Beweis hierfür (daß nämlich die Verpuppung in der Sandschicht stattfindet) ist folgende Beobachtung: Im März dieses Jahres wurden zur Verhütung einer weiteren Ausdehnung des im vorigen Jahre beobachteten Spannerfraßes in Jagen 10—13, 18, 19, 29 u. 30 des Belaufes Louisenthal die obere Moosdecke entfernt. Zunächst wurde geglaubt, daß nun die Puppen bloßgelegt und dem Verderben preisgegeben seien. Erst später konnte daran gegangen werden, auch die Humusdecke zu entfernen, da diese durch den Winterfrost mit der oberen Sandschicht fest verwachsen war. Es hatte sich nämlich inzwischen bei näherer Besichtigung herausgestellt, daß trotz des starken Winterfrostes der größte Teil der Spannerpuppen am Leben geblieben und nicht getötet war. Erst nach Entfernen der Humusschicht konnten die Vögel, besonders die Drosseln, die Puppen vernichten."

Ich betone, daß dies das ganze Beweismaterial ist, was in Junkerhof für die Entscheidung der Puppenlagerfrage gesammelt wurde, daß Zählungen der in den einzelnen Streuschichten und auf resp. im mineralischen Boden gefundenen Puppen nicht vorliegen, und glaube, daß aus dem wörtlich zitierten Bericht der unbefangene Leser nichts entnehmen kann, was einen positiven Hinweis oder Beweis, der für die Glaubhaftmachung einer vorwiegend tiefen Lagerung der Puppen (im mineralischen Boden) verwendet werden könnte, enthielte.

Ich trete also dem verehrten Herrn Berichterstatter, dem ich für mehrfache Führung durch sein Revier, das interessanteste, weil am schwersten von dem Schädling betroffene der Tucheler Spannerreviere, zu aufrichtigem Danke mich verpflichtet fühle, wohl nicht zu nahe, wenn ich seine Beweisführung nicht anerkenne.

Beobachtungen durchaus n i ch t bestätigen, außer für Böden, die jeder Streu=
decke seit Jahren entbehren, wo also der Spannerraupe nichts anderes
übrig bleibt, als sich in den mineralischen Boden, und zwar flach einzu=
bohren. Denn tief liegend habe ich sie unter solchen Verhältnissen niemals
finden können. Tief liegende Puppen gehörten in keinem Falle dem Spanner,
sondern stets der Forleule an.

Es sei aber schon hier die Vermutung ausgesprochen, daß, — in manchen
Fällen wenigstens, — zu dem Streit, der die ganze Spannerliteratur durch=
zieht, wahrscheinlich Verwechselungen echter Spannerpuppen mit solchen der
mit ihm vergesellschafteten Arten den Anlaß gegeben haben werden. Darauf
deutet auch der Umstand hin, daß dergleichen Angaben oft eines feinen
Gespinnstes gedenken, in dem die Puppen ruhen, was z. B. bei den Puppen
von Bormia consortaria F. und Boarmia crepuscularia W. V. tatsächlich
der Fall ist, während bei der Kiefern=Spannerpuppe jedoch bestimmt nie=
mals ein Gespinnst beobachtet wurde, das mit Sicherheit als von der Raupe
herrührend hätte bezeichnet werden können u n d so fest gewesen wäre, daß
es den mit der Überwachung des Puppensuchens beschäftigten Beamten hätte
auffallen können. (Vergl. das oben über solche Gespinste Gesagte.)

In mehreren Revieren glaubte man eine bemerkenswerte Empfindlich=
keit der sich zur Verpuppung anschickenden Raupen und jungen Puppen
gegen Berührungen und Lageveränderungen festgestellt zu haben oder an=
nehmen zu dürfen. So berichtet die Oberförsterei Hagen (17. VII. 09), daß
die Puppen „so empfindlich gegen Berührung seien, daß von mit der Hand
gesammelten Puppen, die in möglichst natürlicher Lage untergebracht und
naturgemäß bedeckt wurden, nur 7 bis 12 % zur Entwicklung kamen, von
mit einem Löffel samt dem ganzen Bett herausgenommenen nur 40 %.“

In Rehberg hoffte man durch zeitiges Streuharken (aber erst nach
völlig vollendetem Abbaumen natürlich) den Vorteil zu haben, „daß die in
ihrem Winterlager bloßgelegte, in dem Verpuppen gestörte Raupe vielfach
eingeht“.

Nach meinen eigenen Beobachtungen, die sich natürlich nur decken
konnten mit den Erfahrungen, die als Gemeingut aller Schmetterlinge
züchtenden Entomophilen und Entomologen betrachtet werden dürfen, muß
der Spannerpuppe eine irgendwie beachtenswerte Empfindlichkeit gegen
Lageveränderungen und Berührungen abgesprochen werden. Sie verhält
sich nicht etwa, wie die „gestürzt“ an Zäunen u. dergl. angehefteten Pieriden=
Puppen, die auf eine, wenn auch noch so schonend ausgeführte Lage=
änderung mit völliger Hemmung der Entwicklung oder Bildung eines ver=
krüppelten Falters reagieren. In vielen meiner Zuchtgläser sind die Puppen
alle zwei bis drei Tage, jedesmal, wenn Schmarotzer ausgekommen waren
und herausgefangen werden sollten, leicht mit Äther narkotisiert worden und
auf Papier ausgeschüttet, dann schließlich mit der Pinzette wieder gegriffen

und wieder in die Gläser zurückbefördert worden. Da täglich ziemliche Mengen von Puppen in dieser Weise zu bewältigen waren, habe ich dabei nicht gerade mit jeder einzelnen allzu behutsam umgehen können. Und doch haben die Puppen diese Behandlung durchaus vertragen.

Daß bei derberem Anfassen durch die schwere Arbeit gewohnten Waldarbeiterhände oft viele Puppen leiden, ist natürlich unbestreitbar. Eine besondere Empfindlichkeit, auf die man etwa eine Bekämpfungsmethode gründen könnte, besteht aber wie gesagt nicht.

Ich kann also der u. a. von den Herren Revierverwaltern in Linden= busch und Königsbruch[1]) vertretenen Ansicht nicht beipflichten, daß schon ein einfaches Verschieben der Streuschichtstruktur mit Egge oder Harke genüge, um die Unterbrechung der Entwicklung der Puppe zum Schmetterling zu bewirken.

Durch die Zinken von Eggen und Harken verletzte Puppen gehen natürlich, wie die Oberförsterei Rehberg in ihrem Bericht vom 12. X. 09 bemerkt, ein.

Gegen Frost sind die Puppen praktisch als ganz unempfindlich anzu= sehen. In Junkerhof hatten die Puppen den Aufenthalt in der fest gefrorenen Humusschicht ausgezeichnet vertragen, was doch anfänglich, nach einem Bericht des Revierverwalters vom 6. III. 09 zu urteilen, keines= wegs vorausgesetzt worden war. Im Gegenteil, man hatte gehofft, nach dem strengen Winter 1908/09 im Frühjahr viel weniger Puppen, als im vorausgegangenen Herbst zu finden, „da nach dem starken Frost ein großer Teil der Puppen umgekommen sein" müsse. Spätere Untersuchungen bewiesen, daß dies leider nicht der Fall gewesen war.

Dagegen ist es ganz zweifellos als feststehend anzusehen, daß kalte Früh= jahrswitterung die Entwicklung des Schmetterlings in der Puppe ver= langsamt und also den Termin des Ausschlüpfens hinausschiebt.

In derartig rauhen Gebieten, wie sie die Spannerreviere der Tucheler Heide gerade umfassen, macht sich diese Verzögerung der Puppenentwicklung sehr deutlich bemerkbar.

Flugbeginn und Verlauf in den Revieren der Tucheler Heide gestaltete sich im Jahre 1909 so, wie es aus folgender, den Berichten der einzelnen Oberförstereien entnommener Darstellung ersichtlich ist, und zwar wies, wie der Vergleich mit dem vorgesetzten Entwicklungsschema nach Nitsche lehrt, die Spannerentwicklung hinsichtlich des Flugendes, ja auch hinsichtlich des Auftretens des ersten Räupchens eine mehrwöchentliche Verzögerung auf. Das alles kann nur auf die Beeinflussung der Entwicklung in der Puppe durch die kalte Frühjahrswitterung zurückgeführt werden.

---

¹) Allerdings glaubt man in Königsbruch auch an eine weitere günstige Wirkung der Streulockerung und Verschiebung, auf die in dem Abschnitt über die Schmarotzer= insekten einzugehen sein wird. In Lindenbusch nahm man an, daß die Streuverschiebung von mannigfacher Wirkung sei. Auf die Raupengangtheorie wurde oben hingewiesen.

Zunächst noch einige Worte über die hierher gehörigen Zahlenangaben aus dem Regierungsbezirk Danzig. Nach Berichten der Oberförsterei Hagenort sollen noch sehr spät im Sommer 1909 gesunde, noch nicht ge= schlüpfte Puppen des Kiefernspanners gefunden worden sein.

So wurden auf der freigeharkten Fläche pro Quadratmeter am 26. Juni noch 30 Stück „gesunde Puppen", am 12. Juli noch 6 Stück, ja sogar am 31. Juli noch 2 Stück „gesunde Puppen" gefunden, was also noch immer einen ansehnlichen Flug ergeben hätte.[1]) Sämtliche in der Nachbarschaft der Oberförsterei Hagenort liegende Reviere weichen hierin in ihren Berichten ab und melden für den Beginn des Fluges und den Hauptflug Daten, die gut zu den Angaben stimmen, die bei früheren Spannerkalamitäten unter ähnlichen klimatischen Verhältnissen in bezug auf die Flugzeit des Kiefernspanners gemacht worden sind.

Nitsche gibt in seinem Lehrbuch folgendes biologisches Schema für den Kiefernspanner, worin + den Falterflug, . die Eiablage, — das Raupenleben und . die Puppenruhe bedeutet.

	Jan.	Febr.	März	April	Mai	Juni	Juli	Aug.	Sept.	Okt.	Nov.	Dez.
1880					+	+++	---	---	---	---	---	•••
1882	•••	•••	•••	•••	••+	+++						

Ich gebe nun in folgender Tabelle eine Zusammenstellung der in den Marienwerderer Revieren im Sommer 1909 gewonnenen Zahlen:

Alles 1909.

	Fluganfang	Hauptflug	Flugende	1. Ei	1. Räupchen
Rehberg . . (Zwinger)	14. VI.	25.—30. VI.	10. VII.	24. VI.	16. VII.
Beläufe . . (Durchschn.)	15. V.—7. VI.	12.—20. VI.	30. VII.	.	23. VI.—2. VII.
Louisenthal .	22. V.	6.—24. VI.	ca. 30. VI. (Gewitter am 25. VI.)	?	?
Junkerhof . . (Beläufe)	17.—22. V.	7.—29. VI.	10. VII. 13. VII.	21. VI. (1. totes leeres ♀)	?

Insgesamt etwa 6—8 Wochen

	Fluganfang	Hauptflug	Flugende	1. Ei	1. Räupchen
Taubenfließ .	26.—28. V.	27.—30. VI.	15. VII.	.	.
Lindenbusch .	17. V.	17.—30. VI.	15. VII.	.	.
Hagen . . .	15. VI.	22. VI.—2. VII.	nach 17. VII.	.	17. VII.
Dsche . . .	Ende V.	20.—30. VI.	ca. 20. VII.	.	.
Charlottenthal	Ende V.	20.—30. VI.	Ende VII.	.	.
Königsbruch .	30. V.	13.—29. VI. u. 6.—11. VII.	gegen 16. VII.	.	.
Schwied . .	Hauptflug Mitte bis Ende Juli.				

---

[1]) Deren Nachkommenschaft allerdings durch Schmarotzerinsekten vernichtet wurde.

Vergleicht man diese Zahlen mit den Angaben der Oberförsterei Hagenort, so kommt man zu dem Resultat, daß dort das Ende des Spanner=fluges mindestens um einen halben Monat später erfolgt ist, als in den umliegenden Revieren. Angesichts der ganz exzeptionell rauhen Lage von Hagenort ist dieser Befund aber nicht besonders verwunderlich. Da auch im Herbste sehr früh strenge Kälte einzusetzen pflegt, wie mir Herr Ober=förster M a t t h i a ß versicherte, so wird die Fraß= und Entwicklungszeit für die Spannerraupe in diesem Revier in einem Maße abgekürzt, wie ich es ähnlich nur noch im Neustädter Kreise (Reg.=Bez. Danzig) angetroffen habe.[1]

Auch L e y t h ä u s e r[2] hat in seinem Bericht auf die Verspätung des Ausschlüpfens der Puppen durch kaltes, regnerisches Frühlingswetter, wie schon im ersten Kapitel kurz erwähnt wurde, aufmerksam gemacht.

Der Falterflug verzögerte sich damals (1896) in Mittelfranken um mindestens einen Monat gegenüber dem Vorjahr.

Daß die Stärke des Lichteinfalles ohne Bedeutung für die Entwicklung gesunder Falter[3] ist, muß deshalb auch betont werden, weil man vielfach Bedenken getragen hat, die Versuche mit eingezwingerten Puppen als genügend den normalen Entwicklungsbedingungen angepaßt zu betrachten.

So meinte man in Charlottenthal, wie in einem Bericht des Revier=verwalters vom 16. VIII. 09 ausgeführt ist, daß die Entwicklungs=bedingungen für die in großen Zwingern aus grünem Drahtgeflecht ge=haltenen Puppen wegen des gedämpften Lichteinfalles anscheinend nicht ganz normale gewesen seien. Dieses Bedenken ist nicht gerechtfertigt.[4] Ich trete wohl auch dem Herrn Verwalter des Reviers Lindenbusch nicht zu nahe, wenn ich die Vermutung ausspreche, daß er eine nähere exakte Untersuchung der Puppen, die nach seinem Berichte vom 21. VII. 09 während des ungewöhnlich dürren Frühjahrs in einer Zahl von 800 Stück

---

[1] Was selbstverständlich zu bedenken ist, wenn man den Erfolg einer Bekämpfungs=methode in derartig gegen den Spanner „geschützten" Revieren (anders kann man das Walten so ungünstiger Klimaverhältnisse nicht gut bezeichnen) beurteilt. Es liegt, wie noch im II. Abschnitt dieser Arbeit näher gezeigt werden wird, kein Widerspruch zwischen dem unbestreitbar positiven Erfolge des Streurechens in der Oberförsterei Junkerhof und dem Berichte der Oberförsterei Hagenort, „daß der Erfolg der Ver=tilgungsmaßregeln nicht im Verhältnis steht mit den aufgewendeten Kosten". In Hagenort war kein einziger Jagen zu sehen, den der Spanner ernstlich gefährdet hätte.

[2] Zeitschr. f. Forst= u. Jagdw. 1897, S. 453.

[3] Nicht gleichgültig braucht die Qualität (Farbe) und Intensität des Lichtes (praktisch nicht interessierender Weise) für die Färbung des Falters zu sein, wie die be=kannten Experimente neuerer Forscher ja für Vanessen und andere Falter gezeigt haben.

[4] Der Berichterstatter schickt diese Äußerung als wenn auch nicht bedeutende Ein=schränkung der Feststellung des Versuchsergebnisses voraus, demzufolge es seiner Ansicht nach sicher ist, „daß die Spannerpuppen in den Mooswällen schon bei geringer Be=deckung ganz erheblich weniger zur Entwicklung gelangen als unter der einfachen Moosdecke".

in Jagen 139 auf eine streufreie Stelle offen hingelegt waren[1]) und die alle durch „den Einfluß von Luft und Licht zugrunde gegangen" sein sollen, kaum ausgeführt haben wird.

Denn die Einwirkung der Luft könnte nur im Austrocknen bestehen.[2])

In dem betreffenden Berichte wird zwar gesagt, daß es dem Berichterstatter unzweifelhaft scheine, daß eine große Anzahl Puppen durch Vertrocknen zugrunde gegangen sind. Aber im selben Berichte wird die Vertrocknungstheorie ausdrücklich als Irrtum bezeichnet und ausgeführt, daß trotz der ungewöhnlichen Trocknis (in Lindenbusch fiel bis Juli kein einziger durchdringender Regen!) bei vielen durch das Harken freigelegten Puppen, die noch in der unter dem Moos befindlichen Humusschicht steckten, das Vertrocknen nicht eingetreten ist, also in einem Frühjahr „mit nur einigen Niederschlägen" die Mehrzahl der Puppen wohl entwicklungsfähig bleiben würde.

Danach scheint mir in dem praktisch allein wichtigen Punkte, in der Frage nämlich, ob durch das Streurechen im Bestande freigelegte Puppen in normalen oder auch nur in trockenen Frühjahren nennenswert geschädigt werden, keine Differenz in der Auffassung des Herrn Berichterstatters und den Versuchsergebnissen seiner Kollegen und meinen eigenen Beobachtungen zu bestehen.[3]) Was aber das Eingehen der 800 Puppen bedingt hat, läßt sich heute einfach nicht mehr feststellen! Daß nicht eine einzige von ihnen von Ichneumonen besetzt oder tachiniert gewesen sein sollte, darf nicht ohne weiteres angenommen werden. Und da über den Prozentsatz solcher Puppen kaum Angaben vorliegen, muß der Versuch als nicht beweiskräftig ausscheiden.

Ich habe die Frage an einem Teil meiner Puppenmaterialien experimentell geprüft, indem ich von einigen aus demselben Jagen stammenden Puppen einen Teil im (ungeheizten) Wärmeschrank bei im übrigen guter Ventilation dunkel hielt, einen anderen Teil aber in einem nach Süden gelegenen Laboratorium am Fenster in Zuchtgläsern unterbrachte. Es ergab sich dabei k e i n Unterschied zwischen belichtet und dunkel gehaltenen Puppen hinsichtlich des Prozentsatzes der auskommenden Falter.

Aber auch die Empfindlichkeit der Puppen gegen Trockenheit ist sehr überschätzt worden. Der Schmetterlingszüchter weiß ja, daß er zweckmäßig seine Puppen im Zwinger, wenn er sie im geheizten Zimmer hält, um ihre Entwick-

---

[1]) Im Kiefernbestande.

[2]) Daß das Licht keine schädigende Wirkung hat, beweisen die in Königsbruch ausgeführten Versuche (u. a.) sowie meine eigenen.

[3]) In den oben zitierten Stellen des Berichts würde nur dann kein Widerspruch liegen, wenn der Herr Berichterstatter, wie von mir vermutet, Licht und Luft als schädliche Faktoren sui generis von den „austrocknenden", etwa der Wärme, unterschieden wissen will. Das ist aber nicht angängig. Denn der Zutritt frischer Luft wirkt in keiner Weise schädigend auf die Puppen ein.

lung über Winter zu beschleunigen, dann und wann mittels einer kleinen
Bürste etwas mit Wasser zu bespritzen hat. Er weiß aber auch, daß hier ein
Zuviel viel schlimmer ist, als ein Zuwenig. Und meine Versuche haben mich
direkt davon überzeugt, daß das bloße Freilegen der Puppen sie nicht in einer
solchen Weise dem Austrocknen preisgibt, daß darauf eine Bekämpfung des
Schädlings gegründet werden könnte. Aus den Danziger Spannerrevieren
wird über das Ergebnis eigens zur Beantwortung dieser Frage angestellter
Versuche berichtet, „daß ganz frei auf nacktem Boden im lichten Bestandes=
schirm liegende Puppen zum großen Teil noch nach 8 bis 14 Tagen lebens=
fähig waren, und daß Puppen, in stark gelockertem Bodenüberzuge ein=
gebettet, ihre Lebensfähigkeit bis zu 4 Wochen behielten".

Leider haben die Versuchsansteller keine Angaben gemacht, was mit
den Puppen später geworden ist, vor allem, wieviel Prozent etwa nach
der mitgeteilten Frist, ja ob denn überhaupt Puppen durch Vertrocknen
eingegangen sind. Ich habe deshalb diese Frage unter sehr extremen
Versuchsbedingungen näher geprüft und werde weiter unten über meine
Versuche noch näher berichten.

Zunächst sei auf die Ansichten eingegangen, die in den einzelnen
Tucheler Revieren ausgesprochen und zum Teil auf eigene Versuche der be=
treffenden Herren Revierverwalter begründet wurden. Daß die Puppen
das Bloßlegen durch das Streurechen (wie es vor allem bei der meines
Erachtens gewöhnlich nicht genügenden Arbeit mit der Harke sehr leicht
vorkommt) recht gut vertragen, also nicht so sehr empfindlich gegen Trocken=
heit sein können, zeigen die Beobachtungen in der Oberförsterei Hagenort,
wo nach sehr zeitig (sofort nach dem Auftauen der Bodendecke im Früh=
jahr) vorgenommenem Streurechen auf den freigeharkten Flächen noch am
26. Juni „außer einer Unmasse bereits ausgeschlüpfter Puppenhüllen" auf
den Quadratmeter 30 Stück gesunde Puppen, aber keine einzige vertrocknete
gefunden wurden. Anfang Juli wurden auf den von der Streu entblößten
Streifen nach einem weiteren Berichte derselben Oberförsterei noch gefunden
(pro Quadratmeter):

17 ausgekommene Puppenhüllen,

4 vertrocknete Puppen

10 frische Puppen,

2 von Insekten zerstörte.

Auf das Vertrocknen der Puppen darf daher die Bekämpfungsmethode
nicht basiert werden, denn daß die erwähnten freigelegten Puppen in keiner
Weise geschädigt waren, hat die Untersuchung gefällter Probestämme in
Hagenort ganz unzweideutig ergeben: „die in den geharkten Beständen
gefällten Probestämme waren derartig mit Raupen besetzt, daß die Zahl der
Raupen kaum festzustellen war". Die Falter, von denen diese Raupen ab=
stammten, können also durch die anormalen Bedingungen, unter denen sie

sich während eines ansehnlichen Teiles ihrer Puppenruhe befanden, nicht irgendwie wesentlich geschädigt worden sein.

In Rehberg wurden nach Bericht vom 2. Aug. 09 gefunden:

	auf beharkten[1]	auf nicht beharkten Flächen
tot	22,5%	28,8%
und zwar:		
vertrocknet	12,2 =	10,9 =
von Raub= und Schmarotzerinsekten vernichtet .	13,3 =	17,9 =

Der Berichterstatter bemerkt hierzu wohl mit zweifelloser Berechtigung, daß auf den Flächen, auf denen die Puppen durch das Streurechen bloß= gelegt worden waren, annähernd ebensoviel vertrocknet sind, wie unter dem Schutze der Streuschicht. „Der Prozentsatz der vertrockneten Puppen s ch e i n t", — so fährt er fort, — „auf den geharkten Flächen etwas größer zu sein, wie auf den nicht geharkten. Da nun aber Ende Mai auf den beharkten Flächen viel weniger Puppen wie bei dem ersten Probesuchen im November gefunden wurden, müssen die Puppen durch Tiere entfernt worden sein. In erster Linie kommen dabei die Vögel in Betracht." Dieser Faktor hat natürlich den Prozentsatz der später tatsächlich „vertrocknet" auf= gefundenen Puppen zugunsten der geharkten Flächen erhöht. In Wahrheit ist er hier niedriger gewesen.

Bei den in Rehberg ebenfalls angestellten Parallelversuchen, bei denen die Puppen durch große Drahtgazekästen vor solchen äußeren Ein= flüssen geschützt waren, ergab sich denn auch das Resultat, daß die meisten der toten Puppen von Parasiten besetzt waren. Im übrigen waren „von den toten Puppen über $\frac{1}{3}$ faulig, wenige vertrocknet". In einem anderen Falle war von den toten Puppen sogar die Hälfte faulig,[2] vertrocknete waren gar nicht vorhanden.

Daß Puppen, die in Zigarrenkisten oder ähnlichen Behältnissen, wo= möglich Tag für Tag, den direkt aufprallenden Sonnenstrahlen ausgesetzt werden, eingehen, wenn nicht irgendwie für Ersatz des Wasserverlustes ge= sorgt wird, ist selbstverständlich. Versuche dieser Art beweisen nichts zur Entscheidung der Frage, ob im Bestande freiliegende Puppen vertrocknen, oder nicht.

Nach diesen positiven Angaben ist wohl der kurz darauf von derselben Oberförsterei in einem Bericht vom 12. X. 09 geltend gemachten An= nahme, daß auf den beeggten Flächen andere Faktoren, als die Streu= haufen, so u. a. der Umstand, daß „die Einwirkung der Sonne, zumal bei dem verflossenen trockenen Frühjahr, sich doch wesentlich günstiger in bezug

---

[1]) Von 7357 Stück gesammelten Puppen.

[2]) Wahrscheinlich, wie ich auf meinen späteren Untersuchungen annehmen möchte, wipfelkrank.

auf ein Vertrocknen der Spanner gestaltete", die eklatante Abnahme des Fluges bewirkt hätten, kein besonderes Gewicht beizumessen, zumal der Widerspruch mit den eigenen Versuchsergebnissen nicht näher erörtert wird.

Auch in Junkerhof hatte man anfangs geglaubt, daß das Zusammenbringen der Streu in Wälle gerade dadurch wirke, daß einmal die Vögel besser an die freigelegten Puppen herankönnten und ferner auch die Sonne dann auf die Puppen besser einzuwirken und sie auszutrocknen vermöchte. [1]

Ein Versuch des Forstmeisters v. Gromadzinski in Königsbruch war sehr instruktiv, um die Widerstandsfähigkeit der Puppen gegen trockene Wärme zu zeigen. In dem betreffenden Berichte heißt es: „Von 100 auf geharktem Boden am 15. Juni aufgelesenen Puppen

flogen aus   55,

wurden von Bakterien getötet[2] 28,

und nur ausgetrocknet   17.

Licht und Wärme scheint die Puppen nicht anzugreifen."

Meine eigenen Versuche über die Frage nach der Empfindlichkeit der Puppen gegen Trockenheit ergaben folgendes. Ich ließ am 15. März 1910 auf einem 4×8 m großen sandigen Beet, das bei der Vegetationsstation unserer Abteilung (auf dem Versuchsfelde des Institutes) hergerichtet wurde, 1600 Spannerpuppen so verteilen, daß auf je ein, sorgfältig von den anderen durch eingegrabene Gazewände, nach außen durch eine aus demselben Material hergestellte Überdachung[3] isoliertes Viertel 400 Puppen kamen. Zwei solcher Abteilungen wurden in Zwischenräumen von 3 Tagen übersprengt, die beiden anderen wurden nicht weiter behandelt. Die feucht gehaltene, wie die nicht feucht gehaltene Hälfte waren nur in der Weise noch weiter differenziert, daß sie selbst wieder zur Hälfte unbedeckt blieb, zur Hälfte mit einer 10 cm mächtigen Moosstreudecke, die aus Hypnumplaggen bestand, bedeckt wurde.

Der Versuch wurde bis zum 15. Juni fortgesetzt und dann durch Zählung festgestellt, wieviel Puppen normale Falter ergaben, wieviel von Schmarotzern besetzt gewesen waren und wieviel „vertrocknet" waren.

Man hätte erwarten sollen, daß auf dem unbedeckt und unbefeuchtet gebliebenen Viertel des Versuchsbeetes die meisten vertrockneten Puppen, die nächstgrößte Anzahl solcher auf dem unbedeckt gebliebenen, aber alle drei Tage besprengten Viertel hätten zu finden sein müssen, während von den mit Streu bedeckten Vierteln zu erwarten war, daß sie durchschnittlich

---

[1] Nach Bericht vom 13. VII. 1909. Beides hat sich dort als nicht zutreffend erwiesen.

[2] D. h. waren von jauchigem Inhalt erfüllt.

[3] Die auf einem aus leichten Latten hergestellten, rahmenartigen Gerüst von 30 cm Höhe ruhte.

beſſer den Exiſtenzbedingungen der Spannerpuppen entſprochen haben
würden, während man ſchwerlich bei ihnen im voraus beſtimmte Erwartungen
bezüglich der zur Entwicklung gelangenden Falterzahl hegen durfte, da ja
das Moos der unbeſprengten Abteilung nach Regenfällen in der Tiefe
längere Zeit feucht blieb.

Die Gazeüberdeckung ſollte, abgeſehen von dem notwendigen Ein=
zwingern der ſpäter auskommenden Falter, der Abhaltung von Vögeln, die
ſonſt gar zu unnatürlichen Inſolationsverhältniſſe mildern. Trotzdem waren
natürlich die Puppen auf den unbedeckten (wie auf den mit Streu bedeckten)
Abteilungen einer ſtärkeren Erwärmung ausgeſetzt, als es im Revier unter
nicht gar zu lichtem Schirm der Fall geweſen ſein würde.

Das Ergebnis dieſes Verſuches war nun höchſt überraſchend und, wie
wir ſpäter noch ſehen werden, beweiſend für die Notwendigkeit, den Schwer=
punkt beim Streurechen auf das Erſticken und Abſperren der Puppen in
Streuwällen von genügender Höhe zu legen.

Die beigeſetzte kleine Tabelle enthält die näheren Daten.

Behandlung		Zum Versuch verwandte Puppenzahl	Aus= gekommene Falter	Von Schmarotzern beſetzte Puppen	Ver= trocknet	Beim Nach= ſuchen nicht aufgefund.
Beſprengt	bedeckt .	400	343	34	11	12
	unbedeckt	400	333	47	2	18
Un= beſprengt	bedeckt .	400	357	29	5	9
	unbedeckt	400	332	51	4	13

Man ſieht aus den bei dieſem Verſuche gewonnenen Zahlen ohne
weiteres, daß hier rein zufällig die unbedeckten Flächen etwas ungünſtiger
abſchneiden (hinſichtlich des Zuchtergebniſſes) als die bedeckten, weil erſtere
zufällig etwas mehr von Schmarotzern beſetzte Puppen bei der Verteilung
des Puppenmaterials erhalten hatten. Beim Nachſuchen konnte ich leider
nicht aller Puppen wieder habhaft werden. Aber ſelbſt wenn man annimmt,
daß von den in Verluſt gegangenen Puppen auf „Bedeckt“ keine einzige
vertrocknete geweſen wäre, auf „Unbedeckt“ aber gerade nur vertrocknete
Puppen nicht wieder hätten gefunden werden können, ſo bekäme man doch
Zahlen, auf Grund deren man kaum eine beſondere[1] Empfindlichkeit der
Puppen gegen Herabminderung der Feuchtigkeit im Puppenlager würde be=
haupten dürfen. Es ergäbe ſich dann nämlich:

		Von 400 Puppen	Aus= gekommene Falter	Von Schmarotzern beſetzt	„Ver= trocknet“	Ver= loren
Beſprengt	bedeckt . .		343	34	11	12
	unbedeckt .		333	47	20	0
Unbeſprengt	bedeckt . .		357	29	5	9
	unbedeckt .		332	51	17	0

[1] Für eine rationelle Bekämpfung praktiſch beachtenswerte!

Mit dem Ergebnis dieses Versuches, den ich bisher leider nicht zu wiederholen Gelegenheit gehabt habe, stimmt auch die in einem Bericht der Kgl. Regierung zu Marienwerder vom 29. Dez. 1909 geäußerte Meinung überein, „wonach wahrscheinlich auch von den angeblich vertrocknet aufgefundenen Puppen ein großer Teil von Ichneumonen besetzt gewesen ist".

Äußerlich sehen ja von Schmarotzerinsekten besetzte und vertrocknete Puppen sich zum Verwechseln ähnlich.[1]

In dem genannten Bericht heißt es denn auch weiter: „Da die Ichneumonen-Larve ihren Wirt nicht verzehrt, sondern nur saugend ihm nach und nach die Säfte entzieht, bleibt in der von der Wespe verlassenen Puppenhülle eine zusammengeschrumpfte, gelbgrau aussehende Masse zurück, die wie vertrocknet aussieht und es in der Tat ja auch ist. Solche Puppenhüllen finden sich nicht nur auf dem freigelegten Boden, sondern auch in den Streuwällen, und vielleicht ist das anderenorts beobachtete Vertrocknen in der Hauptsache auf die Tätigkeit der Ichneumonen zurückzuführen." Ich habe hier nur noch zu bemerken, daß auch alle diejenigen „vertrockneten" Puppen, die nicht völlig intakt waren, von mir bei den oben mitgeteilten Zählungen als vertrocknet gezählt wurden, wenn sie nicht typisch die Öffnungsart zeigten, wie sie eine ausschlüpfende Tachine (die sich zufällig in der Wirtspuppe verpuppte) oder eine Ichneumone hinterläßt.[2]

Ganz übereinstimmend ist in beiden Regierungsbezirken die Erfahrung gemacht worden, — und noch bei meiner Bereisung im Frühjahr 1910 spiegelten sich diese Verhältnisse sehr klar in der differenten Begrünung der in Frage kommenden Orte wieder, — daß „im allgemeinen die wärmeren und trockneren Lagen, die Südhänge und Kuppen bevorzugt und demgemäß stärker belegt werden, als die Nordhänge und Mulden."[3] Besonders die Mulden standen in Rehberg, Charlottenthal und Junkerhof mit ihren Bäumen als fast vollbenadelte Oasen inmitten der stark gelichteten Wipfel des übrigen Bestandes.[4]

Da es sich, wie mir auch die Herren Revierverwalter ausdrücklich versicherten, fast immer um relativ feuchtere Senken oder um Mulden handelte, die zur Zeit der Schneeschmelze sich zu solchen verwandeln, so wird man (hypothetisch) vorläufig wenigstens die Erscheinung nur so erklären können, daß in dem nasseren Winterlager ein größerer Teil der Puppen

---

[1] Im dritten Teil dieser Arbeit wird eine einfache Untersuchungsmethodik zur Unterscheidung derartiger Puppen angegeben werden.

[2] Die von mir entdeckte Wipfelkrankheit des Spanners ließ sich weder an den vertrockneten, noch an den anderen Puppen des zu dem mitgeteilten Versuche verwendeten Materiales nachweisen.

[3] Danziger Bericht vom 28. V. 1909.

[4] Auf die praktische Bedeutung dieser Verhältnisse für die Technik des Puppensammelns (Probesuchen) gehen wir im II. Teil der Arbeit ein.

verfault, als anderwärts, in trockeneren Lagen. Ich konnte auch einige=
male bei meiner Bereisung der Spannerreviere direkt feststellen, daß an
solchen Stellen verfaulte Raupen zu finden waren, die in der Umgebung
fehlten.

Über den Einfluß der feuchten Wärme in den Streuhaufen auf die
Puppen wird in dem Abschnitt über die Bekämpfungsmittel näheres ab=
gehandelt werden.

5. Kapitel: Geographische Verbreitung und allgemeine Existenzbedingungen des Kiefernspanners.

Geographische Verbreitung des Kiefernspanners:[1])
Ganz Nord= und Mitteleuropa, wahrscheinlich mit Ausnahme der nördlich
vom Polarkreis liegenden Gebiete; südlichste Verbreitung: Piemont,
Kastilien; östliche (nach v. Caradja und v. Hormuzaki): die Karpathen
entlang bis Rumänien; asiatisches Verbreitungsgebiet: Altaigebiet (westlich
bis Semipalatinsk und Barnaul, östlich bis zur Wasserscheide des Jenissei),
Ostsibirien, das russische Transkaukasien.

Eine zweite Art der Gattung, Bupalus vestalis Stgr.[2]), die übrigens im
Verdacht steht, nur eine Abart des gemeinen Kiefernspanners zu sein,[3]) ist
aus Ostasien (Amur=Gebiet und Japan) bekannt geworden.[4])

Für die wichtigsten (im übrigen vergl. die Erklärung zu Taf. I) be=
schriebenen Abarten und Varietäten der Männchen gelten folgende Ver=
breitungsgebiete:[5])

ab. (♂) nigricarius Backhaus[6]) syn. ab. tristis Th. Mig.[7]) in Bayern,
    Wallis, Kastilien, überhaupt in den südlichsten Teilen des Ver=
    breitungsgebietes.
ab. (♂) anomalarius Huene[8]), überall zwischen den typischen Exemplaren.
ab. (♂) mughusaria Gmppbg.[9]), in den Hochalpen und in Schottland.

Innerhalb seines geographischen Verbreitungsgebietes ist der Spanner
überall da, wo seine eigentliche Wirtspflanze, die Kiefer, wächst, vorhanden,
wenn auch gewöhnlich nur in unbedeutender Individuenzahl. Von der Gunst
oder Ungunst der Existenzbedingungen hängt es ab, ob er und wo er zur

[1]) Staudinger u. Rebel, Cat. 1901. I. 351 Nr. 4001.

[2]) Staudinger, Jris, X, S. 63 u. T. II. Fig. 41.

[3]) Staudinger u. Rebel, l. c. Nr. 4002.

[4]) Staudinger u. Rebel, l. c. Nr. 4002.

[5]) Z. T. nach Staudinger u. Rebel, l. c. Nr. 4001.

[6]) Backhaus, Ent. Nachr. 1881. S. 277.

[7]) Thierry=Mieg, Natural. 1884. S. 437.

[8]) Zitiert nach Spuler, Schmetterl. Europ. III. Aufl. Bd. II. S. 114 l.

[9]) v. Gumppenberg, Systema Geometrarum zonae temperatioris septen-
trion. 8 Tle. Nova Acta Kais. Leop. Carol. Akad. d. Naturf. Halle 1887—96. I. S. 385.

Maſſenvermehrung ſchreitet. Henſchel charakterieſiert die Exiſtenzbedingungen des Kiefernſpanners kurz und treffend:

„Bevorzugt Stangenorte in warmen, trockenen Lagen; und Maſſenausbreitung findet ihren Ausgangspunkt meiſt in ſolchen Örtlichkeiten."

Zederbauer,[1] dem wir die gründlichſten Nachforſchungen über den Zuſammenhang von Klima und Maſſenvermehrungen der Nonne verdanken, hat ſich auch mit der Frage der Abhängigkeit des Auftretens von Kiefern-Spinner, -Eule und -Spanner beſchäftigt und findet, daß auch dieſe Kiefernſchädlinge, ganz wie die Nonne, nur „in regenarmen Gebieten mit 40 bis 80 cm jährlicher Niederſchlagsmenge und hauptſächlich in trockenen, warmen Klimaperioden" in Maſſenvermehrung auftreten.

In der Tucheler Heide iſt die Zunahme der Raupen- reſp. Puppenzahl in den Spannerrevieren mehrfach von den Revierverwaltern mit der auffallend warmen und trockenen Herbſtwitterung des Beobachtungsjahres in Zuſammenhang gebracht worden.[2]

Ich habe einige vergleichende Verſuche mit verſchiedenen Spannerarten angeſtellt, zuerſt mit Abrax grossulariata L. (Stachelbeerſpanner), dann mit friſchen, mir im Sommer 1911 zugegangenen Kiefernſpannerraupen, die ich in dieſem Zuſammenhange mitteilen möchte. Ich ſetzte die Raupen zu einem Teil als dreiviertelwüchſige, zu einem Teil als vollwüchſige Raupen, jedoch im Stadium noch voll vorhandener Fraßluſt, zu einem Teil endlich von dem Zeitpunkte ab, wo die Tiere durch Fraßunluſt, Unruhe und Verfärbung die bevorſtehende Verpuppung ankündigten, in mit Moos etwa 5 cm hoch beſchickte Zuchtgläſer, und zwar in zwei Serien von ſolchen. Die einen wurden gut gelüftet gehalten, indem ſie in der üblichen Weiſe mit Gaze zugebunden waren. Die Anfeuchtung der Moosſtreu und des überall mit mechaniſcher Gleichmäßigkeit gereichten Futters war eine mäßige und ſo bemeſſen, daß nach ſpäteſtens 24 Stunden Streu und Futter wieder ganz trocken erſchienen. Sie wurde in der bei Schmetterlingszüchtern ſeit langem eingebürgerten Weiſe vorgenommen, nämlich durch Spritzen mit einer alten, in Waſſer getauchten Nagelbürſte, und zwar morgens, um die Tauwirkung nachzuahmen.

Die zweite Serie von Zuchtgläſern war dagegen mit Glasdeckeln bedeckt. Sie wurden zwar auch nicht reichlicher mit Waſſer verſorgt, als die Gläſer der erſten Serie. Aber das Waſſer konnte ſo gut wie gar nicht verdunſten. Die Tiere befanden ſich alſo in einer veritablen feuchten Kammer,

---

[1] Mitt. a. d. forſtl. Verſuchsweſen Öſterreichs. Herausgegeben v. d. K. K. Forſtl. Verſuchsanſt. in Mariabrunn. XXXVI. Heft. Wien 1911. S. 65.

[2] Bericht der Oberförſterei Warlubien vom 7. November 1908.

in der nach einer Woche sich kräftige Entwicklung von Schimmel= und anderen Pilzen zeigte.

Die in der ersten Serie von Zuchtgläsern gehaltenen Tiere gelangten, wie zu erwarten, alle[1]) in normaler Weise zur Verpuppung und ergaben gesunde Imagines.

Anders die in der zweiten Serie von Gläsern, in den feuchten Kammern, gehaltenen Tiere. Auf dem, wie erwähnt, täglich frisch gereichten Futter entwickelten sich die noch im Fraßalter stehenden Tiere trotz der unpassenden Verhältnisse ihres Zwingers zunächst normal.

Mit Eintritt des kurz vor der Verpuppung liegenden Stadiums der Fraßunlust wurde das jedoch anders. Die Tiere machen ja, wie bekannt, in dieser Zeit schon äußerlich den Eindruck eines Zustandes, den man recht gut mit einer schweren Erkrankung vergleichen kann. Es bereitet sich ja auch im Organismus nicht bloß eine neue Häutung (aus der die „Puppe" hervorgeht), sondern gleichzeitig jener großartige Prozeß einer fast völligen Desorganisation und darauf folgenden Reorganisation vor, dessen Resultat der zum Ausschlüpfen bereite Falter ist.

Es ergab sich nun bei meinen Versuchen, daß die beiden Spanner[2]) in der Zeit, wo die Raupe sich zur Verpuppung anschickt, außerordentlich empfindlich gegen jedes Übermaß von Feuchtigkeit sind. Von sämtlichen in den feuchten Zuchtgläsern gehaltenen Raupen ergab nämlich keine einzige den Falter. Es gelangten auch nur zwei zur Verpuppung (zwei dreiviertelwüchsig zum Versuche eingezwingerte Abraxas=Raupen). Alle anderen verschimmelten kurz vor der Verpuppung!

Nach diesem Versuch scheint es mir, obgleich er die in der Natur gegebenen Verhältnisse natürlich durchaus nicht treu nachahmt, sie sogar zweifellos stark übertreibt, nicht schwer, sich vorzustellen, wie solche Bestandesteile, die auf mehr oder weniger feuchten Senken und Mulden stocken, in oft höchst auffallender Weise vom Spanner gemieden werden (das war z. B. in den Oberförstereien Rehberg und Junkerhof zu beobachten) und weshalb trockene, warme Jahre die weitere Entwicklung der Kalamität so außerordentlich begünstigen.

Weiter muß man nach dem eben mitgeteilten, wie auch nach den noch genauer zu beschreibenden Untersuchungen über die Wirkungsweise des Streurechens zu dem Schlusse gelangen, daß speziell nasse Herbstwitterung dem Kiefernspanner unter Umständen recht verderblich werden kann.

Hiermit steht selbstverständlich in keiner Beziehung die vor allem in den Danziger Revieren der Tucheler Heide beobachtete Schädigung der Entwick-

---

[1]) Bis auf einige von Schmarotzern befallene Individuen.

[2]) Die beide auf feuchten Lagen nicht oder nur unwesentlich schaden!

lung des Kiefernspanners.[1]) Denn die naßkalte, nebelige Witterung der Monate Juli und August des Jahres 1909 konnte unmöglich in den Danziger Revieren (Hagenort, Wildungen[2]) anders wirken, als in den benachbarten des Marienwerderer Bezirkes, die ganz gleiche Witterung hatten.

Einiges Hierhergehörige habe ich übrigens schon oben in dem Abschnitt über die Biologie der Puppe behandelt, so daß oft wie abgeschnitten sich markierende Fehlen des Spanners, nach Ausweis der prächtig benadelten Kronen, in Senken, die feucht oder gar anmoorig sind.

Ich habe in der Literatur auch nicht einen Fall verzeichnet gefunden, in dem Kiefernbestände, die auf feuchten Lagen stockten, vom Kiefernspanner angegriffen worden wären. Solche können als immun angesehen werden.

Auch nach den Erfahrungen in der Tucheler Heide bevorzugte der Kiefernspanner im allgemeinen dürftige, schlechtwüchsige, auf magerem Boden stockende Bestände im Alter von 20—70 Jahren. Sein Lieblingsaufenthalt waren aber hier Stangenhölzer. Schonungen sind kaum, eher haubare Altholzbestände mit Eiern belegt worden.

Wir werden hierauf detaillierter im II. Teile der Arbeit eingehen und dort ziffernmäßige Angaben auf Grund der in den einzelnen Revieren gemachten Feststellungen bringen.

Es sei auch in diesem Zusammenhange nur kurz auf die wichtige, wenn auch im einzelnen noch keineswegs näher aufgeklärte Möglichkeit hingewiesen, daß auch der Kiefernspanner, wie die Mehrzahl der phytophagen Insekten, wohl nicht nur indirekt, sondern direkt in schlechtwüchsigen Beständen seine besten Existenzbedingungen finden wird. Es ist sehr schwer, zu sagen, worin die Disposition des schlechternährten Baumes in diesem Falle gerade, in bezug auf den Kiefernspanner, liegen mag, um so schwerer, als eben eine große Zahl von Faktoren (Beschaffenheit des Bodens, der Bodenstreu, des Unterwuchses und der lebenden Bodendecke, geringe Niederschlagsmenge usw.), wenn sie so geartet sind, daß sie an sich den Spanner günstige Existenzbedingungen bieten, gleichzeitig die normale, kräftige Entwicklung der Kiefer mehr oder minder stark beeinträchtigen. Über diesen Punkt, dessen ich hier wenigstens kurz gedacht haben möchte, werden eingehende Untersuchungen an Ort und Stelle bei einer späteren Spannerepidemie Klarheit zu schaffen suchen müssen. Speziell wird darauf zu achten sein, wie sich die Stärke des Befalles von deutlich kränkelnden Bäumen gegenüber solchen, auf demselben Boden stockenden und unter sonst gleichen äußeren Bedingungen gewachsenen Exemplaren verhält, die äußerlich noch relativ gesund erscheinen.

---

[1]) Ehlert, Verh. XXXVIII. Vers. Preuß. Forstw. i. Dt. Eylau. S. 11.
[2]) Bericht d. Kgl. Reg. z. Danzig a. d. Herrn Minister vom 1. II. 1910. J.-Nr. Dfm. 167. 1.

Nur so wird sich meines Erachtens etwas über den Charakter der im Organismus des Baumes selbst gegebenen disponierenden Momente ausmachen lassen.

Die allgemeine Erfahrung, „daß besonders schwächliche, auf schlechtem Boden stehende Bäume viel mehr von Raupen besucht werden, als kräftige, auf gutem Boden wachsende",[1] ist jedenfalls den Entomologen seit altersher durchaus geläufig. Und mit ihr steht die Tatsache auffallend im Einklang, daß z. B. während der beiden letzten großen Spannerfraßperioden (Anfang der 90er Jahre und zweite Hälfte des letzten verflossenen Dezenniums) immer auf den Böden geringer Bonität der Fraß von vornherein auch innerhalb des einzelnen Fraßjahres am intensivsten war und sich durchaus nicht etwa bloß im Verlaufe der ganzen, über mehrere Jahre sich erstreckenden Kalamität am verhängnisvollsten erwies.[2]

Ich möchte mit einigen Worten auch noch die Frage streifen, ob das Auftreten des Spanners eine gewisse Periodizität erkennen läßt. Wie in Teil II noch näher an der Hand der Geschichte der Spannerkalamitäten gezeigt werden wird, ist das nicht der Fall.

Im Gegenteil! Es steht fest, daß der Spanner in einzelnen Beständen jahrelang in nicht unerheblicher, schwach bekronte Stämme zum Eingehen bringender Menge auftrat, deren weiteres Anwachsen durch einfachere Maßnahmen noch hintangehalten werden konnte, und wo er dann nie wieder erschienen ist. Das muß dem vielverbreiteten Glauben an eine irgendwie gesetzmäßige Periodizität der Spannerkalamitäten gegenüber besonders betont werden.

Bernuth[3] berichtet z. B., daß der Spanner sich in Jägerhof „in größerer Menge zuerst in den vierziger Jahren zeigte". „Da die Raupen ihren Fraß aber auf einen 40—60jährigen Kieferndistrikt von mäßigem Umfange beschränkten und die Puppen sorgfältig eingesammelt wurden, so war von einem eigentlichen Schaden nichts zu bemerken, zumal nur einzelne mehr unterdrückt gewesene Hölzer abständig wurden, welche ohnehin hätten eingeschlagen werden müssen."

„Bedeutender wurde der Fraß aber in den Jahren 1850 bis 1852 in mehreren anderen Waldpartien, ein Ereignis, welches sich schon vorher erwarten ließ, da der Spanner in den angrenzenden Privatforsten bereits einige Zeit zuvor ganze Bestände kahlgefressen hatte."

---

[1] Hofmann, E., Die Raupen der Großschmetterlinge Europas. Stuttgart, 1893. S. XIII.

[2] Vergl. die oben zitierten Ausführungen Zederbauers über ältere und neuere Spannerepidemien.

[3] Forstl. Blätter 1867. 13. Heft, S. 74.

Während der Jahre 1853, 1854, 1855 und 1856 war dann „vom Spanner nichts mehr zu sehen, bis sich derselbe anno 1857 wieder hier und da, im Jahre 1858 aber schon mehr verbreitet zeigte".

Immerhin war das Vorkommen jetzt noch so gering, daß von einer Bekämpfung durch Puppensammeln abgesehen wurde.

1861 wurden bereits in dem seit Anfang der 50er Jahre befallenen Stangenholzorte von einem Mann pro Tag 11 Lot Puppen gesammelt, in den Jahren 1861 und 1862 zusammen 1237 Pfund Puppen mit einem Kostenaufwande von 399 Talern gesammelt und vernichtet.

Trotzdem nahm die Vermehrung des Spanners in hohem Grade zu, erreichte 1863 den Höhepunkt und erlosch 1864.

Mit einer ganzen Reihe auf den Kräutern der Bodendecke lebenden Spannerarten hat der Kiefernspanner die optimalen Existenzbedingungen gemein.

Bemerkenswert scheinen die Beziehungen des Massenauftretens des Spanners zu dem der Eule zu sein. In meinen Puppenmaterialien zwar war außer dem echten Kiefernspanner und nahe verwandten Spannerarten die Forleule sehr stark vertreten. In vielen Einsendungen waren 20—30% der Puppen Forleulenpuppen, z. B. in dem Wildunger Materiale.

Allein, es handelt sich hier immerhin um den Ausgang der Kalamität. So wird man vorläufig keinen Grund haben, daran zu zweifeln, daß Spanner und Eule in Massenvermehrung wohl nach=, aber nicht nebeneinander auftreten, wie das mehrfach in der Literatur hervorgehoben worden ist. Ich zitiere hierfür nur eine Notiz von Ratzeburg:[1]

„Man darf nicht glauben, daß das Erscheinen des Spanners[2] durch die Eule eingeleitet oder vorbereitet worden sei. Denn gerade da, wo letztere herrschte, fehlte der erstere, und umgekehrt breitete sich der Spanner da aus, wo die Eule nicht gewesen war."

Mit wenigen Worten seien noch die physikalisch=geographischen Verhältnisse des Hauptfraßgebietes, das ich selbst aus eigener Anschauung kennen zu lernen Gelegenheit hatte, skizziert. Daß sie für den Verlauf und für die Entwicklung einer Kalamität nicht gleichgültig sind, kann ja nach allem, was wir jetzt über die Biologie des Spanners wissen, keinen Moment bezweifelt werden.

Ich stütze diese Schilderung, außer auf amtliches Material, auf die vortreffliche — und für jeden, der sich für die, heute mindestens sehr zu Unrecht noch verschriene Tucheler Heide interessiert, über der der bestrickende Zauber einer unendlich schwermütigen und ernsten Landschaft liegt, sehr

---

[1] Forst=Insektensachen. Gruwerts Forstl. Blätter. II. Heft 1866, S. 103.
[2] In Preußen. Er folgte unmittelbar auf die letzte große Euleninvasion.

lesenswerte — Abhandlung von R. S c h ü t t e , weiland Forstmeister in
Woziwoda: Die Tucheler Heide, vornehmlich in forstlicher Beziehung,
Danzig. 1893.[1]) Einige Angaben wurden auch den Beiträgen von
M o r t z f e l d und v. d e r R e c k e im „Führer für die Herbstexkursion der
Forstakademien Eberswalde und Münden 1910" entnommen.

Unter der Tucheler Heide wird ein über die Kreise Konitz, Berent,
Pr. Stargard, Tuchel und Schwetz sich erstreckendes, ungefähr 35 Quadratmeilen bedeckendes, gegen Nordwest in die seenreiche Kassubei verlaufendes,
auf den anderen Seiten bald allmählich, bald unvermittelt in fruchtbares
Ackerland übergehendes Waldgebiet verstanden.

Im wesentlichen wird dieses Gebiet vom Schwarzwasserfluß und von
der Brahe eingefaßt.

Man rechnet zur Tucheler Heide folgende, zum Danziger respektive
Marienwerderer Regierungsbezirke gehörige Oberförstereien:

Reg.-Bez. D a n z i g :

Lorenz,	Deutschheide,
Königswiese,	Okonin,
Wirthy,	Hagenort,
Wilhelmswalde,	Wildungen.

Reg.-Bez. M a r i e n w e r d e r :

Königsbruch,	Hagen,
Jägerthal,	Osche,
Czersk,	Charlottenthal,
Gildon,	Junkerhof,
Rittel,	Taubenfließ,
Schüttenwalde,	Schwied,
Rehberg,	Lindenbusch,
Bülowsheide,	Sommersin,
Warlubien,	Grünfelde.

Die Tucheler Heide liegt 90—130 m über dem Meeresspiegel, also nur
unbedeutend niedriger als Konitz in dem gleichnamigen, zum Teil Gebiet der
Tucheler Heide umfassenden Kreise, welches für uns in meteorologischer Hinsicht zur Beurteilung des Klimas der Tucheler Heide wichtig ist.

„Das Gelände ist meist eben bis stark wellig, von wenigen Bruchschlenken
und kesselartigen Einsenkungen durchzogen, nach den Rändern der zahlreichen
Seen und Wasseradern in sanften bis steilen Hängen abfallend."

---

[1]) Abh. z. Landeskunde der Provinz Westpreußen. Herausgeg. v. d. Provinzial-
Kommission zur Verwaltung der Westpreußischen Provinzial-Museen. Heft V, p. 1—52.

„Der Boden besteht zum größten Teil aus diluvialem Sand von gelb=
licher Farbe und verschiedener Frische. Daneben findet sich lehmiger Sand,
der auch nesterweise in reinen Lehm übergeht. Die durchschnittliche Boden=
güte der Heide steht wohl über der IV. Klasse für Kiefer."

Von speziellerem Interesse ist im Hinblick auf die Biologie des Kiefern=
spanners, besonders dessen späten Flug, der Charakter der Witterung im
Frühling.

Schütte sagt darüber: „Aushagernde Winde bei oft hellem und
warmem Wetter mit plötzlichen starken Nachtfrösten und zuweilen langanhal=
tender Dürre, die Folge auf den Äckern eine Zeit, wo die Wintersaat spitz
und rot wird, die Sommerung nicht aufgeht, und wenn sie aufgegangen, nicht
von der Stelle kommt."

Diese bis in den Sommer anhaltende Witterung ist auch an sich für den
Wald von ungünstiger Wirkung, wie Mortzfeld bestätigt:

„Weit gefährlicher[1]) ist die im Frühjahr bis in den Sommer an=
haltende und in ihrer Wirkung durch heftige Winde noch verstärkte Dürre, die
sowohl auf den ärmeren Sandböden als auch auf den besseren, stark gras=
wüchsigen Böden den Kiefernkulturen erheblichen Abbruch tut."

Über die klimatischen Verhältnisse der Tucheler Heide äußert sich
Schütte in seiner Monographie der Tucheler Heide im übrigen wie folgt:

„Der geographischen Lage und einer Seehöhe von durchschnittlich 120 m
entspricht das Klima. Früher Eintritt und lange Dauer des Winters, häufige
Spätfröste im Mai und Juni, Frühfröste im September, plötzliche Tem=
peratursprünge zu allen Jahreszeiten sind die besonders hervortretenden Er=
scheinungen der hiesigen Witterung."

Die Winter sind außerordentlich streng. Konitz hatte beispielsweise,
verglichen mit den Stationen Memel, Tilsit, Arys in Ostpreußen und mit
Hela und Danzig in Westpreußen, die zweitniedrigste Jahrestemperatur.
Schütte gibt an, daß Arys in Masuren im Jahresmittel nur um 0,27° R.
besser stand, in der Anzahl der Frosttage sogar nur um 5.

Ja, in der Durchschnittswärme des Mai und September stand Konitz
nach Angabe Schüttes infolge der für die Tucheler Heide charakteristischen
Spät= und Frühfröste um 0,72 resp. 0,11° zurück.

Das uns wegen des lokalen Neustadter Fraßes besonders interessierende
Danzig hat selbstverständlich ein weit milderes Klima, während das Klima
der südlichen Kassubei allerdings, nach der Schilderung v. der Reckes,

---

[1]) Als die Frühfröste.

ein ganz ähnliches ist. Das ist deshalb bemerkenswert, weil dieser Teil[1] der Kassubei ein Stück der eigentlichen Tucheler Heide mit umfaßt.

Die Windrichtung ist nach S ch ü t t e vorwiegend eine östliche, besonders zur Zeit der ersten Vegetation. Viel seltener als im westlichen Norddeutsch= land, speziell in der Mark, sind in der T u ch e l e r Heide die Tage des regenbringenden Westwindes.

Anhang zu Abschnitt I.

Bemerkungen über die mit dem Kiefernspanner vergesellschaftet auftretenden Spannerarten.

Ich hatte ursprünglich die Absicht, in dieser Arbeit auch einen voll= ständigen Überblick über sämtliche, mit dem Kiefernspanner vergesellschaftet vorkommenden Spannerarten zu geben. Ich nehme aber davon heute noch Abstand, um den Abschluß der Arbeit nicht so lange hinauszuschieben, wie es voraussichtlich erforderlich sein würde, wenn ich alles für den Forstmann Wissenswerte über die Biologie der in Frage kommenden Falter bringen wollte.

Über eine Anzahl dieser Falter liegen schöne Beobachtungen vor, auf die ich zum Teil im II. Abschnitt dieser Arbeit zurückkommen werde.

Aber das Thema würde doch eine abgerundetere Darstellung verlangen, als ich sie, bei der Lückenhaftigkeit unserer Kenntnisse, heute zu geben vermag. Ich habe daher alles, was ich an fremden und eigenen Beobachtungen ge= sammelt habe, ebenso die Zeichnungen, welche die verschiedenen Entwicklungs= stände der betreffenden Falter veranschaulichen sollen, vorläufig zurückgestellt. Ähnlich, wie das über die vergleichende Parasitologie der wichtigsten, als Kiefernschädlinge bekannten Schmetterlinge von mir gesammelte Material, soll auch dieses erst für eine spätere, gesonderte Publikation Verwendung finden.

Es sei hier nur vorläufig auf die kurze Übersicht verwiesen, die ich seiner= zeit in meinem Bromberger Vortrage[2] gegeben habe. Und ferner sei daran

---

[1] Zum Reg.=Bezirk Marienwerder gehören folgende kassubische Reviere:

Gildon,	Konitz,
Laska,	Czersk,
Chotzenmühl,	Rittel.
Zwangshof,	

[2] Jahresber. d. Vereinig. f. angew. Bot. (1911), S. 92—94.

erinnert, daß, wie der Spanner selbst häufig als Begleiter von Nonne, Forl=
eule, Kiefernblattwespe und Kiefernspanner auftritt, auch einige andere
Spannerarten sich gelegentlich am Fraße des Kiefernspanners mit beteiligen,
so besonders Ellopia prosapiaria L. (wie z. B. in Borntuchen 1875),
Macaria liturata Clerck (von Heß nicht zutreffenderweise als einziger Fraß=
konkurrent des Kiefernspanners aufgeführt), ferner Boarmia crepuscularia
Hb. und Boarmia consortaria Fabr.

Einigen an sich harmlosen Spannerarten, die aber teils wegen der Ge=
fahr einer Verwechselung mit dem Kiefernspanner, teils wegen ihrer unter
den gleichen Bedingungen (unbekannter Art) an ihren Wirtspflanzen —
Beer= und Heidekraut — eintretenden Massenvermehrung, durch die sie den
Revierverwalter auf die der Kiefer drohende Gefahr rechtzeitig aufmerksam
machen,[1] prognostisch eine gewisse Bedeutung haben, hat Eckstein[2] zuerst
die gebührende Aufmerksamkeit geschenkt. Es sind dies folgende Arten:
Thamnonoma brunneata Thnbg.,[3] Ematurga atomaria L.,[4] Epione
advenaria Hb.,[5] Himera pennaria L.,[6] Eucosmia undulata L.,[7] Boarmia
crepuscularia Hb.

Aus dem mir aus der Tucheler Heide zugesandten Puppenmateriale
wurden außer zahlreichen Forleulen verschiedene der vorhin genannten
Spanner gezüchtet: Boarmia crepuscularia Hb., B. consonaria Hb. (hier=
von nur 1 Exemplar), Ematurga atomaria L., Semiothisa liturata Cl.,
Fidonia consortaria Fabr.

Das aus der Oberförsterei Wildgarten, Reg.=Bez. Danzig, eingesandte
Puppenmaterial bestand zu meiner nicht geringen Überraschung hauptsächlich
aus Puppen von Fidonia consortaria Fabr., wie die Zucht ergab. Am
12. März 1910 und an den nächsten Tagen erhielt ich im Laboratorium zahl=
reiche Weibchen dieses Falters, so daß die Flugzeit des Falters im Freien
etwa ein oder zwei Wochen später zu erwarten war.

---

[1] Da diese Falter dicht über dem Boden fliegen, fällt ihr Flug mehr ins Auge,
als es der Flug des Kiefernspanners zu Beginn seiner Massenvermehrung tut.

[2] Technik des Forstschutzes, S. 145.

[3] Eckstein gebraucht dafür Fidonia pinetaria Hb.

[4] Eckstein gebraucht dafür Fidonia atomaria L.

[5] Eckstein gebraucht dafür Enomos advenaria Hb.

[6] Eckstein gebraucht Enomos punaria. Der Artname ist sicher verdruckt.

[7] Bei Eckstein steht, sicher verdruckt: Encosnia.

II. Abschnitt:

Die Kiefernspannerkalamitäten.

1. Kapitel: Allgemeines über Entstehung und Verlauf der Spannerkalamitäten.

Die eigentlichen Bedingungen, die dazu führen, daß der zweifellos in jedem Kiefernrevier vorhandene und für einen tüchtigen Entomologen dort jedes Jahr in einigen Exemplaren auffindbare Kiefernspanner uns plötzlich und bisweilen gleichzeitig so ziemlich allerorts in ausgedehnten zusammenhängenden oder auch getrennten Waldgebieten mit der Tendenz, zur Massenvermehrung zu schreiten, überrascht, sind noch in Dunkel gehüllt. Wir wissen wohl, welche Faktoren der Verwirklichung dieser, durch die natürliche große Fruchtbarkeit des Schädlings jederzeit realisierbaren Tendenz im einzelnen hemmend entgegenwirken. In welcher Vereinigung und Stärke sie aber imstande sind, uns während der normalen Jahre vor dem Spanner zu schützen, darüber lassen sich hier, wie auch in der Mehrzahl der anderen Fälle, heute immer nur Vermutungen aufstellen.

Zweifellos kommen, wie schon im ersten Teile dieser Arbeit angedeutet wurde, die meteorologischen Verhältnisse dabei in hohem Maße mit in Frage.

Ratzeburg schrieb 1853 hierüber: „In dem eben erwähnten, nicht fern von der Küste gelegenen Reviere ist der Spanner, trotz der für ihn ungünstig scheinenden klimatischen Verhältnisse, dennoch eine große Plage, und es sind in den letzten Jahren mehrere tausend Thaler für seine Vertilgung verausgabt worden. Der Erfolg derselben mag auch wohl nirgends so zweifelhaft sein, als hier, da die sonst gewöhnlichsten und wirksamsten Mittel, wie Abklopfen und Raupengraben, beim Spanner wirkungslos bleiben. Vor gänzlichem Eingehen waren indessen die Bestände in Jägerhof jedesmal bewahrt worden; an Durchforstungen, welche infolge seines Auftretens vorgenommen werden mußten, hatte es indessen nicht gefehlt."

Nach Leythäuser, der ebenfalls über den eigentlichen Grund „für das gleichzeitige massenhafte Auftreten des Kiefernspanners an den verschiedensten Orten Bayerns und seiner Nachbarländer" keinen bestimmten Aufschluß geben kann, sind bei dem bayerischen Fraß der 90er Jahre „die trockenen, für Insektenvermehrung so günstigen Sommer der Vorjahre wohl als erster Grund der Massenvermehrung anzusehen und günstiges Wetter zur Flugzeit des Schmetterlings in den nachfolgenden Jahren" als weiterer, die Fortentwicklung der Kalamität begünstigender Faktor zu betrachten, während anbererseits die Entwicklung der nützlichen Insekten aus irgend welchem Grunde nicht gleichen Schritt halten konnte."[1]

Nitsche gibt in seinem Lehrbuch[2] an, daß trockene, warme Jahre die Entwicklung einer Kiefernspannerkalamität begünstigen, und daß von dem Schädling dürftige, schlechtwüchsige, auf magerem Boden stockende Kiefern=bestände (beiläufig im Alter von 20—70 Jahren)[3] bevorzugt werden.

Gewiß ist, daß der Westen Deutschlands im allgemeinen weniger unter dem Spanner zu leiden gehabt hat, als die östliche Hälfte. Die westlichsten Fraßkalamitäten in Norddeutschland kennen wir aus Mecklenburg und aus der Letzlinger Heide.

Von Massenvermehrung in den westeuropäischen Küstenländern ist mir, trotzdem der Spanner zum Teil dort nach Dziurzynski[4] (z. B. in Dänemark und den Niederlanden) häufig ist, nichts bekannt geworden.

Im Hinblick auf diese Tatsache scheint mir eine von Albert[5] kürzlich mitgeteilte kleine Tabelle der vierjährigen Mittel der Stationen Lintzel und Eberswalde von Interesse zu sein. Die wesentlichen Unterschiede der nord=westdeutschen Ebene gegenüber der nordostdeutschen fallen danach in die gerade für die Entwicklung des Spanners wichtigste Zeit: April bis Ok=tober. Ich lege dabei weniger auf den Wärmeunterschied (0,9 ° C.) Gewicht, als darauf, daß auch nach diesen Zahlen kühle und niederschlagsreiche Sommer, verbunden mit relativ milden Wintern, den unter dem Einflusse der Nordsee stehenden Westen Deutschlands im Gegensatz zum Osten charakterisieren.

In einem Berichte der Oberförsterei Warlubien (7. November 1908), der die Zunahme des Kiefernspanners konstatiert, wird bemerkt, daß diese offenbar begünstigt sei durch den auffallend warmen und trockenen Herbst.

Es muß auch daran erinnert werden, daß gerade die Umstände, die ent=schieden das Auftreten des Spanners in Massenvermehrung begünstigen, für die Kiefer, seine Wirtspflanze, so genügsam sie auch ist, immerhin nicht be=langlos sind und, weit entfernt, ihre natürliche Widerstandsfähigkeit und Regenerationskraft zu heben, diese zweifellos merklich herabmindern.

---

[1] Ein weiterer Grund ist seiner Ansicht nach das Fehlen des Schwarzwildes und die nicht mehr stattfindende Ausübung des Mastrechtes (Schweineeintrieb), also eine ungünstige Veränderung der waldwirtschaftlichen Verhältnisse. Diese scheint mir freilich nur recht sekundäre Bedeutung zu haben, denn wie die Geschichte der Spannerkalami=täten zeigt, kennen wir Spannerkalamitäten von Orten und aus Zeiten, wo beide Faktoren wirksam gewesen sind.

[2] Bd. II, S. 965.

[3] Näheres über das bevorzugte Bestandesalter und die überhaupt dem Befall ausgesetzten Altersklassen im ersten Teil dieser Arbeit.

[4] Berl. Entomol. Zeitschr. 1912.

[5] Zeitschr. f. Forst= u. Jagdw. 1912, S. 10.

Ich vermag hier nicht in extenso auf alle hierher gehörigen Beob=
achtungen einzugehen und greife nur ein paar sehr instruktive heraus. Zur
Illustration der großen Bedeutung verschiedener Bodenbeschaffenheit für die
Regenerationsfähigkeit der Kiefer hat Groß[1]) ein meines Wissens sehr
bekannt gewordenes Beispiel angeführt. Daß Kiefern, aus gefrorenem
sibirischen Boden mit dem Beil herausgehackt und daher fast aller Wurzeln
bis auf geringe Stummel beraubt, innerhalb fünf Monaten, nachdem sie „in
Töpfe eingepflanzt und genügend eingeschlemmt" worden waren, junge
Wurzeltriebe bildeten und später nach Verpflanzung ins Freie so prächtig
fortwuchsen, „als wären sie an Ort und Stelle gewachsen", das wird man
gewiß als Anzeichen einer unter Umständen ganz enormen Regenerations=
kraft ansehen müssen und, wie Groß es auch tut, der „ganz ungewöhn=
lichen — die Vegetation belebenden — Kraft" des schwarzen, fetten Bodens
der sibirischen Steppe (der bei diesem Versuche in Aktion trat) zuschreiben.

Die großen Spannerkalamitäten haben sich sämtlich auf Böden ent=
wickelt, die zu den ärmsten gehören, die wir kennen.

Auf diesen spielt aber, wie wir wissen, das im Boden der Kiefer zur
Verfügung stehende Wasser und die Luftfeuchtigkeit eine ausnehmend große Rolle.

Über die eminent günstige Wirkung der Bewässerung für das Wachstum
gerade unserer Kiefer, ferner aber auch der Bankskiefer, gemessen am
Holzzuwachs, berichten u. a. Böhmerle[2]) und Cieslar in ihren
neueren Arbeiten so übereinstimmend, daß wohl nicht daran gezweifelt werden
kann, daß auch die Regenerationskraft der Kiefer auf einem durch recht er=
hebliche Luft= und Bodenfeuchtigkeit ausgezeichneten Standorte erhebliche
Stärkung erfahren muß.

Gerade ausgesprochene Trockengebiete, und hier wieder sandige Kuppen,
sind Prädelikationsorte für die Entwicklung der Spannerkalamitäten und
von Orten stärkeren Fraßes.

Der Fraß in der Tucheler Heide illustriert die „Vorliebe" des Kiefern=
spanners für ausgesprochene Trockengebiete sehr deutlich, wie die beiden
Karten (S. 120 u. 121) näher erkennen lassen. Beim Vergleich beider Karten
erkennt man, daß die große ostdeutsche Trockeninsel (Fig. 2) sich fast ganz
deckt mit einem nahezu waldlosen Gebiet (Fig. 3).

Der Spanner hat sich nun mit seinem Fraßgebiet gleichsam so innig
wie möglich in dieses Trockengebiet eingebettet. Nach Westen, Süden und
Osten zieht sich seine Ausbreitung ansehnlich weit in die halbinselartig nach
Norden vorgestreckten, waldreiche Teile des Landes überdeckenden Ausläufer
der ostdeutschen Trockeninsel hinein.

Man beachte auch die sehr geringe Ausdehnung des Neustädter Fraßes,
der im niederschlagsreichsten Teile des Regierungsbezirkes Danzig liegt.

---

[1]) Groß, Forstl. nat. Zeitschr. VI. Jahrg., S. 240—247, siehe S. 246. — 1897.
[2]) Bewässerungsversuche im Walde. Zentralbl. f. d. ges. Forstwesen, 1905.

Über die Konfiguration der Spannerverbreitung zu Beginn der Kala=
mität, etwa zum Zeitpunkt des ersten Bemerktwerdens einer bedenklichen Zu=
nahme der Puppenzahl, herrschen ziemlich erhebliche Meinungsverschieden=
heiten. Man muß hier scharf unterscheiden zwischen der Verteilung der
Puppen im Bestande und der Verteilung der Stämme, an denen der Fraß,
etwa als leichter Lichtfraß zuerst in Erscheinung tritt.

Wo die Bodenverhältnisse ungleiche sind, ferner wo Kuppen mit feuch=
teren Senken abwechseln, — meine ich —, entspricht der augenscheinliche
Befund vollkommen den Tatsachen.

In der Tucheler Heide ist jedenfalls ein horstweises, oft nur stammweises
Auftreten des eben bemerkbar werdenden Fraßes allenthalben
beobachtet worden und dieser Tatsache wird in mehreren Berichten, u. a. in
dem der Oberförsterei Rehberg vom 7. XII. 09, gedacht.

Allerdings gingen Fraßorte und ziemlich spannerfreie Gebiete bisweilen
fließend ineinander über. So konstatiert die Oberförsterei Warlubien
(Bericht vom 7. November 1908), daß der Fraß (in nicht behandelten Jagen
natürlich) keine scharfen Grenzen erkennen läßt, so daß Fraßgebiete und fraß=
freie ineinander übergehen. In Warlubien beobachtete man alle Stadien des
Fraßes. „Vielfach ist der Fraß nur für ein ganz geübtes Auge wahrnehmbar,
an einzelnen Stämmen und selbst in kleinen Gruppen und Horsten dagegen
streift er fast an Kahlfraß." Eine andere Frage ist es, ob solche Befunde
nur der Ausdruck einer ungleichen und ungleich bleibenden Verteilung des
Spanners im Bestande sind, oder Herde darstellen, von denen die Massen=
vermehrung ihren Ausgang nimmt.

v. Varendorff hat sich 1886 mit aller Entschiedenheit gegen die
Annahme von eigentlichen Raupenherden, Fraßzentren, geäußert, wie sie
Altum besonders Ende der 80er Jahre vertrat.

v. Varendorff bezeichnet es dabei mit Recht als doch sehr wunder=
bar, daß ihm niemals in den hunderten von Probesammlungslisten aus
Kiefernrevieren, die im Laufe der Jahre ihm vorgelegen haben, das Vor=
handensein einer besonders großen Puppenmenge auf einer oder der anderen
Probefläche entgegengetreten ist. Niemals ist das lediglich Auftreten kleiner,
engbegrenzter Kahlfraßstellen beobachtet worden. Kahlfraß ist stets nur ein=
getreten, wenn eine über große Waldflächen ausgedehnte Massenvermehrung
stattfand. Daraus schließt v. Varendorff, und man kann ihm hierin
wohl zustimmen, daß günstige Witterungsverhältnisse, — die ja meist für
größere Landstrecken die gleichen sind, — wahrscheinlich, wenn sie sich zur Zeit
der Häutungen geltend machen, es sind, welche die allgemeine Massenver=
mehrung des Spanners, der „in gewöhnlichen Jahren überall in geringer
Zahl einzeln verteilt" zu finden ist, also fast nirgends ganz fehlt,
bedingen und einleiten.

Kurz, v. Varendorff widerspricht mit vollem Recht jener Anschauung, die in den „Fraßzentren" (im Sinne ihrer Anhänger!) mysteriöse Herde erblickt, in denen das Feuer gleichsam von einer Katastrophe zur

Fig. 2.

Regenkarte der Provinz Westpreußen und des nördlichen Teiles der Provinz Posen.¹) Maßstab 1 : 2000000.

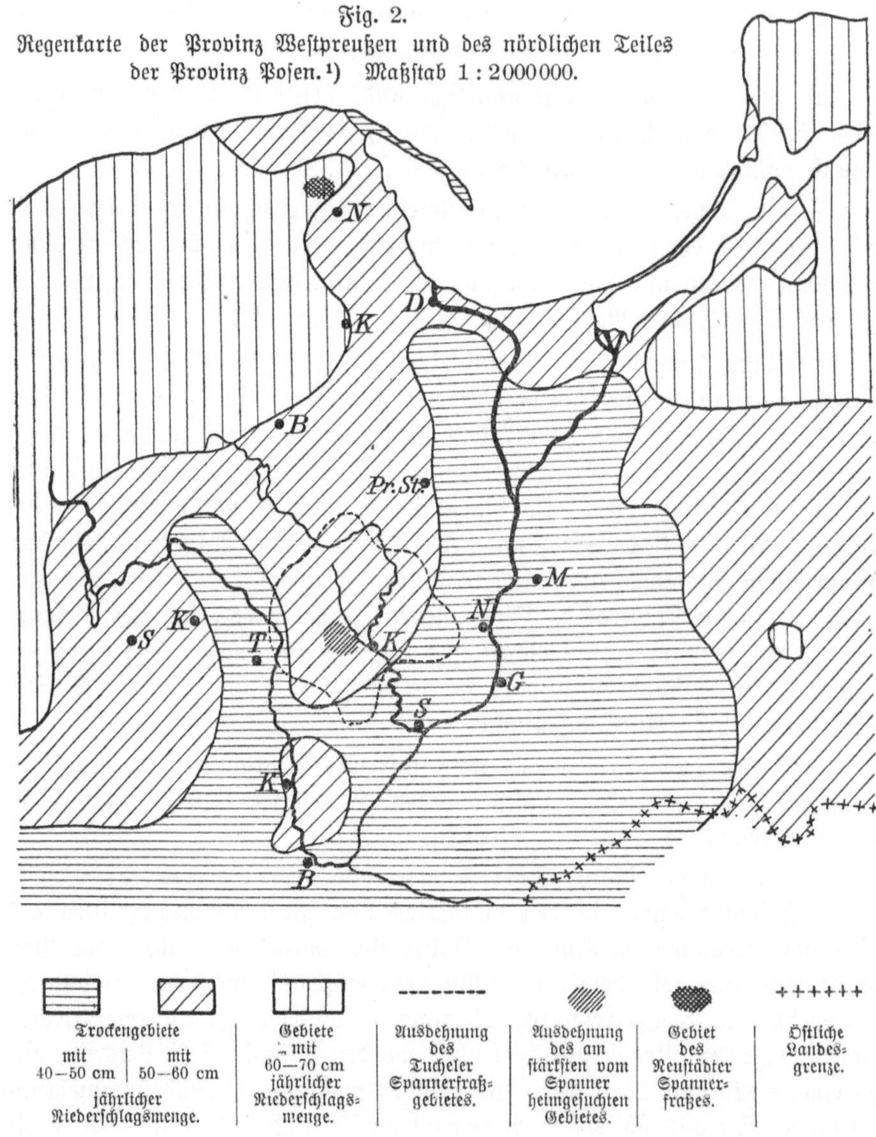

Trockengebiete		Gebiete mit 60—70 cm jährlicher Niederschlagsmenge.	Ausdehnung des Tucheler Spannerfraßgebietes.	Ausdehnung des am stärksten vom Spanner heimgesuchten Gebietes.	Gebiet des Neustädter Spannerfraßes.	Östliche Landesgrenze.
mit 40—50 cm	mit 50—60 cm jährlicher Niederschlagsmenge.					

anderen fortglimmt und wo — das ist natürlich der sehr naheliegende weitere praktische Gedanke — nur geeignete Maßregeln zu ergreifen wären, um das

¹) Die Karte ist von mir unter Benützung der Hellmannschen Regenkarte entworfen worden.

Eintreten einer epidemischen Vermehrung des Schädlings im Keime und mit ziemlich guter Aussicht auf Erfolg ein für allemal zu ersticken.

Die spätere Ungleichheit der Verteilung erkläre ich freilich auf Grund

Fig. 3.

Übersichtskarte der Lagebeziehungen der westpreußischen Spannerfraßgebiete zu den waldarmen Gebieten der Provinz Westpreußen.   Maßstab 1 : 2000000.

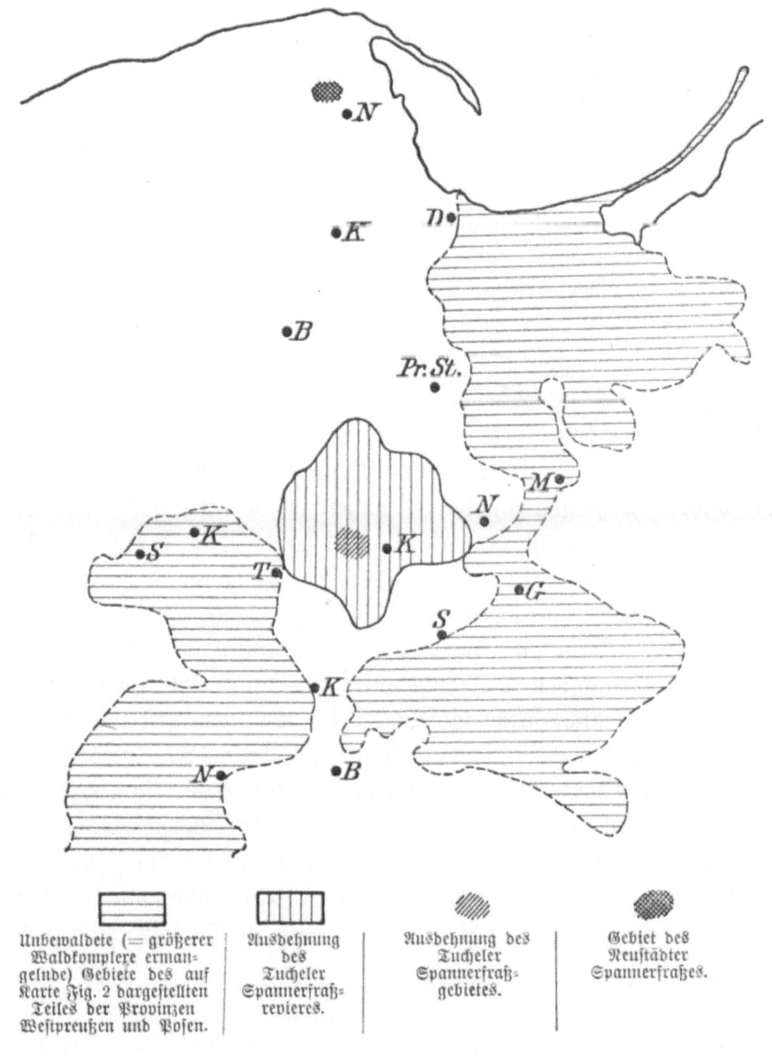

meiner Beobachtungen und der Kritik des vorliegenden fremden Beob=achtungsmaterials ganz anders, als v. Varendorff es tut.

Daß sein Versuch, das Abwandern des Falters, den „ein gewisser In=stinkt", „um einer Übervölkerung zu entgehen, zur „Auswanderung" zwingt", zu beweisen, am Fehlen jeder dazu notwendigen Beobachtung scheitert und lediglich auf das Eintreten starken Fraßes trotz schwachen Puppenbelages in einzelnen Jagen und Nichteintreten des Fraßes in benachbarten Revier=teilen, die starken Belag (Puppen) aufgewiesen hatten, sich stützt, mithin nicht besser fundiert ist, als die Junkerhofer Abwanderungstheorie, wurde schon im ersten Teile dieser Arbeit gezeigt. Und wir werden hier noch einmal darauf zurückzukommen haben.

Um so weniger ist es möglich (wie v. Varendorffs Absicht zu sein scheint) außer mit anderen Umständen (Bestandesunterschiede, Art des Probe=sammelns), die das Problem der Kahlfraßorte und Scheinherde übrigens kaum lösen, mit der Abwanderungstheorie die ungleiche Verteilung des Be=falles zu erklären. Und auch Altums[1]) Entgegnung auf die von v. Varendorff vorgetragenen Anschauungen hat keinen überzeugenden Beweis für die von ihm damals behauptete Existenz von „Fraßzentren" ge=bracht.

Die ganze, hier berührte Frage ist in verschiedener Beziehung von großer praktischer Bedeutung, und ich muß daher in diesem Zusammenhange noch=mals näher darauf eingehen.

Eine Razzia nach Herbstellen würde ja einen unerhörten Erfolg haben müssen. Aber die Dinge liegen in Wahrheit eben ganz anders. Das mag zunächst noch an einem konkreten Fall illustriert werden.

Die bayerische Regierung hat seinerzeit in den Kammerverhandlungen nach Leythäuser selbst darauf hingewiesen,[2]) daß der Kiefernspanner Anfang der 90er Jahre nicht bloß im Reichswalde, sondern „gleichzeitig auch in ganz Mitteleuropa aufgetreten sei".

Die ersten Anfänge der Spannerkalamität machten sich nach Leythäusers Angaben im Reichswalde im Jahre 1892 bemerkbar. 1893 war der Fraß noch nicht bemerkenswert, „die wenigen, erst spät im Herbste stark befressenen Flächen begrünten sich im Frühjahr 1894 wieder und man gab sich der sicheren Hoffnung hin, daß der Spanner, wie so oft, auch dieses Mal wieder infolge der Witterungseinflüsse usw. verschwinden würde". Dasselbe Jahr brachte die Enttäuschung: „die allerorten im ganzen Gebiete durchgeführte und im Frühjahr 1894 beendete Probesuche nach dem Puppen=belag (pro ha 1 qm) ergab ein Resultat, das das Ärgste befürchten ließ; man

---

[1]) Zeitschr. f. Forst= u. Jagdw. 1886, S. 224.

[2]) In dem Zusammenhange, daß nicht verfehlte Maßnahmen zu der Kalamität im Reichswalde die Ursache gewesen sein könnten. Es wurde in der Presse der Regierung vorgeworfen, daß die Abneigung der Regierung gegen die Streuabgabe, da die Streu als Puppenlager „die Quelle des Übels sei, schuld an allem Unheil" sei. Das ist natürlich typisches Reportergeschwätz, wie es sich in unserer Presse immer mehr breit macht, und zwar in dem Maße, als eine beschämende Halbbildung des Journalisten, wie seiner breiteren Leserkreise, eine irgendwie durch Sachkenntnis getrübte Urteilsfähigkeit aus=schließt.

fand gesunde, völlig normal ausgebildete Puppen in großer Anzahl (4 bis 500 pro qm) und keine Spur von Tachinen, Ichneumoniden, Raubkäfern und Verpilzung.

Schon Mitte Juni 1894 zeigte die Benadelung der Kiefernbestände hier und da eine eigentümliche Mißfärbung, „hervorgerufen durch die unzähligen kleinen Bisse der jungen Räupchen an den Flächen und Rändern der Nadeln, wodurch sie vertrockneten, einschrumpften und eine rotbraune Farbe erhielten". Mit dem Vorrücken des Herbstes verbreiterten sich ringförmig diese kleinen, von einander räumlich getrennten Fraßzentren. Schließlich flossen sie ganz zusammen, so daß gegen Ende November das Bild eines Kahlfraßes gegeben war, der „sich über ein Waldgebiet von über 12 000 ha ohne Rücksicht auf Alter und Bodenbeschaffenheit der Bestände vom haubaren Ort bis herab zum 15jährigen Jungholze ausdehnte".

Auch sonst macht L e y t h ä u s e r in seiner Abhandlung Mitteilungen, die sich ganz mit den Schlüssen decken, die wir aus den in der Tucheler Heide gesammelten Beobachtungen ziehen. Er sagt: „Bei der allgemeinen Erfahrung, daß unsere leichtbeschwingten Forstschmetterlinge die Luftbewegung möglichst zu vermeiden suchen und daher Orte, die möglichst wenig den Winden ausgesetzt sind, also Verhältnisse, wie sie im Innern geschlossener größerer Waldungen stets vorhanden sind, ganz besonders für die Entwicklung der Insekten sich geeignet erweisen, ist auch der Umstand erklärlich, warum gerade im Staatswalde, der in der Regel größere, geschlossene Bezirke in sich greift, die Vermehrung der Insekten so häufig auftritt."

B a d e r m a n n,[1]) der sich auf den Colbitz-Letzlinger Fraß in seinen Ausführungen bezieht, behauptet hinwieder, daß der Spanner zwar stets in unseren Kiefernrevieren vorhanden sei, aber stets von mehr oder weniger zahlreichen kleinen Fraß-Zentren ausgehe, die leicht übersehen werden.

Diese meist unbeachtet gebliebenen Fraß-Zentren fließen nach B a d e r m a n n schon im zweiten Fraßjahre zusammen und sind dann als solche nicht mehr nachweisbar.

Liegen in dem Tatsachenmaterial, das vorstehend mitgeteilt wurde, unvereinbare Widersprüche? Ich glaube nicht.

Es wird eben in sehr vielen Revieren Verhältnisse geben, unter denen sich das durch eine Reihe von Faktoren bedingte Einsetzen der Massenvermehrung am ehesten dem aufmerksamen Schutzbeamten bemerkbar macht — in Gestalt leichten Lichtfraßes: an frei den Bestand überragenden Wipfeln dominierender Stämme, auf Kuppen usw.

Wer solche Orte stets sorgfältig überwacht, kennt die Stellen des großen Organismus „Wald", an denen sich immer die ersten Symptome der nun, wenn nicht der ganze Organismus einer geeigneten spezifischen Behandlung

---

[1]) D. Forstztg. 1908, S. 954.

unterworfen wird, nicht mehr abwendbaren, im „ganzen Körper“ steckenden Erkrankung am deutlichsten zeigen werden.

Die unbekannten Bedingungen der Spannervermehrung sind in Faktoren gegeben, die den ganzen Organismus, meist wenigstens sehr ausgebreitete Waldgebiete zugleich, wie die Geschichte der Spannerkalamitäten lehrt, betreffen.

Wie sollten auch von Herden durch aktive oder passive Bewegung der Erreger Spannerepidemien mit solcher Schnelligkeit und über so große Strecken ausgebreitet werden, wie das tatsächlich s c h e i n b a r geschieht? Es ist daran unbedingt festzuhalten, daß ein überwandern der Raupen am Boden aus kahlgefressenen in noch grüne Bestände noch nie beobachtet wurde, und aus diesem Grunde die Anlage von Raupengräben zwecklos ist. Besondere, im ersten Teil dieser Arbeit erwähnte Versuche des Herrn Oberförster T e i c h m a n n in Junkerhof haben das beim Spannerfraß in der Tucheler Heide ja auch zur Evidenz dargetan.

Ein Weiterwandern in den Kronen selbst gut geschlossener Bestände, wie es B e r n a s für möglich hielt, scheint mir aber nach allem, was uns die heutige Forstwissenschaft lehrt, ausgeschlossen zu sein. Die Kronen stehen eben auch in solchen Orten in Wahrheit frei, ohne Kontakt mit Nachbarkronen.

Auch N i t s c h e bestreitet übrigens, daß ein instinktives Auswandern der Raupen aus den kahlgefressenen Beständen stattfinde:[1] „allerdings verlassen die Raupen den kahlgefressenen Baum, streben aber einfach danach, sofort den nächst erreichbaren Stamm zu besteigen, ohne Gefühl dafür, daß derselbe noch benadelt, oder auch schon kahl ist. Junge, an Kahlfraßgebiete anstoßende Schonungen werden am Rande in den zwei oder drei ersten Pflanzenreihen beschädigt, ohne daß der Schaden groß genug wäre, um die Anbringung von Raupengräben oder Leimstangen zu rechtfertigen.“

---

[1] In seinem Lehrbuche, Bd. II, S. 965. Ebenda scheint N i t s c h e sich aber doch wohl selbst zu widersprechen, wenn er, nachdem von der Beweglichkeit des Falters die Rede gewesen ist, die es bewirken soll, daß dieser von einzelnen Herden aus sich in weite Gebiete auszudehnen im stande sei, meint: „Ja sogar in einem und demselben Jahre kann sich der Fraß durch überwanderung von Raupen aus den sehr stark besetzten, kahlgefressenen Beständen in weniger stark besetzte an Umfang bedeutend ausdehnen, wie dies neuerdings B e r n a s schildert“ (Vgl. wegen der B e r n a s schen Angaben das darüber im ersten Teil dieser Arbeit Gesagte). Drei Seiten weiter unten versichert er aber, daß bei den Tharandter Leimungen kein befriedigendes Resultat erzielt wurde, weil die Raupe eben von Natur wenig beweglich sei. „Aus diesem Grunde ist auch ein überwandern der Raupen am Boden aus kahlgefressenen Beständen in noch grüne nie beobachtet worden, und dürfte die Anlage von Raupengräben also nie notwendig werden. Dagegen glaubt B e r n a s ein Weiterwandern der Raupen in sehr gut geschlossenen Beständen in den Kronen annehmen zu müssen“.

Ich meine, es ist ein Unding, einer Raupe eine geradezu akrobatische Beweglichkeit i n d e n K r o n e n, die sie dort in wenigen Wochen kilometerweit vordringen läßt, zu vindizieren, wenn sie am Boden nicht die geringste Anlage zu einer solchen erkennen läßt.

Daß in dem tatſächlichen Vorrücken des Fraßes nach irgend einer Himmelsrichtung ſich das Vorliegen einer Wanderung dokumentiere, iſt danach wohl ausgeſchloſſen. Wir haben aus der Tucheler Heide einige hier= her gehörige Beobachtungen kurz zu regiſtrieren.

Die Oberförſterei Junkerhof (4. November 08) beobachtete Aus= breitung des Fraßes von Oſten nach Weſten.

Die Oberförſterei Schüttenwalde berichtet (23. Nov. 08), daß der Fraß von den Jagen 111—114, 141—142 nach Weſten in den Schutzbez. Grunau vorgedrungen ſei und bemerkt, daß am ſtärkſten auch in dieſem Jahre der Fraß ſich auf den vorjährigen Fraßherden (111—114, 141—142 mit 100 Raupen als Höchſtzahl) gezeigt habe.

Aber auch andere unleugbare Tatſachen, die faſt bei jeder Spanner= kalamität von aufmerkſamen Beobachtern bemerkt worden ſind und viel= fach mit einem Abwandern des Falters erklärt worden ſind, finden eine ungezwungenere Erklärung durch ſicher feſtgeſtellte Vorgänge, als durch jene Hypotheſen, für die bis jetzt ſo ziemlich alle exakten Grundlagen fehlen.

Ich meine das häufig feſtgeſtellte Mißverhältnis zwiſchen Spanner= Flug und folgendem oder vorausgegangenem Puppen= belag.

Beim Tucheler Fraß iſt ein ſolches Mißverhältnis mehrfach beobachtet worden.

Die Oberförſterei Hagen[1]) berichtete: „Merkwürdigerweiſe konnte bisher ein Fraß der Raupe auch in den oben genannten, ſtark vom Falter heim= geſuchten Jagen in nennenswerter Ausdehnung nicht beobachtet werden.“

Ganz Ähnliches ſcheint nach Bericht vom 2. X. 08 in Junkerhof beobachtet worden zu ſein. In einem Bericht der Oberförſterei Linden= buſch (25. September 08) wurde gemeldet, daß der Raupenfraß weit hinter dem Fluge zurückgeblieben iſt.

Gegen Ende der Kalamität häufen ſich die Nachrichten über das auf= fallende (ſelbſtverſtändlich in nicht berechten Jagen!) Mißverhältnis zwiſchen Flug und folgendem Raupen= oder Puppenbefund. So berichtet die Ober= förſterei Rittel unterm 4. I. 10: Probefällungen (September 1909) ergaben, „daß die Raupe in geringerer als befürchteter Zahl in der Fraßperiode ein= gegangen war“.

Die Oberförſterei Königsbruch (31. I. 10) bemerkte, daß ſich bei ſehr ſorg= fältigem Suchen auffallender („merklicher, jedoch erfreulicher“) Rückgang gegen die an ſich auch geringen Ergebniſſe des Raupenſuchens (auf Tücher gefällte Stämme) ergab.

---

[1]) Hagen (unterm 8. X. 1908): Flug beſonders ſtark in Blümchen Jagen 99/102, 112/3, 128/130 und Dachsbau Jagen 148/150, 164/166 und 178/180.

Dieses Mißverhältnis findet eine ungezwungene Erklärung durch die Annahme, daß ein relativ starker Schmarotzerbefall vorgelegen hat. Bei den meisten Kalamitäten sind eingehendere Untersuchungen hierüber leider gar nicht angestellt worden.

Gleichwohl weisen auf die Tätigkeit der Schmarotzerinsekten auch die Beobachtungen hin, die während des Colbitz-Letzlinger Spannerfraßes gemacht wurden:[1]

Die Vergleichung der totgefressenen Bestände mit dem Ergebnis der Probesammlungen zeigte, „daß die kahlgefressenen Flächen häufig keine gefahrdrohende Massenbelegung aufwiesen".

In Zukunft wird es jedenfalls von größtem praktischen wie theoretischen Interesse sein, die bei den Probezählungen erhaltenen Puppenmaterialien regelmäßig auf den Schmarotzerbefall genau zu untersuchen.

Vor allem Altum[2] hat großen Wert auf eine genaue Untersuchung des Gesundheitszustandes der Puppen, die in den „Herden" gefunden werden, gelegt. In der Tat wird man hier am leichtesten ein Bild der prozentischen Stärke des Parasitenbefalles erhalten und kann im allgemeinen beruhigt sein, wenn dieses Bild sich günstig (für den Wald) zeigt.[3]

Es liegen ferner hierher gehörige Beobachtungen aus Tucheler Revieren vor, in denen, wie zu erwarten, dann der Fraß in keinem Verhältnis zum Fluge stand. In der Oberförsterei Schwiedt war[4] in verschiedenen Orten „ein starkes Schwärmen von Ichneumon circumflexus beobachtet und deshalb angenommen worden, daß viele Raupen durch diesen Schmarotzer getötet worden sind. Ein kleiner Teil der jetzt gefundenen Puppen ist mit Tachinenlarven behaftet gewesen".

Die Oberförsterei Rittel[5] meldete: „Die Raupen waren stark von Tachinen und Ichneumonen befallen. Außerdem waren sie auch augenscheinlich an Pilzinfektion krank. Es wurde eine größere Anzahl abgestorbener schwarzer Raupen festgestellt."

In Königsbruch hatten eingezwingerte Puppen einen Schmarotzerbefall bis zur Höhe von 55%. In Neustadt stellte ich an den Puppen, die mir Herr Forstmeister Siewert hatte sammeln lassen, bis 80%, und in dem

---

[1] Gieseler, Zeitschr. f. Forst- u. Jagdw., 1904, S. 441.

[2] Zeitschr. f. Forst- u. Jagdw. 1886, S. 226.

[3] Im anderen Falle würde gerade der „Herd" ungesäumt zuerst zu bekämpfen sein, aber nicht wegen einer angeblich drohenden Gefahr einer von hier ausgehenden Infektion der benachbarten Jagen, sondern um innerhalb der Herdstelle selbst eine Wiederholung des Fraßes, die für den auf dem Herdboden stockenden Bestand vernichtend werden könnte, zu vermeiden.
Vor allem würde aber eine solche Untersuchung sicher in der Mehrzahl der Fälle den wahren Grund des Verschwindens des Spanners aufzeigen.

[4] Vgl. Ber. vom 17. Dez. 1909 (Fragebogen).

[5] Vgl. Bericht vom 7. Dezember 1909 (Fragebogen).

mir aus Wildungen zugeschickten Puppenmaterial sogar über 95% schmarotzerbesetzte Puppen fest.[1] In Schüttenwalde[2] waren „die Raupen zu 50% und mehr von Ichneumonen und Tachinen befallen".

Es erhebt sich nun sofort die weitere Frage, wie es denn zu erklären ist, daß in einigen Revieren oder Revierteilen die Ichneumonen offenbar von vornherein, und zwar bisweilen unvermittelt, mit beträchtlicher Kraft in Wirkung treten, in anderen dagegen nicht oder erst sehr spät. Ehe wir aber hierauf eingehen, wenden wir uns den Deutungen zu, die von anderer Seite dem tatsächlichen Mißverhältnis zwischen der Stärke der vorangegangenen und der Stärke der ihr folgenden Spannergeneration, speziell des Falterfluges gegeben worden sind.

Eine große Rolle spielt bei diesen Deutungen die Annahme eines Abwanderns oder auch Verwehens der F a l t e r.

A l t u m hat in der letzten Zeit seiner Wirksamkeit sich sehr skeptisch über die Größe der Gefahr von Insektenwanderflügen geäußert, wie wir im ersten Teil dieser Arbeit zeigten. Schon 1886 sah er hinsichtlich des Spanners die Massenwanderung als mindestens sehr seltene Erscheinung an und dachte sie sich nur so zustandekommend, daß der Falter in „wolkenähnlichem Wanderfluge die völlig kahlgefressenen Bestände verlasse, um in noch grüne zwecks Ablage seiner Eier einzufallen".[3] Er sagt aber selbst: „Es ist das freilich nur eine Vermutung". Die „analogen Fälle", auf die er damals sich glaubte mit dieser Vermutung stützen zu können, hat A l t u m später selbst kritisch sondiert und als zu leicht befunden.[4]

---

[1] XXXVIII. Vers. d. Preuß. Forstver. Dt.-Eylau. Königsberg, 1911, S. 24.

[2] Vgl. Ber. vom 7. Dez. 1909 (Fragebogen).

[3] Dem widerspricht die mehrfach zuverlässig beobachtete Ablage von Eiern in Beständen, die im Vorjahre völlig kahl gefressen worden waren. Wie R a t z e b u r g in seiner „Waldverderbnis" (S. 168) berichtet, hat Oberforstmeister K o h l i schon bei dem Borntuchener Fraß beobachtet, daß der Spanner an abgefressenen Kiefern jede übriggebliebene Nadel zum Ablegen der dicht gedrängten Eier benützte, und deshalb in einem Briefe an R a t z e b u r g seine Zweifel am Fortziehen des Falters aus den kahlgefressenen Beständen ausgedrückt. Auch N i t s c h e s beim Nürnberger Fraß gemachte Beobachtungen sind hier von Interesse. N i t s c h e fand in ganz von alten Nadeln entblößten Beständen, daß hier der Spanner auch die jungen Nadeln dicht mit Eiern belegte (Nürnberger Reichswald). Im übrigen werden selbst an stark befressenen Zweigen die alten Nadelstumpfe den jungen Nadeln der neuen Triebe als Ablageorte vorgezogen. Als Beispiel für die ausnahmsweise, aber durch die Umstände völlig erklärliche Belegung der jungen Nadeln mit Eiern führt N i t s c h e eine im Herbst 1893 kahlgefressene 34jährige Kiefer an, auf der 1894, wo sie demgemäß ausschließlich einjährige Nadeln trug, im Juli 14 572 Eier gezählt wurden.

[4] Schon 1886 meinte er übrigens, daß der Schutzbeamte nur zu leicht die ersten lokal eng umgrenzten Stellen, wo der Schädling in Anzahl aufzutreten beginnt, übersieht und deshalb, wenn die Vermehrungsziffer in kleineren oder größeren Revierteilen unverkennbar gestiegen ist, bona fide aussagt, daß „notwendig ein überfliegen

Es muß geradezu bestritten werden, daß in der Biologie des Falter=
fluges Momente gegeben seien, die ein Verwehtwerden begünstigen. Bei=
spielsweise ist die im ersten Teil dieser Arbeit betonte Eigentümlichkeit des
Falters in dieser Beziehung von Gewicht, daß nämlich, wie vor allem die
Beobachtungen, die mir Herr Forstmeister v. Gromadzinski mitteilte,[1]
bestätigen, der Falter am lebhaftesten an „windstillen, warmen, aber nicht
schwülen Tagen", also unter Umständen, die einem Verwehtwerden so un=
günstig wie möglich sind, fliegt.

In seinem Lehrbuch[2] schreibt Nitsche zwar: „Diese Beweglichkeit
der Falter erklärt auch die Möglichkeit eines aktiven Weiterwanderns der=
selben, so daß bisher verschonte Bestände durch Überfliegen leicht infiziert
werden können."

Er führt jedoch keine eigenen Beobachtungen hierfür an und stützt sich
lediglich auf Ratzeburg, — der aber, wie ich im ersten Teile dieser Arbeit
gezeigt habe, selbst ebenfalls über keine eigene, persönliche Beobachtung hat
berichten können, — und auf Altum, — auf diesen bestimmt zu Unrecht, da
Altum nach wenigen Jahren seine Ansicht völlig geändert hat.

Gelegentlich des Tucheler Fraßes hat Herr Oberförster Teichmann
von neuem eine Abwanderungstheorie, ungefähr im Sinne der älteren Lehre
Altums, aufgestellt und zu begründen versucht.

Aber gerade dabei scheint er mir ein Opfer der Folgerungsweise: post
hoc, ergo propter hoc geworden zu sein.

In Junkerhof hatte man während der ganzen Dauer der Fraßzeit sich
davon überzeugen können, daß in den berechten Beständen jedesmal nur ver=
schwindend wenig oder gar keine Falter flogen, während sie in den un=
berechten in großen Schwärmen, bisweilen (wie am 10. und 12. Juni 1909)
sogar bei schlechtem, regnerischem Wetter angetroffen wurden.

---

aus ferneren Orten stattgefunden haben müsse". „Denn in den nächst vorhergehenden
Jahren hat dort die Raupe noch nicht gefressen; man würde das doch haben merken
müssen."

Übrigens meine ich, daß der Forstbeamte soviel anderes zu tun, so sehr von der
komplizierten Verwaltung des ihm unterstellten Waldes in Anspruch genommen sein
kann, daß ich mich durchaus nicht mit der Anschauung identifizieren möchte, die
Altum anspielend in der zitierten Arbeit zum Ausdruck bringt, es wisse der Förster
wohl Stand und Wechsel der einzelnen Rehböcke seines Belaufes genau zu bezeichnen,
wenn man ihn aber nach dem Auftreten dieser oder jener Schädlingsraupen frage,
so laute die stereotype Antwort: „Nichts bemerkt". Altum fährt fort: „Meine zahl=
reichen, noch eng lokalisierten Raupen der Forleule u. a. m. mußte ich stets selbst ent=
decken." Ich meine, das beweist eben nur, daß das geübte Auge des Berufsentomologen
nicht durch das ehrlichste Bemühen eines pflichteifrigen Beamten einfach ersetzt
werden kann.

[1] Vgl. auch Bericht der Oberförsterei Königsbruch vom 16. VII. 1909.
[2] Bd. II, S. 962.

„Also ein Zeichen", heißt es im Berichte der Oberförsterei Junkerhof vom 13. VII. 1909, „daß das Ausharken der Streu hilft, falls der Spanner nicht — wandert.

Ich habe immer noch die Befürchtung, daß der Spanner seine Eier nur in denjenigen Beständen ablegt, die eine günstige Entwicklung für Raupen und Puppen bieten und daß er jetzt die geharkten Bestände verlassen hat und in die ungeharkten übergesiedelt ist. Denn wie mit dem Messer abgeschnitten ist die Trennung zwischen geharkten und ungeharkten Beständen. In letzteren starker Flug und direkt daneben, wie durch eine unsichtbare Wand getrennt, kaum ein Schmetterling, trotzdem auch hier die Stämme dicht benadelt und saftig grün sind. Es sind daher nicht die Nadeln allein, welche die Weibchen anziehen und mit Rücksicht auf das gute Fraßobjekt für die kommende Generation zur Eiablage veranlassen, sondern die gesamten Bestandesverhältnisse, welche eine günstige Entwicklung der Raupe und Puppe ermöglichen. Man konnte auch am Rande der geharkten Bestände eine Art Wanderung beobachten, da die meisten Schmetterlinge immer nach den ungeharkten Teilen flogen, nur wenige aber in umgekehrter Richtung. Denn trotz des Harkens sind Millionen Schmetterlinge in den Beständen ausgekommen und jetzt mit einem Male verschwunden. Wohin? Meines Erachtens in die ungeharkten Bestände, die den Weibchen die Sicherheit bieten, für die kommende Generation in sachgemäßer Weise sorgen zu können. Besonders beobachtet habe ich dieses auch in einzelnen Beständen, die an befallene Bestände grenzen, aber in diesem Jahr vom Spanner noch verschont geblieben sind. Diese jungen Stangenorte habe ich mit der Ventzkischen Egge nur umgebrochen, ohne die Streu auf Haufen zu bringen. Diese Stangenhölzer sind vom Spanner vollkommen verschont geblieben, kaum ein Schmetterling war zu beobachten, trotzdem die Nachbarbestände starken Flug zeigten. Inwieweit sie überhaupt vom Spanner befallen sind, werden erst die Probestämme zeigen, die Ende des Monats gefällt werden sollen. Ich hoffe, daß sich nach dem geringen Flug auch nur wenige Raupen finden werden."

In dem Berichte der Oberförsterei Rehberg vom 12. X. 09 tritt der Herr Revierverwalter f ü r die T e i c h m a n nsche Abwanderungstheorie ein, und zwar auf Grund folgender Beobachtung, die ich hier lediglich zum Zweck der sachlichen Erhärtung meiner Ansicht mitteile, daß wir uns ganz außerordentlich vor Post-hoc-ergo-propter-hoc-Schlüssen hüten müssen, wenn wir nicht fortwährend Gefahr laufen wollen, die wahren, eine Erscheinung b e d i n g e n d e m Zusammenhänge völlig zu verkennen.

In dem zitierten Berichte wird auf einen Stangenort in Abt. 201 b Bezug genommen, wo beim Probesuchen nur 11 Puppen pro Stamm gefunden wurden und wo die Streu nicht entfernt war. „Hier zeigte sich der

Flug sehr stark, während in dem beharkten angrenzenden Bestande von Junkerhof der Flug nur schwach war".

Hieraus wird nun gefolgert, daß die im unbeharkten Bestande fliegend beobachteten Falter nicht autochthon, sondern aus dem beharkten im Sinne der Teich mann schen Abwanderungstheorie übergeflogen gewesen wären.

Und diese Interpretation der Tatsachen wird gegeben, obgleich der Berichterstatter selbst bemerkt, daß die Beobachtung allerdings erst vom Juli datiert, „wo der Flug auf den beharkten Flächen der Oberförsterei Rehberg sich wesentlich verminderte, während der Flug auf den nicht beharkten, vor allem in den dicht bestandenen Stangenorten, noch sehr stark war".

Es muß auch immer wieder, wie im ersten Teile dieser Arbeit näher ausgeführt wurde, daran erinnert werden, daß 11 Puppen pro Stamm unter Umständen einen ganz überraschend starken, d. h. lokal sehr auffälligen Flug bedingen können.

An einer anderen Stelle desselben Berichtes heißt es: „Merkwürdig war hier und spricht dies wieder für die erste Ansicht des Oberförsters Teichmann, daß troß des starken Fluges[1]) sehr wenige Spannerraupen an den gefällten Probestämmen und Fangbäumen gefunden wurden, und es scheint beinahe, als ob die Weibchen zur Eiablage Bestände mit günstigeren Bodenverhältnissen aufgesucht hätten."

Ich bin der Meinung, daß die Lösung des Rätsels die denkbar naheliegendste ist. Wo gut gerecht worden ist, wurde der Spanner vernichtet, wo das Rechen unterbleiben mußte, vermehrte er sich in ungehemmten Tempo weiter und fraß die Bestände kahl.

Wo troß Streurechens die Falter flogen, ohne später einen Fraß zur Folge gehabt zu haben, hätte man zwecks Begründung derartiger Hypothesen untersucht haben müssen, ob sie wirklich „weggeflogen" gewesen sind, oder ob sie zur Ablage im geharkten Bestande schritten, und dann, ob die abgelegten Eier gesund waren, ferner auch, ob nicht die Falter (aus freigelegten und daher von der Sonnenwärme intensiver getroffenen Puppen in den berechten Jagen viel früher geschwärmt haben, als in den unberecht gebliebenen.

Wo ein flüchtiges Umbrechen der Streu stattfand und in der Folge, während die Nachbarjagen starken Flug hatten, der Spanner sich nicht mehr zeigte, wäre festzustellen gewesen, ob es sich um eine ursächliche, oder lediglich um eine zeitliche Folge der Erscheinungen gehandelt hat. Denn zunächst muß immer an die Möglichkeit eines horstweisen Auftretens von Schmarotzerinsekten gedacht werden. Die vorhanden gewesenen Raupen konnten in dem flüchtig berechten Bestande totkrank ins Winterlager gekommen sein. Und in dem Fall hätte die ergriffene Maßregel den Erfolg in keiner Weise bedingt

---

[1]) In dem wegen des schon eingetretenen Frostes im Winter schlecht beharkten Jagen 217.

gehabt. Oder aber die Maßregel ist wirklich nicht ganz bedeutungslos ge=
wesen, hat etwa im Sinne des Herrn Revierverwalters der Oberförsterei
Rehberg gewirkt, der den Vögeln (ich komme weiter unten noch darauf
zurück) eine so außerordentlich wichtige Rolle beim Streurechen als Ver=
tilger der freigelegten Puppen beimißt. Das sind alles mit Bestimmtheit in
der Biologie des Spanners und seiner Feinde gegebene Momente. Ob sie
in Aktion traten, das zu bestimmen wäre von entscheidender Bedeutung für
die Erklärung der angezogenen Beobachtung gewesen. Solange solche Unter=
suchungen nicht vorliegen, dürfen wir nicht zu mystischen, prospektiven In=
stinkten unsere Zuflucht nehmen.

Dieser Meinung sind auch erfahrene Praktiker. Herr Forstmeister
v. Gromadzinski traut jedenfalls, wie er in seinem Berichte vom
16. X. 09 ausführt, dem Spannerweibchen „nicht so viel Instinkt zu“ und
verweist sehr zutreffend auf den gewiß in keiner Weise von einem, in teleo=
logischem Sinne zu deutenden Instinkt der weiblichen Falter Zeugnis ab=
legenden 1858er Nonnenflug, der im kurischen Haff und in der Nordsee
endigte.

Alle unsere Vermutungen über die Ursachen des Verschwindens des
Spanners können eben erst dann darauf Anspruch erheben, eine Er=
klärung zu geben, wenn unsere Tätigkeit darin bestanden hat, die sämt=
lichen wirksamen Bedingungen, unter denen das Verschwinden statt=
fand, festzustellen und in Rechnung zu setzen. Und in dieser Beziehung wird,
wenn eine neue Spannerkalamität auftreten sollte, noch viel Arbeit zu
leisten sein. Vor allem wird jeweils die Rolle, die Krankheiten und Feinde
bei den quantitativen Veränderungen im Spannerbestande spielen, durch
ständige Beobachtungen genau festgestellt werden müssen.

Daß diese Veränderungen keine unbedeutenden sind, wenn Krankheits=
erreger, Schmarotzer oder Feinde sich einstellen, (was sie aber leider unter
verschiedenen Verhältnissen, oft an verschiedenen Stellen ein und desselben
Revieres nur in sehr ungleichem Maße tun) steht außer Zweifel.[1])

Ich habe, wie schon oben gesagt wurde, in der vorliegenden Arbeit nicht
die Absicht, über Krankheiten, Schmarotzer und Feinde des Kiefernspanners
in aller Ausführlichkeit zu handeln, nicht allein, weil der Umfang des Textes
und die Zahl der Tafeln weiter um ein Beträchtliches anwachsen müßten,
sondern auch deshalb, weil das Studium von Nonne und Eule mir seit
zwei Jahren und voraussichtlich noch längere Zeit weiter Gelegenheit gibt,
die Biologie und Systematik der genannten Organismengruppen, soweit
diese zu unseren wichtigsten Kiefernschädlingen in Beziehung stehen, gründ=

---

[1]) Ich wiederhole, daß ich den Auftrag zum Studium der Kalamität erst erhielt,
als diese schon im Erlöschen begriffen war. Darum kann ich über manches, was den
Verlauf der Kalamität anlangt, nur Vermutungen äußern.

lich und in solcher Weise zu studieren, daß der Forstmann in der geplanten besonderen Arbeit alles für ihn Wissenswerte finden soll, gleichviel, ob ihn rein praktische oder speziellere wissenschaftliche Interessen veranlassen werden, darin nachzuschlagen. Daß die Schmarotzer (beispielsweise) eines der genannten Kiefernschädlinge zweckmäßig nicht für sich, sondern im Zusammenhange mit denen der anderen beiden, mit ihm ganz eng vergesellschafteten Falter zu betrachten sind, wird aus Beobachtungen, auf die wir weiter unten noch näher eingehen wollen, mit Deutlichkeit hervorgehen.

Jedenfalls sei es mir gestattet, sowohl in diesen einleitenden Bemerkungen wie in den folgenden Abschnitten das die Pathologie des Kiefernspanners betreffende Tatsachenmaterial nur soweit zu berühren, als es unumgänglich zur Orientierung über die Bedeutung der jeweils behandelten Fragen notwendig erscheint.

Zunächst muß ich im Zusammenhange mit den gerade uns beschäftigenden allgemeinen Erscheinungen des Verlaufes der Kiefernspannerkalamitäten mit einigen Worten das vielumstrittene Problem der Degeneration des Kiefernspanners berühren.

In einer großen Anzahl von Oberförstereien wurde irrtümlich die Verspätung [1] der Verpuppung für ein Anzeichen von Degeneration (schon 1908!) angesehen. Man beruhigte sich aber glücklicherweise nicht mit dieser Deutung, sondern führte weiter die Bekämpfung des Spanners mit aller Energie durch.

Die Ursache der Verzögerung war eben nicht im Spanner, sondern in der Witterung zu suchen, wie das in dem Bericht der Oberförsterei Gildon vom 10. Dez. 1908 sehr zutreffend zum Ausdruck gebracht ist:

„Am 21.—27. November wurden fast nur Raupen und vereinzelte frische Puppen gefunden; da bereits vor dem Abbaumen, Mitte Oktober, ein mehrtägiger starker Frost mit folgendem starken Schneefall einsetzte, lag die Annahme nahe, daß hierdurch die Raupen so gelitten haben könnten, daß sie überhaupt nicht zur Verpuppung kämen. Diese Annahme dürfte aber irrig sein; bei einem kürzlich nochmals in Jagen 6 vorgenommenen Sammeln hatte sich das Zahlenverhältnis schon merklich zuungunsten der noch unverpuppten Raupen verschoben. Es scheint also durch die Witterung die Verpuppung der meisten Raupen nur verzögert, aber keine erheblichen Abgänge verursacht zu sein." [2]

---

[1] Gegenüber den in den Lehrbüchern mitgeteilten Zeitangaben.

[2] Auch Laska (2. Dezember 1908) berichtet, daß erst 10 % der Spanner im Belauf Slusa sich verpuppt hatten, während die übrigen noch als Raupen dalagen.

Der Bericht der Oberförsterei Gildon trifft vollkommen das Richtige in bezug auf einen großen Teil der von den Praktikern als „Degeneration" des Schädlings bezeichneten Erscheinungen. Es handelt sich in allen hierher gehörigen Fällen nicht um degenerative Vorgänge im Sinne der Pathologie.

Es ist nur richtig, daß solche Verzögerungen der Entwicklung, besonders wenn die sie bedingenden klimatischen Faktoren in mehreren aufeinander=folgenden Jahren wirksam sind, den Schädling sehr ungünstig beeinflussen können. In welchem Maße und in welcher Weise, darüber wissen wir freilich Bestimmtes nicht.

Das habe ich aber durch Zuchtversuche an eingesandten und an künstlich durch Hungernlassen erzeugten Kümmerpuppen feststellen können, daß die auskommenden weiblichen Falter bei weitem nicht so fruchtbar sind, wie Puppen von normaler Größe, die von gutgenährten, völlig verpuppungs=reifen Raupen herrührten. Ein Weibchen aus einer nur 8 mm langen Puppe schritt in einem meiner Zwinger zur Ablage von nur 10 Eiern. Diese waren aber befruchtet und ergaben normale Raupen, die bei reichlicher Er=nährung ihrerseits zu durchaus normalen und normal=fruchtbaren Faltern sich entwickelten.

Also selbst durch Hunger zur Notverpuppung veranlaßte Spanner=individuen zeigen lediglich in quantitativer Hinsicht eine Hemmung der Ovarialentwicklung. Eine Schädigung des Keimplasmas findet nicht statt. Eine e r b l i c h e Minderwertigkeit, die doch das Wesen der Degeneration ausmacht, wird nicht erzeugt.

Ich habe eine solche auch nicht experimentell, indem ich Raupen im Zwinger den in der Natur wirksamen Schädlichkeiten, wie Kälte, Nässe, ab=normer Hitze usw.,[1] aussetzte, erzeugen können. Entweder die Tiere gingen als Raupen oder als Puppen ein, oder sie entwickelten sich zu Kümmerfaltern. Aber nie erhielt ich eine erbliche, sich ohne weitere Einwirkung der gleichen Schädlichkeiten auch auf die nächste Generation erstreckende Minder=wertigkeit.[2]

Ich sehe vorläufig noch nicht recht ein, wie gerade beim Kiefernspanner die Degeneration so leicht zustande kommen sollte, da doch die Massenvermeh=

---

[1] Auf diese Experimente, die noch weiter fortgeführt werden, soll in dieser Arbeit nicht näher eingegangen werden. Es sei nur bemerkt, daß N i t s c h e ganz Ähnliches über Kümmerpuppen berichtet (Tharandter Forstl. Jahrb. 1896):

„Vielfach wurde in sehr stark belegten Kiefernorten, die verhältnismäßig zeitig kahl gefressen waren, auch eine Notverpuppung bemerkt, bei welcher die Puppen 2 bis 3 mm unter der normalen Länge maßen. Auch in den durchschnittlich mit normalen Puppen belegten Beständen fanden sich solche Zwergpuppen.

Man nimmt an, daß diese von spät ausgekommenen oder hungernden Raupen abstammen. Diese Zwergpuppen haben zwar sehr viele Falter geliefert, dieselben waren aber nicht mehr fortpflanzungsfähig, oder es hatten die Weibchen nur wenig Eier, durchschnittlich nur etwa 20 bis 30 Stück, während Weibchen aus normalen Puppen 90—120 Eier haben.“

[2] Was E h l e r t in seinem Dt.=Eylauer Vortrage (Verh. Preuß. Forstv. XXXVIII. Vers. S. 12) als „Degeneration“ bezeichnet, hat nichts mit einer solchen zu tun.

rung, wo ihr der Mensch nicht durch Maßnahmen geeigneter Art Halt ge=
bietet, nach einer Reihe von Jahren (während deren die Bestände eventuell
vernichtet werden, wie ich auch in diesem Zusammenhange zu betonen nicht
unterlasse) durch Schmarotzerinsekten, Feinde aus anderen Tierklassen, pilz=
liche oder protozoäre Krankheiten, nachweislich ein Ende findet, Inzucht als
degenerativ=wirksames Moment[1]) also kaum in Frage kommen kann, ja bei
diesem protandrischen[2]) Falter in höchstem Maße erschwert ist.

Ob „Degeneration" eine Spannerkalamität zu beendigen imstande ist,
halte ich also für sehr fraglich. Weder aus älteren noch neueren Berichten
geht hervor, daß echte Degeneration des Kiefernspanners wirklich beobachtet
worden ist.

Zwergenform ist an sich eben noch keine Degeneration.

Interessant ist in dieser Beziehung die Mitteilung des bedeutendsten
Kenners des Bupalus piniarius - Formenkreises und Besitzers der bedeutend=
sten existierenden Kiefernspanner=Sammlung, Clemens Dziurzynski,
daß in Südfrankreich ausschließlich die typisch=nanistische, kaum 30 cm
spannende forma nana Dziurz. vorkommt.

Ich würde es jedenfalls für verfehlt halten, dem Auftreten von
nanistischen Puppen, oder der Erreichung eines Stadiums der Kala=
mität, wo Futtermangel sich in der mangelhaften Entwicklung des
Falters auszudrücken beginnt, einen besonderen Platz unter den für die
Prognosestellung wichtigen Symptomen anzuweisen. Es liegen die Dinge
hier ganz anders, wie bei Nonnenfraß auf Kiefer. Wenn der Spanner zu
hungern beginnt, wird die Kiefer meist dem Tode nicht mehr entgehen
können! Für diese Behauptung finde ich auch in Nitsches[3]) Bericht über
die Kalamität im Reichswalde eine Bestätigung. „Es wurden", schreibt
Nitsche, „an verschiedenen Stellen im Jahre 1893 kahlgefressene Bestände,
wie ich oben erwähnte, doch massenhaft mit Eiern belegt. Der Fraß der
jungen Raupen betraf hier notgedrungen die neuen frischen Nadeln, die
von unzähligen kleinen Bissen an der Fläche und an
den Rändern getroffen, schon Ende Juli und Anfang
August faul zu werden begannen und bereits von Ende
August bis Mitte September hin vertrockneten, so
daß die noch benadelten Bestände schon damals völlig
gerötet bastanden." Hier gelangten nun, nach Nitsches Bericht,

<hr>

[1]) Und die moderne Medizin schätzt sie als solches ohnehin lange nicht mehr so
hoch, als früher, ein.

[2]) Die Männchen einer Brut fliegen früher, als die Weibchen. Hierauf weist
Nitsche in seinem Bericht über den Nürnberger Fraß m. W. als erster hin. Ich
habe seine Angabe an Zuchten von Puppenmaterial, das ich aus dem Harz (Goslar)
mir schicken ließ, nachgeprüft, und sie völlig bestätigen können.

[3]) Tharander Forstl. Jahrb. 1896.

die vorzeitig der zusagenden Nahrung beraubten Raupen noch nicht ein=
mal zur Notverpuppung, sondern starben frühzeitig ab, so daß dem=
gemäß im nächsten Sommer kein Flug und im Winter 1894—95 nicht der
geringste Puppenbelag in diesen Beständen nachzuweisen war.

Der Spanner war vernichtet, aber die Kiefer ebenfalls. Auch
Nitsche erklärt mit der eben erwähnten vorzeitigen Abtötung
der Nadeln durch die Bisse der jungen Raupen, die bei dem 94er Nürn=
berger Spannerfraß zum erstenmal in ausgedehntem Maße zur Beobachtung
gelangt ist, „in Verbindung mit dem rauhen Winter 1894—95 den un=
gewöhnlich großen Schaden", der sich im Frühjahr 1895 bemerkbar machte.

Dagegen messe ich dem Auftreten mikroskopischer Krankheitserreger
einige Bedeutung bei. Das Auftreten einer echten Chlamydozoonose, einer
mit der Wipfelkrankheit der Nonne identischen Erkrankung des Kiefern=
spanners, habe ich an Puppenmaterialien, die aus westpreußischen Revieren,
zum Teil aus Fraßrevieren der Tucheler Heide stammten, entdeckt, indem es
mir gelang, die typischen Reaktionskörper (Polyeder) und die spezifischen
Erreger (Chlamydozoon prowazeki) nachzuweisen.[1]

Vielleicht gehören hierher die „schwarzfleckigen" Raupen,[2] von denen
mehrfach in den Berichten aus der Tucheler Heide die Rede ist.

Die Oberförsterei Königsbruch berichtet am 3. Dez. 09:[3] „Die Raupen
zeigten vielfach Schwarzfleckigkeit. Ein Unterschied in der Stärke der
Raupenkrankheit zwischen beharkten und unbeharkten Flächen ließ sich nicht
finden."

Und ähnlich die Oberförsterei Rittel (unterm 4. I. 10): „Zirka 45 % der
Raupen waren mit Jchneumonen und Tachinen befallen, „oder aber von
Pilzen, die eine Schwarzfärbung der Raupen bewirkten."

Auch in der Oberförsterei Lindenbusch (2. Nov. 09) wurde Schwarz=
fleckigkeit bei vielen Raupen kurz vor deren Verpuppung beobachtet und als
Zeichen einer Jnfektionskrankheit angesehen. Hiermit wird die Erscheinung
ausdrücklich in Beziehung gebracht, daß in Beständen, die bei der vorjährigen
Probesuche als auf das stärkste besetzt sich erwiesen hatten, kaum noch eine
Spannerpuppe zu finden ist.

---

[1] Näheres hierüber in: Wolff, über eine neue Krankheit der Raupe von Bupalus
piniarius L. Mitt. d. Kaiser=Wilh.=Jnst. f. Landwirtsch. in Bromberg. Bd. 3 1910, H. 2.

[2] Jch weiß wohl, daß Spannerraupen, die man mit Äther, Chankali oder ähn=
lichen Mitteln abtötet, eine schwärzliche, ziemlich scharf abgesetzte Verfärbung der Brust=
segmente und der das abdominale Fußpaar und die Nachschieber tragenden Segmente
zeigen. Aber, wie mir die Herren Revierverwalter versicherten, war die von ihnen
beobachtete Schwarzfleckigkeit hiermit nicht zu vergleichen. Während der Korrektur
dieser Zeilen kann ich noch hinzufügen, daß wahrscheinlich bei den grünen Raupen,
wenn sie „wipfelkrank" geworden sind, immer diese Verfärbung eintritt. Denn ich fand
sie auch bei wipfelkranken Forleulenraupen in der Johannisburger Heide (1913).

[3] Fragebogen.

„Vor 3 Wochen ausgeführte Probefällungen in Jagen 66, 67 ergaben an 6 Stämmen 4 Raupen. Bei ungehinderter Entwicklung des Insektes hätten hier Hunderte von Raupen auf einem Stamm gefunden werden müssen. Im stärksten Fraßjagen war der Fraß dies Jahr schwächer, als im Vorjahre. In diesem Jahre fand man auf dem am stärksten besetzten Stamm 175 schlecht entwickelte, matte Raupen, während bei ungehemmter Entwicklung Tausende hätten vorhanden sein müssen."

Nach einem weiteren Bericht der Oberförsterei Lindenbusch[1]) scheint eine Seuche hier zwei Jahre hintereinander die Spannerraupen dezimiert zu haben. „Die Raupen kamen im Winter 1908, 09 zum großen Teil krank von den Bäumen und haben durch Weiterentwicklung der Krankheit derartig an Zahl abgenommen, daß die ganze Kalamität als erloschen angesehen werden darf, worüber die noch vorzunehmenden Probesammlungen näheren Aufschluß geben werden. Im hiesigen Reviere war der Fraß im Jahre 1908 stärker als im Jahre 1909, weil offenbar eine Pilzkrankheit bei den Raupen bereits 1908 im Gange war und sie dezimierte. Schmarotzer wurden nicht beobachtet."

Es muß hier bemerkt werden, daß der jedem Revierverwalter wohlbekannte Cordyceps militaris im Tucheler Fraßgebiete nicht aufgetreten ist.

Eine Cordyceps-Infektion des Kiefernspanners haben bekanntlich Hartig und Lebert[2]) beschrieben. Es scheint danach also wohl möglich, besonders da wir keine echten Bakteriosen von Spannerraupen kennen,[3]) daß in allen diesen Fällen es sich um wipfelkranke Raupen gehandelt haben könnte.

Noch deutlicher weist auf eine derartige Erkrankung ein anderer Bericht hin.

In der Oberförsterei Taubenfließ[4]) waren zwar Schmarotzerinsekten nicht bemerkt, „doch von den Raupen etwa 5 % verjaucht und zurückgeblieben gefunden" worden. Gerade aus dieser Oberförsterei hatte ich seinerzeit Puppenmaterial erhalten, das kranke Puppen enthielt, in denen ich den Erreger der Wipfelkrankheit feststellen konnte.

Rehberg[5]) berichtete: „Ichneumoniden waren in ungemein großer Anzahl im Revier, von Schmarotzern oder anderweit erkrankten Raupen[6]) wurden Beobachtungen nicht gemacht. Beobachtet wurde aber, daß eine große Anzahl Eier eine matte Färbung hatten, als ob sie nicht befruchtet

---

[1]) Fragebogen 5. Dez. 1909.

[2]) Danckelm. Zeitschr., Bd. I, 1869, u. Zeitschr. f. wiss. Zool., Bd. IX.

[3]) Vgl. meine Ausführungen auf der XXXVIII. Vers. Preuß. Forstv. Dt. Eylau, S. 19 (Königsberg 1911).

[4]) Ber. vom 17. XII. 1909.

[5]) Vgl. Ber. vom 7. Dez. 1909 (Fragebogen).

[6]) Wahrscheinlich sind die Raupen nicht in geeigneter Weise untersucht worden.

wären, daher erklärt sich vielleicht der trotz starken Schwärmens verhältnis=
mäßig geringe Fraß."

Die größte Bedeutung für die natürliche, glücklicherweise nicht selten
rechtzeitige Beendigung von Spannerkalamitäten haben Jchneumonen und
Tachinen. Auf ihre Rolle zurückzukommen, bietet sich in dieser Arbeit noch
mehrfach Gelegenheit, eingehendere Mitteilung beabsichtige ich, wie gesagt,
erst später über die Biologie der Spannerschmarotzer zu machen.

Festzuhalten ist vor allem das eine: Die Schmarotzerinsekten sind der
einzige Faktor, von dem wir nachweislich die plötzliche Vernichtung des auf
dem Wege zur Massenvermehrung befindlichen Schädlings und, wo Gegen=
maßnahmen nicht anwendbar waren oder nicht angewendet wurden, mit
Sicherheit erfahren haben, daß er schließlich für sich allein fähig ist, den
spannerinfizierten Bestand wieder zu sanieren.

In Neustadt, wo meine Puppenuntersuchungen bis 80 % tachinierte
Puppen, in Wildungen, wo sie über 95 % ichneumonierte Puppen feststellten,
ist der Spanner ohne Rücksicht, ob etwas von der Forstverwaltung gegen ihn
unternommen wurde oder nicht, durch die Schmarotzerinsekten radikal ver=
tilgt worden. In Neustadt wurde das in den küstennahen Fraßjagen [1] be=
sonders kostspielige Streurechen auf meinen Rat daher sofort inhibiert, ohne
daß in dem Bestande später eine Fortsetzung des Fraßes zur Beobachtung
gelangte.

Auf die Puppenuntersuchung ist daher der allergrößte Wert zu legen.

Der vielfach verbreiteten Annahme, [2] daß namentlich die
Jchneumonen, weniger die Tachinen, an der Vernichtung des Kiefern=
spanners beteiligt seien, muß ich bestimmt widersprechen auf Grund der eben
mitgeteilten und anderer von mir beobachteter Fälle. Ich muß betonen, daß
das Neustädter Material eine Reinkultur von Tachinen, das Wildunger eine
solche von Jchneumonen war. Das sind gewiß Extreme, aber sie zeigen, wie
unvollständig unsere Kenntnisse noch sind und wieviel wichtige Resultate vor=
aussichtlich die regelmäßige Untersuchung der bei den jährlichen Probe=
sammlungen gewonnenen Raupen= und Puppenmaterialien noch zeitigen
kann.

Bemerkenswert und für die Erklärung des oft ganz lokalen Ver=
schwindens des Spanners nicht ohne Bedeutung ist ferner die von mir an
den nach Jagen gesondert untersuchten Puppensendungen aus den Tucheler
Spannerrevieren festgestellte Tatsache, daß die Schmarotzerinsekten selbst im
einzelnen Revier sehr ungleich verteilt sein können. Oft ist ein einzelner

---

[1] Die ungemein mächtigen Moosdecken mußten hier durch die infolge ihrer Unter=
ernährung wenig leistungsfähigen aus der nördlichen Kassubei requirierten Arbeits=
kräfte zu sehr hohen Lohnsätzen in Haufen gesetzt werden.

[2] Z. B. in Ratsches Lehrb. d. Forstinsektenkde., Bd. II, S. 966.

Jagen stark von ihnen besetzt, in benachbarten fehlt jede Spur und alle Puppen des Schädlings erweisen sich als vollkommen gesund.

Vielleicht steht hiermit eine andere, nicht neuerkannte, aber wenig bekannte Erscheinung in näherer Beziehung, daß nämlich die Schmarotzer des Spanners zu einem großen Teil nicht für ihn spezifisch sind, sondern auch andere Kiefernschädlinge (sämtlich Lepidopteren) als Wirte benutzen können, und weiter auch das unleugbare Faktum, daß dort, wo vor dem Spanner die Nonne oder die Eule gefressen hat, bisweilen ein späterer Spannerfraß auffallend plötzlich erlischt.

Ratzeburg hat einmal ganz kurz (Pfeils krit. Bltt., Bd. 33, H. 1, p. 222—224) das Vorkommen gleicher Jchneumonen im Spanner und in der Eule erwähnt. In seiner „Waldverderbnis" nimmt er hierauf im 1. Bande, S. 169, kurz Bezug, ohne jedoch weitere Schlußfolgerungen aus dieser Beobachtung zu ziehen.

Wie Ratzeburg berichtet, verschwand der Spanner, der sich während des großen schlesischen Eulenfraßes (1850—52)[1]) mit diesem Schädling vergesellschaftet zeigte, sehr bald wieder.[2])

Ähnliches ist auch in der Tucheler Heide beobachtet und von den Revierverwaltern — meiner Überzeugung nach sehr zutreffend — im oben angedeuteten Sinne interpretiert worden.

In einem Bericht[3]) der Oberförsterei Jägerthal wird die Vermutung aufgestellt, daß beim Verschwinden des Spanners wohl „die zahlreichen Schmarotzer der Nonnenraupen mitgewirkt haben".

Ein Bericht der Oberförsterei Pflastermühl (16. Dez. 09) vermutete, „daß die Tachinen und Jchneumonen sich durch die Nonnenkalamität derartig vermehrt haben, daß sie auch diesem Insekt wirksamst entgegengetreten sind". Der Kiefernspanner war „im vergangenen Sommer im ganzen Revier ziemlich häufig aufgetreten, so daß dementsprechend ein starker Fraß zu erwarten war. Erfreulicherweise ist ein solcher jedoch nicht vorgekommen, und ist von dem Insekt überhaupt fast nichts mehr bemerkt worden".

Die Oberförsterei Gildon berichtete am 7. Dez. 09: „Da die Nonnenraupen und Puppen im höchsten Grade mit Schmarotzern, besonders Tachinenlarven, besetzt waren, liegt die Vermutung nahe, daß solche auch die Spanner befallen haben." Und weiter in einem Berichte vom 31. XII. 09: „Daß die meisten Puppen gerade in solchen Revierteilen (Gildon und Dombrowo) gefunden sind, wo der Flug des Falters gar kein erheblicher war und dem Fluge in Plötzno und Ostrowo ganz bedeutend nahestand,

---

¹) Der schlesische Eulenfraß ist behandelt in: Verh. d. schles. Forstvereins 1851, S. 273; 1852, S. 164.

²) „Angeblich, weil in den durch die Eule früh im Jahre entnadelten Orten kein Futter für die späte Spannerraupe übriggeblieben war."

³) Ber. vom 15. XII. 1909.

scheint mir die Vermutung zu bestätigen, daß die mit der Massenvermehrung der Nonne gleichfalls zu einer solchen entwickelten Schmarotzerinsekten auch die Spannergefahr beseitigt haben.

In Gildon und Dombrowo war nämlich die Nonne 1909 noch nicht zur Massenvermehrung gekommen, und ebenso von Schmarotzern besetzte Nonnenraupen und Puppen erst vereinzelt vorhanden. Es wird daher in diesen Revierteilen außer der Nonne vermutlich auch der Spanner 1910 noch zunehmen, wobei aber die Hoffnung gerechtfertigt ist, daß es gleichzeitig zu einer die Gefahr beseitigenden Schmarotzervermehrung auch dort kommen wird."

Ich glaube, daß das gleiche Verhalten sich auch zeigen wird, wenn umgekehrt auf eine Spannerepidemie, bei der es zur Entwicklung zahlreicher Schmarotzerinsekten kam, eine Nonnenepidemie folgt.

Bemerkenswert scheint es mir auch in dieser Beziehung zu sein, daß ich bei meinen Untersuchungen über die Wipfelkrankheit und ihren Erreger fand, daß die von mir in wipfelkranken Spannerpuppen gefundenen Chlamydozoen nicht von denen aus wipfelkranken Nonnen- und Schwammspinnerraupen zu unterscheiden waren, weshalb ich sie zu ein und derselben Spezies, Chlamydozoon prowazeki mihi stellte, die ich von dem Erreger der Seidenraupengelbsucht, Chlamydozoon bombycis Prow., und dem Erreger der Raupenpest der Schwärmer, Chlamydozoon sphingidarum mihi unterschied.

Hierzu kommt noch, daß ich fand, daß die, — auch die Nonne zum Wirt wählenden, — Ichneumonen, die ich aus wipfelkranken Spannerpuppen züchtete, die typischen polyedrischen Reaktionskörper in ihren Geweben bildeten, daher, wie ich in meinen Mitteilungen über diese Untersuchungen näher ausführte,[1]) wohl als Überträger der Wipfelkrankheit, sowohl von Nonne auf Spanner, wie auf die folgende Generation der gleichen Wirtsspezies in Frage kommen können.

Eine ganz lokale, nur auf horstgroßen Stellen bisweilen eine radikale Wirkung entfalten Ameisen, wie auch einige erst weiter unten zu besprechende unliebsame Störungen der Zwinger-Versuche in der Tucheler Heide gezeigt haben. Hier sei nur erwähnt, was Ratzeburg in seiner „Waldverderbnis"[2]) von den Ameisen als Spannerfeinden sagt. „Vor allem zeichneten sich wieder die Ameisen aus, welche ganze Oasen wie beim Spinner grün erhielten. Auf einer solchen von etwa 150 Quadratruten

---

[1]) Vergl. Wolff, Mitt. d. Kaiser-Wilh.-Inst. f. Landw. in Bromberg, Bd. III, Heft 2, S. 69 bis 92; ders., Verh. d. Preuß. Forstv., XXXVIII. Vers. Dt. Eylau, am 11. u. 12. Juli 1910, S. 17 bis 26 (Königsberg 1911); ders., Jahresb. d. Ver. f. angew. Bot., 1912, S. 82 bis 102; ders., Zeitschr. f. Forst- u. Jagdw., 1912, S. 697 bis 715.

[2]) S. 178.

fanden sich 5 bis 6 große Haufen. Die Ameisen bekriegten sogar Falter, wenn sie in ihr Bereich kamen."

Daß viele kleine gelbe Ameisen die Puppen zerstörten, wird von der Oberförsterei Rehberg am 2. Aug. 09 berichtet.

Vielfach überschätzt ist die Rolle der Vögel bei der Beendigung der Spanner= (und anderen Schädlings=) Epidemien worden, in einem Maße, daß diese Überschätzung den einzigen Grund für mich bildet, schon hier einige Worte über sie zu sagen, anstatt sie nur weiter unten, in dem Kapitel über das Streurechen (welches sie allerdings gelegentlich sehr wirksam durch Ver= tilgung bloßgelegter Puppen unterstützen) zu behandeln.

Ratzeburg berichtet zwar in seiner „Waldverderbnis" folgendes:[1]

„In höchst auffallender Weise haben sich beim letzten Fraße die Drosseln (besonders Zippe und Schnarre) nützlich gezeigt: nach Kohli verfahren die Drosseln weit gründlicher, als das Schwein, und lassen da, wo sie ein= fallen, selten eine Puppe liegen. Wenn Tausende aufflogen, sagt Hr. Seeling, glaubte man einen fernen Donner zu hören. Ich sah noch im Juli die Plätze, wo sie, nach den Puppen stechend, das Moos zerpflückt und aufgedeckt hatten. Der Ziemer (T. pilaris), welcher lieber Ränder und Alleebäume besucht, zeigte sich dabei nicht. Hr. v. Kamptz sah auch in seinen Forsten große Züge von Drosseln, dabei auch kleinere Vögel, namentlich Blaumeisen, welche gegen ihre Gewohnheit an der Erde lebten, um Raupen oder Puppen zu sammeln. Auffallend war das Übersommern der Bergfinken (Fringilla montifringilla). „Herr von Bernuth beobachtete sogar den Tannenhäher (Corvus caryocatactes) beim Aus= hacken der Puppen."

Aber beim Fraße in der Dresdener Heide hatte die Beteiligung der Vögel an der Vernichtung der Puppen keinen sichtlichen Erfolg, wie schon oben erwähnt wurde. „Erst das Überhandnehmen der Schlupfwespen und parasitischen Pilze machte im Jahre 1894 der Plage ein Ende."

Solche Fälle beweisen, wie ich zur Klarstellung meines Standpunktes in der Frage der Nützlichkeit der Vögel[2] betonen möchte, nichts gegen Berichte über den Nutzen, den insektenfressende Vögel, wenn sie sich zufällig in einem berechten Spannerfraßgebiete niederließen, gestiftet haben, aber

---

[1] S. 178. Die Schilderung stimmt ganz mit dem überein, was weiter unten (vergl. die Darstellung des Tucheler Fraßes) aus einigen Tucheler Revieren berichtet werden wird.

[2] die möglichst wenig mit der Vogelschutzfrage verquickt werden sollte, die mir keine „Frage", sondern unter allen Umständen eine ethische Forderung zu sein scheint, auch dann noch, wenn wir einmal exakte Grundlagen für die Beurteilung des wahren Nutzens der einzelnen in Betracht kommenden Vogelarten gegenüber bestimmten Schädlingen haben werden, die uns heute noch durchaus, trotz v. Berlepsch, Rörig u. a., fehlen.

auch nichts für die zuverlässige praktische Wirkung eines im Großen durch=
geführten Vogelschutzes.

Im unberechten Revier halte ich den Nutzen der Vögel bei der Vertilgung
der Spanner p u p p e n für sehr zweifelhaft. Den Grund hierfür bildet
das D o l l e s sche Phänomen: die meist oberflächliche Lagerung der
schmarotzerkranken Puppen. Diese bewirkt, daß die Vögel gerade d i e
Puppen, deren Verbleiben im Bestande diesem keinen Schaden, sondern nur
Nutzen bringen würde, vernichten, die gesunden Spannerpuppen, die in den
tieferen Schichten der Streudecke ruhen, aber zurücklassen.

Es erübrigt sich, an dieser Stelle weiter auf die Frage nach der Be=
deutung der Vogelwelt für das Unterdrücken und die Beendigung von
Spannerkalamitäten näher einzugehen.

Inwieweit eine bedeutende Dezimierung der in den Kronen fressenden
Spanner=Raupen durch Vögel stattfindet, darüber wissen wir schlechterdings
gar nichts.

Auf die Vögel w a r t e n, selbst wenn man sie allen Vorschriften des
Vogelschutzes gemäß gehegt hat, kann man jedenfalls nicht. Muß doch nach
dem derzeitigen Stand unserer Kenntnisse noch viel mehr von den Vögeln
gelten, was L e y t h ä u s e r in seiner trefflichen Schilderung des Nürnberger
Fraßes sagt, wo sich „die Natur mit ihrem alten Mittel, den Ichneumoniden,
Tachinen und Pilzen eingestellt“ hatte, daß, trotzdem sich der alte
Erfahrungssatz wieder bestätigt zeigte, „daß derartige Kalamitäten nach
Umfluß einiger Jahre von selbst erlöschen“, dies allerdings für den be=
troffenen Wald fast immer den Ruin bedeutet“.

Daß wirkliche Kalamitäten, die größere Kahlhiebe im Gefolge haben,
glücklicherweise nicht so häufig sind, als die bedrohlich e r s c h e i n e n d e n,
aber dann schnell von selbst ein Ende findenden Massenvermehrungen des
Spanners, ist richtig und wird heute von niemandem in Zweifel gestellt.
Wenn v. V a r e n d o r f f[1]) aber gegen oder über A l t u m s Auf=
fassung heraus sie nicht nur als „nicht häufig, sondern als „selten“ bezeichnet
wissen will, so ist das, wie der hier gegebene geschichtliche Überblick zeigt,
denn doch etwas übertrieben, und der Praktiker mag auf der Hut sein, sich
durch solche Versicherungen nicht in Sicherheit wiegen zu lassen.

Wenn auch H e ß noch in seinem „Forstschutz“[2]) schreibt, eine Massen=
vermehrung des Spanners gehöre zu den Seltenheiten, so kann dieser
Angabe nach allem, was die Durchsicht der Literatur über Spanner=
kalamitäten ergibt, nicht beigepflichtet werden.

Das wird der Leser aus dem Vorstehenden entnommen haben, daß
wir darüber, was eigentlich die Bedingungen für das Einsetzen der Massen=

---

[1]) Zeitschr. f. Forst= u. Jagdw. 1886, S. 218.
[2]) Bd. I, S. 469.

vermehrung, für die Ausschaltung der für gewöhnlich ihrem Eintritt wehren=
den Faktoren sind, leider heute noch genau so wenig exakte Kenntnis, wie
zu Ratzeburgs Zeit haben, der in seiner „Waldverderbnis"[1] bekennt:
„Wodurch das Insekt in diesen (60er) Jahren, in welchen wir z. B. Nonne
und Eule fast gar nicht, auch Spinner nur in einzelnen Regierungsbezirken
hatten, so begünstigt und plötzlich hervorgerufen worden ist, wissen wir
nicht sicher." Man kann allerhand plausible Vermutungen äußern über
Faktoren, die lange Zeit die natürliche Progression der Spannerzahl, wie
sie bei unbehinderter Entfaltung seiner Fruchtbarkeit vorschreiten müßte,
zurückhalten. Aber es wird damit nicht nur nichts bewiesen, sondern es
ergeben sich nur neue Fragen, die wir zurzeit nicht beantworten können,
nämlich, warum z. B. Vögel und Ichneumonen, Tachinen und andere
Schädlichkeiten ihre Wirksamkeit plötzlich einstellen, obwohl nichts im Walde
sich zu ihren Ungunsten verändert hat, und manches, wie trockene Witterung,
ihre Zunahme (Schmarotzerinsekten!) ebenso sehr begünstigt, auch ihre
Fruchtbarkeit eine ähnlich große (Tachinen!), oder nicht unverhältnismäßig
geringere ist wie die des Spanners.

Wir müssen uns mit einem „ignoramus" bescheiden. Möglich, daß
das Studium der pilzlichen Erkrankungen[2] hier zum Ziele führen könnte.
Wenigstens liegt hier ein Antagonismus der Entwicklungsbedingungen für
Wirt und Schmarotzer sicher vor.[3]

---

[1] S. 168.

[2] Kaum das der Chlamydozoen, da diese, dem Auftreten der Wipfelkrankheit in
feuchten wie trockenen Jahren nach zu urteilen, wenig von klimatischen Einflüssen ab=
hängen dürften.

[3] Es wird dem Leser vielleicht aufgefallen sein, daß ich mit einer gewissen Ge=
flissentlichkeit alle Stimmen, vor allem forstlicher Praktiker, in den vorstehenden Zeilen
habe zu Worte kommen lassen, auch dann, wenn ich deren an die Beobachtungen geknüpfte
Schlüsse, gleichviel ob sie in Veröffentlichungen schon allgemeiner bekannt geworden,
oder, in amtlichen Akten vergraben, nur mir zugänglich gewesen sind, glaubte ablehnen
zu müssen. In jeder Beobachtung steckt Wahrheit oder der Weg zu einer solchen. Und
wir können selbst nicht genug Beobachtungen sammeln, aber auch den Männern, die
fortwährend im Revier beobachten, nicht dankbar genug für Mitteilungen sein, denn
der Entomologe wird leicht in forstlichen Fragen, der Forstmann in entomologischen
bei seinen Schlüssen irren. Da gilt es aber, alle Stimmen zu hören und nach bestem
Können kritisch zu sichten.

In diesem Sinne habe ich hier guten Gewissens Kritik geübt, — nicht
polemisiert, — indem ich Schlußfolgerungen, die in der Spannerbekämpfung durch
jahrelangen Kampf mit diesem schlimmen Feinde unseres Waldes hocherfahrene
Praktiker aus ihren Beobachtungen gezogen haben, von meinem Standpunkte
als Zoologe beleuchtete. Wie manchem dieser Herren verdanke ich reiche Belehrung,
die mir bei der Bereisung ihrer Reviere in liebenswürdigster Weise mitgeteilt wurde.

Ich darf wohl hoffen, daß von ihnen auch da, wo ich widersprechen muß, meine
selbstverständliche Absicht nicht verkannt wird. (Fortsetzung der Anmerkung auf nächster Seite.)

Die Zeiten sind heute wohl längst vorbei, wo man noch über den Grad der Schädlichkeit des Kiefernspanners verschiedener Meinung sein zu können glaubte.

Der alte B e ch st e i n hat in seiner Forstinsektologie den Spanner als „einen der schädlichsten Schmetterlinge" bezeichnet, denn „viele Bäume bekommen zwar das folgende Jahr wieder Nadeln, allein die Nadelholzbäume können den Verlust ihrer Nadeln nicht vertragen und sterben, wenn auch nicht in einem Jahre, doch nach und nach ab".[1]

R a tz e b u r g [2] sagte vom Spanner, seine früheren Angaben berichtigend: „Wenn er auch in Schädlichkeit dem Spinner und der Eule in Kiefern nachsteht, so kostet er doch immer noch viel Holz: teils stirbt dies wirklich nach dem Fraße, oder durch den nachfolgenden Käfer getötet, und muß geschlagen werden, teils, und noch viel öfter, besteht der Schaden darin, daß man ohne Not haut."

Bei dem Fraße im Reichswalde waren nach L e y t h ä u s e r „in der Hauptsache unausgewachsene, auf Moor[3] und Sandboden stockende Kiefern

---

Möller (Zeitschr. f. Forst u. Jagdw., 1908, S. 273) hat sich einmal in folgender Weise geäußert:

„Ob die von der Wissenschaft behaupteten Tatsachen methodisch richtig gefunden und wahr sind, entscheidet die Wissenschaft, ob und inwieweit sie für die praktische Arbeit nutzbar zu machen sind, ist eine ganz andere, nur von der Praxis zu entscheidende Frage.

Zieht man in unserem Falle die Summe aus den Urteilen so vieler, so verschiedener in der waldbaulichen Praxis stehenden Männer, wie sich hier geäußert haben, streicht man die extremen Stimmen, und sondert man die durchaus nicht typischen Einzelfälle eigenartiger Verhältnisse aus, so erhält man ein Ergebnis, das Zutrauen verdient, Achtung und Bedeutung beansprucht; man hört die ruhige Stimme der forstlichen Praxis."

Nach dieser Richtung möchte der vorliegende monographische Versuch ein Stück Weges vorwärts führen. Darin sehe ich als Zoologe meine Teilaufgabe.

[1] B e ch st e i n s Forst und Jagdwissenschaft, IV. Teil, 2. Bd., S. 339. (Gotha 1818.)

[2] Die Waldverderbnis. 1866.

[3] Merkwürdigerweise und fast allen anderwärts vor und nachher gemachten Erfahrungen widersprechend, wonach auf Moorböden der Fraß nur sehr selten sich ausdehnt und kaum jemals verhängnisvoll geworden ist! Vergl. u. a. besonders hierzu die in dieser Arbeit mehrfach berücksichtigten Mitteilungen R a tz e b u r g s in seiner Waldverderbnis, S. 166. Vielleicht lagen aber die Verhältnisse hier ähnlich, wie in Jädkemühl (R a tz e b u r g, ebda., S. 176) wo die horstweise auf moorigen Boden stehenden und anfänglich von der Raupe auffallend gemiedenen (also ganz wie in der Tucheler Heide beobachtet) Bestände genau beobachtet werden. „Bei vorschreitender Ausbreitung des Insektes wurden auch diese kahl gefressen und g e r a d e d i e s e erholten sich am wenigsten, obgleich die so betroffenen Hölzer zu den kräftigsten gehörten."

Nach Ansicht des Revierverwalters konnten die entnadelten Stämme — Stangen und haubare — bei der im Jahre 1863 herrschenden Dürre, also wegen p l ö tz l i ch ausgehender Bodenfrische, an welche sie gewöhnt waren, ihre Maitriebe nicht gehörig entwickeln.

beſtände III. und IV. Bonität betroffen", „deren Wiederaufforſtung dem Wirtſchafter noch manche Schwierigkeiten bieten wird".

N i t ſ ch e hebt in ſeinem Lehrbuch hervor, daß der durch den Kiefern=ſpanner angerichtete Schaden deshalb verhängnisvoller als der, den die Nonne macht, iſt (ganz abgeſehen davon, daß, wie wir heute wiſſen, die Nonne die Kiefer faſt nie abtötet), weil der Spanner weit mehr jüngeres und minderwertiges Holz dem Einſchlag überliefert.

Im Reichswalde ſah N i t ſ ch e Kahlfraß in allen Altersklaſſen, von 15jährigen Dickungen an aufwärts, namentlich auch an alten Überhältern in jungen, ſelbſt unbeſchädigt gebliebenen Kulturen, andererſeits auch an unterdrückten Stämmchen in älteren Beſtänden.

Auch B e ck[1]) beurteilt den Spanner mit gebührender Achtung der Verwüſtungen, die er anzurichten vermag: „Trotz der großen Flächen, die in früheren Zeiten in periodiſcher Wiederkehr von dem einen oder dem anderen dieſer beiden Schädlinge entweder allein oder von beiden gemeinſam, hin und wieder auch zuſammen mit dem Spinner kahl gefreſſen worden ſind, iſt man berechtigt, ſowohl der Eule wie auch dem Spanner nicht die gleiche wirtſchaftliche Bedeutung beizumeſſen, wie dem Spinner.[2]) Erſt die letzten 20 Jahre haben gezeigt, daß auch der Spanner zum Waldfeind allererſten Ranges zu werden vermag, um ſo mehr, als er vielfach jugendliche Beſtände der Art zuführt, deren Einſchlag ſelbſt im Zeitalter großen Grubenholz=bedarfes noch empfindliche Verluſte zur Folge hat.

Bei Spanner= und Eulenfraß iſt die Möglichkeit, durch Vernichtung der Puppen während der Winterruhe einer Wiederholung und Ausbreitung des Fraßes vorzubeugen oder doch deſſen Intenſität zu ſchwächen, theoretiſch gegeben. Der Durchführung der dieſen Zweck verfolgenden Maßregeln aber, der Streuwerbung, dem Hühner= und Schweineeintriebe, ſtellen ſich im großen Betriebe Schwierigkeiten entgegen, die den genannten Vor=kehrungen mehr Wert bei der Vorbeugung als bei der Bekämpfung zu=weiſen. Bei noch kleinen Fraßherden ſtellen die dem Puppenſtadium nachgehenden Mittel eine hinreichend ſcharfe Waffe dar. Ihre Nicht=anwendung kann zu einer Unterlaſſungsſünde werden, die leicht durch nichts, auch nicht durch die Zuflucht zum Leimring wieder gut zu machen iſt."

Die Tucheler Kalamität hat in der wichtigen Frage der Bekämpfbar=keit des Spanners Wandel geſchaffen, ſo daß B e ck s Einſchränkungen heute nicht mehr gelten.

---

[1]) T h a r a n d t e r Forſtl. Jahrbuch. 60. Band. 1909.

[2]) Dem dürfte freilich zu widerſprechen ſein, da der Spinner dank der Vor=züglichkeit der modernen Leimſorten kaum noch bei genügender Aufmerkſamkeit eine Gefahr werden dürfte.

Aber trotzdem ist der Spanner ein respektabler Feind, und daß er, um mit K r a n o l d zu reden, unter Umständen mehr Sorgen macht, als die Nonne, ist gewiß.

Die Geschichte der Spannerkalamitäten, der ich mich nunmehr zuwende, wird das noch deutlicher erkennen lassen.

Kapitel 2: Geschichte der bisher beobachteten Spannerkalamitäten.

Bevor ich dazu übergehe, den Verlauf des Spannerfraßes in der Tucheler Heide an der Hand des mir zur Verfügung gestellten amtlichen Aktenmateriales näher zu schildern, gebe ich einen kurzen geschichtlichen Überblick über die bisher in der Literatur bekannt gewordenen Fälle stärkeren Spannerfraßes. Dabei werden jedoch nur solche Daten berücksichtigt werden, die ich an anderen Stellen der vorliegenden Arbeit nicht näher berühren konnte, soweit sie bleibendes Interesse für das Verständnis und die Abwehr der Schäden künftiger Spannerepidemien in theoretischer oder praktischer Beziehung haben. Auf diese Weise vermeide ich zwar Wiederholungen, bin mir aber auch wohl bewußt, eigentlich nur eine kurze Chronik, keine „Geschichte" zu geben.

Die ersten Verwüstungen durch den Kiefernspanner kennen wir[1]) aus Chursachsen (Werdau) und Pommern, von wo uns über verheerenden Spannerfraß während des Jahres 1780 berichtet wird.

In der Oberpfalz[2]) fraß der Kiefernspanner in den Jahren 1783 bis 1784, 1787 bis 1788 und 1796 bis 1797. Daß seine Verheerungen nicht einfach der modernen Forstwirtschaft in die Schuhe geschoben werden dürfen, geht daraus wohl recht deutlich hervor, daß hier 1796 in e i n e m Revier 100 000 Klafter junges und älteres Stangenholz abstarben.

Weiter ist uns ein 315 Acker großer Kahlfraß des Weimarischen Revieres Tannroda vom Jahre 1797, der den Kern einer über das ganze Revier und die umliegenden Churmainzischen Waldungen der Herrschaft Blankenhayn sich ausdehnenden Kalamität dargestellt zu haben scheint, sowie ein Fraß im Bambergischen von Jahre 1799, und endlich ein anscheinend weniger verhängnisvoller Fraß in den fürstlich Saalfeldischen Heideforsten zwischen Saalfeld und Pößneck während der Jahre 1813 bis 1815 überliefert.[3])

Wie in den „Abhandlungen aus dem Forst- und Jagdwesen", Bd. I., 1821, zu lesen ist, beobachtete man schon hier, daß zusammengerechte Streuhaufen sich erhitzen, und daß dabei die in den Haufen befindlichen Puppen zugrunde gehen.

---

[1]) Krebel, Forst- u. Jagdkalender f. 1802, S. 171.

[2]) v. Linker, Der besorgte Forstmann I, S. 502—509.

[3]) Abh. a. d. Forst- u. Jagdw. I. 1821, S. 6.

Henschel meinte wohl ebenfalls diesen Fall einer erfolgreichen Bekämpfung des Spanners durch Aufbringen der Streu in Wälle, wenn er in seinem knappen, 1861 erschienenen „Leitfaden zur leichteren Bestimmung der schädlichen Forstinsekten" schreibt: „Sehr gute Erfolge zur Vertilgung dieses Insektes hat auch das Zusammenrechen des Mooses, während, oder sogleich nach der Verpuppung in den von ihm angegriffenen Beständen (auf den Thüringer Heideforsten bei Saalfeld, in den Jahren 1816 und 1817)[1] gehabt. Das zusammengerechte Moos wurde bei feuchtem Wetter auf große Haufen, mit schichtweise dazwischen gestreutem, ungelöschtem Kalk gebracht und später als Dünger gut abgesetzt. Besser würde es wohl sein, diese Nahrungsmassen dem Walde nicht zu entnehmen."[2]

Übrigens ging man damals zum Teil noch radikaler vor, wie uns ein in Meyers „Zeitschr. für Forst= und Jagdwesen", Bd. III, 1815,[3] von Koch veröffentlichter Aufsatz lehrt. Bei einem Spanner=Fraß in einer Gemeindewaldung des königlichen Forstamtes Burglengenfeld in der Oberpfalz entfernte man die Streudecke total, rupfte die Grasbüschel aus, ließ dann noch den Boden festtreten, die von den Bäumen herabgeprellten Raupen sammeln, zur Verpuppungszeit den mineralischen Boden der Baumscheiben aufhacken und zu Haufen zusammenschaufeln und feststampfen. Kurz, man verpflanzte einen wahren Aufruhr in das stille Element der Spannerpuppen, freilich, wie man sieht, nicht ohne einige Kraftverschwendung.

v. Spangenberg[4] berichtet dann über einen, in den Jahren 1815 bis 1816 in der Oberlausitz und Schlesien (Klitschdorf, Muskau, Bunzlau und Görlitz) sich über 400 000 Magdeburgische Morgen ausdehnenden Spannerfraß.

Eines kleineren Fraßes im Lieper Reviere, den auch Pfeil[5] näher beschrieben hat, gedenkt Ratzeburg in seiner „Waldverderbnis.[6] Er

---

[1] Henschel gibt nichts Näheres über seine Quellen an. Die Differenz der von ihm und von Mühlwenzel angegebenen Jahreszahlen kann ich daher nicht aufklären.

[2] Um so unverständlicher ist es, daß Henschel in 3. Auflage seines Buches, die doch die erste um mehr als das zehnfache an Umfang übertrifft (1895), dieser Methode, — er mochte über sie inzwischen seine Meinung geändert haben, aber dann war sie doch immerhin der Erwähnung und eines Wortes der Kritik noch wert, — mit keiner Silbe mehr gedenkt. Vielmehr erwähnt er außer dem schon 1861 von ihm empfohlenen Schweineeintrieb nur: „Vertilgen der unter der Bodendecke überwinternden Puppen durch Sammeln derselben..."; Abprällen der Raupen (August); Anlegen 12= bis 15 cm breiter Teer= oder Kalkringe in 1 m Stammhöhe.

[3] H. 2, S. 142—148.

[4] Hartigs Forst= u. Jagdarchiv III, S. 53.

[5] Kr. Bl. Bd. VI, H. 2, S. 90.

[6] S. 168.

währte von 1831 bis 1832 und war durch das plötzliche, unvermittelte (aber wohl nur scheinbar!) Erscheinen und Verschwinden des Falters charakterisiert.

1832 und 1833 fraß der Spanner in Böhmen in der Gegend von Eger,[1]) im bayerischen Obermainkreise[2]) und in den fürstlich Hohenloheschen, zur Herrschaft Oppurg gehörigen Forsten.[3])

Bei diesen Spannerkalamitäten überzeugte man sich übrigens von der Unwirksamkeit der zur Anlockung und Vernichtung der Falter angezündeten Leuchtfeuer. Bei den 1870 bis 72er Spannerkalamitäten ist diese Beobachtung bestätigt worden (Roethel, siehe weiter unten), und Nitsche teilt in seinem Lehrbuch[4]) mit, daß 1892 im Tharandter Revier selbst Zinkfackeln nur verhältnismäßig wenige Falter anzogen.

Der südlichste bekannt gewordene Fraß scheint der niederösterreichische Fraß von 1850 im Theimwalde gewesen zu sein.[5]) Dort wurden in den fürstlich Liechtensteinschen Forsten im ganzen 121 Joch befallen, 40 Joch kahlgefressen und 18000 Stämme abgetrieben.[6])

Einen Fraß im Wölfiser Forst (Sachsen-Gotha), der sich über etwa 7 ha 35 bis 40jährige Stangenhölzer erstreckte und von 1862 bis 1864 dauerte, hat Heß[7]) eingehend beschrieben.

Von einem ausgedehnten Fraße im Regierungsbezirke Cöslin, der von 1862 bis 1864 währte, erfahren wir zuerst durch Ratzeburg, der bei seinen Mitteilungen über den Kiefernspanner in der „Waldverderbnis", S. 165 bis 178, sich wesentlich auf die in den amtlichen Berichten enthaltenen und auf die hier von ihm bei einer persönlichen Bereisung gemachten Beobachtungen stützt. Befallen waren die Oberförstereien Borntuchen, Jäckemühl, Jägerhof, Eggesin, also fast genau dieselben Reviere, die 20 Jahre später wieder vom Spanner heimgesucht worden sind, wie uns v. Vahrendorff 1886 näher geschildert hat. Gewiß ein Zeichen, wie sehr örtliche Verhältnisse die Entwicklung einer Spannerkalamität begünstigen, sagt doch Ratzeburg selbst bezüglich des am meisten betroffenen Reviers Borntuchen, daß überhaupt die Kreise Bütow,

---

[1]) Mühlwenzel, Liebichs Allg. Forst- u. Jagdjournal, III, 1833, S. 9.

[2]) Allg. Forst- u. Jagdztg., III, 1834, S. 157 u. 161.

[3]) Roethel, Monatsschr. f. Forst- u. Jagdw., 1875, S. 168.

[4]) Bd. II, S. 968.

[5]) Baumer, Österr. Vierteljahresschr. f. Forstw., I, 1851, S. 309; Krätzl, Webers Forst- und Jagdtaschenbuch, Brünn 1880, S. 35.

[6]) Wohl weil Spannerkalamitäten in Österreich-Ungarn relativ selten geworden sind, scheint hervorragenden Entomologen, wie Dziurzynski, die ökonomische Bedeutung des Kiefernspanners unbekannt geblieben zu sein.

[7]) Allg. Forst- u. Jagd-Ztg. 1864, S. 440.

Stolp, Rummelsburg, zu denen es gehört, als die am meisten befallenen geschildert werden, „vielleicht wegen der hier verbreiteten Sandböden, reinen Kiefern und wegen des hier herrschenden Plaggen= oder Paltenhiebes. Die Seeplatte, der mit Laubholz bestandene Höhenzug, hat offenbar die Grenzscheide zwischen den befallenen und nicht befallenen Waldungen gebildet."

Gleichzeitig fraß der Spanner in Mecklenburg (nach Garthe 1861 bis 1864, 1869 bis 1870 und Anfang der 80er Jahre!) und in der Mark (Schwerin, Strelitz, Ückermünde, Anklam, Wolgast, Boitzenburg). Bei diesem großen Fraß wurden allein in Borntuchen 1862 von 2645 befallenen Morgen Kiefernwaldes 2000 Morgen und im folgenden Jahre weitere 600 Morgen kahlgefressen. Die Oberförsterei Linichen hatte 2000 Morgen Lichtfraß und 500 Morgen Kahlfraß.

Die Ausdehnung dieses Fraßgebietes betrug nach Ratzeburgs Mitteilung 100 Quadratmeilen.[1]

Nach v. Bernuth[2] hat übrigens der Spannerfraß in Jägerhof seit den vierziger Jahren geherrscht und ist mit einer Unterbrechung in den Jahren 1853 bis 1856, als stärkerer Fraß von 1850 bis 1864 in Erscheinung getreten.

Röthel[3] hat uns Mitteilungen über einen in den Jahren 1870 und 1871 in den Fürstlich Hohenloheschen Waldungen der Herrschaft Oppurg auf 600 bis 700 ha (25 bis 60jährige Kiefern) stark in Erscheinung tretenden Spannerfraß gemacht, bei dem Kahlschläge jedoch nicht erforderlich wurden. 1833 hatte dort in einem 25jährigen Bestand Kahlfraß stattgefunden!

Der 1870er Oppurger Fraß war der Kern eines Fraßgebietes, das ziemlich den gesamten, wesentlich aus Privatforsten bestehenden, zu Sachsen=Weimar, =Meiningen und =Altenburg gehörigen Waldkomplex um Pößneck umfaßte.

1874 bis 1875 fraß nach Altum[4] der Kiefernspanner wieder ziemlich stark im Borntuchener Revier (gemeinschaftlich mit Ellopia prosapiaria L.).[5] Es gelangte Schweineeintrieb, anscheinend nicht ohne Erfolg, gegen den Kiefernspanner zur Anwendung.

---

[1] Wie unzulänglich sind gegenüber solchen Zahlen alle Verwehungstheorien!

[2] Grunerts Forstl. Blätter. Zeitschr. f. Forst= u. Jagdw., Berlin 1867, 13. Heft, S. 74.

[3] Monatsschr. f. Forst= u. Jagdw. 1875, S. 168.

[4] Zeitschr. f. Forst= u. Jagdw. 1889, S. 403.

[5] Von Altum irrtümlich als fasciaria L. statt fasciaria Schiff. (syn. prosapiaria L.) bezeichnet.

1877 und 1878 wurden in den Vorgebirgswaldungen des Reviers Albersweiler (Pfalz) 10 ha eines 33jährigen Kiefernbestandes fast völlig entnadelt.[1]

Ein Spannerfraß in den Fürstlich Isenburgschen Waldungen bei Offenbach a. M. erstreckte sich im Jahre 1878 über 45 ha eines 48jährigen Kiefernbestandes, ohne jedoch zu verhängnisvollem Kahlfraß zu führen.[2]

In den Jahren 1881 bis 1884 trat, wie schon oben erwähnt wurde, der Spanner von neuem in Massenvermehrung in der Forstinspektion Stettin-Torgelow auf, und zwar verbreitete sich die Kalamität über rund die Hälfte (12 bis 15 000 ha von 25 000 ha) dieses Waldgebietes, das die Oberförstereien Falkenwalde, Ziegenort, Torgelow, Eggesin, Rothemühl und Jäßkemühl umfaßt.[3]

In dem Berichte v. Varendorffs[4] finde ich zwar nur die Angabe, daß, trotzdem auf einer so ausgedehnten Fläche die Vermehrung des Insektes „in einer bedrohlichen oder bedenklichen Weise stattgefunden hatte", „Kahlfraß oder ein, die Baumkronen stärker durchlichtender Fraß, wie schon oben erwähnt, nur auf verhältnismäßig kleinen Flächen der Oberförstereien Rothemühl und Jäßkemühl" eintrat. Wagner[5] berichtet jedoch, daß allein in Rothemühl auf einer insgesamt 125 ha großen Kahlschlagfläche 11 000 fm eingeschlagen sind.

Das Zusammenrechen der Streu in Wälle oder Haufen hatte bei dem Stettin-Torgelower Fraß nach v. Varendorffs[6] eigenen Worten „einen entschieden günstigen Erfolg"; in den Streuhaufen wurden die Puppen infolge der eingetretenen Erhitzung getötet.

Und diese Angaben wurden von Altum[7] voll bestätigt.

In der böhmischen Herrschaft Waldsteinruh wurden 1887 auf einem 402 ha großen Fraßgebiete 95 ha total kahl, 106 ha stark und 201 ha[8] merklich licht gefressen.

1889 wurde nach Altum[9] in den fiskalischen Revieren (Potsdam, Lehnin [Reg.-Bez. Potsdam]; Planken [Reg.-Bez. Magdeburg]; Müllrose [Reg.-Bez. Frankfurt a. O.]) der Kiefernspinnerfraß „durch das massenhafte Auftreten des Kiefernspanners erheblich verstärkt".

---

[1] Osterheld, Forstwissensch. Centralbl., 1881, S. 290,

[2] Reiß, Allg. Forst- u. Jagd-Ztg., 1879, S. 151.

[3] Altum, Zeitschr. f. Forst- u. Jagdw., 1885, S. 606.

[4] Zeitschr. f. Forst- u. Jagdw., 1886, S. 212.

[5] Verh. d. Pomm. Forstvereins, 1884, S. 26.

[6] l. c.

[7] Zeitschr. f. Forst- u. Jagdw., 1886, S. 220.

[8] 201 ha nach Nitsche, der zu dieser Angabe im 2. Bde. seines Lehrbuches jedoch keine Quelle anmerkt. Desgl. nach Vereinsschr. f. Forst-, Jagd- u. Naturkde., 161. Heft, 1889/90, S. 27.

[9] Zeitschr. f. Forst- u. Jagdw. 1889, S. 403.

Schmidt-Kreyern berichtet im Jahre 1898 über den Spannerfraß im Forstbezirk Dresden[1]) 1892 bis 1894 (900 ha, Dresden), Moritzburg (230 ha vom Revier Kreyern, Moritzburg) und Grimma (1200 ha), der alle Alters- und Güteklassen betraf.

„Einmaliger Kahlfraß wurde gut überwunden, zweimaliger Kahlfraß dagegen führte zum Absterben vieler Bäume."

Das Sammeln der Raupen und Puppen erwies sich als wenig wirksam. Das Abziehen und Anhäufen der Bodenstreu zu sich selbst erhitzenden Haufen war nach Schmidts Bericht „im großen nicht durchführbar, dagegen zur Beseitigung kleiner Fraßherde geeignet.[2])

Ein eingeleiteter Versuch des Schweineeintriebes kam nicht zur Ausführung. Das Leimen hatte nach Schmidts Versicherung befriedigende Erfolge ergeben, „muß aber nach vorhergegangener aufmerksamer Untersuchung der Bestände im August des ersten Fraßjahres vorgenommen und im nächsten Frühjahr wiederholt werden. Vollgeleimte Bestände hatten dann nur wenig Abgänge".[3])

„An der Vernichtung der Insekten beteiligten sich noch zahlreiche Säugetiere und Vögel, indessen ohne sichtlichen Erfolg, erst das überhandnehmen der Schlupfwespen und parasitischen Pilze machte im Jahre 1894 der Plage ein Ende."

Als Vorbeugungsmittel empfiehlt Schmidt:

„Wechsel der Holzarten auf kleinen Flächen, Einrichtung kleiner Hiebszüge, fleißige Handhabung des Forstschutzes, Belehrung der Waldarbeiter über das Aussehen der Raupen."

Gretsch[4]) berichtet ganz kurz über den badischen Spannerfraß während der Jahre 1892 bis 1895, der gleichzeitig mit dem Fraß in der angrenzenden hessischen Rheinebene und im Nürnberger Reichswalde wütete, — so kann man es wohl nur bezeichnen, da Gretsch selbst die Intensität des Fraßes der des Spinnerfraßes Ende der 50er Jahre an die Seite stellt[5]). In den Forstbezirken Mannheim und Schwetzingen wurden 1050 ha, meist 30 bis 60jährige Bestände, befallen und gut die Hälfte dieser Fläche kahlgefressen. 100 000 fm meist schwachen Holzes (die 10fache Jahresnutzung) fielen als Dürrholz der Axt anheim.

---

[1]) Bericht über die Versamml. d. sächs. Forstv. vom 26. bis 29. Juni 1898 in Bischofswerda. Zeitschr. f. Forst- u. Jagdw. 1898, S. 630.

[2]) Die Durchführbarkeit im großen hat also erst die Bekämpfung des Tucheler Fraßes erwiesen.

[3]) Der Sinn der Frühjahrsleimung ist mir vollständig unklar.

[4]) Ber. üb. d. 10. Hauptv. d. Deutsch. Forstvereins zu Heidelberg, 1909, S. 67—77.

[5]) Damals wurden auf 3500 ha (Fraßgebiet) 2100 ha (etwa 60 % des gesamten Kiefernwaldes) kahl resp. dermaßen licht gefressen, daß 250 000 fm (das 17fache der geordneten Jahresnutzung) zum Einschlag gelangen mußten.

Man suchte die Kalamität durch Leimen zu bekämpfen, das im Forstbezirk Mannheim ziemlich günstig gewirkt haben soll, „weil die Raupen vielfach herabgesponnen seien". Gretsch gibt jedoch weiter an, „im Bezirke Schwetzingen habe es dagegen kaum genützt, da ein Herabspinnen nur vereinzelt stattgefunden und auch durch Stürme wenig Raupen zu Boden gekommen seien".

Jedenfalls ist das zusammen mit dem wiederholten Forleulen-, Spinner- und Blattwespen-Fraß eine böse Heimsuchung für die badischen Kiefernwälder gewesen, die immerhin $\frac{1}{8}$ (70 000 ha) des gesamten Waldbestandes umfassen.

Bemerkenswert ist, daß reine Kiefernbestände nach den Mitteilungen von Gretsch „vorwiegend nur in dem warmen, trockenen, unteren Rheintale mit dem mineralisch ärmeren Boden des Diluvialsandes auf einer Fläche von 20 000 ha vertreten sind.

Daß übrigens hier Bekämpfungsmaßregeln, die im Zusammenrechen der Streudecke bestehen, eventuell enttäuschen können, glaube ich gern. Sie sind allerdings dort nach Gretschs Bericht nicht gegen den Spanner, sondern (wohl mangels fängisch-bleibender Leimsorten) gegen den Spinner angewandt worden. Die Wichtigkeit der Frage mag hier eine kurze Abschweifung entschuldigen.

Gegen den Spinner wurden nach Gretsch 39 000 m Isoliergräben gezogen und außerdem durch das sog. „Aufräumen", d. h. durch in Haufen setzen der im Umkreise von 60 cm um jeden Stamm vorhandenen Bodendecke und obersten Bodenschicht vorgegangen. Jeder derartige Haufen wurde mit einem Isoliergraben umzogen.

Man hoffte, daß „die gesammelten Raupen im Innern der Haufen ersticken, bei der versuchten Wanderung im Frühjahr aber durch die Isoliergräben verhungern würden. Allein das Mittel „erwies sich namentlich deshalb als wenig erfolgreich, weil die Raupen infolge Streumangels sich im Spätjahr zur Überwinterung im Boden vielfach weiter als 60 cm von den Fraßbäumen entfernten, also nur teilweise in den Haufen gesammelt werden konnten.

Der Streumangel scheint demnach hier ein recht erheblicher gewesen zu sein, und es ist vollkommen verständlich, daß die Haufen, die an und für sich schon zu klein geworden wären, aus diesem Grunde erst recht nicht ihren Zweck erfüllen konnten. Den Grund für den Streumangel berichtet Gretsch selbst und legt so gleichzeitig dar, daß wahrlich das einfache Entnehmen der Streu ein sehr zweifelhaftes Bekämpfungsmittel darstellt:

„Seit der Mitte des vorigen Jahrhunderts weist daselbst, wo überdies eine dichte, Handelsgewächsbau treibende Bevölkerung zur Befriedigung ihres Streubedürfnisses hohe Ansprüche an die Streudecke des Waldes stellt, und zwar dermaßen, daß manche Flächen im

Jahrzehnt zwei-, ja selbst dreimal berecht werden müssen, der Kiefernspinner (Gastropacha pini) eine v i e r m a l i g e M a s s e n v e r m e h r u n g, die B u s c h h o r n b l a t t w e s p e (Lophyrus pini) eine solche von g l e i c h e r Zahl, und der K i e f e r n s p a n n e r (Fidonia piniaria) eine e i n m a l i g e Massenvermehrung auf. Also: in n i c h t ganz s e c h s J a h r z e h n t e n sind im Forlengebiet der unteren badischen Rheintalebene 9 F r a ß p e r i o d e n der spezifischen Kiefernschädlinge, und zwar mit durchschnittlich dreijähriger Fraßdauer zu verzeichnen. Es haben diese Kiefernbestände also annähernd d i e h a l b e Zeit der letzten sechs Jahrzehnte unter der Wirkung des Insekten- fraßes und der Insektenbekämpfung gestanden, während an den anderen Kiefernorten des Gebirges im nördlichen und südlichen Schwarzwalde sowie in der Bodenseegegend, selbst auch auf den geringeren Sandsteinböden des Hügellandes im Odenwalde, von irgend einem n e n n e n s w e r t e n A u f - t r e t e n dieser Schädlinge während der genannten Zeit n i c h t g e - s p r o c h e n werden kann."

Der Fraß im Reichswalde, — der Kern eines sich über die bayerischen Regierungsbezirke Mittelfranken, Oberpfalz und Oberfranken ausdehnenden kolossalen Fraßgebietes, in dem der Spanner von 1892 bis 1896 auf- trat,[1]) — erstreckte sich 1893 über 5000 ha Kiefernforsten der Forstämter Laufamholz, Forsthof, Feucht, Lichtenhof, Fischbach und Altdorf. Erst 1896 erlosch die Kalamität.

Insgesamt waren während dieser Periode des Spannerfraßes 40 000 ha bayerischer Staatswald und 10 000 ha Gemeinde- und Privatwald stark be- fallen.

In Mittelfranken wurden 9900 ha, in der Oberpfalz 1300 ha, in Oberfranken 600 ha und in den Gemeinde- und Privatforsten etwa 1600 ha Kiefernwald vollkommen kahlgefressen.

Die beiden Waldgärtner spielten bei dieser Kalamität in den Nach- jahren eine besondere Rolle.

Der Einschlag des durch den Schädling getöteten Holzes betrug 1 859 200 fm. Im Reichswalde begann man, nach Organisierung der Ar- beitskräfte und Vollendung der kartographischen Darstellung des Kahlschlag- gebietes, schon Anfang Mai mit dem Fällen und Aufarbeiten des Holzes.

Es würde wohl hier zu weit führen, auf die sich bei der Bewältigung einer solchen enormen Arbeit [2]) ergebenden betriebstechnischen Fragen näher

---

[1]) Sch., Forstw. Centralbl., 1894, S. 630; ebenda 1895, S. 384; Allg. Forst- u. Jagd-Ztg., 1895, S. 288; Knauth, Forstl. naturw. Zeitschr., 1895, S. 389, 405; ebenda, 1896, S. 46, 1897, S. 165; Centralbl. f. d. ges. Forstwesen, 1896, S. 141; Nitsche, Tharandter Forstl. Jahrb., 46. Bd., 1896, S. 154; Leythäuser, Zeitschr. f. Forst- u. Jagdw., 1897, S. 453; Forstw. Centralbl., 1897, S. 553.

[2]) „Der Materialanfall dieses Masseneinschlages betrug aus der Fällung 1895/96 im mittelfränkischen Fraßgebiete auf einer Gesamtfläche von etwa 13 000 ha, hierunter

einzugehen. Der sich hierfür interessierende Leser findet alles nähere übersichtlich in der hier des öfteren zitierten Arbeit von Leythäuser.

Nur auf die Beschaffung der Arbeitskräfte, die zur Bewältigung der
gewaltigen Aufgabe erforderlich waren, sei an der Hand von Leythäusers Mitteilungen mit einigen Worten eingegangen.

Im Reichswalde sorgte man durch Einrichtung eines Arbeiter-Auf-
nahme-Bureaus (in Nürnberg) für die Anwerbung der nötigen Arbeitskräfte. Eine ärztliche Untersuchung jedes Mannes ging der Aufnahme
voraus. Ein Teil der Arbeiter wurde in Holzbaracken (Blockhäusern) im
Walde selbst, ein anderer Teil in den benachbarten Ortschaften untergebracht.
Die Leute stammten aus allen Gegenden Deutschlands, vorwiegend waren
es Holzhauer aus dem bayerischen Walde, aber auch italienische Arbeiter
waren in größerer Zahl gekommen.

Ernstlichere Störungen der Ordnung kamen nicht vor. Etwa je 70 Arbeiter standen unter der Aufsicht eines Forstschutzbeamten.

Der Gesundheitszustand dieses über 4000 Mann zählenden Arbeiter-
heeres konnte als ein dauernd, bis zum Ende der Arbeit, vorzüglicher bezeichnet werden. Denn es starben innerhalb eines Jahres 20 Personen, von
diesen aber 11 infolge von bei der Arbeit erlittenen Verletzungen. Nach Ausscheidung der Fälle von Trauma als Todesursache, bleibt eine Sterblichkeit
von 0,2 % (genau: 0,225 %), die angesichts der keineswegs besonders
günstigen sanitären Verhältnisse, — es mangelte bei der vorzugsweise
moorigen Beschaffenheit des Untergrundes an gutem Trinkwasser, — als
minimal bezeichnet werden muß.

Von Interesse ist der Überblick, den Leythäuser über die Insektenkalamitäten im Nürnberger Reichswald (30 000 ha geschlossener Kiefernwald
auf sandigen und moorigen Böden) während des 19. Jahrhunderts gibt:

1819 Kieferneule + Kiefernspanner.
1838 bis 1842 Kiefernspanner + Kieferneule + Nonne.[1]
1879 bis 1881 Kiefernspanner[2] (auf beiden Seiten der Pegnitz).
1887 Kiefernspannerfraß (rechts der Pegnitz im folgenden Jahre mit
    Spinnerfraß[3])

5420 ha kahlgeschlagen, etwa 1 120 000 Ster, fast ausschließlich Föhrenholz. Hiervon
entfielen auf den Nürnberger Reichswald, bei einer Ausdehnung des dortigen Fraßgebietes von etwa 11 000 ha, etwa 4300 ha Kahlschlagflächen mit einem Holzeinschlage
von rund 860 000 Ster". Leythäuser.

[1] Abtrieb kahl: 12 000 Tagwerke.

[2] Angeblich „infolge kalten Regens in Verbindung mit Schnee und Frost" zum
Erlöschen gebracht, „ohne nennenswerte Waldbeschädigung zu hinterlassen".

[3] „Gleichfalls dank der getroffenen Maßnahmen gegen den Spinner (Leimring),
ohne besondere Waldbeschädigung zu verursachen."

1890 bis 1891 Nonnenfraß in einigen Forstämtern dieses Gebietes (gleichzeitig mit der in Oberbayern auftretender Kalamität).

1892 Erste Spuren des Spannerfraßes im Reichswald, gleichzeitig auch in einem Teile der umliegenden Forstämter.[1]) Gleichzeitig (nach Leythäufer) in der Rhein-Mainebene etwa 18 000 ha von Eule und nachfolgend vom Spanner befreffen.

Leythäufer schließt seine Ausführungen über die Bekämpfung des Schädlings mit den recht pessimistischen Sätzen:

„Überblicken wir am Ende der Kalamität alle in dieser Beziehung gewonnenen Beobachtungen und Erfahrungen, so müssen wir uns eingestehen, daß ein eigentliches, für alle Verhältnisse passendes Mittel zur Bekämpfung des Spanners, wie wir solche unter anderem gegen den Kiefernspinner haben, insbesondere dann noch nicht gefunden wurde, wenn die Kalamität bereits hereingebrochen ift."

Über das Auftreten des Kiefernspanners im Jahre 1900 hat Eckstein[2]) folgendes berichtet:

„Der Kiefernspanner frißt in den Revieren Kilau, Neustadt, Gohra und Darslub des Danziger Bezirkes in geringem Maße, er hat sich stärker vermehrt im Bezirk Marienwerder, Bromberg und in der Oberförsterei Schöneiche des Breslauer Bezirkes.

In der Provinz Brandenburg tritt er besorgniserregend in den Revieren Woltersdorf, Zinna, Kunersdorf, Lehnin und Dippmannsdorf auf; im Bezirk Magdeburg ist die Kolbitz-Letzlinger Heide stark, oft kahl gefressen, ebenso in der benachbarten Oberförsterei Weißewarthe, während die übrigen Reviere der Forstinspektion Magdeburg-Magdeburg weniger zu leiden hatten. Im Regierungsbezirk Merseburg sind die Reviere der Forstinspektion Annaburg, Düben und Sangerhausen (Rosenfeld, Liebenwerda, Annaburg, Tornau, Hohenbucko, Elsterwerda, Falkenberg, Doberschütz, Rothehaus, Sitzenroda, Thiergarten, Zöckeritz) stark vom Spanner heimgesucht worden. Es sind 1694 ha kahl oder fast kahl gefressen, während ein immerhin bemerkbarer Fraß sich außerdem noch auf 4284 ha gezeigt hat. Von den kahl gefressenen Beständen ist ein möglichst großer Teil abgetrieben worden. Außerdem hat man versucht, dem Umsichgreifen des Fraßes durch Abgabe von Streu entgegenzuwirken."

Auch über das Auftreten des Kiefernspanners in den preußischen Staatsforsten während der Jahre 1902 bis 1905 hat Eckstein[3]) kurz berichtet:

---

[1]) Im Lauf der nächsten 4 Jahre wurde „nicht nur das gesamte Föhrenwaldgebiet des Regierungsbezirkes Mittelfranken, sondern auch erheblichere Waldflächen der benachbarten Regierungsbezirke Oberfranken und Oberpfalz, also ein Waldgebiet von mehr als 100 000 ha, in Mitleidenschaft gezogen".

[2]) Zeitschr. f. Forst- u. Jagdw. 1901, S. 748.

[3]) Das Auftreten forstlich schädlicher Tiere in den Kgl. Preuß. Staatsforsten in den Jahren 1902 bis 1905. Zeitschr. f. Forst. u. Jagdw. XXXIX. 1907, p. 320.

„Der Kiefernspanner war schon 1901 an verschiedenen Stellen in starker
Vermehrung begriffen. Die verderbliche Wirkung des Fraßes, welcher das
Absterben kahlgefressener oder nahezu entnadelter Kiefern zur Folge hat,
drängte zu neuen, energischen Maßregeln. Die von mir gemachten Vorschläge
wurden Anfangs mit Mißtrauen aufgenommen, bis sich nach und nach die
Erkenntnis Bahn brach, daß sie nicht nur ausführbar, sondern auch erfolg=
reich sind: Streuharken, Schweineeintrieb und Hühnereintrieb. Die ersten
Versuchsflächen, deren Anlage in Dippmannsdorf und Lehnin mir gestattet
wurde, waren je ¼ ha groß, d. h. zu klein, um beweiskräftig und erfolgreich
zu sein. Die Arbeiten in Alt=Placht, Kielau, Burgstall und schließlich in
Balster retteten die befallenen Bestände. Die Schwierigkeiten, welche sich dem
Eintrieb von Schweinen, Enten und Hühnern entgegenstellen, liegen in der
rechtzeitigen Beschaffung dieser Tiere in ausreichender Zahl; das Streu=
harken muß künftig aus Leutemangel unterbleiben. Bei letzterer Arbeit ist an
dem Grundsatz festzuhalten, daß aus dem Streuverkauf keine Einnahmequelle
erschlossen werden soll, daß die Streu vielmehr dem Walde, auf Haufen
gesetzt, verbleibe und nur das notwendigste abgegeben werde, um dem meist
bald befriedigten Verlangen der Bevölkerung zu genügen.“

Nähere Angaben über die in den preußischen Staatsforsten seit
1902 angewandten Maßnahmen hat Eckstein[1] im Jahre 1907 ver=
öffentlicht:

„1902 Bez. Danzig in Kulau wurde Streu geharkt und Hühnereintrieb ein=
gerichtet.“

Ferner zeigte sich der Spanner im

„Bez. Frankfurt in Landsberg, Lübben und Küstrin, wo starke Vermehrung
eintrat, in Hochzeit, Marienwalde, Hammerheide; in Lubiathfließ, wo
Schweine eingetrieben wurden, Cunersdorf, wo ebenso wie in Dipp=
mannsdorf und Lehnin Streu auf Haufen gesetzt wurde, ebenso in Alt=
Placht, wo der Streu ungelöschter Kalk beigegeben wurde, in Neu=
thymen und in Regenthin, wo 56 Schweine im Walde arbeiteten.
Bez. Stralsund in vielen Revieren ist der Spanner noch vereinzelt.
Bromberg in ? 64 bis 68 Schweine arbeiten 159 Tage, Kosten
127,20 M.
Liegnitz stärkere Vermehrung.
1902 Bez. Magdeburg in Löbberitz, Bergstall, Magdeburgerforth frißt der
Spanner; in Schweinitz wird versuchsweise geleimt. Bez. Merseburg
in Tornau wurde die Streu von 51 ha verkauft.
1903 Bez. Gumbinnen in Kullik Schweineeintrieb. Bez. Potsdam in Neuen=
dorf desgl.“

In Balster, Reg.-Bez. Stettin, fraß der Spanner 1905. Der Streu=
verkauf ergab einen Erlös von 7168 M.

Im Reg.-Bezirk Stralsund wurde in Schuenhagen im selben Jahre
die Streu auf 35,9 ha, mit einem Aufwande von 630,34 M. in Haufen
gesetzt.

In Revier Proskau (Reg.-Bez. Oppeln) wurde 1905 ebenfalls Streu=
rechen gegen den Spanner angewandt. Nähere Angaben über die Technik
fehlen.

Untenstehend teile ich noch die recht instruktive tabellarische Übersicht der
Kiefernspannerkalamitäten von Beck mit, die aber nicht vollständig ist, wie
der Leser aus den obigen Zeilen ersieht. Auch die Zahlen weichen z. T. etwas
von denen, die ich in den Originalberichten fand, ab, selbst wenn man die
notwendigen Umrechnungen ausführt.

Ich wende mich nunmehr der Darstellung des Spannerfraßes in der
Tucheler Heide zu, dessen Studium zu der vorliegenden Arbeit den Anlaß
gegeben hat.

Die Beobachtungen des Bestandes an forstschädlichen Insekten ließen in
der Tucheler Heide schon im Jahre 1907, in der Oberförsterei Hagenort sogar
noch früher, während der Flugzeit des Spanners hie und da auf eine
Vermehrung des Schädlings schließen. Aber erst die Probesammlungen im

Kiefernspannerkalamitäten (nach Beck,
Tharandter Forstl.

Zeitraum	Ort des Fraßes	Befallene bezw. bedrohte Flächen	Kahlfraß	Teilfraß
1815—1816	Oberlausitz	343 000 Mg.	—	—
1832—1833	Obermainkreis	—	80—100 Tagewerke	12—15 Tagewerke
1850	Österreich u. d. Enns, Theimwald	121 Joch	—	—
1862—1864	Mecklenbg., Pommern, Mark Brandenbg. (Rev. Borntuchen, Linichen)	5245 Mg.	2500 Mg.	—
1870—1871	Fürstl. Hohenlohe'sche Waldungen, Herr=schaft Oppurg	600—700 ha	—	—
1881—1883	Pommern, Bez. Stettin, Rev. Jädkemühl und Rothemühl	125 ha	—	—
1887	Böhmen, Herrschaft Waldsteinruh	402 ha	95 ha	307 ha
1892—1894	Königr. Sachsen, Bez. Dresden, Moritz=burg, Grimma	2330 ha	108 ha	—
1892—1896	Mittelfranken, Nürnberger Reichswald	13 000 ha (11 000 ha)	9893 ha (6300 ha)	—
1892—1896	Oberpfalz	—	1300 ha	
	Oberfranken	11 948 ha	619 ha	6439 ha
1899—1903	Prov. Sachsen, Letzlinger Heide	8751 ha	6808 ha	—

Winter 1907/08 lieferten ein klareres Bild über Stärke und Ausdehnung des Auftretens des Kiefernspanners.

Wo die Probesammlungen überhaupt eine Vermehrung erkennen ließen, wurde durch Wiederholung der Puppensuche unter Anwendung der größten Sorgfalt die Ausdehnung der „Herde", d. h. der Orte, an denen der Spanner allem Anschein nach besonders günstige Vermehrungsbedingungen gefunden hatte und deshalb sich schon jetzt in besorgniserregender Zahl zeigte, festgestellt. Solche Gebiete wurden gefunden:[1]

„1. In der Oberförsterei Königsbruch im Schutzbezirk Lobobba.

1. in den Jagen 6, 7 und 8
2. in den Jagen 18, 19, 24 und 25 } auf etwa 200 ha
3. in den Jagen 20 und 21

Es sind hier 10 bis 24 Puppen durchschnittlich für den Stamm gefunden worden.

2. In der Oberförsterei Rehberg, Schutzbezirk Pechhütte, Jagen 117 bis 121 und 138 bis 142 auf etwa 110 ha mit bis 15 Puppen im Durchschnitt für den Stamm.

---

[1] Ber. d. Kgl. Reg. Marienwerder vom 27. III. 08.

Die Insekten= und Pilzkalamitäten im Walde.
Jahrb., 60. Bd., p. 1—65.)

Abgetriebene Flächen	Durchforstete bezw. durchplenterte	Holzanfall	Aufwand für Bekämpfung	Bemerkungen
—	—	—	—	Forst= u. Jagdarchiv v. u. f. Preußen 1818, S. 53.
—	—	—	—	Allg. Forst= u. Jagdztg. 1834, S. 162.
—	—	18 000 Stämme = 187 Klft.	343	Österr. Vierteljahrsschr. 1851, S. 309.
—	—	—	—	Ratzeburg, Waldverderbnis, I. Teil, Berlin 1866, S. 166.
—	—	—	—	Monatsschr. f. Forst= u. Jagdw. 1875, S. 168.
—	—	13 028 fm	—	Verh. Pomm. Forstver. 1884, S. 24.
—	—	—	—	Vereinsschr. f. Forst=, Jagd= u. Naturkde., 1889/90, 161. Heft, S. 27.
—	—	—	4528 M.	Ber. d. Sächs. Forstvereins 1898, S. 6.
—	—	1 487 000 fm	—	Ztschr. f. Forst= u. Jagdw. 1897, S. 453, Forstw. Centralbl. 1898, S. 204, 344.
—	—	282 000 fm	—	Ztschr. f. Forst= u. Jagdw. 1897, S. 453.
615 ha	2174 ha	90 100 fm	—	Forstw. Centralbl. 1898, S. 204, 344.
—	—	1 182 000 fm	—	Ztschr. f. Forst= u. Jagdw. 1904, S. 422.

3. In der Oberförsterei Taubenfließ, Schutzbezirk Eulenholz, Jagen 56/58
   und 70/71, auf etwa 100 ha mit 11 bis 18 Puppen auf den Stamm.
4. In der Oberförsterei Junkerhof, Schutzbezirk Louisenthal, Jagen 10,
   11, 12, 18, 19, 27, 28, 29, 30 auf etwa 150 ha mit 25 bis 100 Puppen
   für den Stamm.
5. Endlich trat in der Oberförsterei Charlottenthal, Schutzbezirk Schwarz=
   wasser und in der Oberförsterei Osche, Schutzbezirk Adlershorst der
   Spanner ebenfalls in stärkerem Maße auf."

Die befallenen Bestände standen meist im Stangen= und Baumholz=
alter und stockten auf ärmeren S a n d boden.

Die Kgl. Regierung in Marienwerder beschloß daher, das neuerdings
besonders von E c k st e i n gegen die Kiefernspanner warm empfohlene Streurechen zur Anwendung zu bringen.

„Die Streue", heißt es in dem zitierten Bericht, „soll teils zum Taxpreise
an bedürftige Leute zur Selbstwerbung, teils meistbietend zur Selbstwerbung
verkauft werden. Soweit dies wegen mangelnden Bedarfs nicht möglich
ist, soll sie entweder gegen Überlassung der Hälfte oder ganz auf Kosten der
Forstverwaltung in Haufen oder Bänke zusammengebracht werden. In allen
Fällen wird dafür gesorgt werden, daß das Entfernen der Moosdecke mittels
hölzerner Harken unter Liegenlassen der Rohhumusschicht erfolgt."

Trotz der schleunigen Ausführung dieser Maßnahmen fand zunächst noch
eine teilweise beträchtliche Vermehrung des Spanners statt, wie aus einem
Berichte der Kgl. Regierung im Dezember desselben Jahres hervorgeht,[1]
wenngleich, wie wir noch sehen werden, trotz der vielfach noch primitiven Aus=
führung (z. B. Streuentnahme! Hölzerne Rechen!), im gleichen Berichte
anerkannt wird, daß eine tatsächliche Wirkung des Streurechens nicht zu
verkennen gewesen ist.

Dort heißt es:
„Der Spanner hat sich trotz der ausgeführten Gegenmaßregeln in den
meisten Revieren der Kreise Schwetz und Tuchel stark vermehrt; es sind
namentlich die Oberförstereien Junkerhof, Charlottenthal, Rehberg, Tauben=
fließ, Lindenbusch, Schüttenwalde, Königsbruch, Osche, Hagen und Warlu=
bien, in welchen er in gefahrdrohender Menge auftritt. In einer über die
alljährliche Menge hinausgehenden Zahl zeigt er sich auch im Kreise Konitz
in den Oberförstereien Czersk, Rittel, Jägerthal und Gildon, sowie östlich
der Weichsel in einigen Teilen der Oberförsterei Drewenzwald.

In der Oberförsterei Junkerhof hat der Fraß in den Jagen 8, 9, 13 a b
und 68 a b auf im ganzen etwa 89 ha teilweise bereits zu einer vollständigen
Vernichtung der Benadelung, in den Jagen 12a, 15b, 17b, 18a, 19b, 20,

---

[1] Bericht d. Kgl. Reg. Marienwerder vom 21. XII. 08.

22b, 23, 24, 25b, 26bb, 29b, 30, 31a, 39b, 40a, 41a, 49a, auf etwa 279 ha, sowie in der Oberförsterei Charlottenthal in den Jagen 180a, 170A, (nördlicher Teil), 160, 161, 175, 177A, auf etwa 135 ha, in der Oberförsterei Taubenfließ in den Jagen 16, 17, 22 und 23 auf etwa 74 ha und in der Oberförsterei Rehberg in den Jagen 217b, 165, 166, 42, 64, 118/9, 181, 158, 167, 190, 241, 224, 225 und 201 auf etwa 86 ha an den ärgsten Stellen zu einer erheblichen Lichtung der Kronenteile geführt.

Durch Sammeln der Raupen an gefällten Probestämmen und Durchsuchen der Bodendecke wurden gefunden in der Oberförsterei Junkerhof über 1000 Spanner bis zur Höchstzahl von 7242 je S t a m m in den Jagen 8a, 9, 12a, 13, 17b, 18a, 19b, 20, 29b, 31a, 39, 40a und 86;

500 b i s 1000 S t ü c k in den Jagen 2a, 3b, 11a, 15b, 16c, 29a, 30a, 41, 73, 77, 89, 107, 108, 123 und 124.

In der Oberförsterei Charlottenthal wurden ermittelt 400 bis 600 Raupen und Puppen im Jagen 180; 300 bis 400 in den Jagen 160, 161 und 177; 200 bis 300 in den Jagen 137 und 175.

In der Oberförsterei Rehberg ergaben die Sammlungen 200 bis 440 Spanner in den Jagen 42b, 77, 85d, 118, 119, 165, 178, 181a, 188a, 189, 192b, 216, 217a, 218.

In der Oberförsterei Taubenfließ fanden sich im Schutzbezirk Wolfsgrund bis zu 600 und im Schutzbezirk Eulenholz bis zu 300 Spanner je Stamm.

In der Oberförsterei Lindenbusch sind ermittelt 100 bis 200 Spanner in den Jagen 67, 89, 106, 130, 131, 196 bis 198.

In der Oberförsterei Königsbruch war das Ergebnis des Probesuchens 100 bis 130 in den Jagen 23 und 78.

In der Oberförsterei Schüttenwalde wurden bis zu 100 Raupen und Puppen in den Jagen 11 bis 114, 141 und 142 gefunden.

In der Oberförsterei Hagen sind als größte Anzahl Spanner je Stamm 170 Stück im Jagen 110 gefunden worden. In den Jagen 42/43, 59/62, 95/98, 105/108, 111, 112, 121/22, 127/128, 144/6, 162/6, 178/80 und 139 schwankte die Anzahl zwischen 50 und 70 Stück." Der Bericht verweist hier auf 13 mit entsprechenden fertigen Eintragungen versehene Revierkarten. Da ich die Schwarzdruckkarten, die diesem Berichte seiner Zeit beigefügt gewesen waren, größtenteils überhaupt nicht, im übrigen aber nicht mehr in zur Reproduktion geeignetem Zustande für die vorliegende Publikation erhalten konnte, habe ich, wie noch weiter unten näher erläutert werden wird, nach dem mir zur Verfügung gestellten amtlichen Aktenmaterial selber für die wichtigeren Reviere die Spannerfraßorte in die photographisch von mir reproduzierten Revierkarten eingetragen und so, wieder auf photographischem Wege, eine Karte des gesamten Fraßgebietes (unter Weglassung derjenigen

Reviere, in denen der Fraß praktisch nur geringe Bedeutung erlangte,[1]) be=
sonders auch der ganz isoliert und weiter von dem zentralen Spannerfraß=
gebiete liegenden) hergestellt.[2])

Ich werde auf diese Karte noch verschiedentlich zurückzukommen haben
und setze zunächst die Schilderung der Entwicklung der Spannerkalamität
in der Tucheler Heide auf Grund der mir vorliegenden amtlichen Berichte
weiter fort.

Die ersten mit dem Streurechen im Winter 1907/08 gemachten Ver=
suche hatten, wie schon angedeutet, zwar keinen durchschlagenden Erfolg ge=
bracht, aber doch wenigstens dazu ermutigt, sie fortzusetzen und auszubilden.
Dieses Ziel ist besonders im Marienwerderer Bezirk nunmehr mit größter
Energie verfolgt worden.

„Das im vergangenen Winter 1907/08 zur Ausführung gebrachte Ent=
fernen und Zusammenbringen der Streue in den am meisten befallenen
Beständen ist von unverkennbarem Erfolge gewesen. Die meisten der ge=
harkten Bestände zeigen noch eine grüne Benadlung, während die unmittel=
bar angrenzenden Jagen oft erheblich stärker beschädigt sind. Auch haben sich
bei den Probesammlungen auf diesen Flächen ganz erheblich weniger Puppen
gefunden. In der Oberförsterei Junkerhof lagen z. B. in Jagen 10 auf
der geharkten Fläche nur 182 Puppen, auf der ungeharkten dagegen 475;
im Jagen 29b auf der geharkten 530, auf der ungeharkten 1497; in der
Oberförsterei Charlottenthal im Jagen 117b auf der geharkten 28, auf der
ungeharkten 151.“

Man war aber im Reg.=Bez. Marienwerder zu der Erkenntnis ge=
kommen, daß „ein Entfernen der Moosschicht allein zur Verminderung des
Insekts nicht ausreicht, sondern daß es unbedingt erforderlich ist, daß auch
der Rohhumus bis auf den Sand fortgekratzt wird, da viele Puppen erst
in der oberen Sandschicht liegen.“[3]) Hierzu reichten hölzerne Harken freilich
nicht aus und ergab sich zunächst die Notwendigkeit der Verwendung von
starken eisernen Harken mit langen Zähnen.

„Soweit das Durchharken nicht in der gründlichen Weise bis auf den
Sand durchgeführt worden ist, hatte trotz des Abziehens der Moosschicht eine
bedeutende Vermehrung des Insekts stattgefunden, während bei vollständiger
Entfernung des Rohhumus eine erhebliche Abnahme festzustellen war.“

Die freigelegten Puppen wurden, wie der zitierte Bericht mitteilt, viel=
fach von Krähen und Drosseln aufgesucht.

Es heißt dann weiter in dem zitierten Marienwerder Bericht:

---

[1]) Z. B. Warlubien.

[2]) Für die entgegenkommende Überlassung der Revierkarten möchte ich auch an
dieser Stelle den Forstabteilungen der Kgl. Regierungen in Marienwerder und Danzig
meinen aufrichtigsten Dank aussprechen.

[3]) Zu dieser Angabe habe ich mich im ersten Teile dieser Arbeit näher geäußert.
Weiter unten wird sie noch weiter diskutiert werden.

„Der Ende Oktober 1908 plötzlich eintretende Frost, — bis — 16° C. —, schien uns von dem Spanner zum größten Teile befreien zu wollen, da die Raupen in großer Menge an den Stämmen herabwanderten und dabei er=froren zu sein schienen. Leider ist der Tod nur bei einem kleinen Teile von ihnen eingetreten; die große Mehrzahl war nur verklamt und ist bei Eintritt wärmeren Wetters zunächst wieder aufgebaumt und nachher zur Verpuppung gelangt.[1]

Auch durch Erkrankungen dürfte kein nennenswerter Abgang an Spannerraupen herbeigeführt sein; zwar wollen einige Revierverwalter Krankheitserscheinungen beobachtet haben, doch dürfte dies ohne Bedeutung sein bei dem großen Umfange des Fraßherdes.“

Die Kgl. Regierung in Marienwerder hielt es unter diesen Umständen für geboten, mit allen ihr zur Verfügung stehenden Mitteln die Entfer=nung der Streu aus den befallenen Orten nach Möglichkeit durch=zuführen. Es wurden deshalb zunächst die beteiligten Oberförster ermächtigt, an Streu soviel wie nur irgend gewünscht wurde, unentgeltlich zur Selbst=werbung abzugeben, dabei aber den Leuten die Verpflichtung aufzuerlegen, etwa die doppelt so große Fläche, wie zur Deckung ihres Bedarfs dient, ab=zuharken. Freilich rechnete man damit, daß der Bedarf der Bevölkerung an Streu kein so großer sein würde, als daß auf diese Weise auch nur ein nennenswerter Teil der befallenen Bestände gereinigt werden könnte.[2]

---

[1] Eine vollständige Bestätigung der Leythäuserschen Beobachtungen: „Von geringer, und man darf fast sagen von keiner Wirkung gegen die Raupe waren (nach Leythäusers Bericht) die Witterungseinflüsse und insbesondere die Fröste, eine Tatsache, welche eigentlich schon von vornherein in den Lebensverhältnissen der Raupe begründet ist, da die Raupe ein Spätfresser und jedenfalls von der Natur so ausgerüstet ist, um die im Oktober und November auftretenden Frühfröste aushalten zu können.“ (Zeitschr. f. Forst= u. Jagdw. 1897, S. 453.)

In seiner Arbeit über den Spannerfraß im Reichswalde warnt Nitsche (Tha=randter Forstl. Jahrb. 1896) geradezu vor dem Optimismus, mit dem praktische Forst=leute immer wieder die Wirkung ungünstiger, besonders regnerischer und kalter Witterung auf die Raupe beurteilen.

Das Forstamt Feucht (Reichswald) berichtete nach Nitsche, daß weder nasses Wetter, noch Herbstfröste von — 3,5° C. die Spannerraupen störten. Im Forstamt Heideck war Eisbildung in der Nacht des 18. Oktober 1894 ohne jede nachteilige Wirkung für die Raupe. Und das Forstamt Heid berichtete, wie Nitsche mitteilt, daß halb= wie vollwüchsige Raupen zwar bei starkem Regen oder Frost erstarren, bei Wiedereintritt günstiger Witterung aber sofort wieder die alte Beweglichkeit und Freßlust zeigen. Die Raupen vertrugen dort bis 4° C. Kälte ohne Schaden. So kann lediglich anhaltend regnerische und kalte Witterung dadurch, daß die Entwicklung der Raupen infolge ungenügender Nahrungsaufnahme verlangsamt wird, eine merkliche Wirkung haben, und zwar in dem Sinne, daß durch sie das zahlreiche Auftreten von Hungerformen begünstigt und damit eine Herabsetzung der Fruchtbarkeit des Falters bedingt wird.

[2] Diese Annahme hat aber, wie die Folgezeit bewies, sicher nur für einen Teil der Reviere sich als richtig herausgestellt. In Junkerhof war z. B. die Nachfrage nach

Wesentlich aus diesem Grunde sah sich daher die Regierung genötigt, auf großen Flächen auf f i s k a l i s c h e K o s t e n die Streu zusammenbringen zu lassen. Um diese umfangreiche Arbeit zu bewältigen, für welche die zur Verfügung stehenden Arbeitskräfte bei weitem nicht ausreichten, erklärte die Schulabteilung der Kgl. Regierung in Marienwerder sich auf besonderen Antrag der Forstabteilung bereit, die älteren Schulkinder der beteiligten Schulen vormittags vom Schulunterricht zu befreien, damit sie bei der Zu= sammenbringung der Streu helfen konnten. Allerdings sah man ein, daß die geplante Durchführung der Arbeit in erster Linie vom Wetter abhängen würde, da das Harken nur bei schneefreiem Boden möglich ist. Für den Fall, daß der Schnee lange liegen und nur im Frühjahr — etwa März, April — das Harken möglich sein sollte, war freilich die Arbeit nur mit Hilfe von Militär durchzuführen. Da sich dies im Dezember 1908 natürlich nicht mit Bestimmtheit übersehen ließ, wurde beim Ministerium für Land= wirtschaft, Domänen und Forsten der Antrag gestellt, mit dem Herrn Kriegs= minister ein Abkommen dahin vereinbaren zu wollen, daß der Marien= werderer Regierung in den Monaten März und April eventuell aus der Garnison in Graudenz die erforderlichen Mannschaften zur Verfügung gestellt werden sollten. Im welchem Umfange diese Hilfe nötig sein würde, konnte natürlich ebenfalls nicht im Voraus angegeben werden, da alles vom Wetter und dem Angebot an Arbeitskräften abhing.

Es wurde gerechnet, daß in der Oberförsterei

Junkerhof	1300 ha,
Charlottenthal	900 =
Rehberg	2000 =
Taubenfließ	500 =
Lindenbusch	950 =
Schüttenwalde	700 =
Königsbruch	1200 =
Osche	1000 =
Hagen	900 =
Warlubien	100 =
Czersk	750 =
Rittel	750 =
Jägerthal	700 =
Gildon	100 =
Drewenzwald	100 =
Sommersin	50 =
im ganzen	12 000 ha

der Streu sehr groß und die Bevölkerung mit dem Verschwinden des Spanners durchaus nicht zufrieden.

auszuharken sein würden." Da 1 ha zu harken etwa 7 bis 15, durch=
schnittlich 10 Männerarbeitstage erfordert, so würden im ganzen 120 000
Arbeitstage nötig sein. Bei der Annahme, daß etwa 10% der Fläche un=
entgeltlich ausgeharkt werden, war in Rechnung zu ziehen, daß für den Rest
von 10 800 ha etwa 108 000 Arbeitstage aufzuwenden sein würden. Unter=
stellte man nun die ungünstigen Verhältnisse, daß nur zwei Monate hierzu
zur Verfügung stehen würden, und nahm man an, daß auf 5800 ha die Streu=
reinigung durch fiskalische Waldarbeiter und Schulkinder erfolgen würde,
so ergab sich die Heranziehung von rund 1000 Mann Militär als erforderlich.

Die Kosten wurden pro ha mit 20 M. veranschlagt, so daß im ganzen
etwa an Arbeitslohn 216 000 M. veranschlagt wurden. An weiteren Aus=
gaben rechnete man noch etwa 1000 M. für Beschaffung von eisernen Harken
und die durch die Heranziehung und Verpflegung des Militärs entstehenden
Unkosten. Die Kgl. Regierung in Marienwerder glaubte aber dennoch „auf
das dringendste die Aufwendung dieser und auch noch erheblich höherer
Mittel befürworten zu müssen, da sonst, wenn die Maßregel nicht in
größerem Umfange durchgeführt wird, ein großer, wenn nicht der größte
Teil der Bestände der Tucheler Heide dem Spanner zum Opfer fallen müsse."

Um die Arbeit des Streuharkens nach Möglichkeit zu fördern, wurde
angeordnet, „daß jeder Tag hierzu benutzt werden soll, der sich dazu eignet,
und daß die Durchforstungen und Trocknishiebe, soweit dies nötig sein wird,
hiergegen zurückzutreten haben."

Ferner wurde in Aussicht genommen, in verschiedenen landwirtschaft=
lichen Zeitungen zum unentgeltlichen Schweineeintrieb in großen Herden
aufzufordern und etwaigen Unternehmern in jeder Weise fördernd entgegen
zu kommen.[1]

Um die biologischen Grundlagen für eine rationelle Bekämpfung des
Kiefernspanners durch auf breite Basis gestellte Versuche im Revier zu er=
forschen, gab die Kgl. Regierung in Marienwerder den Reviervertretern
am 25. IV. 1909 eine eingehende Anweisung zu solchen Versuchen:[2]

„Die Ungewißheit über die Entwicklung des Kiefernspanners und die
Wirkung der Gegenmaßregeln läßt es erforderlich erscheinen, nach beiden
Richtungen umfangreiche Versuche und Beobachtungen anzustellen. Ohne
hierbei den Wünschen der Herren Revierverwalter irgendwie Beschränkungen
auferlegen zu wollen, ersuchen wir besonders in folgender Weise eingehende
Beobachtungen anzustellen und jedes Ergebnis schriftlich niederzulegen.

---

[1] Auch bei dem Tucheler Fraß ist die Bekämpfung durch Schweineeintrieb nicht
durchführbar gewesen, wie weiter unten noch näher auseinandergesetzt werden wird.

[2] Die Resultate sind von mir im ersten Teile der vorliegenden Veröffentlichung
verarbeitet worden, soweit sie sich nicht auf das im letzten Teile des vorliegenden Bandes
behandelte Streurechen beziehen.

1. Eine größere Anzahl Puppen — (etwa 100 Stück) — ist in geeigneten Zwingern so unterzubringen, daß ihre natürliche Entwicklung nicht beeinflußt wird; es ist aber Vorsorge zu treffen, daß kein Falter entschlüpfen kann.

Die Zeit des Auskommens, die Zahl der Männchen und Weibchen, der Gesundheitszustand der Falter usw., kurz alles Wissenswerte ist genau zu buchen. Einer großen Anzahl Weibchen sind vorsichtig die Eier abzunehmen, und sorgfältig zu zählen.

2. Um festzustellen, welche Wirkung durch eine verschieden hohe Bedeckung auf die Entwicklung der Puppen ausgeübt wird, ist folgender Versuch anzustellen.

Es ist eine geeignete Stelle im Bestande in möglichster Nähe der Oberförsterei auszuwählen; hier ist die Streudecke auf etwa 1 qm zu entfernen, so daß keine Puppen vorhanden sein können. Dann sind 100 Puppen so einzubetten, wie sie von Natur zu liegen pflegen; hierauf ist die Grundfläche 50 cm hoch mit Moosstreu, die aber keine Puppen enthalten darf, so zu bedecken, wie es bei dem Streuharken zu geschehen pflegt. Auf diese Unterlage sind wieder 100 Puppen zu bringen, die etwa 30 cm hoch zu bedecken sind, worauf nochmals 100 Puppen auszulegen sind, die nur 20 bis 25 cm hoch bedeckt werden dürfen. Der ganze, in dieser Weise hergerichtete Haufen ist mit einem Netz aus haltbarem, engmaschigem Drahtgeflecht zu überspannen, das ein Fortfliegen oder Durchkriechen der Falter verhindert, aber eine jederzeitige Öffnung gestattet. Am besten wird dies durch Einrammen von Pfosten geschehen, die mit Latten verbunden werden, an denen das Drahtgeflecht befestigt wird.

Die Entwicklung der Falter in diesem Zwinger ist sorgfältig zu beobachten, die ausgeschlüpften Falter sind zu entfernen, Geschlecht, Eierzahl, Gesundheitszustand und Tag des Auskommens ist festzustellen. Nach dem 1. Juli ist der Streuhaufen vorsichtig in derselben Weise abzutragen, wie er errichtet wurde; dabei ist genau zu ermitteln, wie viele Puppen in jeder der 3 Lagen ausgekommen, ob die übrigen abgestorben oder die Falter am Ausfliegen gehindert worden sind und auf welche Ursache dies zurückzuführen ist. Hiernach wird es möglich sein, ein Urteil darüber zu gewinnen, eine wie hohe Bedeckung der Puppen notwendig ist, damit die in die zusammengeharkten Haufen oder Wälle eingelagerten Puppen getötet oder die Falter am Ausfliegen verhindert werden.

3. Alle Stufen der Entwickelung des Spanners sind fortgesetzt genau zu beobachten und zu buchen. Hierbei ist festzustellen, wann die ersten Falter beobachtet werden, wann in den einzelnen Jagen der Hauptflug eintritt, wie hierbei das Verhältnis von Männchen und Weibchen beurteilt wird, wann die ersten Raupen gefunden wurden (Probestämme fällen), wann der Fraß zuerst erkennbar wird, wie und aus welchen Gründen er in den ein-

zelnen Abteilungen verschieden stark auftritt, wie die Raupen sich bei ein=
tretendem Witterungswechsel, namentlich bei Kälte, verhalten, sowie wann
und in welcher Anzahl sie von den Bäumen herabsteigen usw."

Es erschien mir wichtig, diese mustergültige Anweisung wörtlich mit=
zuteilen. Möchten nach ihrem Vorbilde bei jeder Insektenkalamität die uns
noch so sehr fehlenden Erhebungen veranstaltet werden, die uns ein Bild der
Biologie des Insektes unter bestimmten klimatischen und Bestandesverhält=
nissen vermitteln, das für die Praxis brauchbar ist.

Bisher habe ich von dem allmählichen Auftreten des Spanners in den
zum Regierungsbezirk Marienwerder gehörigen Revieren der Tucheler Heide
berichtet.

Nach einem vom 28. Mai 1909 datierten Berichte der Kgl. Regierung
in Danzig hatte sich jedoch der Kiefernspanner schon „in den letzten Jahren"
wenn auch „nur gelegentlich" „auf kleinen Flächen im Belauf L a s s e c k der
Oberförsterei Deutschheide bemerkbar gemacht."

Aus dem eben angeführten geht jedenfalls das hervor, daß hier, in
Lasseck, der Spanner mindestens zur gleichen Zeit, keinesfalls später, als in
den Grenzrevieren des Marienwerder Bezirkes (besonders in Königsbruch
und Rehberg) bemerkt worden, also jedenfalls, mangels entgegenstehender
Angaben, autochthonen Ursprungs gewesen ist.

D a s g i l t aber meines Erachtens a u c h a u f d a s b e s t i m m t e s t e,
— und ich muß der in dem zitierten Berichte der Danziger Regierung auf=
gestellten Behauptung, es sei ein Überflug des Spanners von Königsbruch
und Rehberg aus erfolgt, deshalb ganz entschieden widersprechen — v o n
d e n F a l t e r n, w e l c h e, nachdem in Lasseck durch sofort nach Feststellung
der Gefahr noch im Spätherbst[1]) vorgenommenes Zusammenrechen der
Bodendecke der Spanner „vernichtet bezw. auf ein unschädliches Maß redu=
ziert werden konnte", „von Ende Juni 1908 an" in „größeren Schwärmen"
von den genannten Marienwerder Grenzrevieren her „i n n o r d w e s t=
l i c h e r R i c h t u n g in die Reviere Wildungen und Hagenort, ja bis in
die südlichen Jagen der Oberförstereien W i l h e l m s w a l d e und Deutsch=
heide v e r w e h t s e i n s o l l e n.

Ich habe im ersten Teile dieser Arbeit dargetan, daß unbedingt an
den schon von A l t u m präzisierten Forderungen hinsichtlich der Exaktheit
der Beobachtungen festgehalten werden muß, deren Erfüllung nötig ist, wenn
man die praktisch oft recht wichtige Behauptung aufstellen will, daß ganz
allgemein oder in einem bestimmten Falle ein Schädling übergeflogen oder
übergeweht worden sei.

Im vorliegenden Falle sind diese Forderungen unerfüllt geblieben. In
dem zitierten Berichte ist nichts Näheres zum Beweise der oben wörtlich

---

[1]) 1908.

wiedergegebenenen Behauptung angeführt. Und für die erforderliche Beobach=
tungsreihe: Beobachtung des auffliegenden Schwarmes, Beobachtung des
Fluges selbst und seines Einfalles im anderen Revier und der dort vor sich
gehenden Eiablage, konnte ich nicht einen Zeugen bei meiner Bereisung
der in Frage kommenden Reviere im Frühjahr 1910 finden.

Ja, es fehlt der zitierten Behauptung jede plausibel scheinende Stütze
auch insofern, als ein Überwehen des Spanners von den Grenzrevieren
Rehberg und Königsbruch nach den Revieren Deutschheide und Wilhelms=
walde über die Reviere Wildungen und Hagenort hinweg in „nord=
westlicher Richtung, also durch nordwestwärts gerichtete Luftströmungen,
wie ein Blick auf unsere Karte Taf. VI zeigt, vollkommen ein Ding der Un=
möglichkeit ist. Hagenort und Wildungen können von Königsbruch aus über=
haupt nicht durch einen (hypothetischen) nordwestlichen Falterflug ge=
troffen werden, da beide ausgesprochen östliche Nachbarn von Königsbruch
sind.

Von Rehberg aus hätte allenfalls Wildungen, der geographischen Lage
nach, durch einen nordwestlichen Überflug erreicht werden können, niemals
aber Wilhelmswalde und Deutschheide, die durchaus östlich und nordöstlich
von Rehberg (durch Wildungen davon getrennt) liegen.

Zudem kommt noch in Betracht die teilweise recht entfernte Lage der
Fraßzentren und die Einschiebung von (in nordöstlicher Richtung, die allein
in Frage kommt) größtenteils 2 km und mehr in der Breite sich aus=
dehnenden Feldmarken zwischen Königsbruch und Hagenort.

Daß in Hagenort das Wandern des Falters tatsächlich nur postuliert,
nicht beobachtet worden ist, geht aus dem Originalbericht[1] des Herrn
Revierverwalters mit aller Deutlichkeit hervor:

„Schon seit einigen Jahren war bei den Probesammlungen nach der
großen Kiefernraupe eine langsame Vermehrung des Spanners bemerkt
worden, jedoch war die Anzahl der gefundenen Puppen nur ganz gering=
fügig. Im Sommer des Jahres 1908 zeigte sich ganz unerwartet ein sehr
starker Falterflug hauptsächlich im südöstlichen Teil des Belaufs Hagenort.
Die dann angestellten Probesammlungen ergaben, daß dieser Revierteil
außerordentlich stark mit Spannerpuppen besetzt war; dann fanden sich
noch 2 kleinere Herde im Belauf Neuhof und Dlugi, während das ganze
übrige Revier fast frei von Spannern war, so daß unbedingt angenommen
werden muß, daß die Falter von benachbarten Revieren überflogen sind.“

Es fällt mir selbstverständlich nicht ein, abzustreiten, daß Falter ge=
legentlich in ansehnlicher Menge durch mit katastrophaler Gewalt herein=
brechende Luftbewegungen fortgerissen und nach entfernten Orten „ver=
weht“ werden können.

---

[1] Vom 14. XII. 09.

Aber darüber, was dort aus ihnen wird, wissen wir, wie im ersten Teil der Arbeit näher ausgeführt worden ist, absolut nichts, was uns berechtigte, auch nur bei einer einzigen Spannerkalamität zu sagen: Hier ist aus diesem Revierteil der Spanner in jenen verweht worden, und zwar mit dem Erfolg einer Verschleppung der Kalamität. Auch Nitsche berichtet nichts, was dieser Auffassung widerspricht. Er meint[1] zwar, es scheine „sicher eine passive Überwanderung der Falter unter dem Einfluß des Windes vorzukommen, der auf die die Flügel im Sitzen hochtragenden Falter sogar während der Ruhe stärker einzuwirken vermag, als auf die Flügel flacher haltenden Nonnen-, Spinner- und Eulen-Falter. Irgendwelche Beispiele führt er aber nicht an, sondern erwähnt im Gegenteil als auch bei dem Reichswaldfraße bestätigt gefundene Eigentümlichkeiten des Falters, daß dieser die zugigen Ränder meidet und die geschützten Bestände aufsucht, so daß im Innern der Waldungen z. B. an breiteren Wegen und Schlägen „stets die im Windschutz liegenden Ränder stärker besetzt und späterhin auch befressen, als die für den Wind offen liegenden sind". Letzteres könnte meiner Meinung nach nicht der Fall sein, wenn der gewiß vom Winde im Fluge leicht zu fassende Falter in wirklich eiablagefähigem Zustande über nennenswerte Strecken, etwa über eine Kahlschlagfläche hinweg verweht werden könnte. Die vorliegenden Beobachtungen sprechen eben lediglich dafür, daß auf zugigen Rändern die Eiablage des Falters gestört wird.

Soviel an dieser Stelle noch einmal über das angebliche Überwehen des Spanners im Juni 1908 über die Grenze des Regierungsbezirkes Marienwerder.

Nach dem zitierten Danziger Bericht vom 28. V. 1909 hat sich nun „ein irgendwie nennenswerter und sichtbarer Fraß im Sommer und Herbst des Jahres 1908 gleichwohl nicht bemerkbar gemacht. Dagegen ergaben die Herbstprobesammlungen nach schädlichen Insekten in den genannten Revieren[2] stellenweise eine beachtenswerte Zunahme des Spanners. Da jedoch bei den Sammlungen im Oktober in der Hauptsache nur Raupen gefunden wurden, wurde Ende November nochmals gesucht. Dabei stellte sich denn heraus, daß in einzelnen Stangenorten in den der Marienwerder Grenze anliegenden Beläufen der Oberförstereien Wildungen und Hagenort immerhin soviele Puppen und Raupen gefunden wurden, daß Gegenmaßregeln notwendig erschienen. Bei diesen Probesammlungen wurde indes die Bemerkung gemacht, daß die etwa zu gleichen Teilen vorhandenen Puppen und Raupen immer klumpenweise und tief im Sande unter der

---

[1] Tharandter Forstl. Jahrb. 1896.

[2] Hagenort, Wildungen, Deutschheide und Wilhelmswalde.

Humusschicht zusammenlagen[1]) und da alsbald starke und anhaltende Kälte mit Schneefällen einsetzte, war die Hoffnung der beteiligten Revierverwalter nicht von der Hand zu weisen, daß die noch nicht verpuppten Raupen wohl durch die tief in den Boden eindringende Kälte an der Verpuppung gehindert und getötet werden würden. Dessenungeachtet wurde noch im Herbst mit dem Streuharken in den gefährdeten Orten begonnen. Der Winter machte jedoch den Arbeiten bald ein Ende. Sobald der Frost es zuließ, wurden dann im April in allen Revieren der Inspektion nochmals flächenweise Probesammlungen vorgenommen, deren Ergebnis folgendes war:

In denjenigen Revieren und Beläufen, in denen in den letzten Jahren merklicher Nonnenfraß stattgefunden hatte, wurden nur geringe Mengen von Spannerraupen gefunden, so in Königswiese, Gr.-Bartel, Wirthy, dem nördlichen Teile von Wilhelmswalde und im Belauf Waldhof der Oberförsterei Hagenort. Dagegen fanden sich Puppen in recht bedrohlicher Menge in der Oberförsterei Wildungen mit Ausnahme des östlichen Belaufs Kalemba und im Belauf Hagenort der gleichnamigen Oberförsterei; ferner wurden zwei kleinere Herde in den Oberförstereien Wilhelmswalde und Deutschheide vorgefunden, in denen die Puppenzahl aber nicht über 15- bis 30 000 Stück pro ha bei ganz genauer flächenweiser Probesammlung stieg. Die anliegende Karte[2]) gibt ein anschauliches Bild des befallenen Gebietes."

„Die Probesammlung im April war, wie in Hagenort schon im Herbst, so vorgenommen worden, daß 3—5 m breite, durch die Bestände gelegte Streifen abgesucht wurden. An mehreren Stellen wurden bei der Bereisung auf genau abgesteckten, einen Quadratmeter großen Probeflächen Revisionssammlungen vorgenommen und festgestellt, daß die Probesammlungen im April außerordentlich sorgfältig ausgeführt worden waren.

Im Gegensatz zu den Probesammlungen im Herbst wurden bei jenen in diesem Frühjahr (1909) fast nur Puppen gefunden, die aber nicht mehr in der tieferen Sandschicht klumpenweise zusammenlagen, vielmehr einzeln — wenn auch in flächenweise wechselnder Menge — und meist in der obersten Sandschicht unmittelbar unter dem Humus; innerhalb der Humusschicht und in der toten oder lebenden Bodendecke, soweit sie in der Hauptsache aus den dem Boden locker aufliegenden und leicht abhebbaren Moospolstern von Hypnum-Arten besteht, war die Puppenzahl im allgemeinen gering. In dem kurzen und dichten Polster von Dicranum scoparium und Polytrichum

---

[1]) Vergl. das im ersten Teil der Arbeit über die Lage der Spannerpuppen Ausgeführte. Desgl. das dort über die Frostunempfindlichkeit der Puppen Gesagte.

[2]) Diese Karte, eine Kopie derselben, oder andere, als in den mir überwiesenen Berichten niedergelegte Daten, die ihrer Ausarbeitung zugrunde gelegen haben könnten, war die Kgl. Regierung in Danzig leider nicht mehr in der Lage, mir zugänglich zu machen. Ich muß daher auf die Eintragungen in der von mir gezeichneten Karte (Vergl. Taf. VI) verweisen, die sich auf die zitierten Berichte stützen.

commune dagegen, das fest auf dem Boden haftet, fanden sich viele Puppen. Wahrscheinlich haben die Raupen nicht vermocht, diesen zwar nur dünnen, aber festen Filz zu durchbrechen. — Im Belauf Dlugi der Oberförsterei Hagenort hatten die Puppen, abweichend von dem allgemeinen Befunde, gerade die schwarze, von dem goldgelben Mycel der Bodenpilze durchzogene und in Verwesung begriffene Humusschicht in auffallender Weise bevorzugt. Hohes und dichtes Heidekraut scheint von den Raupen zur Verpuppung ebenso gemieden zu werden, wie die üppigen Polster des den Boden stark durch=wurzelnden Polytrichum formosum.

Beschirmte Flächen waren freien Blößen vorgezogen worden. Da zum Teil in den im Herbst und im Frühjahr geprüften Flächen im April (1909) wesentlich mehr Puppen gefunden wurden als im November (1908), so muß angenommen werden, daß eine große Menge der im Herbst gefundenen Raupen sich im Winter verpuppt haben. Die meisten Puppen waren noch grünlich bis bronzefarbig gefärbt, alle sehr lebendig; vereinzelt fanden sich noch lebende Raupen.

Die Probesammlungen ließen ferner erkennen, daß die Puppen keineswegs gleichmäßig über die Bodenfläche verteilt liegen; meist überwiegt die Zahl unter den Baumkronen erheblich im Vergleich zu den un=beschirmten Flächen; im allgemeinen waren die wärmeren und trockeneren Lagen, die Südhänge und Kuppen bevorzugt und demgemäß stärker belegt, als die Nordhänge und Mulden. Um ein möglichst richtiges Bild vom Belag einer Fläche mit Spannerpuppen zu erhalten, dürfte es sich daher empfehlen und ist hier für die Zukunft allgemein angeordnet worden, das Probesammeln in der Regel derart vorzunehmen, daß durch den abzusuchenden Bestand zu=nächst eine geschlängelte oder mehrere sich kreuzende Linien abgesteckt werden, auf denen dann an beliebigen, aber alle Bestandes= und Bodenver=schiedenheiten innehaltenden Stellen 1—2 qm große Flächen bis auf die letzte Puppe abgesucht werden.

Der Befund ist stets pro Fläche, also pro qm oder ha, anzugeben, nicht aber bezogen auf die auf der Probefläche zufällig vorhandenen Stämme, was ein ganz falsches Bild gibt. So ergab z. B. die Probesammlung in Jagen 113 a b der Oberförsterei Wildungen eine Puppenmenge pro Stamm von 290 Stücken bei einem Belag pro ha von nur 40 000 Puppen, und andererseits im Jagen 118 b derselben Oberförsterei eine Puppenmenge von nur 50 Stück pro Stamm bei 109 000 Puppen pro ha! — Will man die Puppenmenge pro Stamm feststellen, so muß man die Stammzahl des ganzen Bestandes und nicht jene der Probeflächen auszählen bezw. berechnen und durch diese Stammzahl die auf der betreffenden Fläche gefundene Puppenzahl dividieren."

Eine derartige Bestimmung wurde damals im Jagen 32 der Ober=försterei Hagenort vorgenommen: an Puppen wurden pro qm 50, also pro ha 500 000 Stück gefunden und 600 Stämme pro Hektar gezählt, auf den Stamm kommen somit 500 000 : 600 = 833 Puppen. Da angenommen werden konnte, daß ein Teil der Raupen, welche in jenem Bestande gefressen hatten, bei dem fünf Monate langen Winter noch nicht zur Verpuppung gelangt waren, so ging man wohl nicht fehl, wenn man die Zahl der Raupen, welche in dem Bestande im Sommer und Herbst 1908 gefressen hatten, pro Stamm auf 1000 Stück schätzte.

„Trotz dieser großen Zahl war ein nennenswerter Fraß in jenem Bestande nicht festzustellen, die Bäume waren vielmehr voll und grün belaubt. Mehrere, am Boden liegende Wipfel von Durchforstungsstämmen ließen demgemäß auch nur eine geringe Beschädigung der Nadeln durch Spannerfraß erkennen. Wo sich gelegentlich durch Fraß gelichtete Baumkronen bemerkbar machten — es betraf dies zunächst die die allgemeine Bestandeshöhe überragenden Bäume und Gestelle —, deutete die Art des Fraßes, welcher sich stets auf den Wipfel der Krone beschränkt, auf Lophyrus-Fraß hin.[1]) An mehreren Stellen vorgenommene Absuchung der Bodendecke unter Bäumen der derart befressenen Kronen ergab denn auch regelmäßig ein wesentliches Überwiegen von Lophyrus.

Die Menge der bei den Probesammlungen pro Flächeninhalt gefundenen Puppen, von welcher an Gegenmaßregeln gegen den Spanner getroffen werden müssen, läßt sich generell daher nicht festsetzen. Mit den Vorbeugungsmitteln durch streifenweises Zusammenharken ist z. B. in den isolierten Herden der Oberförstereien Wilhelmswalde und Deutschheide bereits bei einem Befunde von nur 10—30 000 Puppen pro ha begonnen worden, während in den hauptsächlich befallenen Gebieten der Oberförstereien Hagenort und Wildungen in erster Linie die sehr stark belegten Orte geharkt sind, in denen 50 000 Puppen und darüber pro ha gefunden worden waren. Über 2—300 000 Puppen befanden sich in verhältnismäßig wenigen Orten; nur in dem kleinen, isolierten Herde im Jagen 32 der Oberförsterei Hagenort stieg die Zahl der gefundenen Puppen auf 500 000 Stück."

„Die Vorbeugungsmittel gegen den drohenden Spannerfraß haben überall im Zusammenharken der Streu bestanden. Nur in geringem Maße, — in Deutschheide im Jagen 15 b auf ca. 6 ha, in Wildungen im Belauf Linoweg auf 4 ha — konnte die Arbeit ohne bare Ausgaben gegen Abgabe der Hälfte der geharkten Streu, deren Gesamtmasse pro ha in den moosreichen Beständen der Oberförsterei Deutschheide auf etwa 300 cbm geschätzt wurde, ausgeführt werden. Im Belauf Kasparus der Oberförsterei Wildungen war in einzelnen Jagen mit lockerer Moosdecke die Arbeit in

---

[1]) Ich kann allerdings nicht zugeben, daß der im zitierten Berichte der Kgl. Regierung angegebene Charakter des Fraßbildes differentialdiagnostisch verwertbar ist. Auch der Spanner frißt, im Gegensatz zur gesunden (nicht wipfelkranken) Nonne, von oben nach unten!

Akkord zu einem Satze von 18 M. pro ha ausgegeben worden, in den meisten Fällen aber wollten sich die Arbeiter auf Akkordarbeit nicht einlassen und haben im Tagelohn gearbeitet. An Tagelohn wurden gezahlt für einen Mann 2,20 M. bis 2,50 M., für eine Frau 1,50 M. und für Kinder 0,90 M. Weiter von der Arbeitsstätte entfernt wohnende Leute erhielten einen Zuschuß von 20 Pfennigen pro Tag. Außer den ständigen Waldarbeitern beteiligten sich auch die bäuerlichen Besitzer an der Arbeit."

Die Schulkinder der oberen Klassen erhielten auf Antrag der Forstverwaltung von der Schulabteilung der Danziger Regierung in dankenswerter Weise die Erlaubnis, sich von 11 Uhr morgens ab an den Arbeiten zu beteiligen. „Auf diese Weise standen und stehen den Revierverwaltern genügend Arbeitskräfte zur Verfügung, so daß trotz des gleich nach Abtauen der Schneedecke angefangenen Streuharkens die meisten Kulturarbeiten werden ausgeführt werden können."

In der Oberförsterei Deutschheide, wo nicht nur die Bodendecke streifenweise abgeharkt und auf die Streubalken gebracht, sondern auch die auf den abgespalteten Streifen zurückgebliebene Humusschicht durchharkt worden war, beliefen sich die Kosten pro ha auf 21—25 M., im Belauf Kasparus der Oberförsterei Wildungen bei günstigen Bodenverhältnissen mit lockerer und leicht abhebbarer Moosschicht und ohne das Durchharken der Paltstreifen auf 16—20 M. Im übrigen entsprechen die Sätze von 21—25 M. dem ungefähren Durchschnitt der verursachten Kosten bei ausschließlicher Handarbeit."

Während in Deutschheide nur 2 m breite Streifen geharkt waren, betrug die Breite derselben in den anderen Oberförstereien 4 bis 5 m, jene der liegen gelassenen Streubalken 0,80 bis 1 m. Diese letzteren Dimensionen, die sich seinerzeit auch in Kielau am zweckmäßigsten erwiesen hatten, wurden von der Kgl. Regierung allgemein angeordnet und den Beamten und Arbeitern empfohlen, besonders darauf zu achten, daß die erste auf die Streubalken gebrachte Moos-usw.-Lage fest angetreten werde und an den Seiten die gewachsene Bodendecke ganz bedecke, um das Ausschlüpfen der Falter an diesen Stellen zu verhindern bezw. zu erschweren.

Was die Arbeitswerkzeuge anbelangt, so stellte es sich heraus, daß eiserne Harken allein nur zum Abharken der mehrfach erwähnten lockeren Moospolster von Astmoosen, wie Hypnum schreberi, H. crista castrense, H. spendens, Dicranum undulatum usw. genügten, über die ebenfalls eingangs erwähnten kurzen und das Erdreich stark verwurzelnden Polster von Polytrichum commune, Dicranum scoparium, Nardus stricta, Weingartneria canescens usw. aber fortglitten, ohne sie abzuheben,

Auf solchen Flächen wurden beim genauen Absuchen noch 25 Puppen pro Quadratmeter gefunden. Hier, wie auch auf den stark verheideten

Partien mußten Harke und Schippe einsetzen, um die Bodendecke zu ent=
fernen. Für die meisten Fälle erwies sich die vierzinkige Kartoffelharke als
das geeignetste Arbeitsgerät. Im Jagen 88 c der Oberförsterei Wildungen
wurde mit dem vom Forstmeister E h l e r t aus Charlottenthal erfundenen
Grubber gearbeitet. Auf die Bewertung dieses Instrumentes habe ich in
diesem Zusammenhange nicht näher einzugehen, ebensowenig auf die der
ebenfalls im Danziger Bezirke versuchsweise angewandten K r a n o l d schen
Egge. Ich zitiere hier nur die im Danziger Berichte gemachten Angaben über
die Kosten des Streurechens mit den Marienwerderer Instrumenten. „Die
Kosten des Streuharkens mit Benutzung des Grubbers haben sich in Wildungen
wie folgt gestellt: 1 Mann mit 2 Pferden (zu 12 Mk.) und 2 Mann Be=
dienung (à 2,50 Mk.) reißen an einem Tage die Bodendecke von 0,75 ha
auf, $^3/_4$ ha kosten demgemäß $12 + 5 = 17$ Mk. und 1 ha bei voller Arbeit
21 Mk. Hierzu kommen noch die Kosten für Nachharken der von dem
Grubber ausgelassenen Flächen und Zusammenharken der Streu im Betrage
von mindestens 8 Mk., so daß das Hektar im ganzen etwa $17 + 8 = 25$ Mk.
kostet.“

„Die Kosten der mit dem K r a n o l d schen Grubber geharkten Flächen
stellen sich einschließlich der Hand=Nacharbeit auf etwa 21 Mk. pro Hektar.“

„Nach den Beobachtungen der Revierverwalter wurden die geharkten
Streifen besonders in den ersten Wochen nach dem Beginn der Arbeiten
eifrig von Staren, Hähern, Krähen, Drosseln, Meisen und Dächsen besucht
und ziemlich rein abgesucht. In der Nähe der Dienstgehöfte, wie an der
Oberförsterei Wildungen und der Försterei Linoweg beteiligten sich auch
die Haushühner eifrig an dem Aufsuchen der freigelegten Puppen.“

Bis Ende April waren in den 4 Oberförstereien zusammen etwa 300 bis
350 ha geharkt worden. Die Arbeiten wurden eifrig fortgesetzt und auf etwa
700 ha ausgedehnt.

Da die Raupen sich in der Mehrzahl erst im Laufe des Winters ver=
puppt hatten, ja zum Teil selbst im April noch lebend und unver=
puppt gefunden wurden, stand ein Falterflug nicht vor Ende Juni zu
erwarten. Um so mehr konnten die Vorbeugungsmaßregeln, trotzdem sie
des ganz abnorm langen Winters wegen erst anfangs April begonnen
werden konnten, rechtzeitig beendet werden.

Um schließlich der Verstärkung eines etwaigen Spannerfraßes durch
den Waldgärtner vorzubeugen, wurde für den Bezirk allgemein angeordnet,
alle im Walde lagernde Hölzer zu schälen und ev. auch Fangbäume aus=
zulegen.

Dem Erlasse des Herrn Ministers vom 8. VII. 08[1]) gemäß beschränkte

---

[1]) Nr. III. 9202.

man sich im Regierungsbezirke Marienwerder, wie der Bericht vom 25. VI. 09 ausführt, auf die Ausführung der bisher einzig als sicher wirksam erwiesenen Maßnahme, das Zusammenbringen der Bodenstreu. Wo es sich ermöglichen ließ, wurde Streu zur Selbstwerbung kostenlos abgegeben. Die Arbeiten erstreckten sich im allgemeinen auf diejenigen Flächen, auf denen 40 bis 50 Puppen oder mehr je Stamm gefunden wurden; jedoch wurde es dem Ermessen der Revierverwalter anheimgestellt, unter Berücksichtigung der örtlichen Verhältnisse und der gesamten in Frage kommenden Umstände weitere Flächen der Bearbeitung zu unterziehen.

Nachdem die Raupen im Herbst sich zur Verpuppung unter die Bodendecke begeben hatten, wurden, und zwar Anfang November, die Arbeiten in Angriff genommen.

Auch in den Marienwerder Revieren setzte ihnen der früh beginnende und lang anhaltende Winter schnell ein Ziel. Außerordentlich starke Schneefälle gingen noch im Monat März über dem gefährdeten Gebiet der Tucheler Heide nieder und verzögerten das Auftauen und Schwinden des Frostes aus der Streudecke. Bevor dies eingetreten war, konnten die Arbeiten nicht wieder beginnen; demgemäß ließ sich ihre Wiederaufnahme erst Anfang April in der Hauptsache erst nach Ostern, vom 13. genannten Monats ab, ermöglichen. Da spätestens bis zum 15. Mai das Zusammenbringen der Streu beendet sein mußte, wurde nunmehr mit allen verfügbaren Kräften die Arbeit in Angriff genommen.

Auch von seiten der Marienwerder Regierung, Abteilung für Kirchen= und Schulwesen, wurden die Schulkinder der Ober= und Mittelstufe zwecks Beteiligung an den Spannerarbeiten beurlaubt. Hierdurch konnten 1167 Schulkinder zu den Arbeiten herangezogen werden.

Den Oberförstern wurde gestattet, die üblichen Tagelohnsätze der einheimischen Arbeiter für die Spannerarbeiten, soweit notwendig, zu erhöhen; dadurch gelang es, aus den umliegenden Ortschaften Arbeitskräfte in größerem Umfange heranzuziehen. Endlich wurde durch Abschluß eines Vertrages mit einem Unternehmer namens Albrecht dieser verpflichtet, 300 auswärtige Arbeiter zu beschaffen, die sodann auf diejenigen Reviere verteilt wurden, in denen Mangel an einheimischen Arbeitern vorhanden war.

Das Zusammenbringen der Streu erfolgte mit eisernen Harken oder durch Zusammenschaufeln; damit allein würde jedoch die große Arbeit in den zur Verfügung stehenden vier Wochen nicht zu bewältigen gewesen sein, wenn nicht die schon oben erwähnten Eggen und Grubber zur Verfügung gestanden hätten.

Es wurden im ganzen etwa 55 Kranoldsche und 25 Ehlertsche verwandt, womit die Arbeiten rechtzeitig zum Abschluß gebracht wurden.

Die verausgabten Arbeitslöhne einschließlich der Be=
schaffung von Geräten stellten sich im Regierungs=
bezirk Marienwerder auf   165 286,51 Mk.

Hierzu kam die durch Bericht der Kgl. Regierung vom
11. d. Mts. Nr. F. I 4624 C. C. 2, 3, 4 beantragte
Vergütung für den Unternehmer A l b r e c h t im Be=
trage von   1 047,00 Mk.

und die durch Kommandierung von Forsthilfsaufsehern
aus anderen Revieren zur Beaufsichtigung der
Arbeiten entstandenen Kosten, betragend   1 195,34 Mk.

Mithin Gesamtunkosten: 167 528,85 Mk.

Bearbeitet wurden 6813 ha, also Durchschnittskosten je Hektar = rund
24,60 Mk.

Die Zahl der beschäftigten Arbeitskräfte beträgt

      a) an einheimischen   4015
      b) „ auswärtigen   426
      c) „ Schulkindern   1167

         im ganzen   5608

Unter vorstehenden Angaben sind die Arbeiten nicht berücksichtigt, die
in solchen Revieren ausgeführt wurden, in denen nur ganz unerhebliche
Fraßherde vorhanden waren.

Eine detaillierte Nachweisung sei noch in nachstehender Zusammen=
stellung mitgeteilt.

Bemerkens= und nachahmenswert scheint es mir zu sein, daß die
Marienwerder Regierung, in der Absicht, ein möglichst geklärtes Material
von Beobachtungen über die Biologie und Bekämpfungsmöglichkeiten des
Kiefernspanners zu sammeln, alle in den Berichten der Revierverwalter[1]
niedergelegten Beobachtungen und Anschauungen übersichtlich zusammen=
stellen ließ und diese Zusammenstellung den beteiligten Revierverwaltern
mit dem Ersuchen überwies,[2] sich darüber zu äußern, inwiefern sich die
in der Zusammenstellung niedergelegten Angaben mit den eigenen Er=
fahrungen decken, und inwiefern sie etwa gegen jene Angaben und die
daran geknüpften Schlußfolgerungen Bedenken geltend zu machen haben.

Es ist auf diese Weise eine äußerst wertvolle Diskussion, zu der alle
Beteiligten, — wie aus dem mir von der Kgl. Regierung zu Marienwerder in
entgegenkommender Weise ebenfalls zur Verfügung gestellten Einzelberichten
der Herren Revierverwalter mit aller Deutlichkeit hervorging, — mit dem leb=
haftesten wissenschaftlichen Interesse beisteuerten, zustande gekommen. Die

---

[1] Die auf ihrem Erlaß erstattet worden waren.
[2] Erlaß der Kgl. Regierung vom 13. IX. 1909. J.=Nr. F. I. 7184 C.

Nachweisung der zur Vertilgung des Kiefernspanners (Bezirk Marienwerder) aufgewendeten Kosten, der Größe der bearbeiteten Flächen und der Zahl der beschäftigten Arbeiter.

1	2		3	4				5	6		7
	Kosten der Vertilgungsarbeiten		Größe der bearbeiteten Flächen, abgerundet auf ha	Zahl der beschäftigten Arbeiter				Zahl der aus anderen Revieren zur Aufsicht der Arbeiter kommandierten Forsthilfsaufseher	Reisekosten u. Tagegelder für die unter 5 Genannten		Bemerkungen
Oberförsterei				a) einheimische	b) auswärtige	c) Schulkinder	d) im ganzen				
	Mk.	Pf.							Mk.	Pf.	
Warlubien . .	4 536	07	184	164	.	54	218	.	.	.	
Hagen . . .	11 879	25	335	271	83	70	424	1	90	25	
Bülowsheide .	369	12	30	29	.	11	40	.	.	.	0 ha durch Streuabgabe kostenlos
Dsche . . .	4 387	.	148	266	.	28	294	.	.	.	
Charlottenthal	16 989	46	768	286	70	106	462	4	806	99	
Junkerhof . .	31 131	59	1754	rd.550	.	50	600	.	.	..	
Lindenbusch .	20 842	21	548	304	.	189	993	.	.	.	
Taubenfließ .	12 858	46	504	209	55	81	345	.	.	.	
Schüttenwalde	9 522	35	485	230	.	40	270	.	.	.	67 ha kostenlos
Rehberg . .	29 026	91	970	451	163	302	916	2	152	90	
Königsbruch .	11 655	23	415	202	55	.	257	1	145	20	
Jägerthal . .	5 566	83	315	198	.	66	264	.	.	.	
Czersk . . .	4 404	67	315	130	.	170	300	.	.	.	87 ha durch Streuabgabe zu Selbstwerbung
Rittel . . .	2 117	36	42	225	.	.	225	.	.	.	
Zusammen	165 286	51	6813	4015	426	1167	5608	8	1195	34	

tatsächlichen Mitteilungen, die hier zutage gefördert sind, haben den Kern für den vorliegenden monographischen Versuch gebildet.

Näheres über die Durchführung der seitens der Kgl. Regierung zu Danzig angeordneten Vertilgungsmaßregeln im Revier Hagenort während des Wintes 1909/10 enthält ein Bericht des Herrn Revierverwalters vom 14. XII. 09. Es wurde „ausschließlich das streifenweise Zusammenharken der Streu in 1 m breite Wälle bei 6 m Abstand der Wälle von Mitte zu Mitte angewendet, so daß zwischen den Wällen ein 5 m breiter Streifen blieb, welcher von Streu völlig befreit war. Versuchsweise ist auf einer kleineren Fläche die Moosegge des Herrn Oberforstmeisters K r a n o l b in Anwendung gekommen. In einem Jagen wurde die Streu kostenlos an bäuerliche Besitzer abgegeben, welche die Streu vollständig entfernten."

Die nur auf fiskalische Rechnung ausgeführten Vertilgungsmaßregeln erstreckten sich auf 417 ha mit einem Kostenaufwand von rund 6891 Mk., mithin pro Hektar rund 16,50 Mk.

Die Arbeiten wurden durch Handarbeiten ausgeführt, versuchsweise wurde auf einer Fläche von rund 20 ha die K r a n o l b sche Moosegge verwendet, deren Leistung in loser Moosschicht befriedigte, während sie im Heidekraut nicht zu gebrauchen war.[1]

Die Kosten der Bearbeitung der Streu mit der Kranold schen Egge stellten sich, wie folgt:

Eggen 76,30 Mk.; mithin pro Hektar $\dfrac{76,30 \text{ Mk.}}{20} =$ 3,81 Mk.

Zusammenbringen der durch die Eggen gelockerten Wald=
  streu durch Handarbeit 346,19 Mk.;
mithin pro Hektar $\dfrac{346,19 \text{ Mk.}}{20} =$ 17,31 Mk.

Zusammen pro Hektar 21,12 Mk.

Glücklicherweise nahm der Spannerfraßschaden, wie die auf die Herbst=
feststellungen sich beziehenden Berichte der Regierungen in Marienwerder und Danzig dartun, eine sehr viel geringere Ausdehnung an, als anfänglich mit gutem Grunde befürchtet werden mußte.

Die Kgl. Regierung in Marienwerder berichtet am 29. XII. 1909:

„In einem Teil der befallenen Reviere ist in diesem Jahre überhaupt kein merklicher Fraß zu verzeichnen, in den übrigen meist nur schwache Lichtung der Bestände, die stellenweise indessen auch der Mitwirkung der Sonne zuzuschreiben ist, und nur auf wenigen Hektar hat stärkerer Fraß stattgefunden. Der diesjährige Fraß hat nur in sehr geringem Maße zur Kronenlichtung beigetragen, der Hauptfraß entfällt auf 1908. Wir hoffen, daß die Kalamität im kommenden Jahre in der Hauptsache erloschen sein wird. Mit Bestimmtheit wird sich dies erst nach den Ergebnissen des Probesammelns beurteilen lassen, die bisher noch nicht festzustellen waren. Bevor· stärkerer Frost die Raupen zum Abstieg veranlaßte, trat am 17. November ein starker Schneesturm ein und brachte an diesem und dem folgenden Tage derartige Schneemassen, daß an Vornahme von Probe= sammlungen nicht zu denken war. Das darauf folgende milde Wetter hat noch nicht überall die Schneelagen zu beseitigen vermocht. Soweit Probe= sammlungen bis jetzt stattgefunden haben, haben sie a u ß e r o r d e n t l i c h g ü n s t i g e Ergebnisse geliefert.

Da sie indessen bisher nur in einem Teil der Reviere und auch in diesem noch nicht in vollem Umfange durchgeführt werden konnten, da ferner die bisherigen Ergebnisse noch nicht als zuverlässig genug zu be=

---

[1] Dieser Umstand kann gleichwohl der Kranold schen Egge, von deren Güte ich mich an verschiedenen Stellen in den Tucheler Revieren persönlich überzeugt habe, keinen Abbruch tun.

Ich habe weiter unten des näheren dargetan, für welche Standortsverhältnisse die Kranold schen und für welche die Ehlert sche Egge bestimmt sind. Hier sei nur bemerkt, daß, wo beide versagen, auch die Harke machtlos, aber glücklicherweise auch der Spanner weniger zu fürchten ist.

trachten sind, weil bei dem Schnee das Suchen nach Puppen erschwert wird, so werden wir, sobald es möglich ist, das Probesammeln wiederholen lassen und über die Ergebnisse besonders berichten."

Auf die in dem zitierten Berichte vorgetragene Beurteilung des Streurechens, die alle in Frage kommenden Punkte kritisch berücksichtigt, komme ich weiter unten zu sprechen.

Derselbe Bericht der Marienwerder Regierung[1]) enthält sich hinsichtlich der Frage, in welchem Umfange das Streuharken zur Vernichtung des Spanners geführt hat, eines abschließenden Urteiles, das erst abgegeben werden könne, nachdem die Ergebnisse des Probesammelns überall feststehen. „Indessen steht schon jetzt nach den bisherigen Ergebnissen des Sammelns, nach der geringen Ausdehnung des diesjährigen Fraßes, nach den Beobachtungen des diesjährigen Falterfluges und der an gefällten Probestämmen vorgefundenen ganz geringen Raupenzahl außer Frage, daß auf den bearbeiteten Flächen gegen das Vorjahr eine starke Verminderung des Insekts stattgefunden hat."

Eine dem Berichte angehängte tabellarische Übersicht mag an dieser Stelle ebenfalls mitgeteilt werden.

Übersicht des Spannerfraßes im Reg.-Bez. Marienwerder als Folge des Fraßes in den Jahren 1908 und 1909.

Oberförsterei	A. Beharkte Fläche			B. Unbeharkte Fläche			Höchstzahl b. beim Probesammeln im Herbst 1909 gefundenen Puppen	Bemerkungen
	Kahlfraß	starke Lichtung	schwache Lichtung	Kahlfraß	starke Lichtung	schwache Lichtung		
	ha	ha	ha	ha	ha	ha	je qm	
Warlubien . .	.	.	.	.	.	.	.	} Probesammeln infolge Schneefall bisher noch nicht möglich
Hagen . . .	.	5	.	.	.	.	.	
Bülowsheide .	.	.	.	.	.	.	.	Desgl.
Dsche . . .	.	.	.	.	.	120	.	Desgl.
Charlottenthal .	.	.	.	.	.	.	.	} Probesammeln bisher nur z. T. ausgeführt
Junkerhof . .	30	60	50	.	.	.	.	} Probesammeln bisher noch nicht möglich
Lindenbusch . .	.	120	600	.	.	400	.	
Sommersin . .	.	.	.	.	.	.	0,03	
Schwiedt . .	.	.	.	.	.	.	.	Desgl.
Taubenfließ .	.	.	.	.	.	.	.	Desgl
Schüttenwalde .	.	.	.	.	30	200	4	
Rehberg . . .	.	40	90	.	10	45	1,5	
Königsbruch .	.	.	110	.	.	130	8	
Jägerthal . .	.	.	.	.	.	.	weit unter 10 Stck.	
Czersk . . .	.	.	.	.	.	.	5	
Rittel . . .	.	.	.	.	.	12	4	
Gildon . . .	.	.	.	.	.	200	2	
Ges. Fraßfläche	30	225	850	.	40	1107		
		1105			1147			

[1]) Vom 29. XII. 09.

Am 1. Febr. 1910 berichtete die Danziger Regierung wie folgt über den Verlauf der Kiefernspannerkalamität:

„Der Flug des Kiefernspanners war im Jahre 1909 in den meisten Oberförstereien des Bezirks nicht bedeutend, wenngleich in einzelnen Revieren etwas erheblicher als im Vorjahre. Nur auf kleinen Flächen der betr. Reviere zeigte sich der Spanner in größerer Menge. In der Oberförsterei Stangenwalde trat er wieder im Schutzbezirk Babenthal bemerkenswert auf; in den Oberförstereien Neustadt und Gohra waren größere Flächen stark befallen. In der Oberförsterei Deutschheide flog der Spanner hauptsächlich wieder im alten Fraßherde. Ein sehr beträchtlicher Flug aber stellte sich wieder in den Oberförstereien Wildungen und besonders Hagenort ein, in dem ersteren Revier allerdings schwächer als im Vorjahre.

Die Flugzeit zog sich im allgemeinen sehr in die Länge. In einzelnen Revieren sind schon im Mai Spanner in größerer Zahl bemerkt worden. Übrigens gehen die Angaben über den Beginn des Fluges und seine Dauer wesentlich auseinander. In den höher gelegenen Revieren mit rauherem Klima trat er später ein."

Die einzelnen in beiden Regierungsbezirken (Danzig und Marienwerder) über die Flugzeit des Spanners angestellten Beobachtungen sind schon im 1. Teile dieser Arbeit mitgeteilt und interessieren an dieser Stelle nicht weiter.

„In der großen Mehrzahl der Oberförstereien ist der Fraß der Raupe unbedeutend und oft kaum wahrnehmbar gewesen. Nur in den befallenen Jagen der Oberförsterei Gohra machte sich zum Teil ein s e h r s t a r k e r F r a ß , der sich bis zu K a h l f r a ß steigerte, bemerkbar. In der Oberförsterei Hagenort dagegen, wo sich der Spannerflug auf das ganze Revier ausdehnte, zeigt sich trotz m a s s e n h a f t g e f u n d e n e r Raupen bis jetzt kein besonderer Schaden durch Fraß. Auch in Wildungen war die Menge der Raupen r e c h t g e f a h r d r o h e n d ; trotzdem gibt das Aussehen der Benadelung der Kiefern zu Befürchtungen vorläufig keinen Anlaß."

Über die Erklärung dieser Erscheinung (nicht in erster Linie durch ungünstige Witterung, wie der Danziger Bericht annimmt, sondern durch Schmarotzerinsektenbefall, und wahrscheinlich auch Wipfeln der Spannerraupen, wie ich glaube mit Bestimmtheit behaupten zu dürfen, bedingt, habe ich an anderen Stellen dieser Arbeit näher mich zu äußern.

Wir können daher in der Schilderung des Verlaufes der Kalamität uns jetzt der Darstellung des Fortganges der Bekämpfungsarbeiten zuwenden.

„Leider war es", heißt es in dem Berichte vom 1. II. 1910 weiter, „infolge der im Spätherbst — Anfang November — plötzlich eintretenden Kälte mit starkem Schneefall nicht möglich, das Probesammeln der Puppen am Boden im Herbst vorigen Jahres durchzuführen und es konnte auch nur zum Teil bis jetzt nachgeholt werden. Soweit die Ergebnisse des Probe= sammelns aber vorliegen, sind sie, namentlich im Vergleich zum Vorjahre, günstig.

Eine beträchtliche Zunahme der gefundenen Puppen ist nur in wenigen Fällen zu verzeichnen. Sobald, als die Witterungsverhältnisse es irgend zu= lassen, wird das Probesammeln beendigt werden. Wir glauben aber nach den vorhergehenden Darlegungen jetzt schon zu der Annahme berechtigt zu sein, daß das Gesamtergebnis der Probesammlungen recht zufriedenstellend ausfallen wird.

Was nun die Bestandesbeschädigungen durch den Fraß anbetrifft, so ist selbst in der Oberförsterei Hagenort, wo massenhaft Raupen gefunden worden sind, auch in den im Vorjahre stark befallenen Beständen kein besonderer Schaden bemerkbar. Ähnlich verhält es sich in anderen Revieren, wo das Aussehen der heimgesuchten Bestände ebenfalls nicht besorgniserregend ist. Nur in wenigen Fällen, auf kleinen Flächen, ist Kahlfraß eingetreten. Die Kalamität kann wohl im großen und ganzen als überwunden und vielfach als ganz erloschen angesehen werden."

Über die Hylesinus=Gefahr bemerkte der Danziger Bericht vom 1. II. 1910:

„Eine wesentliche Vermehrung der Borken= und Bastkäfer ist bis jetzt nicht beobachtet worden. Auf die Anwendung der üblichen Fang= und Ver= tilgungsmittel und die rechtzeitige Entfernung des eingeschlagenen Holzes aus dem Walde wird indessen besonders geachtet werden."

Über den voraussichtlichen Einschlag wird ebenda ausgeführt:

„Stärkerer Trocknishieb wird sich vielfach erforderlich machen, kahler Abtrieb dürfte jedoch auf größeren Flächen vorläufig nicht zu befürchten sein. Es wird wesentlich von der Witterung in diesem Jahre abhängen, in welchem Umfange das Absterben der stark und wiederholt geschädigten Bestände ein= treten und eingreifende Aushiebe oder gar kahlen Abtrieb notwendig machen wird."

„Als Vertilgungs= und Bekämpfungsmaßregel ist im Jahre 1909 haupt= sächlich streifenweises Zusammenharken oder Abplaggen und Zusammen= bringen der Streu bezw. des Bodenüberzuges auf Bänken oder Wällen zur Anwendung gekommen. Die Streifen haben dabei in der Regel eine Breite von 4—5 m und die Bänke (Wälle) eine solche von ca. 1 m erhalten. Nur in kleinerem Umfange ist die Bodendecke ganz entfernt und zwar ausschließlich da, wo sie gegen Selbstwerbung abgegeben oder verkauft worden ist.

Die betreffenden Maßregeln sind in folgenden Oberförstereien vor= genommen:

1. Wildungen . . . . . . auf rd. 570 ha
2. Hagenort . . . . = = 447 =
3. Deutschheide . . . . . = = 110 =
4. Wilhelmswalde . . . . = = 80 =
5. Gr. Bartel . . . . . . = = 70 =
6. Neustadt . . . . = = 67 =
7. Stangenwalde . . . . = = 59 =
8. Gohra . . . . = = 57 =
9. Gnewau . . . . = = 13 =

Zusammen 1473 ha.

Darunter sind enthalten 262 ha, auf denen die Bodendecke gegen Selbst=werbung verabfolgt ist, wobei zum Teil noch recht erhebliche Geldeinnahmen für die abgegebene Streu erzielt worden sind.

Auf Kosten der Forstverwaltung sind rund 1181 ha bearbeitet mit einem Geldaufwand von durchschnittlich rd. 24 M. je ha. Am billigsten sind die Arbeiten in der Oberförsterei Hagenort mit vorwiegend schwacher Moos= und Streudecke ausgeführt; sie kosteten hier nur 16,50 Mk. je ha.

Mit der Mächtigkeit und Festigkeit der Bodennarbe nehmen natur=gemäß die Kosten zu."

Über den Erfolg dieses Vertilgungsmittels fällt die Danziger Regierung in dem zitierten Berichte ein endgültiges Urteil nicht.

Ich gehe auf die betreffenden Ausführungen hier nicht näher ein, da sie mit dem Gegenstande dieses Abschnittes nichts zu tun haben und später noch in die Diskussion gezogen werden sollen.

Es wurden auf den bisher nicht befallenen und demgemäß vom Boden=überzug noch nicht entblößten Flächen der Danziger Spannerreviere auch im Winter 1910/11 Probesammlungen ausgeführt mit dem erfreulichen Er=gebnis, daß die Spannergefahr hier ebenso, wie im Marienwerder Be=zirke, völlig erloschen war.

Bei meinem mehrmaligen und zum Teil mehrwöchentlichen Aufenthalt in der Tucheler Heide während der Jahre 1911 und 1912[1]) habe ich auf meinen Exkursionen durch die Reviere Charlottenthal, Junkerhof und Osche nur ein einziges Spannerweibchen zu Gesicht bekommen und nur nach langem Bemühen gelang es dem Schutzbeamten, mir aus dem Belauf Grüneck (Ober=försterei Charlottenthal) 3 Spannerraupen nach Bromberg einzusenden.

Die Gesamtausdehnung, die der Spannerfraß in der Tucheler Heide erlangt hat, habe ich in der auf Taf. VI reproduzierten Kartenskizze zusammengestellt, die wohl keiner weiteren Erklärung bedarf.

---

[1]) Zum Studium der Biologie der Nonne.

Ebenfalls weit abliegend von dem Tucheler Verbreitungsgebiet, aber nicht entfernt auch nur lokal die Bedeutung erlangend, wie in den beiden obenerwähnten Beläufen der beiden Danziger Reviere Neustadt und Gohra, ist noch ein bemerkbares Auftreten des Spanners im Regierungsbezirk Gumbinnen zu verzeichnen, über das ich am 29. XII. 10 einige Daten von der Kgl. Regierung in Gumbinnen erhielt.

Das Probesammeln nach schädlichen Forstinsekten ergab im Winter 1910/11 hinsichtlich des Kiefernspanners in den Gumbinnener Revieren folgendes Ergebnis:

```
„Oberförsterei Neu=Lubönen .  .  88 Spanner (1200 abgesuchte Stämme)
    =      Trappönen  . .  48   =      (1500    =       =    )
    =      Schmalleningken . 32   =      (1716    =       =    )
           [im Vorjahre .  35   =      (1048    =       =    )]
    =      Jura . . . .  37   =      ( 877    =       =    )
           [im Vorjahre .  22   =      ( 515    =       =    )]
    =      Wischwill . . .  82   =      (2500    =       =    )
```

Die Sammlungen fanden zwischen 15. XI. und 15. XII. statt. Das Insekt befand sich meist im Puppenzustande, nur von einem Förster in Wischwill wurde berichtet, daß vielfach noch Spannerraupen vorhanden waren."

In der Folgezeit ist eine weitere Zunahme des Spanners in diesen, sämtlich am Oberlauf der Memel liegenden Revieren[1]) nicht beobachtet worden.

---

[1]) Es sind die am meisten reine Kiefernbestände aufweisenden Bestände des Regierungsbezirkes.

III. Abschnitt:
Der Fraß des Kiefernspanners.

1. Kapitel: Pathologie des Spannerbefalles.

Wir unterscheiden mit Ratzeburg den Befund am lediglich während e i n e s Jahres befressenen, von dem am zweimal, in zwei Jahren hintereinander, oder wohl gar öfter befressenen Baume.

Zur Zeit des Ausschlüpfens der Spannerraupe und um so mehr, je später dies erfolgt, ist die Nadel, die sie als Futter vorfindet, auch die junge diesjährige, schon recht hart und widerstandsfähig. Die zarten Raupen greifen daher zunächst die Nadel nicht vom Rande her, sondern von der Fläche an, und zwar am Spitzenteil.

Die Jungräupchen beschaben anfänglich nur schmale, kurze Streifchen der Oberfläche des Nadelkörpers. Sobald sie etwas kräftiger werden, führen sie den Biß tiefer in das Blattgewebe, so daß die Harzkanäle getroffen werden und die Bißstelle demgemäß zu harzen beginnt. Solche Nadeln sind, wie man sich in Zuchten leicht überzeugen kann, am ganzen Spitzenteil mit gelblichen Fleckchen übersäet.

Schon der Einhäuter hat genügende Kraft, um auch den Rand der Nadel, zunächst aber wieder nur die Spitzenhälfte, zu benagen. Bei oberflächlichem Fraß findet man nur die eine Seite der Spitzenhälfte benagt, bei kräftigerem, länger verweilendem, beide, die Spitzenhälfte resp. ihren stehengebliebenen Rest aber in jedem Falle vertrocknet und gedreht und hier und da mit sehr charakteristischen, schnell fest und weiß werdenden, kleinen Harztröpfchen besetzt.

Der stehengebliebene, die Mittelrippe einschließende Nadelrest weist eine eigentümlich zackige Kontur auf. Der meist ganz unversehrte Basalteil der Nadel bleibt zunächst noch grün und sitzt noch fest in der Scheide.

In dieser Weise befressene Zweige, — Nachfraß, Halbfraß, — sehen von weitem weiß, braun und gelbscheckig aus.

Tritt Kahlfraß ein, so geht die grüne Farbe der Nadelbasis ganz verloren, die Nadel wird trocken, und wenn die andere Nadel des Paares ebenso befressen ist, so fallen beide ab, so daß der betreffende Zweig dann mehr oder weniger vollkommen nackt erscheint, obwohl die Raupe niemals den am nächsten der Nadelbasis liegenden Teil angreift, also nicht etwa die Scheide an oder in sie hineinfrißt.[1])

---

[1]) Den Fraß des Spanners an Fichtennadeln beschreibt Nitsche (Lehrb. d. Forstinsektenkde, Bd. II, S. 964), der ihn durch Oberförster Mühlmann kennen lernte, folgendermaßen:

„Auch die kurzen Fichtennadeln werden meist nur an der oberen Hälfte befressen, und zwar stets einseitig, so daß schließlich nur ein feinster Nadelrand stehen bleibt, der

Im nächsten Frühjahr welken und brechen allerdings auch die im Herbst noch grün gewesenen Nadelstümpfe meist ab, wie schon v. Bernuth angegeben hat.

Wenn die Nadeln, wie eben geschildert, braun werden, so erhält natürlich der ganze Wipfel eine einförmig braune Färbung. Diese wird meist erheblich später erst, als Ende August, ein bis zwei Monate nach dem Auf-

---

endlich auch verzehrt wird oder abfällt. Nur schwach befressene Nadeln bräunen sich in der befressenen Hälfte, der untere Rest bleibt lange grün."

Altum ist wohl der erste gewesen, der die Eigentümlichkeiten des Fraßbildes an der Kiefer, wie es sich bei Anwesenheit einer mäßigen Anzahl Raupen in noch dicht benadelten Kronen bietet, eingehend studiert und auf das klarste beschrieben hat (Zeitschr. f. Forst= u. Jagdw., 1890, S. 81).

„Die Eigentümlichkeiten dieses Fraßbildes beruhen, dem des Kiefernspinners und der Forleule gegenüber, in der späteren Jahreszeit des Fraßes und in der Schwäche und den Aufenthaltsstellen der fressenden Spannerraupen.

Der späte Fraß findet die neuen Triebe mit ihren Nadeln bereits entwickelt, die schwache Raupe vermag diese Nadeln, geschweige die vorjährigen, nicht auf dem Stumpfe abzufressen, sondern, wie in ihrer ersten Jugend auch die kräftigeren anderen Kiefernraupen, nur der Länge nach an den Seiten zu benagen. Sie bringt dabei jedoch nicht auf längere, sollbe Strecken bis auf die Mittelrippe, sondern läßt beider= oder einerseits einen zackigen unbestimmten Saum der Nadelfläche stehen. Ihre Aufenthalts= stellen sind schließlich vorwiegend die äußersten Triebe. Da sie ferner die Nadeln von oben nach unten befrißt, so bilden etwaige, nicht angegriffene Nadelteile die Basis der Nadeln und können so das Charakteristische des Fraßbildes nicht verwischen."

Da die so angenagten Nadeln nicht, wie die bis auf die nackte Mittel= rippe beim Blattwespenfraß verzehrten Nadeln, sofort vertrocknen und völlig dürr werden und somit durch Einwirkung von Regen und Wind rasch abfallen, sondern bis in den Spätsommer hinein aufrecht, wenn auch in der Längsrichtung etwas gedreht, und dicht dastehen, so erhalten die befallenen Triebe ein grob borsten= oder bürstenartiges Aussehen. Dieses Fraßbild ist, in der Nähe gesehen oder in größerer Höhe mit be= waffnetem Auge betrachtet, ein so spezifisch eigentümliches, daß eine Verwechselung mit einer anderen Fraßbeschädigung kaum möglich erscheint. Sogar dem unbewaffneten Auge fällt an den spannerfräßigen Wipfelspitzen des Stangen=, sogar noch des Alt= holzes das zaserige Aussehen der benadelten Triebe auf."

An diesem auf den Spanner hinweisenden Fraßbilde wird kein Zug geändert oder verwischt, wenn etwa Spinner oder Eule oder beide gleichzeitig mit dem Spanner zu= sammen in derselben Krone fressen.

Ein weiteres von Altum zuerst beachtetes Merkmal ist die eigentümliche hell= bräunlich graue Färbung der einzelnen Nadeln. Dieser graue Farbton breitet sich in dem Maße, wie der Fraß fortschreitet, über den Zweig und schließlich über die Krone aus.

„Bald tritt dieser charakteristische Farbton nur an einzelnen Nadeln in Mitte normal grüner, doch von diesen sich schon scharf abhebend, bald stark mit diesen gemischt, bald vorwiegend, schließlich allein herrschend auf. Ein bräunlich grauer Schimmer hat sich mehr oder weniger stark und rein über einen Teil der Krone verbreitet, ja die ganzen Kronen können von diesem Tone eingenommen sein."

treten der Halbfraßfärbung, — je nach der die Entwicklung und Fraßluft der Raupe begünstigenden oder sie hemmenden Witterung, — bemerkbar.[1])

Der Trieb des Fraßjahres gelangt meist trotzalledem noch kräftig zur Entwicklung; der des Nachfraßjahres, gewöhnlich auch noch der des Nachnach= fraßjahres, entwickelt sich dagegen abnorm langsam und schwach. Die Nadeln bleiben auffallend kurz. Die Spitzenknospen treiben nur zum Teil und die Nadeln erlangen vielfach nicht einmal vor Eintritt der ersten Oktober= und November=Fröste die volle Ausbildung, erfrieren daher leicht und erscheinen dann rotspitzig.

Dieser Schilderung des normalen Verlaufes des einjährigen Fraßes wäre noch hinzuzufügen, daß ältere Raupen bisweilen die Nadeln in der Mitte durchbeißen, so daß der Spitzenteil herabfällt. Sie greifen dann den basalen Teil, von der Schnittfläche aus vordringend und ihn in seiner ganzen Breite verzehrend, an.

In zwei Jahren hintereinander befressene Nadeln zeigen nach Ratzeburg: „1. die durch abermaligen, aber nicht so intensiven und nur an der Spitzenhälfte der Nadeln bemerkbaren Fraß gebräunten Konturen; 2. die mehr schwarzen als roten und an der Basis stark verharzten Knospen= schuppen". Zum besseren Verständnis des vorstehend Dargelegten sei auch auf die Figuren 1—5 auf Taf. III verwiesen.

Die Zapfen des Fraßjahres werden nicht reif, sind zuweilen kugelförmig, schwärzlich gefärbt und lassen sich oft wie Pulver zerreiben. Nach v. Bernuths und Seelings von Ratzeburg verzeichneten Mitteilungen tritt die Zapfenbildung durch Spannerfraß wenigstens für einige Jahre zurück. Dagegen fiel in der Tucheler Heide stellenweise[2]) ein Reichtum an Zapfen an solchen Stämmen auf, die 1908 besonders licht ge= fressen waren.[3])

Im Reichswalde fand Nitsche die Ratzeburgschen Beobachtungen über das Zurückbleiben der Zapfen an den wiederaustreibenden Bäumen bestätigt. An gesunden Stämmen hatten die vorjährigen Zapfen Mitte Juni „bereits annähernd die normale Größe erlangt", dagegen waren sie an entnadelten Kiefern unterhalb der neuen Triebe höchstens erst haselnußgroß.

Ich wende mich nun der Schilderung der Symptome zu, die der vom Spanner befressene Baum bietet, soweit sie die krankhaften Veränderungen

---

[1]) Im Bericht der Oberförsterei Charlottenthal (27. 11. 08) wird dieser Tatsache gedacht: „In den stark durchlichteten Kronen sind die stehengebliebenen Nadelrippen grau und rötlich geworden. Die untere Nadelregion ist auch auf den stärkst befallenen Stämmen meist noch grün."

[2]) Charlottenthal, Ber. vom 15. XII. 09.

[3]) Ähnliches beobachtete ich in der Oberförsterei Fallersleben (Reg.=Bez. Lüneburg) an von der Nonne kahlgefressenen Fichten.

[4]) Tharander Forstl. Jahrb.

wiederspiegeln, welche infolge der Fraßverletzungen eintreten, Veränderungen, die entweder wieder rückgängig gemacht werden, — wenn der Baum sich erholt, — oder aber unaufhaltsam zum Tode führen.

Wenn der Forstmann sich ein zutreffendes Bild von dem Geschick der befallenen Bestände bilden will, muß er genau mit diesen Symptomen vertraut sein.

Als Grundlagen der Prognosestellung für den Baum — quoad vitam — können noch heute die von Ratzeburg[1]) angeführten Symptome dienen. Ratzeburg unterscheidet äußere und innere Symptome.

„Im Äußeren. Die günstigsten Anzeichen sind vollständiges Wiedergrünen im Nachfraßjahre, selbst wenn dieses nicht zur rechten Zeit eintritt.

Nach Rinde u. s. f., die dann gewiß in Ordnung ist, braucht man unter so günstigen Umständen gar nicht zu sehen. Im Fraßjahre müssen, wenn auch alte Nadeln ganz fehlen, die Knospen gesund und wenigstens so stark wie Knospen an nicht gefressenen Bäumen sein und es müßten sich hier und da auch Nebenknospen zeigen. Je mehr alte Nadeln noch grünend übrig geblieben sind, desto besser die Vorhersage. Werden im Verlaufe des Nachfraßjahres oder im nächsten die Triebe, namentlich des Nächstnachjahres, kürzer, anstatt länger, sind Bürstennadeln an denselben oder treten an unterdrückten oder fast kränklichen Stämmen unerwartet Trocknen oder Verkümmerung von Zweigen, schon von weitem durch Schwinden des Grünen bemerkbar, ein — was auch durch Zweigbohren des Hylesinus verursacht sein kann —, so ist die Prognose schlechter; wenn sich aber das Trocknen bloß auf einige Quirle des Wipfels beschränkt, also Spieße entstehen, so kann sich der Baum dennoch erholen. Es ist dann besser, wenn der Spieß schon im zweiten Jahre ganz trocken wird, als wenn er sich länger mit zerstreuten Nadelbüschchen quält, die den unteren grünenden Quirlzweigen die so notwendige Nahrung entziehen.

Innere bedenkliche Symptome äußern sich am augenfälligsten durch Erkranken der ganzen Rinde. Wenn Holzsammler im Walde, die ein feines Auge haben, hier an der Rinde probieren, oder gar der Specht schon hackt, so sind das schlechte Zeichen, auch wenn die Knospen noch grün sind. Auch kann man in den Orten, deren Gesundheitszustand am bedenklichsten ist, mit dem Fenstern hier und da an einzelnen Stämmen den Versuch machen. Treten auf der nackten Splintfläche die kleinen Tröpfchen langsam hervor, sind sie nur sandkorngroß und nicht mehr wie 20—30 pro Quadratzoll, so ist das auch ein schlechtes Zeichen für den Zustand des Holzes. In dem Falle wird man selbst im Winter des Fraßjahres, viel mehr aber noch im Nachfraßjahre, ein Zurückbleiben, halbes oder gänzliches Fehlen des Zuwachses

---

[1]) Waldverderbnis, S. 177.

und mehrerer Jahre Zapfenmangel bemerken. Dicht gedrängte Harzkanäle, noch dazu in schmalen Ringen, ist ein schlechtes Zeichen, auch zu schwammige Rinde, mit zu großen Harzbehältern, erschwert die Reproduktion. Die junge Rinde muß, wenn man mit dem Nagel von außen daran klopft, mäßig viel Harz geben und angenehm riechen. Da hier ähnliche Zustände, wie die beim Spinner geschilderten, hervorgerufen werden können, so wird man auch die dort geschilderten anatomischen Symptome zur Hilfe nehmen können."

Über die Krankheitserscheinungen des zum Tode des Baumes führen= den doppelten Fraßes hat uns vor allem in neuerer Zeit R. Hartig[1]) durch seine gelegentlich des großen Fraßes im Reichswalde angestellten Untersuchungen wieder eingehend unterrichtet.

Ich lasse seine Ausführungen wegen ihrer Bedeutung für eine richtige Prognosestellung hier größtenteils wörtlich folgen:

„Im Gegensatze zum Nonnenfraße tritt bei dem Kiefernspanner die völlige Entnadelung in der Regel erst im Herbste ein.

War der Bestand bisher noch unbeschädigt, so dürfte wohl nur selten die völlige Entnadelung vor Anfang Oktober eintreten. Dann aber kann mit Gewißheit darauf gerechnet werden, daß der Bestand sich in befriedigen= der Weise wieder begrünt und auch wieder bald erholt, falls er nicht noch= mals entnadelt wird.

Die jungen Triebe mit ihren Knospen sind ja völlig entwickelt und ent= halten eine genügende Menge von Reservestoffen, um letztere bis zu einem gewissen Grade zur Triebbildung zu befähigen. Allerdings erreichen die neuen Triebe, da ihnen aus den älteren Nadeln keine Nahrung zugeführt wird, keine große Länge und auch die Nadeln bleiben kurz, doch wird schon im zweiten Jahre wieder eine nahezu normale Triebbildung eintreten."

Bei zweimaligem Kahlfraß oder einem Lichtfraße folgendem Kahlfraß werden, wie Hartig ausführt, „die jungen Triebe schon so frühzeitig an den neuen Nadeln und an der Oberfläche der Triebachsen benagt, so daß eine allgemeine Bräunung der stehen gebliebenen Nadelreste oft schon Ende Juli oder Anfang August hervortritt. Die neuen, noch zarten Triebe welken und vertrocknen und besitzen nicht einmal mehr die Kraft, durch Korkbildung die abgestorbenen Nadelbüsche abzustoßen. Letztere bleiben bis zum nächsten Frühjahre an den toten Trieben sitzen". Solche mit abgestorbenen Nadeln besetzten Bäume besitzen nur tote Endtriebe.

Wenn aber die letzten Triebe mit ihren End= und Quirlknospen tot sind, ist die entnadelte Kiefer dem sicheren Untergange geweiht, weil, wie Hartig ausführt, ihr keine entwicklungsfähigen schlafenden Knospen mehr zur Verfügung stehen. Die im Quirl sitzenden, nach Frühfraß (Kiefern= spinner) zur Entwicklung von „Rosettentrieben" gelangenden embryonalen

---

[1]) Forstl.=naturw. Zeitschr. 1895, S. 396.

Knospen treten nach H a r t i g beim Spannerfraß überhaupt nicht in Aktion, wohl, wie H a r t i g meint, deshalb, weil „die Entnadelung erst zu einer Jahreszeit eintritt, in welcher die Knospen nicht mehr austreiben können.“ [1]

Doppelter Kahlfraß könnte nach H a r t i g nur dann n i c h t von infauster prognostischer Bedeutung sein, wenn die zweite Entnadelung, infolge Anwesenheit einer geringeren Raupenzahl, nicht schon im August, sondern erst im Oktober, dem ein sehr milder Winter folgen müßte, vollzogen ist.

Probefällungen müssen über den Zeitpunkt der vollendeten Entnadelung Aufschluß geben.

Im Nürnberger Reichswalde ist nach H a r t i g von 11 000 ha im Jahre 1894 kahlgefressenen Beständen der weitaus größte Teil „wider alles Erwarten“, trotzdem nur ca. 270 ha schon einmal entnadelt worden waren, zugrunde gegangen, weil der naßkalte Sommer 1894 die Entwicklung der Kiefer in abnormer Weise zurückhielt, so daß „insbesondere die Gewebe der Safthaut nicht zum Zustande der vollen Winterruhe“ kamen, nicht voll ausgereift waren.

Außerdem trat die Entnadelung auf etwa 8000 ha ungewöhnlich früh ein und war hier schon Ende September beendet.

Starkes Befressensein im Jahre 1893 und sehr starker Raupenbelag 1894 scheinen diese Beschleunigung bedingt zu haben.

Endlich war der folgende Winter ungewöhnlich hart und lang dauernd. Die Kälte sank nach H a r t i g auf — 30° C.

So sind denn die entnadelten Kiefern einfach dem Frost zum Opfer gefallen [2]

Auch Vertrocknen der einjährigen Triebe, deren Holzkörper schwach entwickelt und deren Rinde mehrfach von den Raupen angefressen war, kann nach H a r t i g s Versicherung mitgewirkt haben.

Man sieht jedenfalls, wie verhängnisvoll selbst einmaliger Spannerfraß werden kann, wenn weitere Schädlichkeiten, deren Voraussage ganz unmöglich ist, auf den befressenen und in seiner natürlichen Widerstandsfähigkeit gebrochenen Baum einwirken,[3] und es muß W e s t e r m e i e r ,[4]

---

[1] Daß R a t z e b u r g Rosettentriebe in Borntuchen gesehen, dies auch eingehend beschrieben und abgebildet hat, scheint H a r t i g entgangen zu sein, ebenso, daß alle seine Befunde sehr wesentliche und theoretisch-erfreuliche Übereinstimmung mit dem zeigen, was R a t z e b u r g in dem über Anatomie, Physiologie und Pathologie des Spannerholzes handelnden Kapitel in seiner „Waldverderbnis“ 30 Jahre vor ihm beschrieben hat (vergl. „Waldverderbnis“, S. 172—175). Man wundert sich, daß H a r t i g dieser Tatsache mit keiner Silbe in seinen Aufsätzen gedenkt.

[2] Wie die von H a r t i g ausgeführte mikroskopische Untersuchung einwandfrei ergab.

[3] Alles natürlich ein geradezu glänzendes Schulbeispiel für die von S o r a u e r vertretenen allgemeinen pathologischen Anschauungen.

[4] Pomm. Forstv. 1884.

der vor der „den Boden schädigenden Streuentnahme" warnt und sie für unnötig erklärt, widersprochen werden, wenn er diesen Standpunkt mit der Angabe begründet, er habe die Erfahrung gemacht (auf einer 30 ha großen Fraßfläche!), daß der nicht durchforstete Teil des Fraßortes sich ebenso vollständig wiedererholt habe, wie ein „in der Befürchtung, daß von den befallenen Stämmen aus die Trocknis den ganzen Bestand gefährden könne", stärker durchforsteter Teil. Westermeier warnt „nach dieser Erfahrung vor voreiligem Einschlag, selbst wenn die Bestände, — wie im vorliegenden Falle — fast kahl gefressen sind„. Diese Sätze sind mindestens recht geeignet, zu Mißverständnissen Anlaß zu geben.

Welche Feststellungen in Wahrheit erforderlich sind, um zu entscheiden, ob Abtrieb notwendig ist oder nicht, werden wir noch weiter an der Hand von Hartigs Ausführungen kennen lernen. Aber so einfach, wie Westermeier meint, ist die Frage der Wiederbegrünung durchaus nicht zu beantworten.

An Kiefern, die zum ersten Male (1895) befressen worden waren, stellte Hartig[1]) fest, daß bei frühzeitigem Eintritt der Entnadelung „selbst der Holzring wenigstens in dem oberen Baumteile nur unvollständig ausgebildet wird. Mit dem Aufhören der Assimilation zieht der Baum die in ihm vorhandenen Reservestoffe zur Ernährung des Kambiums herbei und dadurch tritt eine völlige Erschöpfung des Baumes ein". Unter den 3 von Hartig untersuchten Kiefern des Frühfraßes (schon im August völlig entnadelt) „hatte nur eine noch Stärkemehl in einer wenngleich sehr geschwächten Menge in Safthaut und Holz".

„Bei später eintretender Entnadelung gelangt das Wachstum an Holz und Safthaut zum Abschlusse, wenn auch in geschwächtem Grade. Bei Entnadelung im Monate September und Oktober findet sogar noch Ansammlung von Stärkemehl in der Safthaut und im Holze statt, wenn auch weitaus in geringerem Grade, als bei unbeschädigten Bäumen.

Auch nach Frühfraß erfolgte kein Vertrocknen der Triebe vor Winter." Mit diesen Angaben Hartigs stimmen die in der Tucheler Heide gemachten Beobachtungen gut überein.

So berichtet die Oberförsterei Charlottenthal unterm 16. VIII. 09:[2]) „Die im Herbst vorigen Jahres stark befressenen Bestände haben sich ohne Ausnahme wieder begrünt. Es handelte sich hier um wiederholten Lichtfraß. Interessanter Weise ergab sich in der benachbarten Oberförsterei Junkerhof, die außerordentlich geringen Sandboden hat, der ganz entgegengesetzte Befund, indem alle einigermaßen stark befressenen Bäume sich nur scheinbar etwas erholten, dann aber von oben her total abstarben und trocken wurden, so daß erheblicher Kahlabtrieb notwendig wurde.

<hr>

[1]) Forstl.-naturw. Zeitschr. 1896, S. 59.
[2]) Ebenso unterm 6. und 15. XII. 09.

Die Oberförsterei Junkerhof berichtete (unterm 10. I. 10.), „daß in den Beläufen Louisenthal und Bismarcksheide in den beiden letzten Jahren (1909, 1908) so stark gefressen worden ist, daß viele Stämme trocken geworden sind und einige Bestände kahl abgetrieben werden müssen. Schätzungsweise entfällt etwa 9000 bis 10 000[1]) fm Holz hierauf.

Viele Stämme trocknen noch nach, so daß auch die folgenden Jahre eine größere Totalität, als die früheren ergeben werden."

Kiefern, die im Jahre 1894 erst im Spätherbst völlig entnadelt wurden und im Sommer 1895 wieder mehr oder weniger ergrünten, zeigten nach Hartigs Untersuchungen, daß wenigstens ein Teil der letztjährigen Triebe noch lebte.

Die neuen Ausschläge waren Ende Juni, wo Zweige und Nadeln unbefressener, gesunder Bäume schon völlig ausgebildet sind, noch sehr kurz und schwächlich, da wegen der fehlenden Benadelung der vorjährigen Triebe natürlich die Ernährung der Jungtriebe gelitten hatte. Die ohnehin geschwächten Reserven aus dem Vorjahr waren selbstverständlich schnell genug erschöpft worden, so daß die neuen Triebe und Nadeln bald den Bedarf ihres Baustoffwechsels ganz aus ihrer eigenen Assimilationstätigkeit decken mußten.

Hiermit erklärt Hartig, „daß diese neu benadelten Bäume im Nachjahre gar keine Spur von Zuwachs zeigen".

Auf diese Feststellung lege ich großen Wert, weil der Tucheler Spannerfraß gezeigt hat, daß die Kosten der erfolgreichen Spannerbekämpfung im Regierungsbezirk Marienwerder noch nicht den Wert des durchschnittlichen einjährigen Zuwachses betragen haben. Wenn also schon bei einmaligem völligen Kahlfraß der Zuwachs im nächsten Jahre gleich Null wird, dürfte soviel doch wohl gewiß sein, daß es sich lohnt, eine Bekämpfungsmethode anzuwenden, die weniger kostet, als der einjährige Zuwachs an Wert repräsentiert; dafür aber mit Sicherheit nicht nur dem Verlust eines vollen Jahreszuwachses vorbeugt, sondern weit Schlimmeres, den Abtrieb des jungen, noch bei weitem nicht hiebsreifen Bestandes und alle sonstigen daraus erwachsenden wirtschaftlichen Nachteile abwehrt!

Später schrieb Hartig[2]) über das Erfrieren der vor Mitte oder Ende September 1894 völlig entnadelten Kiefern: „Bei manchen Bäumen trat auch schon Anfang April an den stärkeren Ästen Braunfleckigkeit, ja in einzelnen, besonders auf Moorböden stockenden Beständen am ganzen Stamme Rindenbräunung hervor. Daß in der Tat der strengen Kälte des letzten Winters die Tötung der Safthaut zuzuschreiben war, geht wohl am sichersten aus der Tatsache hervor, daß während des ganzen, so

---

[1]) In Wirklichkeit sind es 20 000 fm geworden!
[2]) Forstl.-naturw. Zeitschr. 1896, S. 59.

heißen Sommers und bis zur Mitte Oktober ein Fortschreiten des Ab=
sterbens an den Bäumen nicht zu bemerken war. Diejenigen Baumteile,
welche Anfang April, wenige Tage nach Aufhören des Frostwetters
Bräunung der Innenrinde zeigten, sind bald darauf ganz abgestorben und
trocken geworden. Von Mitte Juni bis Mitte Oktober hat gar keine erkenn=
bare Veränderung am Baume stattgefunden. Nur die von Käfern befallenen
Bäume sind „blau“ geworden, d. h. durch die Bohrlöcher konnten Sporen
des Ceratostoma piliferum ins Innere gelangen und das durch seine braune
Farbe ausgezeichnete Myzel ist in dem noch wasserhaltigen Holze besonders
in den lebenden Zellen der Markstrahlen bis zum Kerne vorgedrungen.
An solchen Bäumen löste sich im Herbste die Rinde von den Stämmen ab.

Alte Bäume dagegen, die von Käfern nicht befallen sind, haben sich
im Schafte bisher völlig gesund und frisch erhalten.

Die Krone der Bäume ist dürr geworden, der untere Schaft hat keine
Spur von Zuwachs entwickelt und zeigt in der Regel weder in Rinde noch
Holz Spuren von Stärkemehl.“

Hitze wirkt auf die Kronen der kahlgefressenen Kiefern nicht schädigend
ein, wie Hartig festgestellt hat.

Das ist, wie Hartig gleichzeitig betont, von großer praktischer Be=
deutung.

Während die Fichte gegen stärkere Insolation der Rinde sehr emp=
findlich ist, daher der Einschlag von der Nonne entnadelter Bestände nicht
früh genug begonnen werden kann, damit er vor dem auf das Fraßjahr
folgenden Sommer beendet ist, kann mit dem Einschlag des nicht von
Waldgärtnern und Harzrüßlern befallenen Holzes (das Hartig sorgfältig
schon während des Winters herauszuhauen rät, wesentlich wegen der drohen=
den Entwertung des Holzes durch Blaufäule) bis zum nächsten Sommer
zugewartet werden.

Ergeben im April die Probefällungen noch eine gesunde Safthaut
des Kronengeästes, so kann noch mit Wiederbegrünung gerechnet werden. Im
andern Falle (Bräunung des Kambiums) ist mit dem Einschlag zu beginnen.

In seiner letzten Mitteilung über den Nürnberger Reichswald kon=
statiert Hartig,[1] daß solche Bestände, die schon einmal stark befressen
und dann abermals ganz entnadelt worden sind, meist aufgegeben werden
müssen, weil die schwachen Ausschläge bei einer nochmaligen frühzeitigen
Entnadelung vertrocknen.

Über doppelten Kahlfraß lautet Hartigs definitives Urteil, daß er
stets für die Kiefer tödlich wirkt.

Zum Schluß sei noch eine Beobachtung von Leythäuser mitgeteilt,
deren prognostische Wichtigkeit vielleicht nicht überall die gleiche sein mag, aber

---

[1] Forstl.=naturw. Zeitschr. 1896, S. 311.

um so mehr, z. B. unter den Verhältnissen der norddeutschen Tiefebene, nachgeprüft zu werden verdient.

Nach Leythäuser „wurde die Fichte nur insoweit vom Fraße berührt, als sie sich im Unterstande der befallenen Waldteile befand".

„Je nach dem Grade ihrer Beschädigung vom Gipfel herab konnte man auf einen frühzeitigeren oder späteren Kahlfraß im dominierenden Föhrenbestand schließen. Es war dieser Umstand für die Praxis von Wichtigkeit und geradezu ein untrüglicher Weiser für die Wiederbegrünung des betreffenden Bestandes, da, wie wir später sehen werden, diejenigen Bestände, deren Fichtenunterwuchs bis herab zum Schaft abgefressen war, in der Regel die Begrünung versagten."

Sekundäre Erkrankungen der nach überstandenem Spannerfraß kränkelnden Kiefer dürften wohl bei genauerem Studium eine größere Mannigfaltigkeit erkennen lassen, als unsere heutigen Kenntnisse anzeigen.

Zweifellos ragt aber unter ihnen der Hylesinus-Befall und nächst ihm der mit Pissodes piniphilus an praktischer Bedeutung weit hervor. Vor allem ist von ihm nicht nur der Eintritt des Absterbens sonst wohl noch rekonvaleszenzfähiger Stämme zu befürchten, sondern auch eine Entwertung des gefällten Holzes. Ihm vorzubeugen ist also eine der wichtigsten Aufgaben in jedem Spanner-Fraßgebiete.

Hartig[1]) gibt an, daß die Erfahrung lehrt, daß nach einmaligem Spannerfraße in der Regel nur die schwächeren Bäume zugrunde gehen und zwar mehr noch infolge des nachträglichen Auftretens von Hylesinus, als infolge ausbleibender Wiederbegrünung.

Leythäuser hat die ständige Zunahme der Bastkäfergefahr im Verlauf der Spannerepidemie betont. „In manchen Beständen flog der Käfer, dessen Anwesenheit sich im Laufe des Herbstes durch eine Unmasse von Absprüngen kundgab, zur Überwinterung an den Fuß der Stämme so zahlreich an, daß fast kein Baum unbesetzt schien und mit Sicherheit größere Beschädigungen im kommenden Frühjahr zu erwarten waren." „Der Flug am 18. März (1896), dem ersten schönen und warmen Frühjahrstage dieses Jahres, war so stark, daß nicht nur die zahlreich geworfenen Fangbäume, sondern auch eine ungeheure Anzahl des schwach begrünten Materials in den Beständen befallen erschien."

Die befallenen Stämme wurden sofort mit Farbe gezeichnet. Bei späterem rechtzeitigen Einschlag und schleuniger Schälung wurde ein weiteres Umsichgreifen des Borkenkäferschadens verhindert.

Sehr instruktiv ist die treffliche Organisierung der Hylesinus-Bekämpfung, die uns Leythäuser geschildert hat.

„Inzwischen wurden mit großem Eifer die bedrohten Bestände auf das unterdrückte, nebenständige und voraussichtlich die Wiederbegrünung

---

[1]) Forstl.-naturw. Zeitschr. 1895, S. 396.

verjagende Föhrenmaterial durchforstet, eine Maßregel, die um jo mehr
geboten war, als bei den bereits maſſenhaft im Nebenbeſtand vorhandenen,
abſterbenden Föhrenmaterial weitere Beſchädigungen durch Vermehrung
des Kiefernbaſtkäfers zu befürchten waren. Dieſe Gefahr war insbeſondere
für den Nürnberger Reichswald eine eminente und, wie wir ſpäter ſehen
werden, leider nicht ganz abwendbare, weil dieſes große Waldgebiet außer
der unmittelbar anliegenden Stadt Nürnberg von zahlreichen Ortſchaften
ſowohl an der Peripherie, als auch im Innern beſiedelt iſt und in dieſen
Ortſchaften eine Menge unentrindetes Föhrenholz aufgeſtapelt wird, von wo
aus der Käfer in den Wald bringt und die bekannten Beſchädigungen
verurſacht.“

Außerdem wurden natürlich im Frühjahr zahlreiche Fangbäume ge=
worfen. „Beſondere Käferſektionen, zuſammengeſtellt aus dem Forſtperſonale
und verläſſigen Arbeitern, wurden errichtet, die neben der Beobachtung des
Fangmaterials den Käfer im ſtehenden Material aufzuſuchen, zu konſtatieren
und das weitere zur Vertilgung durchzuführen hatten.“

Freilich konnte nicht verhindert werden, daß das ſonſt in der Qualität
vorzügliche Spannerholz in naſſen, tiefer gelegenen Moorbeſtänden (aber
glücklicherweiſe auch nur hier) blau und waſſerſchlunbig wurde, und
zwar aus den oben ſchon, nach Hartigs Mitteilungen, berichteten
Gründen.

Auch beim Dresdener Fraß ſpielte die „Käfergefahr“ eine Hauptrolle.
„Beſonders[1]) läſtig wurden die im Gefolge des Spannerfraßes auftretenden
und raſch ſich verbreitenden Baſtkäfer Hylastes piniperda und minor, ſowie
Pissodes piniphilus.[2]) Im Jahre 1896 mußten wegen des Fraßes von
Pissodes piniphilus gegen 5000 fm Derbholz gefällt werden. Die Be=
kämpfung dieſer Käfer durch Entrinden der ergriffenen und gefällten Hölzer
und Verbrennen der Rinde koſtete noch mehr als die des Kiefernſpanners
ſelbſt. Der Vortragende konnte dabei feſtſtellen, daß das Brutgeſchäft der
Baſtkäfer unregelmäßig vor ſich geht, und daß die Generation einjährig,[3])
nicht doppelt iſt. Das Auftreten der Harztrichter an den Bäumen braucht

---

[1]) Schmidt=Kreyern. Zeitſchr. f. Forſt= u. Jagdw. 1898, S. 630. (Verf.
d. ſächſ. Forſtvereins.)

[2]) Weſtermeier hat ſchon 1884 nach einem auf 30 ha Kiefern ſich erſtreckenden
Spannerfraß das Auftreten von Pissodes piniphilus beobachtet (Verh. Pomm. Forſtver.
1884), deſſen Generation ihm, den damals herrſchenden Vorſtellungen entſprechend,
zweijährig zu ſein ſchien.

Daß ſie nicht zweijährig, ſondern, wenigſtens regulärerweiſe, einjährig iſt, wiſſen wir
durch die Arbeiten Nüßlins und Mac Dougalls (Forſtl.=naturw. Zeitſchr. 1897
und 1898).

[3]) Und das dürfte auch nach Beobachtungen, die ich an im Freien in Bromberg
unter ſtändiger Kontrolle gehaltenem Brutmaterial anſtellte, für den nordöſtlichen Teil
der preußiſchen Monarchie die Regel bilden.

noch keine Entnahme dieser Bäume notwendig zu machen, da viele Harz=
trichter leer sind und die Bäume ungestört weiter wachsen. Das Schnitzen
der Fangbäume muß vor der Verpuppung erfolgen, da sonst die tief im
Splint sitzenden Puppen vom Messer nicht erreicht werden.

Auch Agaricus melleus fand sich vielfach im Gefolge des Kiefern=
spanners ein."

Badermann[1]) rät zwar auf Grund der in der Colbitz=Letzlinger
Heide gesammelten Erfahrungen, nach eingetretenem Spannerkahlfraß nicht
gleich die ganze kahlgefressene Bestandesfläche im vollen Umfange abzu=
treiben, „sondern alle Stämme, wenn sie auch nur noch wenige grüne
Nadelbüsche zeigten, zunächst stehen zu lassen. In vielen Fällen haben sich
solche Stämme wieder völlig erholt. Andererseits wird dieses zunächst
kränkelnde Material ebenso wie frisch abgestorbenes in ausgedehntestem Maße
zur Brutstätte für andere Forstschädlinge, wie namentlich für Hylesinus
piniperda.

So wurden die gewaltigen Holzmassen der Colbitz=Letzlinger Heide,
die dem Spanner zum Opfer gefallen waren, durch den Fraß von Hy=
lesinus piniperda in erschreckender Weise vermehrt, da es nicht möglich war,
alle befallenen Stämme rechtzeitig zu schälen."

Auch in der Tucheler Heide, wo übrigens die Hylesinus=Gefahr erfolg=
reich bekämpft wurde, sind einige der Mitteilung werte Beobachtungen ge=
macht worden, die hier folgen mögen.

In der Oberförsterei Lindenbusch[2]) war der Waldgärtner nur in den
Jagen mit Spannerflug noch im Vorjahre, also zweimaligem Fraß, zu
beobachten. Gefällte Fangbäume stark beflogen, so daß deren Schälen und
Erneuern notwendig wurde. In der Oberförsterei Osche hatten sich die
Fangbäume bis zum 19. VII. 09 [3]) noch nicht als befallen erwiesen.

In der Oberförsterei Hagen[4]) waren die in der ersten Maihälfte ge=
fällten Fangbäume nicht so stark angenommen worden, als die bereits im
Winter gefällten und noch nicht abgefahrenen Stämme.[5]) Für rechtzeitiges
Schälen aller Stämme wurde selbstverständlich gesorgt.

---

[1]) D. F. Z. 1908, S. 956.

[2]) Ber. vom 21. VII. 09. Die ausgelegten Fangbäume wurden in Jagen mit
einfachem (diesjähr.) Flug gar nicht angenommen, oder nur wenig. Ebenso gar
nicht angenommen in Beständen, „in denen die Nonne bereits zwei Jahre hindurch
gefressen hat!"

[3]) Ber. vom gleichen Datum.

[4]) Ber. vom 17. VII. 09.

[5]) Meines Erachtens dürften selbst in der Tucheler Heide die Fangbäume nicht
später, als Ende März gefällt werden. In Junkerhof sah ich Mitte April 1910 gefällte
Stämme stark belegt. Später berichtet die Oberförsterei Hagen (unterm 4. Jan. 10)
übrigens: „Fangbäume, während des Sommers (1909) in den 1908 befressenen Be=
ständen gefällt, waren von keinerlei Borkenkäfern angenommen."

Nicht zustimmen kann ich den Ausführungen eines Berichtes der Ober=
försterei Junkerhof vom 15. Dezember 09. Es wird dort gesagt, daß der
geringe Befund (Hyl. min. et pinip.) an Fangbäumen an und für sich wohl
kein Beweis für das geringe Vorkommen des Borkenkäfers, der doch „er=
fahrungsgemäß in derartigen Fraßbeständen liegendes Holz sehr wenig an=
nehmen, vielmehr die stehenden Stämme vorziehen soll," sei. Darauf lasse sich
viel sicherer aus der Erscheinung schließen, daß in den 1908 stark befressenen
Beständen ganz auffallend wenig trockenes Holz zu bemerken ist. Hätte der
Waldgärtner die stehenden stark befressenen Stämme angegriffen, so müßten
die Spuren seiner Tätigkeit sich jetzt bereits gezeigt haben.

Bei einer Besichtigung des Reviers unter freundlicher Führung von
Herrn Oberförster T e i c h m a n n stellten wir aber fest, daß auch in Junker=
hof der Waldgärtner, wie anderwärts, liegendes (aufgeklafterte Scheite)
Holz dem stehenden, selbst bedenklich kränkelnden, vorgezogen hatte. Die
Rinde der Scheite war mit frischen Harztrichtern übersät. Am stehenden
Holz waren fast keine zu finden. (Was aber, — Fluglöcher!, — durchaus
kein Zeichen mangelnden Befalles ist.)

Ich wende mich noch mit einigen Worten den Schädigungen zu, die
nicht am Fraßbaum, sondern im Wirtschaftsbetriebe sich im Anschluß an den
Spannerfraß bemerkbar machen.

Daß trockenes Klima eine schwere Schädigung der befressenen Kiefern
mit sich bringt, wurde in dieser Arbeit schon mehrfach betont.

Im Nürnberger Reichswald hat es das Unglück gewollt, daß die Dürre=
jahre 1910 und 1911 der Kiefer auf den armen diluvialen Sandböden des
Fraßgebietes so arg zusetzten,[1]) daß in dem 28 000 ha großen Kiefernbezirk
„rund 1000 ha jüngere und ältere Kulturen zugrunde gegangen, viele der
mühsam aufgeforsteten Spannerfraßflächen vernichtet sind".

Daß solche Ereignisse praktisch als weitere und schwere Schädigung sich
geltend machen, in einem gewissen Sinne als sekundäre Spannerschäden
schlimmster Art bezeichnet werden müssen, dürfte nicht zweifelhaft sein.

Denn die Schwierigkeit der Aufforstung ausgedehnter Spannerkahl=
fraßflächen ist eine besonders große. Handelt es sich doch fast immer um Ge=
biete, in denen Klima und Boden jede gleichmäßige Aufforstung so ungewöhn=
lich großer Flächen sehr erschweren, wie sie im normalen Wirtschaftsbetriebe
nie vorkommen würden.

Als ich 1911 die Oberförsterei Planken bereiste (anläßlich meiner
Nonnenstudien), wurden mir fast unabsehbare Kulturflächen gezeigt, das
Resultat des großen Spannerfraßes, der in der Colbitz=Letzlinger Heide ge=
wütet hatte.

---

[1]) F ü r s t, Forstw. Centralbl. 1912, H. 2, S. 87.

Hier waren, wie man mir sagte, stellenweise bis zu 90 % Nach=
besserungen notwendig, da der Engerling (wie nicht anders zu erwarten)
sich in ungeheurer Menge auf den Hiebsflächen eingestellt hatte und nun,
den Klemmpflanzungsreihen folgend, Pflänzchen für Pflänzchen abbiß.[1]

2. Kapitel: Diagnose und Prognose des Spannerbefalles.

Für die richtige und rechtzeitige Diagnose des Spannerbefalles ist selbst=
verständlich eine genügende Kenntnis des Falters seitens des Personals
und bei Reviergängen genügende unausgesetzte Aufmerksamkeit auf fliegende
Falter erforderlich.

Bei den Reviergängen wird mit Nutzen so ziemlich alles zu beachten
sein, was oben im ersten Teil der vorliegenden Arbeit und in den ein=
leitenden Bemerkungen über Entstehung und Verlauf der Spanner=
kalamitäten gesagt wurde. Auf alle einzelnen in Frage kommenden Punkte
an dieser Stelle nochmals einzugehen, würde die Arbeit mit unerwünschten
Wiederholungen belasten.

Nur eins mag hier als goldene, von erfahrenen Revierverwaltern be=
achtete und dem Schutzpersonal immer wieder eingeprägte Regel ausdrücklich
hervorgehoben werden. Nächst dem Puppensammeln ist selbstverständlich
der Falterflug das in diagnostischer Beziehung wichtigste Symptom einer
über das gewöhnliche Maß herausgehenden Besetzung des Bestandes mit
Kiefernspannern.

Nicht oft genug kann daher den Beamten eingeschärft werden, wie es
auch Babermann[2] empfiehlt, während der gewöhnlichen Flugzeit und
dann wieder vor allem an sonnigen Tagen in den frühen Vormittags=
stunden die Stangenholzdickungen zu durchgehen und dort nach etwa
fliegenden Faltern, die besonders um die Wipfel dominierender Stämme
sich tummeln und hier am leichtesten zur Beobachtung gelangen, Ausschau
zu halten. Das fleißige Begehen von Gestellgrenzen[3] bringt den Schäd=

---

[1] Vielleicht wird gerade für solche Pflanzungen der Splettstößersche
Bohrer bessere Resultate geben!

[2] Deutsche Forstzeitung 1908, S. 954.

[3] Bei meinem mehrfachen, zum Teil längeren Aufenthalt im Revier Charlotten=
thal hatte ich Gelegenheit, die äußerst geschickte und geradezu vorbildliche Art und Weise
zu bewundern, wie hier Herr Forstmeister Ehlert in der Oberförsterei eine kleine,
aber treffliche Sammlung von Fraßstücken, ausgestopften Säugern (vor allem von Raub=
zeug) und Vögeln (eine wohl fast vollständige Sammlung der Raubvögel des mittleren
Schwarzwasser=Gebietes!), von Gelegen, forstlichen Insekten usw. zur Belehrung seiner
Beamten unter Aufwendung von viel Zeit und Mühe ganz allein zusammengebracht
hatte. Wie sehr wird dadurch die Freude der Beamten am Beobachten geweckt und die
Fähigkeit dazu geschärft! In einem Revier, wo der Verwalter eine Art biologischer
Beobachtungsstation schafft, sich als den weit in ihr eigentliches Element, die unmittelbare
Natur, vorgeschobenen Vorposten biologischer Forschung betrachtet, wird es über=

ling nicht oder zu spät zu Gesicht und nährt dann höchstens die beliebten Verwehungs= und Überflugshypothesen.

Weiß man, daß man aus irgendwelchen Gründen die Zeit der Flug= beobachtung verpassen mußte, so nehme man im Winter mit verdoppelter Sorgfalt in den Prädilektionsgebieten der Spannervermehrung ein zwei= maliges Probesammeln vor, und zwar das zweite Mal gegen Winterende, wenn die Schneeverhältnisse es irgend gestatten, und jedenfalls zeitig genug vor dem nach den örtlichen Erfahrungen über Klima und Flugzeitlage der forstlichen Insekten zu erwartenden ersten Flugtermin, so daß eventuell, wenn überraschend starker Belag mit völlig gesunden Spannerpuppen sich heraus= stellen sollte, noch rechtzeitig eine energische Bekämpfung eingeleitet werden kann.

Hinsichtlich der Technik des Puppensuchens ist auf das weiter unten (zum Teil auch schon in der Darstellung der Geschichte des Tucheler Fraßes) Gesagte zu verweisen. Das erstmalige Sammeln sollte immer nach Ein= tritt der ersten stärkeren Fröste vorgenommen werden, dann aber die Tat= sache berücksichtigen, daß die sich zur Verpuppung rüstenden, unansehn= lichen und geschrumpft erscheinenden Raupen leichter als die Puppen über= sehen werden, ihre Zahl also meist größer, als durch das Sammeln fest= gestellt wurde, sein dürfte, und daß die Raupen wie die Puppen nicht bloß, ja nicht einmal vorwiegend in unmittelbarer Nähe des Stammes liegen.

Hier sind also auch die schon seit längerem (G a r t h e)[1] und auch beim Tucheler Fraß (Oberförster T e i c h m a n n , Forstrat H e r r m a n n) vor= geschlagenen technischen Regeln: Abzählen der auf abgesteckten größeren Streifen gefundenen Puppen und nachherige Berechnung pro Stamm, von Wichtigkeit.[2]

---

r a s c h u n g e n durch Schädlinge, denen das Personal unvorbereitet gegenüberstünde, nicht geben.

Auch die Pflege der jagdlichen Interessen des Schutzpersonals kann ich mir, obwohl nicht selber Jäger, sehr wohl als von ähnlich guter, dem Walde Nutzen stiftender Wirkung vorstellen, weil ihre unmittelbare Folge immer eine Schärfung der Beobachtungs= gabe der Beamten sein wird.

[1]) Siehe den über Schweineeintrieb handelnden Abschnitt.

[2]) Auf exakte Durchführung des jährlichen Puppensuchens ist gerade aus diesem Grunde, weil der Falterflug, der schon eine verhängnisvoll starke Eiablage zu zeitigen vermag, durchaus nicht immer so sehr in die Augen zu fallen, oder einem, im Vorjahre durch seine Stärke warnenden Fluge nachzufolgen braucht, großes Gewicht zu legen. In diesem Sinne enthalten die Mitteilungen K n a u t h s (N. Z. f. F. u. L. 1895, S. 389) eine ernste Mahnung.

K n a u t h berichtet da, daß der Flug, der Mitte Mai begann, erst Ende dieses Monats stärker wurde, so daß an einigen gruppenartig begrenzten Stellen bis zu 30, ja 40 Stück Falter je um eine Baumkrone gezählt wurden. Von dem Flug während der vorausgegangenen Wochen heißt es: „Nach Versicherungen des einschlägigen Schutz= personals ist seit einigen Jahren eine ungefähr gleich große Anzahl von schwärmenden

Ich komme hiermit eigentlich schon zu der Technik der Prognosestellung, möchte aber vorher noch einiges über die praktisch wohl wegen ihrer größeren Anforderung an die Schärfe der Beobachtung etwas weniger leicht durchführbare rechtzeitige Diagnose des typischen Fraßbildes sagen.

Ich hatte schon oben in dem Kapitel über die Pathologie des Spanners in einer Anmerkung die Eigentümlichkeit des initialen Fraßbildes an der Hand von Altums Mitteilungen aus dem Jahre 1890 eingehend geschildert.

Ich kann hier auf das dort Ausgeführte verweisen und nur dem Wunsche Ausdruck geben, daß den Belaufsbeamten, die ja heute meist mit sehr guten Gläsern, vielfach sogar mit den besonders geeigneten Prismengläsern, ausgerüstet sind, die Bedeutung des initialen Fraßbildes eingehend erläutert wird. Es läßt sich, wie ich mich in der Tucheler Heide überzeugte, mit einem

---

Faltern konstatiert gewesen und hatte tatsächlich keine merkliche Beschädigung stattgefunden."

Und es waren offenbar regelmäßige Suchen nach Puppen ganz unterlassen worden! In Knauths Arbeit fehlt jede Angabe darüber. Vielmehr ging Knauth schließlich zu dem mühsamen und unsicheren Sammeln der weiblichen Falter „zur Prüfung des Belagstandes" über, weil für das Sammeln von Puppen zu diesem Zweck „die Zeit entschieden zu weit vorgerückt war und auch die mechanische rauhe Zusammensetzung der Bodendecke den Versuch nicht einladend erscheinen ließ. Zudem schlüpften vor der nach Puppen suchenden Hand die jungen Falter aus dem Boden."

Den eigentlichen Wert des Puppensuchens und Beobachtens berührt Knauth merkwürdigerweise, abgesehen von der soeben zitierten Wendung, mit keiner Silbe. Erst in seiner dritten Mitteilung (1896) kommt er mit einigen das Puppensuchen mißbilligenden, mir aber teils in ihrer Logik unverständlich gebliebenen, teils offenbar fehlerhafte Ausführung der Arbeit verratenden Äußerungen darauf zurück. Das Puppensuchen rangiert für ihn vollkommen unter den Vertilgungsmitteln und findet als solches mit vollem Recht abfällige Beurteilung. Dagegen meint er (N. Z. f. F. u. L. 1896, S. 46):

„Eins aber sollte unter keinen Umständen unterlassen werden, d. i. die Fortsetzung der periodischen Probesuchen an gefällten Stämmen in der bereits näher erläuterten Weise, eine Maßregel, mit welcher allein sich auf dem Laufenden erhalten werden kann (ich zitiere wörtlich!) über den jeweiligen Belagsstand, die Entwicklung und das Befinden der Raupen, das Vorkommen von Parasiten usw., das Fortschreiten des Fraßes, dessen Wirkungen unter normalen und abnormen Witterungsverhältnissen und (letzte Probefällung) die eigentliche Dauer des Fraßes."

Dabei muß Knauth auf derselben Seite, auf der er den zitierten Satz ausspricht, den „abnorm niedrigen Belagsstand" seines, am 17. September „in der ursprünglich nach dem angeführten Probesuchen als Hauptgefährlichkeitsherd erkannten Abteilung „Nollenkopf" gefällten Zählstammes und das Fehlen jeglicher Erklärung dafür zugeben, so daß die „wohlgezählten 186 Eihüllen" alles andere bewirken können, als das, daß der von ihm 1895 „aufgestellten Behauptung bezüglich zuverlässiger Feststellung des Belagsstandes durch Zählen der Eihüllen weitere Begründung zugebilligt werde".

Wer mit der Biologie der Schmarotzerinsekten des Spanners einigermaßen vertraut ist, weiß, daß z. B. der Gesundheitszustand des Insektes im Winter oder ersten

6= bis 8fach vergrößernden Feldstecher der typische Charakter des Fraßbildes selbst an 60= bis 70jährigen Kiefern sehr gut von unten erkennen.

Die meisten Beamten waren erstaunt darüber, wie viel sich über die Vorgänge in der Krone, speziell über den Charakter der Beschädigung, von unten her bei genauer Durchmusterung mittels der erwähnten Instrumente aussagen läßt, da sie allgemein glaubten, daß diffuse, von oben her beginnende Lichtung (die ja auch bei Blattwespenfraß und Beschädigung durch andere Insekten eintreten kann) oder das Braunwerden der Benadelung das erste sicherste Zeichen des Fraßes seien. Allein die „Lichtung" wird, wie wir wissen, gewöhnlich erst sehr spät bemerkbar.[1]

Gerade das von Altum erwähnte „grob borsten= oder bürstenartige Aussehen" der Triebe ist von unten her, selbst wenn erst einzelne Zweige befressen sind, sehr gut mit dem Glase zu erkennen.

Für wenig brauchbar halte ich für die zeitige Diagnosestellung den Nachweis des Kotes der Spannerraupe, der z. B. bei der Nonne ja ziemlich früh und leicht möglich und darum praktisch wichtig ist.

In der Oberförsterei Junkerhof wurde er erst im Herbst[2] beobachtet, machte sich dann freilich durch sein „Niederprasseln" deutlich genug

---

Frühjahr sehr bequem und sicher durch Beobachtung der Puppen eruiert werden kann, was Knauth durch sein Verfahren nicht vermocht hat.

Vom Probesammeln nach Spannerpuppen sagt Eckstein zwar in seiner „Technik des Forstschutzes" (Berlin 1904, S. 147), es sei ganz so auszuführen, wie das Probesammeln nach dem Spinner.

Ich rate aber doch, so vorzugehen, wie es schon Garthe in den 80er Jahren getan und in seinen brieflichen Mitteilungen an Judeich ausführt und näher begründet, und wie es auch die Danziger Regierung nach ihrem oben ausführlich zitierten Bericht betreffs der Probesammlungen angeordnet hat. Das heißt, die Puppenzahl ist zunächst pro Flächeneinheit zu bestimmen und darnach natürlich pro Stamm zu berechnen, um unter Berücksichtigung der Kronenentwicklung und =Benadelung ein zutreffendes Bild von der wahren Größe der Gefahr zu gewinnen.

Würde man, wie es nach Ecksteins Vorschrift geschehen müßte, auf 2 m im Durchmesser großen, kreisförmigen Flächen, in deren Mittelpunkt jedesmal ein Stamm steht, die Zählungen ausführen, so wäre ein genaues Resultat kaum zu erwarten. Denn die wenigsten Raupen verpuppen sich, wie im ersten Teil der Arbeit dargelegt wurde, so nahe bei der Stammbasis. Die gewonnenen Zahlen würden sicher sehr oft zu niedrig sein (besonders in schärfer durchforsteten Beständen).

Gerade also beim Spanner müssen streifenweise Probezählungen die Grundlage für die Bestimmung der Puppenzahl bilden.

[1]) Dies betont auch Eckstein in seiner treffenden Diagnose des Fraßbildes: „Die Nadeln sind an den Rändern treppenartig zackig befressen und verfärben sich graubraun; sie fallen nicht ab, daher erscheint die Krone noch bis zum Spät= herbst unberührt und nicht gelichtet. Erst im Winter und nächsten Frühjahr werden die befressenen Nadeln abgestoßen."

[2]) Bericht vom 4. XI. 1908.

bemerkbar. Ebenfalls deutlich genug war aber längst der Fraß selbst bemerk=
bar geworden. In dem zitierten Berichte heißt es: „Ein großer Teil der
Kieferstangen ist rot geworden und so befressen, daß das Eingehen zu be=
fürchten ist. Schwerster Schaden im Schutzbezirk Luisenthal, ebenfalls schwer
Bismarcksheide und Bechsteinswalde."

Ich wende mich nun einer kurzen Erörterung der für eine frühzeitige
Prognosestellung maßgebenden Gesichtspunkte zu. Ich meine hier
übrigens nur die Prognose hinsichtlich der weiteren Entwicklung des
Spanners. Die Prognose quo ad vitam des Wirtsbaumes habe ich oben
in dem Kapitel über die Pathologie des Spannerfraßes ausführlich be=
handelt.

Für nicht rationell halte ich es, die Prognose auf das Bild des Fluges,
etwa das durch Okularinspektion festgestellte und dann meist falsch und
optimistisch beurteilte Zahlenverhältnis der Männchen und Weibchen zu
stützen.

Nitsche warnt ebenfalls, nach Okulareinschätzung das Zahlenverhältnis
zwischen Männchen und Weibchen zu beurteilen. Im Forstamt Lichtenhof
(Reichswald) wurden aus 600 Puppen 37 % Männchen und 32 % Weibchen
(also im ganzen aus 69 % der Puppen die normalen Falter) gezogen.
Häufiger als man anzunehmen geneigt ist, ist das Überwiegen der Männchen
ganz belanglos. Daß es einmal einen solchen Grad erreicht hätte, daß
daraufhin das Verschwinden des Schädlings vorauszusagen gewesen
wäre, ist mir nicht bekannt geworden, weder von sicheren Fällen[1] aus
der Literatur, noch aus dem von mir untersuchten, viele Tausende von
Spanner=Puppen aus fast zwei Dutzend Revieren umfassenden Material.
Hier wies niemals ein nennenswertes abnormes Überwiegen eines der
beiden Geschlechter (speziell der Männchen) auf eine „Degeneration" hin.

Darum vermag ich der Bestimmung des Zahlenverhältnisses der Ge=
schlechter, in Übereinstimmung mit dem Ergebnis der in dieser Hinsicht ganz
unschätzbar wertvollen Erhebungen im Marienwerderer Bezirk, vorläufig
gar keine Bedeutung für die Aufgaben der Prognosestellung zuzuerkennen.

Was die prognostische Verwertung der Untersuchung der Eiablagen an=
langt, so hat Ratzeburg sicher recht gehabt, das bestätigen besonders die
Beobachtungen des Herrn Oberförsters Matthiaß in Hagenort in
vollem Umfange, wenn er großen Wert auf die Feststellung legte, ob die Eier
in langen Reihen oder vereinzelt (z. B. beim 1864er Neustädter Fraß meist
nur 2 bis 3 beisammen) abgelegt werden.

Freilich ist nicht zu vergessen, daß eine Prognose auf Grund des Be=
fundes der Ablageform im Hinblick auf den unmittelbar bevorstehenden Fraß

---

[1] Behauptet ist es oft genug worden, aber auf Grund von Okulareinschätzung, die
nur trügen kann, wie in dieser Arbeit mehrfach gezeigt wurde.

wohl immer reichlich spät kommt, besonders wenn sie ungünstig lautet, während auf Grund der von mir vorgeschlagenen Puppenuntersuchung die Prognose noch früh genug in Händen des Revierverwalters sein kann, um diesem die rechtzeitige Durchführung des Streurechens zu ermöglichen.

Aber von diesem ungünstigen Umstande abgesehen haben mir das meine Untersuchungen an Tausenden von Eiablagen der Nonne gezeigt, daß die krankhafte, abnorme Beschaffenheit der Ablagen prognostisch einen sehr wert= vollen Fingerzeig gibt.

Das liegt beim Spanner theoretisch natürlich gerade so. Aber praktisch wird es beim Spanner häufig sehr schwer sein, sich ähnlich, wie bei den, den ganzen Winter über ruhenden Eiern der Nonne einen guten Überblick über den Gesundheitszustand der Eier zu verschaffen. Man versuche nur einmal, zur Flugzeit und womöglich im ersten Fraßjahre, in einem Reviere mehrere tausend Eier sammeln zu lassen! Zudem setzt dann in wenigen Wochen allgemein der Fraß im Revier ein. Was nützt da noch eine Prognose!?

Beim Spanner ist, ohne daß die Bemerkung Ratzeburgs unrichtig wäre, die Untersuchung der überwinterten Puppen entschieden das Gegebene. Es ist merkwürdig, daß der große Parasitologe gar nicht der Prognose auf Grund von Puppenuntersuchungen in dem Spannerkapitel der „Wald= verderbnis" gedacht hat!

Von Raupenzählungen verspreche ich mir auch nichts für die Prognose= stellung. Man wird Nitsche [1]) zustimmen, wenn er meint, daß die Raupen= menge, die genügt, um einen Baum „durch den gewöhnlichen späten Kahl= fraß zu töten", eine relative ist, und daß lediglich das Verhältnis ihrer Größe zu der Stärke und Benadelung der Krone als entscheidend ange= sehen werden kann.

Demgemäß sind die in Bayern bei den großen Spannerkalamitäten am Ende des vorigen Jahrhunderts gewonnenen Resultate zu bewerten, wonach „in noch gut benadelten Kiefernbeständen mittleren Alters" [2]) bis zu 1000 Raupen pro Krone Naschfraß, bis zu 2000 Halb= und bis zu 3000 Licht=, mehr als 3000 dagegen Kahlfraß bewirken.

Werden Beobachtungen des Gesundheitszustandes der Raupen gemacht, so haben diese allerdings für die Prognosestellung Wert, werden sich aber dann fast immer nur auf das nächste Jahr beziehen können.

Ein besseres Bild geben zweifellos die Puppenuntersuchungen, weil sie uns für die Flächeneinheit eine Untersuchung der Gesamtmenge der vorhandenen Individuen und ihres Gesundheitszustandes viel sicherer und bequemer durchzuführen gestatten.

Dieselbe Ansicht hat Garthe [3]) geäußert, — und ihr schließt sich

---

[1]) Tharandter Forstl. Jahrb. 1896.
[2]) Nitsche, Ebenda, S. 170.
[3]) Tharandter Forstl. Jahrb. 1885, S. 81.

Nitsche in seinem Lehrbuch[1]) an, „daß natürlich auch beim Spanner für alle im Winter und Frühling vorzunehmenden Abwehrmaßregeln" (und die kommen eben allein praktisch in Frage) „das Probesuchen auf Puppen ent=scheidend sein muß".

Geeignetste Zeit für das Probesammeln dürfte in der Tucheler Heide analogen Fraßgebieten das Novemberende und der Dezember sein.

In der Oberförsterei Rehberg[2]) war in der ersten Novemberhälfte noch ein großer Teil der Raupen auf den Bäumen. Auch im Beobachtungs=kasten sind zu diesem Zeitpunkte noch mehrere Raupen beim Fraß resp. an den Zweigen sitzend angetroffen worden.

Um Mitte Dezember 1908 dagegen hatten sich nach den Berichten der Revierverwalter die Raupen alle, — und zwar meistens schon verpuppt[3]), — in der Streudecke befunden und waren also der Untersuchung ihres Gesund=heitszustandes zugänglich.

Es wären noch einige Anhaltspunkte für die Untersuchung der Puppen und die prognostische Verwertung des Resultates zu geben.

Sowohl chlamydozoen=(wipfel=)kranke Puppen, wie von Schmarotzern besetzte, machen etwa Ende Dezember einen vertrockneten Eindruck. Handelt es sich um chlamydozoenkranke Puppen, so läßt die mikroskopische Untersuchung (nur diese!) das leicht erkennen. Man braucht nur etwas von dem verjauchten und meist zu einer mißfarbigen (nicht spangrünen)[4]) Masse eingetrockneten Inhalt in einem Tropfen Wasser aufzuschwemmen und bei etwa 300facher Vergrößerung zu untersuchen. Man wird an den charakteristischen Reaktionskörpern dieser Krankheit, den Polyedern, dann sofort die Krankheit sicher erkennen.

Von Ichneumonen oder Tachinen befallene Puppen lassen, wenn sie schon braun und vertrocknet aussehen, gegen das Licht gehalten, erkennen, daß ihr Inhalt sie nicht ganz ausfüllt. Meist sieht das Kopfende der Puppe durchscheinend aus. Bricht man eine solche Puppe auf, so findet man die Schlupfwespe um die Dezember=Januarwende meist noch als Larve. Nimmt man Mitte Dezember die Puppen ins warme Zimmer, so schlüpfen Mitte bis Ende Januar die Schlupfwespen aus.

Die Tachinen findet man im Revier gewöhnlich schon im Dezember als Tönnchen neben den leeren Puppen liegen. Vielfach aber liegen die

---

[1]) Bd. II, S. 967.

[2]) Ber. vom 7. XII. 09.

[3]) Über den Prozentsatz auch dann noch unverpuppter Raupen (die übrigens sehr wohl später, meist im Laufe des Januars, zur Verpuppung gelangen können, wurde schon im ersten Teile dieser Arbeit das Nötige gesagt. In Lindenbusch (Ber. vom 23. XII. 08) waren am 7. XII. 08 noch 30 % der Raupen unverpuppt.

[4]) Solche findet sich nur in wirklich durch extreme Trockenheit oder mechanische Verletzungen abgetöteten, aber sonst vorher gesund gewesenen Puppen.

Tönnchen in der Wirtspuppe, d. h. die Tachinenlarve bohrt sich vor ihrer letzten Häutung nicht heraus.

Untersucht man die Puppen früher oder sehr früh, etwa im November, so unterscheiden sich die von Schmarotzerinsekten besetzten dadurch von den gesunden, daß sie auf Berührungsreize nicht oder nur schwach mit reflektorischen Schlägen des Schwanzteiles reagieren, obgleich dieser noch passiv, und zwar sogar auffallend leicht, bewegt werden kann. Öffnet man solche Puppen, so findet man im noch weichen Inhalt die junge Schmarotzerlarve. In tachinierten Puppen ist der Inhalt meist stark bakteriell zersetzt.

Bei wipfelkranken und bei vertrockneten Puppen ist der ganze Puppenkörper eigentümlich starr, und das Abdomen kann gewöhnlich nicht oder nur schwer zur Seite gebogen werden, ohne daß die Puppe zerbricht.

Schmarotzerbesetzte Puppen sind meistens übermäßig gestreckt, so daß die Ringelung des Abdomens sehr stark hervortritt. (Vergl. Fig. 4 auf Taf. V.)

Die Prognose kann nach meinen Erfahrungen günstig (für den Bestand) gestellt werden, wenn über 50 % der Puppen krank sind. Das gilt für Ichneumonen- und Tachinenbefall.[1])

Über den prognostisch günstigen Prozentsatz wipfelkranker Puppen fehlen mir noch die nötigen Erfahrungen.

Ist der Spannerbelag eines Revieres an und für sich so gering, daß eine Fraßwiederholung als nicht sehr bedenklich zu erachten ist, so kann selbstverständlich schon ein geringerer Prozentsatz von schmarotzerbefallenen Puppen günstige Aussichten eröffnen, weil dann ein völliges Erlöschen der Kalamität im übernächsten Jahre zu erwarten steht.

Selbstverständlich beruht der prognostische Wert der Puppenuntersuchung darauf, daß erfahrungsgemäß in den Revierteilen, in denen viel kranke Puppen gefunden werden, der Fraß erlischt, — weil eine Abwanderung der Falter aus anderen Revierteilen n i c h t stattfindet. Die Behauptung v. V a r e n d o r f f s, daß der Hauptfraß bei einer Massenvermehrung des Spanners keineswegs stets dort eintritt, wo im Winter die meisten Puppen gelegen haben, resp. gefunden sind, ist nur richtig, wenn man sich bei den Erhebungen lediglich mit der Feststellung der Zahl der Puppen schlechthin begnügt. Derjenige Revierverwalter, der den Prozentsatz kranker Puppen feststellt oder feststellen läßt, wird keinen unangenehmen, höchstens angenehmen Enttäuschungen in bezug auf das Eintreffen der gestellten

---

[1]) Ich unterscheide hier, wo es sich lediglich um die Praxis der Prognosestellung handelt, nicht zwischen echten Tachinen und Sarcophagiden, die in den Spannerpuppensendungen aus dem Regierungsbezirk Danzig stellenweise in großer Zahl vorhanden waren und sich dort stark an der Vernichtung des Spanners mitbeteiligt haben.

Prognoſe ausgeſetzt ſein. Daß Beobachtungen, wie die v. Varendorffs, ungeeignet ſind, eine Theorie der Falterabwanderung irgendwie zu ſtützen, wurde in dieſer Arbeit an mehreren Stellen auseinandergeſetzt.

Daß man beim Probeſammeln nicht gerade in erſter Linie ſolche Stellen im Beſtande, die notoriſch mindeſtens zu Beginn der Maſſenvermehrung (oder wenigſtens in der Regel) vom Spanner gemieden werden, z. B. moorige Senken, auswählt, ſie aber wohl mit berückſichtigt,[1]) iſt ſelbſtverſtänblich.

Gerade wenn man den Geſundheitszuſtand der Puppen exakt feſtſtellen will, ſind Puppen aus Beſtandesteilen von möglichſt verſchiedener Beſchaffenheit zu ſammeln.

Herr Oberförſter Teichmann[2]) ließ die Jagen kreuzweiſe in den Diagonalen nach Puppen durchſuchen, um ſo zu finden, an welchen Stellen die Beſtände noch ſtark befallen ſind.

Herr Forſtmeiſter Ehlert rät in ſeinem Dt. Eylauer[3]) Referat, 3 bis 4 m lange und 8 bis 10 m breite Streifen abzuſuchen.

---

[1]) Nitſche hat ja ſogar in ſeinem Bericht über den Fraß im Reichswalde angegeben, daß dort völliger Kahlfraß auch auf Moorpartien, deren Sphagnum= und Eriophorumpolſter dem Vorwärtsbringen Schwierigkeiten bereiteten, eintrat. Nitſche ſchreibt darüber: „Anfänglich glaubte ich, es handle ſich hier nur um kleine Moorparzellen, in denen Schmetterlinge nicht ausgekommen wären, welche vielmehr von ſolchen Schmetterlingen überflogen und mit Eiern belegt worden wären, die in den benachbarten trockeneren Beſtänden ihre Puppenruhe durchgemacht hätten. Bald aber überzeugte ich mich, daß dies nicht der Fall war, da dieſe Moorpartien oft Hunderte von Hektar umfaſſen. Alſo nicht einmal Moorboden ſchützt vor Spannerfraß." Nitſche gibt freilich nicht an, daß er ſelbſt Puppen in dieſem Moorboden gefunden hätte.

Über „direkte" Beobachtungen erwähnt er nur, daß ſolche vorlägen, aber ohne auch nur eine anzuführen. Danach ſcheint mir die Frage, ob wirklich auf Moorboden eine Überwinterung der Spannerpuppe ſtattfindet (andererſeits ſcheint von einem Überflug auch hier nicht die Rede geweſen zu ſein) angeſichts des Umſtandes, daß ſämtliche ſonſt vorliegenden Beobachtungen einer derartigen Annahme widerſprechen, noch nicht ſpruchreif zu ſein.

Um ſo mehr berückſichtige man künftig beim Probeſuchen gerade auch ſolche moorigen Stellen, ſchon allein, um über dieſe wichtige Frage Klarheit zu bekommen.

[2]) Bericht der Oberförſterei Junkerhof vom 6. III. 1909.

[3]) l. c. S. 17.

IV. Abschnitt:

Die Bekämpfung des Kiefernspanners.

Kapitel 1: Unrationelle oder selten für sich allein anwendbare Methoden.

Zunächst würden die gegen den erwachsenen Falter sich richtenden Bekämpfungs= und Abwehr=Methoden zu nennen sein.

In erster Linie ist da der Falter=Fang zu nennen, den meines Wissens zuletzt Knauth in größerem Maßstabe hat ausführen lassen.

Knauth[1]) berichtet, daß er bei einem Kostenaufwand von 5 Mk. mittels mehrere Tage hindurch während der Morgenstunden (7 bis 10 Uhr morgens) ausgeführten Sammelns weiblicher Falter 1500 Stück[2]) erbeutet und vernichtet und daher, unter Zugrundelegung der in der Oberpfalz gewonnenen Durchschnittszahlen, wonach ein Befall mit über 3000 Raupen eine normale Kiefernkrone völlig entnadeln würde, 50 Stämme (natürlich nur bei Durchführung im großen Maßstabe) vor dem Kahlfraß bewahrt haben würde.

Vergleichen wir nun die Kosten des Verfahrens, — 5000 Stämme = 500 Mk.) unter Berücksichtigung seiner Unsicherheit und Undurchführbarkeit[3]) im großen mit den Kosten des Streurechens, so ergibt sich zweifellos, daß letzteres billiger und rationeller ist.

Unter die Versuche, den Falter direkt abzuwehren, ist dann auch (wenn wir von den oben erörterten Abwanderungstheorien absehen, deren Aufstellung ja auch hierher zu stellende Vorschläge gezeitigt hat, den — hypothetischen — Spannerüberflug von bisher nicht befallenen Beständen abzulenken) einer zu reihen, von dem Ratzeburg 1853 berichtete.

In Jägerhof waren nämlich, — wie Ratzeburg selbst meint, dank des dem Spanner nicht günstigen Klimas der Ostseeküste, — „die Bestände jedesmal zwar vor gänzlichem Eingehen bewahrt worden"; an Durchforstungen, welche infolge seines Auftretens vorgenommen werden mußten, hatte es indessen nicht gefehlt.

Der Revierverwalter fand darin einen unverkennbaren Fingerzeig, daß gerade da, wo der Spanner zu fürchten wäre, zweckmäßige und rechtzeitige Durchforstungen das einzige Mittel gegen die schädliche Verbreitung

---

[1]) N. Z. f. F. u. J. 1895, S. 393.

[2]) Freilich wurden „unter günstigen Umständen einmal 100 Falter in etwa 1½ Stunden von einer Person allein gefangen"!

[3]) Die Ausführung drängt sich ja auf wenige Stunden und auf relativ wenige (Hauptflugzeit) Tage zusammen! Wert hat auch nur die Vernichtung der Falter, die vor Ablage der Eier gefangen werden.

dieses Insektes wären, und daß man jene notwendig vornehmen müßte, auch ohne Aussicht auf die angemessene Verwertung des gewonnenen Materials".

In dieser Richtung hat die Königliche Regierung nach Ratzeburgs Angabe damals genaue Erhebungen angeordnet, speziell hinsichtlich der Reihenfolge, in welcher jüngere und ältere Orte zu durchforsten sein würden.

Die Idee war offenbar bei diesem Versuch die, durch Schaffung einer künstlichen Lichtung den Spanner, dessen Vorliebe für geschlossene Bestände ja bekannt war, fernzuhalten.

Eine Kritik dieses Versuches ist wohl überflüssig.

Auch ein von A l t u m [1] vorgeschlagenes Mittel, durch Ausstecken von frischem Reisig die Falter zu bewegen, hieran, anstatt in den Kronen die Eier abzulegen, hat sich als verfehlt erwiesen, wie v. V a r e n d o r f f [2] versichert, der damit auch recht behalten wird, wenn wirklich, wie A l t u m [3] meinte, die Ungunst der Verhältnisse und nicht die Fehler des Prinzips diesen Versuch vereitelt haben sollten.

Auch die sehr alte (und, wie wohl heute die allgemeine Überzeugung ist, sehr mangelhafte und für den Baum bedenkliche) Methode des Abprällens der Raupen (im August) wird von H e n s c h e l noch in seinem Lehrbuche empfohlen, muß aber, — wohl ohne daß hier eine besondere Begründung erforderlich wäre, nach allem, was wir bisher über die Biologie der Raupe und die Art ihres ersten Auftretens referiert haben, — als Bekämpfungs=maßnahme ausscheiden.

Sie hat höchstens Wert als Ergänzung der Mittel, eine Frühdiagnose des Spannerbefalles, etwa an dominierenden Stämmen zu sichern.

Ebenfalls hat H e n s c h e l noch das Anlegen von 12 bis 15 cm breiten Teer= oder Kalkringen (!) in 1 m Stammhöhe empfohlen.

Auch E c k s t e i n hat zwar im Text zu seinem Tafelwerk: „Die Kiefer und ihre tierischen Schädlinge"[4] neben Schweineeintrieb und Streurechen den Leimring als dem Spanner verderbenbringendes Bekämpfungsmittel genannt, das alle durch irgend welchen Zufall herabgeschleuderten Raupen am Wiederemporklettern hindere. In seinen späteren Schriften aber ist E c k s t e i n von dieser Ansicht offenbar ganz zurückgekommen. In seiner „Technik des Forstschutzes" erwähnt er den Leimring überhaupt nicht mehr.

L e y t h ä u s e r berichtete über Versuche, die bedrohten Bestände durch Leimung zu retten.

„Durch systematisch angestellte zahlreiche Beobachtungen und Versuche wurde sie auf ihre Wirksamkeit geprüft und dabei gefunden, daß die Spanner=

---

[1] Zeitschr. f. Forst= u. Jagdw. 1885, S. 606.

[2] Ebenda, 1886, S. 211.

[3] Ebenda, 1886, S. 220.

[4] Berlin, 1893, S. 30.

raupen im allgemeinen viel träger sind und viel fester sitzen, als z. B. die
Nonnenraupen, und daß das Abfangen der zufällig durch Wind und Wetter
von den Kronen abspinnenden Raupen während des Fraßes nicht durch=
schlagend für die Erhaltung des Baumes wirken kann. Ist aber der Baum
abgefressen, und steigen oder spinnen die Raupen, vom Hunger getrieben,
ab, so hat der Fang mit dem Leimring keine praktische Bedeutung mehr,
da die Raupen irgend welchen Wanderungstrieb nicht besitzen. Sie sammeln
sich vielmehr am Fuße der Stämme in mehr oder minder breiten
Ringen zu unzähligen Massen an, sterben ab, oder gehen dort,
falls sie noch die Kraft haben, in den Boden zur Notverpuppung. Dem
Leimring wird nur dann eine Wirksamkeit nicht ganz abzusprechen sein,
wenn es die Verhältnisse und Umstände gestatten, daß die Bäume von Zeit
zu Zeit stark geschüttelt oder angeprellt und so von der Überzahl der Raupen
entlastet werden. Doch lassen sich solche Maßregeln selbstverständlich nicht
in großen Waldbezirken mit Aussicht auf Erfolg durchführen, wie überhaupt
das, was im kleinen Wald zur Vertilgung der Insekten möglich und durch=
führbar ist, sich für große zusammenhängende Waldbezirke nicht schickt.“

Auch Nitsche[1] äußert sich abfällig über die Bekämpfung des Spanners
durch den Leimring. Gerade beim Nürnberger Fraße hat sich nach seinem
Berichte gezeigt, „daß die Spannerraupen im allgemeinen viel träger sind
und viel fester sitzen, als die Nonnenraupen. Nur beim Eintritt von Kahl=
fraß oder bei . . . . Vertrocknung der Benadelung infolge frühzeitiger Be=
schädigung treibt sie der Hunger von den Bäumen herab. Sie zu dieser
Zeit von dem Wiederaufstiege abzuhalten, hat keinen Zweck, da ja alsdann
der Schaden schon geschehen ist und die Raupen entweder ohnehin ver=
hungern oder, falls sie die nötige Reife haben, überhaupt nicht mehr auf=
steigen, sich vielmehr zur Verpuppung in den Boden begeben.“

In der Oberpfalz sind 1893 auf 97 Probeflächen zusammen 23,01 ha
mit 42 796 Stämmen geleimt worden; „an diesen wurden während der
Monate August, September und Oktober 102 344 Stück Raupen an den
Leimringen abgelesen, davon 593 oberhalb, die übrigen unterhalb der Leim=
ringe“; bei einer durchschnittlichen Besetzung des Einzelbaumes mit
64 Raupen, wie durch Auszählung festgestellt wurde, waren also nur 3 %
abgefangen worden. Eine Wiederholung des Versuches im folgenden Jahre
in fast gleichem Umfange ergab nur 2,82 % durch den Leimring abgefangene
Raupen.

1902 ist in Schweinitz (Reg.=Bez. Magdeburg) geleimt worden, wie
Eckstein[2] in seiner Zusammenstellung vom Jahre 1907 erwähnt. Er
teilt uns jedoch nichts über Kosten und Erfolg dieser Leimung mit.

---

[1] Tharandter Forstl. Jahrb. 1896.
[2] Zeitschr. f. Forst= u. Jagdw. 1907.

Etwas näher geht Babermann auf diesen Versuch ein, und danach können die Versuche in der Colbitz-Letzlinger Heide als Beweis dafür gelten, daß das Leimen zwecklos ist. Obwohl die in der Oberförsterei Schweinitz während der Zeit vom 26. August bis 8. November vorgenommenen Zählungen bis über 10 000 Raupen unter einem Leimring ergaben, wurde immer noch die 4= bis 8fache Menge in der Krone durch Probefällung nachgewiesen.[1]

Daß solche Zahlen keine Übertreibung sind, zeigten sehr schön die in der Tucheler Heide während der, das Abwandern der Raupen vorübergehend unterbrechenden Frosttage (vom 20. bis 24. Oktober) des Jahres 1908 gemachten Beobachtungen, bei denen die Beamten die enormen Massen der abwandernden Raupen zu Gesicht bekamen.

Es waren[2] „tausend und Abertausende, die zu 5 bis 6 übereinandersaßen, so daß die genaue Zahl nur schwer festgestellt werden konnte, schätzungsweise 10= bis 15 000 pro Stamm“. Die Stämme waren hier total kahl gefressen und nur einzelne Nadelstümpfe noch übrig geblieben.

Da wir heute über ungemein lange fängisch bleibende Leimsorten verfügen, so können aber gewiß auch Fälle eintreten, wo der gegen die Spinnerraupe angelegte Leimring, da er stets lange genug fängisch bleibt, deshalb auch gegen den Spanner wirksam wird, weil katastrophale Ereignisse (z. B. an heftigen Gewitterstürmen reiche Sommer) die noch nicht verpuppungsreifen Spannerraupen von den Fraßplätzen herunterwerfen.

Bei der oben schon erörterten geringen Auswahl, die der Speisezettel der Spannerraupe ihr unterhalb des Leimringes in einem Kiefernrevier bieten könnte, sind die herabgeworfenen Raupen dem Hungertode preisgegeben. Was noch zur Notverpuppung gelangt, gibt Kümmerformen, von deren eventueller Nachkommenschaft dem Bestande keine große Gefahr mehr droht.

Altum[3] hat einen derartigen Fall im Revier Cunnersdorf selbst beobachtet, wo nach sommerlichen Stürmen Tausende von Spannerraupen in den gegen den Spinner geleimten Beständen unter den einzelnen Leimringen gezählt wurden, die vergeblich wieder zu ihren Fraßplätzen zu gelangen suchten.

Ähnliches hat Altum auch in bezug auf die Eule beobachtet (Klosterforst Dobbertin, Mecklenburg).

Man kann Altum darin unbedingt zustimmen, daß man im Hinblick auf diese Eventualität sich schon dann zur Leimung gegen den Spinner entschließen wird, wenn das Resultat des Spinnerraupensuchens an sich wohl

---

[1] Babermann, D. F. Z. 1908, S. 955.
[2] Junkerhof, Ber. vom 4. XI. 08.
[3] Zeitschr. f. Forst= u. Jagdw. 1890, S. 84. Siehe auch ebenda 1889, S. 408.

noch nicht diese Maßregel als unaufschiebbar erscheinen läßt, man aber darauf aufmerksam geworden ist, daß der Spanner zunehmend mit am Fraße sich beteiligt, und darüber kein Zweifel besteht, daß der Spinner mindestens auch in Zunahme begriffen ist, aller Voraussicht nach also gegen ihn ein Jahr später doch geleimt werden müßte.

Nimmt natürlich die Spinnergefahr offensichtlich ab, so würde es verfehlt sein, solange wir nicht die Segnungen einer geradezu an Prophetie grenzenden weitausschauenden meteorologischen Prognosestellung genießen, im Hinblick auf die Möglichkeit eines orkanreichen Sommers gegen den Spanner zu leimen, richtiger ausgedrückt: unter Verhältnissen[1]) gegen den Spinner zu leimen, unter denen man sonst das Leimen lassen würde.

Wir haben noch einige als sicher unrationell zu bezeichnende Maß= nahmen zu erwähnen, welche die Vernichtung der im Boden ruhenden Raupen und Puppen bezwecken. Als Kuriosum ist da die Eichhoffsche Seifenbehandlung zu nennen.

Eichhoff[2]) erwähnt zwar nicht ausdrücklich, wie man nach dem Zitat Nitsches (in seinem Lehrbuch, Bd. II) annehmen muß, in seiner merk= würdigen Arbeit über die Vertilgung verschiedener forst= und landwirtschaftlich schädlicher Kerbtiere durch Seifenwasser den Kiefernspanner, aber da er tatsächlich „auch gegen die Engerlinge, wie gegen alles im Erdboden hau= sende Ungeziefer" (Reblaus, Heuschrecken, Kiefernspinner und bergl.)[3]) seine Übergießungen des Bodens mit Seifenwasser für rationell hält, so mag er wohl in der Tat auch an den Spanner mit gedacht haben. Die Methode ist gegen diesen natürlich in praxi ebenfalls ganz unburch= führbar.

Auch das Einsammeln der Puppen und der zur Verpuppung abge= baumten Raupen ist versucht worden. U. a. wurden 1905 im Reg.=Bez. Frankfurt (Lehnin) auf 3,5 ha unter 1610 Stämmen 12 300 Puppen, im Reg.=Bez. Cassel (Gahrenberg, 1905) auf 0,25 ha 4 Liter Raupen unter Aufwendung eines Sammlerlohnes von 2,50 gesammelt. Über den Erfolg dieser Maßnahmen wird jedoch von Eckstein, der sie uns mitgeteilt hat,[4]) nichts berichtet.

Zwecks Vernichtung von Spannerraupen und =puppen ist auch das Verbrennen oder Dämpfen der auf baumfreien Stellen in kleine Haufen zusamengerechten Streu (von etwa Mitte Oktober an), wie Knauth freilich mitteilt, da nur die obersten Streuschichten zusammengerecht waren

---

[1]) Die sich in dem Resultat der Raupensuche darstellen.

[2]) Forst. nat. Z. I., S. 79 u. S. 102. 1892.

[3]) Von mir gesperrt.

[4]) Zeitschr. f. Forst= und Jagdw. 1907. Auch Henschel rät unter anderem in seinem bekannten Lehrbuch noch das direkte Sammeln der „unter der Bodendecke" überwinternden Puppen an.

(und auch wohl nur diese zum Verbrennen im Herbst sich eignen dürften), mit mäßigem Erfolge, versucht worden. Die Kosten beliefen sich pro Hektar auf 20 M. Dazu hätte dann noch die Arbeit des späteren Verteilens der Asche kommen müssen. Das Verfahren ist jedenfalls nicht billiger als das wirklich radikal wirkende Zusammenrechen der Streu in Haufen.

Danckelmann hat über einen während des 1867er Fraßes in der Oberförsterei Biesenthal zur Ausführung gelangten Versuch, durch Lauf= feuer die Puppen zu vernichten, berichtet.[1]

Nach vorhergegangener dreiwöchentlicher Trocknis wurde in einem 70= bis 80 jährigen Kiefernort der III. Bodenklasse, in dem pro Morgen 120 000 Puppen lagen und dessen Bodendecke „aus Moos, Gewürzel und Heidelbeerkraut" bestand, das Feuer nach vorheriger Absäumung eines Sicherheitsstreifens auf einer 25 Ruten langen Feuerlinie angezündet und von den Studierenden der Forst=Akademie Eberswalde gegen den Wind geleitet.

„Als das Feuer nach drei Stunden gelöscht war, ergab die wiederum vorgenommene Untersuchung, daß die Spanner=Puppen frisch, beweglich und anscheinend unversehrt geblieben waren. Angekohlt und verbrannt waren nur sehr wenige."

Danckelmann führte übrigens den Versuch in exakter Weise durch weitere Beobachtung der Puppen im Laboratorium und im Freien zu Ende. Ein Teil der Puppen gelangte nicht zur Entwicklung, erwies sich aber größtenteils bei mikroskopischer Untersuchung als von dem „Empusa=Pilze" befallen. Die anderen kamen in normaler Weise aus.

Der Versuch scheiterte nach Danckelmanns Ansicht daran, daß der Boden und sein Überzug die durch das Feuer erzeugte Hitze wenig oder gar nicht leiten. „Nur durch ein vorheriges Kurzharken des Bodenüberzuges würde vielleicht ein besserer Erfolg zu erzielen sein, dadurch aber die ohnehin kostspielige Operation erheblich verteuert werden."

Neuerdings ist der Versuch mit dem Bodenfeuer, und zwar angeblich mit Erfolg, indem 90 % der Puppen vernichtet sein sollen, im Gouverne= ment Kasan[2] wiederholt worden. Daß sich, wie auch Nitsche[3] bemerkt, dieses Mittel für unsere deutschen Verhältnisse kaum eignen dürfte, wird niemand bezweifeln. Näheres und mehr als Nitsche darüber mitteilt, konnte ich über den Kasaner Versuch leider nicht in Erfahrung bringen.

Trotzdem der Gedanke, puppenfressende Haustiere zur Bekämpfung von Insekten einzutreiben, deren Entwicklung sich zum Teil im Boden vollzieht, zweifellos diskutabel ist, kann ich mich doch nicht, nach allen bisher vor=

---

[1] Zeitschr. f. Forst= u. Jagdw., Bd. I, 1869, S. 383.
[2] Österr. Forstztg. 1891, S. 64.
[3] Forstinsektenkde., Bd. II, S. 968.

liegenden Erfahrungen, dazu entschließen, die Methode als rationell ohne jede Einschränkung zu empfehlen.

Wir müssen uns vergegenwärtigen, daß der Eintrieb von Haustieren besonders dann rationell sein könnte, wenn es sich darum handelte, Herdstellen, von denen die erste Infektion ausgedehnterer Gebiete ihren Ursprung nimmt, zu behandeln.

Von der Existenz derartiger Herdstellen fehlt uns jedoch, wie hier mehrfach betont wurde, jede sichere positive Kenntnis. Die Pseudoherde, d. h. jene Orte, an denen sich die allgemeine Massenvermehrung in ihren Anfängen zuerst deutlicher bemerkbar macht (dominierende Stämme z. B.) durch Eintrieb von Spanner zu befreien, kann für den ganzen Bestand dann kaum noch, sondern lediglich lokal (für den betreffenden Horst einer, den allgemein im Bestande zu erwartenden Ereignissen vorauseilenden Vermehrung) einige Bedeutung haben.

Aber zweifellos kommt es bisweilen vor, daß völlig von größeren Spannerepidemien — zeitlich wie räumlich — isolierte kleinere Gebiete von vielleicht nur wenigen Morgen Größe eine besorgniserregende Zunahme des Spanners erkennen lassen. Hier mag man, falls wirklich die noch zu erörternden Vorerwägungen einen günstigen Erfolg in Aussicht stellen sollten, den Eintrieb von Haustieren versuchen, wenn das Streurechen nicht ausführbar oder aus andern Gründen unangezeigt erscheint.

Wenn wir von dem gelegentlich gemachten Vorschlage, die Schwarzwildbestände wieder mehr zu heben[1]), absehen, so haben wir uns lediglich mit dem Eintrieb, und zwar, da Transporte von Schwarzwild in spannerbedrohte Gebiete im großen wohl unausführbar sein dürften, lediglich

---

[1]) Einen derartigen Vorschlag machte gelegentlich des Tucheler Fraßes die Oberförsterei Charlottenthal in ihrem Bericht vom 7. Dezember 08, in welchem sie empfiehlt, die Schonzeit des Schwarzwildes zu verlängern, „da einzelne Wildschweine in den vom Spanner befallenen Stangenorten große Flächen umgebrochen und gänzlich von Spannerraupen und Puppen gereinigt hatten" (im Jahre 1907). Dasselbe wiederholte sich im Winter 1908. Welchen praktischen Endeffekt die allgemeine Hebung der Schwarzwildbestände haben würde, das scheint mir eine nicht ohne weiteres zu beantwortende Frage zu sein. Ich fürchte, daß hier jagdliche und waldbauliche Interessen, bei aller Nützlichkeit des Schwarzwildes, doch leicht in Konflikt miteinander geraten könnten. Daß man in Spannergebieten, d. h. in Revieren, die mehrfach mit diesem Schädling zu tun gehabt haben, es vermeiden wird, im Abschuß oder anderweiter Vertilgung puppenverzehrender Säuger das Maß des waidmännisch zulässig erscheinenden zu erschöpfen oder gar zu überschreiten, ist wohl selbstverständlich und entspricht nur der Befolgung des Grundsatzes, auch kleine Wirkungen nicht zu unterschätzen. Auch Igel und Spitzmäuse, auch wohl Waldmäuse, wirken „nützlich", — aber im Ernstfalle selbstverständlich ohne entscheidende Bedeutung für das Schicksal des Bestandes, — und sind deshalb zu schonen, wenn man auf die Zunahme der Puppenzahlen aufmerksam geworden ist.

mit dem Eintrieb von zahmen Puppenfressern, also von Hausschweinen und Hühnern zu befassen.

Ratzeburg schon hat dem Hausschwein ein recht eingeschränktes Lob hinsichtlich seiner Brauchbarkeit zur Vertilgung der in der Streu ruhenden Puppen gezollt. Er äußerte sich 1853 (Krit. Blätt.) darüber (es handelte sich um die Forleule) folgendermaßen:

„Wende ich mich nun zur Vertilgung, so meldet sich zunächst der Schweineeintrieb. Die Schweine haben überall da, wo man die Gemeinden zum Eintriebe der Herden bewogen, oder Schweine käuflich erwerben konnte, großen Nutzen gestiftet. Noch größeren Nutzen hatte man in den Orten, wo wirklich noch Schwarzwild zu finden war, denn dieses fraß allmählich den ganzen Winter über in den mit Puppen besetzten Beständen, so daß Stadtförster Gansow von nur 5 Stück wechselnden Sauen die auffallendsten Wirkungen sah.

Den zahmen Schweinen wurde jedoch meistens die fette Kost bald zuwider, und man war genötigt, nebenher noch durch Menschenhände sammeln zu lassen, wo man einigermaßen reinen Boden haben wollte."[1]

Spätere Berichte lauten, auf Grund unter sehr günstigen Umständen gesammelter Erfahrungen, wesentlich optimistischer.

Nach Garthes, von Judeich referierten[2] brieflichen Mitteilungen über den Mecklenburger Fraß wurden in den Dobbertiner Klosterforsten damals schon (1861 bis 64) und auch später 1869 bis 70 und Anfang der 80er Jahre[3], sobald pro qm 4 bis 5 Spannerpuppen gefunden wurden, Schweine eingetrieben, nach Garthes Versicherung jedesmal mit bestem Erfolge. Die Kosten waren für den Eintrieb in die 30- bis 70jährigen „stark heimgesuchten" Stangenholzbestände zweier zusammen 2470 ha großen Reviere im Winter 1883 bis 84 3013 M. 55 Pf.

In 70jährigen Beständen, wo Garthe pro Baum 10 qm Boden rechnet, wurden noch bei 200 bis 400 Puppen pro Stamm (= pro 10 qm) nach Garthes Versicherung durch sofortigen Eintrieb die Bestände gerettet.

Für Fraßgebiete mit strengen Wintern, wie z. B. die Tucheler Heide es ist, wird die Methode freilich, wie aus Garthes Bericht, den der Leser genauer einsehen wolle, mit Deutlichkeit hervorgeht, immer ganz un-

---

[1] Ganz schlecht sah ich in diesem Sommer (1913) in Rittel eine Schweineherde arbeiten. Nicht einmal die frei hingelegten Forleulenpuppen wurden von den Tieren sauber abgelesen. Ja, sie fraßen aus der Hand kaum die Hälfte der dargereichten Puppen.

[2] Tharandter Forstl. Jahrb. 1885, 35. Bd., S. 81.

[3] Man sieht, wie unangebracht es für einen Revierverwalter sein würde, sich mit der „Seltenheit" der Massenvermehrung des Spanners zu trösten.

brauchbar bleiben, selbst wenn wir heute noch die ausgezeichnet brechenden Schweinerassen wie vor 30 bis 50 Jahren hätten.

v. Varendorff berichtet[1]) über die Tätigkeit der Schweine bei dem Alt=Krakower Fraß 1871 bis 1872 nur ungünstiges.

„Die damals eingetriebenen Schweine brachen in den Kiefernbeständen, deren Boden meist mit Beerkraut, teilweise auch mit Heide bedeckt war, fast gar nicht, sondern drängten stets nach den Elsbrüchen; der damalige Ober= forstmeister Olsberg befürchtete Kahlfraß; nichts desto weniger war der Spanner im folgenden Jahre verschwunden, ohne weitere Spuren zu hinter= lassen.

Den definitiven Umschwung, die Abkehr vom Eintrieb zu Gunsten direkter, eine Unschädlichmachung der Puppen in der gesamten Streudecke be= zweckender Maßnahmen bedeutet eine Veröffentlichung Altums aus dem Jahre 1886, in der er schrieb[2]): „Gegen diejenigen Kieferninsekten, welche als Puppen unter der Bodendecke ihre Winterruhe halten, kannte man bis= her, abgesehen von dem nutzlosen Sammeln, kein anderes Vertilgungsmittel, als den Eintrieb von Schweinen. So ausgezeichnet derselbe aber theoretisch auch ist, so viele Schwierigkeiten stellen sich ihm für die tatsächliche Aus= führung entgegen, so daß er wohl nur in seltenen Ausnahmefällen zur An= wendung kommen kann.“

In dieser Arbeit empfahl Altum, wie er es schon im Jahre vorher getan hatte, auf das wärmste das Zusammenrechen der Streu in Wälle oder Haufen.

Die neueren Erfahrungen mit dem Schweineeintrieb sind dort, wo er im großen Anwendung finden sollte, ebenfalls, statt günstiger, immer schlechter ausgefallen.

Der Schweineeintrieb war in der Colbitz=Letzlinger Heide[3]) wirkungs= los, weil die heute fast ausschließlich gezüchtete kurzrüfflige Rasse bei der Arbeit des Aufbrechens versagte. Nur wo die Schweine auf derselben Fläche mehrmals eingetrieben worden waren, ergab sich ein nennenswerter Erfolg.

Mit dem Eintritt von Frost und Schneefall hatte natürlich auch dort der Eintrieb sein Ende gefunden. Sehr erschwert wurde die Arbeit der Schweine bei stärkerem Bodenwachs ebenfalls.

„Zur Bekämpfung einer größeren Spannerkalamität hat sich daher alles in allem Schweineeintrieb als unbrauchbar erwiesen, auf kleineren Flächen scheint der Fraß aufgehalten, aber nicht verhindert zu werden.“

Vom Schweineeintrieb sagt Leythäuser, daß er „bei der Abnei= gung der Bevölkerung, ihre Schweine in den Wald einzutreiben und bei der

---

[1]) Zeitschr. f. Forst= u. Jagdw. 1886, S. 219.
[2]) Zeitschr. f. Forst= u. Jagdw. 1886, S. 220.
[3]) Badermann, D. F. Ztg. 1908, S. 955.

in Bayern, wenigstens in dieser Gegend allgemein eingeführten Stallfütterung nicht durchzuführen war."

Auch E c k s t e i n , der sonst sehr für den Schweineeintrieb eingenommen ist, räumt ein, daß nur bei räumlich enger begrenztem Auftreten des Schädlings und wenn g e e i g n e t e (d. h. zu kräftigem Brechen befähigte) Schweine in genügender Zahl zur Verfügung stehen und alles zur Pflege und Wartung der Tiere als erforderlich erkannte[1]) strikte durchgeführt werden kann, diese Maßregel von Erfolg ist.

Damit scheidet für Spannerkalamitäten in Waldgebieten von der Art der Tucheler Heide der Schweineeintrieb als rationelle Maßregel von vornherein aus[2]).

Ueber die Kosten des Schweineeintriebes hat E c k s t e i n [3]) einige Zahlen gesammelt.

Ich stelle die in Ecksteins Mitteilung gegebenen Zahlen tabellarisch zusammen:

Im Reg.-Bez. (Revier, Belauf)	arbeiteten im Jahre	Schweine	Tage	bei einem Kostenaufwand	Angabe über Erfolg
Frankfurt (Lubiathfließ, Regenthin)	1902	Zahl nicht angegeben in Regenthin 56 St.	?	?	?
Frankfurt (Regenthin) (Neuendorf)[4])	}1905	auf 153 ha 30 St. 53 St.	von V—IX 100 Tage	kostenlos 79,47 M.	?
Bromberg	1902	64—68 Stück	159 Tage	127,20 M.	„der erwartete Fraß tritt nicht ein" (1903)
Gumbinnen (Kullik) Potsdam (Neuendorf }	1903	?	?	?	?
Stettin (Balster)	1905	40 St. auf 309 ha	132 Tage	168,60 M.	
Magdeburg (Planken)	1905	? fremde Schweine auf 213 ha	8 Monate	40 M.	

---

[1]) Näheres hierüber bei E c k s t e i n , Technik des Forstschutzes, 1904, S. 106 bis 109 u. S. 147.

[2]) Man bedenke auch die Größe der Arbeitsleistung. Nach E c k s t e i n (l. c.) säubern, bei einem Befunde von 100 bis 200 Lyda-Larven auf 1 qm, bei nicht allzu dicht bewachsenem Boden und geringem Auftreten von Heidekraut (der Spannerbekämpfung mittels Streurechen also günstigen Verhältnissen) 10 Schweine in 10 Tagen à 11 Arbeitsstunden nur 1 ha!

[3]) Zeitschr. f. Forst- u. Jagdw. 1907, S. 332.

[4]) Nach Ecksteins Aufsatz nicht das Neuendorf im Reg.-Bez. Potsdam.

Nur v. Alvensleben hat sich nach brieflichen, in der Zeitschr. f. Forst- u. Jagdw. 1908, S. 686, veröffentlichten Mitteilungen sehr lebhaft dahin ausgesprochen, daß auch heute noch ein Schweineeintrieb in genügendem Maßstabe ausführbar sei, um die Spannerkalamität mit diesem Mittel energisch zu bekämpfen. Er warnt, gegebenen Falles von vornherein jeden Versuch mit Schweineeintrieb aus dem Bereich der Möglichkeit auszuschalten.

Wenn Möller (Nutzbarmachung des Rohhumus, Zeitschr. f. Forst- u. Jagdw. 1908, S. 284) gesagt habe: „Die Schweine sind verschwunden und schwerlich werden wir sie in genügender Zahl wieder bekommen[1]), so widerspräche, — nach v. Alvensleben, — dem die Statistik. Nach dem Stat. Jahrbuch f. d. preuß. Staat (1907, S. 50 u. 60) hat am 1. XII. 1906 der Bestand an Schweinen mit 15 355 959 Stück die höchste Ziffer erreicht.

Wenn beim bayerischen Spannerfraß 1894/05 (Leythäuser, Zeitschr. f. Forst- u. Jagdw. 1897, S. 456 u. ff.) und bei dem Spannerfraße in der Colbitz-Letzlinger Heide behauptet worden sei, Schweine wären nicht zu haben gewesen, so habe man eben nicht gewußt, daß, wenn solche nicht aus den Gemeindeherden in genügender Zahl und für genügende Zeit zu haben gewesen seien, „es im Lande überall soviel Schweinehändler gibt, welche stets bereit sind, Herden von jeder Stückzahl halberwachsener Schweine für jede Zeitdauer den Forstverwaltungen zu vermieten, wenn sie dabei ein gutes Geschäft machen können."

Hierbei verdienen die von v. Alvensleben in den Verh. XXX. Verf. Märk. Forstver., 9. Juni 1903, Potsdam, S. 13 ff., gemachten weiteren Mitteilungen Beachtung.

Für einen Spannerfraß im Revier Neuthymen (1883) mietete die Kgl. Reg. 200 Schweine, für das Revier Himmelpforte mit einem 1200 ha großen Fraßgebiet 400 Schweine von den Händlern Ewald und Ebermann in Ravensrück bei Fürstenberg i. M.

Dieselbe Kgl. Reg. mietete 1895 (also z. Z. des bayr. Spannerfraßes) für das Revier Colpin eine Herde von 700 Schweinen von den Händlern Fischbach und Schirck in Caputh bei Potsdam und für das Revier Friedersdorf eine solche von 600 Schweinen von den Händlern Hintze und Grosse in Friedersdorf und Kindt in Wernsdorf.

„An beiden Stellen wurde den Händlern erlaubt, noch 10 % mehr einzutreiben, damit sie ihre Herden immer vollzählig erhalten konnten. Es

---

[1]) Möller meint: um den Boden ständig zur natürlichen Verjüngung des Bestandes durch Bearbeitung geeignet zu erhalten, durch Nutzbarmachung des Rohhumus für die Zwecke des Waldbaues. Diese Arbeit werden an Stelle der Schweine fahrbare „Wühl"-Maschinen zu übernehmen haben.

waren also in den beiden Revieren 1300 + 130 = 1430 Schweine vorhanden, und diese hätten nach den Angeboten der Händler noch beliebig vermehrt werden können.

Diese Zahlen aber reichen für den Beweis aus, daß Schweine für die Forstverwaltung zu haben sind."

Nicht richtig ist nun, wie auch l. c. von der Red. der Zeitschr. f. Forst- u. Jagdw. berichtigt wird, daß in der Colbitz-Letzlinger Heide Schweineein- trieb nicht erprobt worden sei. Das ist vielmehr in mehreren Oberförstereien geschehen. Aber, wie auch der Minist.-Erl. vom 8. Juli 1908 III. 1902 her- vorhebt, sind — das hat sich gerade bei den Colbitz-Letzlinger Versuchen in seiner ganzen entscheidenden Bedeutung herausgestellt —, „die heute über- wiegend gezüchteten kurzrüsseligen Schweine zum gründlichen Aufbrechen des Bodens nur wenig fähig, obwohl sie die Spannerpuppen und -raupen gierig aufnehmen."

„Die Arbeitsleistung war daher gering, die Aufnahme der Insekten nicht sorgfältig genug, so daß bei auf Schweineeintrieb folgenden Probesammlun- gen noch eine große Zahl von Puppen und Raupen gefunden wurde. Nur dort, wo der Schweineeintrieb auf derselben Fläche mehrfach wiederholt werden konnte, ergab sich ein nennenswerter Erfolg. Starker Frost und Schnee zwangen zur Einstellung des Eintriebes, erschwert wurde das Brechen der Schweine durch Graswuchs, Beerkräuter und starke Durchwurzelung des Bodens. Zur Bekämpfung einer größeren Spannerkalamität hat sich daher alles in allem, wie der genannte Erlaß ausführt, Schweineeintrieb als un- brauchbar erwiesen, auf kleineren Flächen scheint der Fraß aufgehalten, aber nicht verhindert zu werden."[1])

Das Fazit, das wir hiernach ziehen können, würde also sein: Der Spanner **könnte**, der Zahl der vorhandenen Schweine und der Bereit- willigkeit der Händler nach, sie unter annehmbaren Bedingungen einzutrei- ben, mit Schweineeintrieb bekämpft werden, — **wenn** heute noch genügende Herden des alten Landschweins zu haben wären. So lange wir im ganzen Lande vorwiegend Hochzuchten haben, ist wegen der ungenügenden Arbeits- leistung und der zu großen Empfindlichkeit der Tiere der Eintrieb ungeeignet, die im Winterlager ruhenden Raupen und Puppen des Kiefernspanners einigermaßen radikal zu vernichten.

Auf einem andern Blatt steht meines Erachtens die Frage, inwieweit bei anderen Forstschädlingen, deren Bekämpfung, wie es z. B. für die Kiefern- bestandesblattwespe gelten würde, in der warmen Jahreszeit und mehrere Jahre hintereinander durchzuführen ist, Schweineeintrieb als wirksames Ver- tilgungsmittel empfohlen werden kann.

---

[1]) Zitiert nach Zeitschr. f. Forst- u. Jagdw. 1908, S. 687.

Allerdings würde unter allen Umständen ein Faktor dem Schweineein=
trieb hinderlich sein, auf den in der Deutsch. Forst=Ztg.[1]) aufmerksam gemacht
wird. Es wird dort behauptet, daß bei den jetzigen Schweinepreisen, „die
eine kurze Mastzeit erfordern, kaum Schweinebesitzer zu finden sein werden,
die ihre Borstentiere in den Wald treiben wollen.“

Nach einem Berichte der Oberförsterei Junkerhof[2]) waren dort Schweine
in genügender Zahl nicht aufzutreiben, da die Bauern sie wegen der schlechten
Kartoffelernte alle verkauft hatten.

Eher könnte man sich einen prophylaktischen Nutzen, aber auch nur
für kleinere Revierteile, von der Konzessionierung von Hühnerzucht=
anstalten im Walde versprechen. Die Staatsforstverwaltung hat, nach
Ecksteins[3]) Mitteilung, eine solche in der Letzlinger Heide vergeben.

Freilich wird die Zulassung derartiger Unternehmungen sehr oft den
forstpolizeilichen Interssen zuwiderlaufen.

Nach Ecksteins[4]) Angaben schwankt die Tagesleistung der Hühner
zwischen $^3/_4$ und 1 Liter = 4500 bis 4600 Puppen.[5])

Über die Technik des Hühnereintriebes und die Wartung und Pflege
des in den Bestand eingetriebenen Geflügels gibt Eckstein in seiner
„Technik des Forstschutzes“[6]) die eingehendsten Anweisungen. Ich gehe hier
nicht näher darauf ein, weil die Erfahrungen, die neuerdings gemacht worden
sind, nicht dazu ermutigen, den Hühnereintrieb dem Streurechen vor=
zuziehen.

Bei einigermaßen rauhem Klima ist der Verlust dadurch, daß an Krank=
heiten viele Tiere eingehen, allzu groß, die Gefahr weiterer Verluste durch
Diebstahl und vierbeinige Räuber zu erheblich, als daß man dazu raten
könnte, an Stelle des Streurechens (wo dieses nicht mehr ausführbar ist,
versagen die Hühner, außer bei Fehlen jeder Streudecke, eben doch auch)
es erst mit Hühnereintrieb im großen zu versuchen.

Aus der Colbitz=Letzlinger Heide liegen zwei Berichte vor. Es sei zu=
erst auf den von Badermann[7]) erstatteten näher eingegangen. „Im

---

[1]) 1909, S. 289.

[2]) Vom 4. Nov. 1908.

[3]) Technik des Forstschutzes, 1904, S. 151.

[4]) Technik des Forstschutzes, 1904, S. 150. Aus Ecksteins Mitteilungen vom
Jahre 1907 ist nur zu entnehmen, daß 1902 in Kulau (Reg.=Bez. Danzig) und 1903
in Burgstall (Magdeburg) Hühner eingetrieben wurden. Angaben über Kosten und
Erfolge macht Eckstein nicht.

[5]) Immerhin mag in diesem Zusammenhange ein aus forstlicher Praxis heraus
geschriebenes Büchlein empfohlen werden: Spiegel von und zu Peckelsheim,
Rationelle Geflügelzucht als gute Einnahmequelle für die Försterfrau. Komm.=Verlag
H. Augustin, Hann.=Münden. 2. Aufl. 1903.

[6]) S. 147 bis 151.

[7]) Badermann, D. F. Z. 1908, S. 955.

eintrieb. Aus der Colbitz-Letzlinger Heide liegen zwei Berichte vor. „Im ganzen ergab sich, daß die Tätigkeit der Hühner wohl zu schätzen ist, soweit die Bodendecke gelockert werden kann, um ihnen die Arbeit zu erleichtern. Auf kleineren Flächen machten sie unter solchen Verhältnissen reinen Tisch mit Puppen und Raupen. Um einer Spannerkalamität von größerer Ausdehnung auf diese Weise zu begegnen, wären aber Hühnermengen erforderlich, deren Beschaffung auf unüberwindliche Hindernisse stoßen müßte."

Als eine „äußerst sorgfältige" konnte immerhin die Arbeit der Hühner nur dort bezeichnet werden, wo die Streudecke von Arbeitern vorher mit Harken aufgelockert worden war. Dort blieben nur wenig Puppen übrig.

„War der Boden aber graswüchsig, so ermüdeten die Hühner schnell, und viele Puppen wurden von ihnen nicht gefunden."

Es kommt eben darauf an, daß die Hühner nur wenig zu scharren, „in der Hauptsache nur zu sammeln brauchen".

Bei genügender Beigabe von vegetabilischem Futter vertrugen die Hühner die Raupen- und Puppennahrung längere Zeit an sich ganz gut. Die Eierproduktion ließ jedoch nach.

Ein Huhn vermochte im Versuch 4000 Puppen pro die zu verzehren, praktisch konnte man die Leistung auf 2200 Puppen ansetzen.

Dennoch hätten in Kielau (pro Hektar 1 bis $2^1/_2$ Millionen Spannerpuppen) zur Säuberung von 1 ha in einem Tage 500 bis 1250 Hühner eingetrieben werden müssen. In einem konkreten Falle reinigten 930 Hühner 25 ha in 3×25 Tagen.

In Burgstall litten die Tiere sehr unter naßkalter Witterung. Viele gingen sonst verloren, nachdem sie sich zu weit von der Hütte entfernt hatten.

Da bei größerer Kälte und Schneefall sofort der Eintrieb eingestellt werden muß, kommen auch bei Hühnereintrieb nur wenige Monate für die Arbeit in Frage.

Näheres, speziell über den Hühnereintrieb in der Oberförsterei Burgstall, enthält ein Bericht Gieselers.[1]

Ein Teil der Hühner (im ganzen waren 463 angekauft) wurde nach Gieselers Bericht am 28. III. ausgesetzt. Diese gewöhnten sich bei bis 3. IV. anhaltendem, schönem Wetter an den Waldaufenthalt.

Die übrigen Hühner wurden am 3. bis 6. April ausgesetzt. Sie wurden von Anfang an von der kalten, nassen Witterung betroffen, gewöhnten sich nicht „und erlitten viel Verluste".

Am 19. Juni wurden alle Hühner wieder verkauft.

---

[1] Gieseler, Spannerfraß in der Letzlinger Heide 99 bis 03 in Z. F. J. 1904, S. 432 bis 445.

助

Es waren im ganzen verloren gegangen durch:

Diphtherie . . . 229
Fuchs . . . . ⎫
Habicht . . . . ⎬ 33
Verlaufen . . . ⎭
____
262 Stück Hühner.

Also über die Hälfte der überhaupt zum Eintrieb gelangten Tiere.

Die Kosten des Eintriebes der 463 Hühner betrugen insgesamt 1830,20 Mk. und setzten sich aus folgenden Posten zusammen:

Anschaffungskosten für 463 Hühner . . . 950,00 Mk.
Futter . . . . 157,50 „
Zelt . . . . 101,40 „
Käfige . . . . 151,00 „
Bewachungskosten . . . . ⎫
Tagelöhne . . . . ⎬ 405,50 „
Kleine Ausgaben . . . . 64,80 „
____
1830,20 Mk.

Als Futter wurden täglich ¼ bis ½ Zentner Mais und Gerste und während der schlechten, nassen Tage auch warme, gekochte Kartoffeln als Beifutter gegeben. Ein solches ist unbedingt erforderlich, da die Tiere bei rein animalischer Kost zugrunde gehen würden.

Zur Bewachung und Wartung wurden Arbeiter angenommen und in einem wasserdichten, leicht transportablen Zelt untergebracht.

Die Hühner gingen[1]) sehr weit vom Käfig weg und mußten täglich von weither (bis 1500 m) wieder zusammengetrieben werden. „Der ganze Versuch hat sich bewährt, soweit ein Absuchen solcher Flächen in Frage kam, welche nur Moos oder Nadelstreu als Bodendecke hatten. Auf graswüchsigem Boden versagen die Hühner, da sie, auf starkes Scharren angewiesen, rasch

____

[1]) Entgegen der Angabe von Spiegel v. Peckelsheim, wonach die Hühner nicht außer Käfigsehweite gehen sollten. Eckstein schreibt über die Puten Günstigeres, was, da meiner Ansicht nach der Eintrieb mit rechtem Vorteil lediglich zum „Nach=suchen" bei Streurechen zu verwenden sein würde, Anlaß geben könnte, die Puten zu bevorzugen: „Auch Puten hat man mit Erfolg zum Auflesen der Spannerpuppen verwendet; sie unterscheiden sich in der Arbeit wesentlich von den Hühnern dadurch, daß sie nicht scharren, aber dicht nebeneinander der Harke folgend die von Arbeiterinnen durch Aufharken der Streu bloßgelegten Puppen ebenso rein auflesen wie die Hühner. Da sie sich — wie gesagt — treiben lassen, ist es weniger häufig nötig, die Ställe zu verlegen. Im übrigen gilt in sinngemäßer Übertragung alles von den Hühnern Gesagte; nur wird man für etwa 12 Puten eine Arbeiterin zum Lockern der Streu anstellen müssen" (Techn. d. Forstschutzes, Berlin 1904, S. 151).

ermüden und wenig Fläche absuchen können und hier die tieferliegenden Puppen überhaupt nicht aufsuchen."[1])

Da, wo den Hühnern gut vorgearbeitet wurde, war der Erfolg ihrer Arbeit nach Gieselers Bericht nicht unbefriedigend. Um möglichst große Flächen von den Hühnern absuchen zu lassen, wurden ständig zwei Mädchen beschäftigt, die mit dem Rechen oder der Harke den Bodenüberzug — meist Moos, stellenweise Gras — lockerten, so daß die Hühner keine große Arbeit beim Scharren hatten. Die Hühner suchten mit großem Eifer, und die Leute mußten sich vorsehen, daß sie die Hühner mit der Harke nicht verletzten.

In der Oberförsterei Charlottenthal wurde gelegentlich des Tucheler Fraßes, wie von dort berichtet (27. 11. 08) worden ist, Hühnereintrieb versucht. In Jagen 137c wurden im Scharrgebiet der Hühner 33 Raupen pro Stamm gefunden, im nicht gescharrten Gebiet desselben Jagens 140 pro Stamm. Der Hühnereintrieb erfolgte im Frühjahr des Jahres.

Nach diesem Resultat zu urteilen sind die Hühner offenbar bald ermüdet.

Kapitel 2: Rationelle Methoden.

a) Allgemeines über die Wirkung des Streurechens auf den Bestand.

Eine wirklich rationelle Methode der Spannerbekämpfung ist das Streurechen. Wie die Erörterungen über die Wirkungsweise der Methode noch näher erkennen lassen werden, müssen wir aber scharf zwischen der (übrigens nicht älteren!) Methode der Streuabgabe und der des Zusammenrechens der im Walde bleibenden Streu in Wälle, Bänke oder Haufen unterscheiden.

Die erstere Methode hat unter manchen Verhältnissen ihre theoretischen und praktischen Bedenken, die zweite ist eine der rationellsten, die wir überhaupt in der Forstschutzpraxis kennen.

Man kann gegen die Streuabgabe einwenden, daß ein großer Teil der Puppen doch im Bestande bleibt, besonders wenn, wie meist empfohlen worden ist, die Streu „schonend", mit hölzernen Rechen etwa, abgeharkt wird.

Diesen Einwand erkenne ich unbedingt an, denn es tritt nur dann unter solchen Umständen ein voller Erfolg ein (gegenüber dem Spanner!), wenn man das Glück hat, daß ein größerer Drosselzug sich im Revier niederläßt und gründliche Nachlese hält (das war in Junkerhof z. B. der Fall), oder wenn man dann noch in großem Maßstabe Hühner (besser Puten) eintreiben

---

[1]) Mithin — Dolles sches Phänomen! — vorwiegend die oberflächlicher lagernden, die schmarotzerbesetzten Puppen enthaltenden Puppenmassen reduzieren; während die für den Bestand gefährlicheren, weil vorwiegend schmarotzerfreien, tiefer liegenden Puppen von den Hühnern in unberecht gebliebenen Beständen ebensowenig, wie durch ein nur oberflächliches Zusammenrechen und Abgabe der Streu, unschädlich gemacht werden

kann. Die Streu ab gabe wirkt also nur im Verein mit anderen natür=
lichen oder künstlichen, dem Spanner feindlichen Faktoren radikal.

Immerhin wirkt sie, und wenn man aus irgend welchen Gründen
nicht in der Lage ist, das Zusammenrechen der Streu in Wälle auszuführen
oder im geplanten Umfange zu vollenden (Arbeitermangel), würde die
Methode ausgeführt werden müssen. Ich würde wenigstens unbedingt dazu
raten. Allerdings muß zuvor die Untersuchung der Puppen festgestellt haben,
daß die Schmarotzerinsekten noch nicht an der Arbeit gewesen sind. Denn
sonst würde man Gefahr laufen, bei der Streuabgabe gerade in erster Linie
die ichneumonierten oder sonst kranken Puppen aus dem Bestande zu ent=
fernen (Dolles).

Diese Einschränkung wird hinfällig und die Streuabgabe alsdann
eine unbedingt höchst rationelle Methode, wenn man, wie ich das ganz
kürzlich (Herbst 1913) sah, die Streuwerber veranlassen kann, die in Haufen
gebrachte Streu bis zum nächsten Sommer im Walde zu lassen. Wenn das
möglich und auch die Ausdehnung des Fraßgebietes keine zu große ist, so
kann man sich keine bessere Ausführungsweise der Bekämpfung, als eben
durch „Streuabgabe" wünschen.

Der andere Einwand, der seit langem erhoben worden ist, betrifft die
Folgen der Streuentnahme für das Gedeihen des Bestandes. Die Streu=
entnahme soll den Bestand schädigen.

Wir haben uns mit diesem Einwande jetzt etwas näher zu beschäftigen.

Schon Altum[1]) entgegnete den das Streurechen verurteilenden
Praktikern sehr treffend, daß es gar nicht darauf ankomme, die Streu aus
dem Walde zu entfernen.

Was er seinerzeit anriet,[2]) war: streifenweises Ausharken und Auf=
häufen der Bodenstreu, um sie nach der Flugzeit des Falters
wieder zu verteilen.

Und so meint er mit Recht: „Wer folglich die Streu dem Walde nicht
nehmen zu dürfen glaubt, der lasse sie doch darin; Streurechen und Streu=
entfernen ist doch nicht gleichbedeutend."

Wir wollen zunächst einmal sehen, welche exakt begründeten Er=
fahrungen denn eigentlich in bezug auf eine den Bestand schädigende Wirkung
des Streurechens und auf ein etwaiges Versagen der Maßregel vorliegen,
wenn die Streuentnahme zur Bekämpfung des Spanners, oder in einem,
der Wiederholung von Spannerkalamitäten mindestens ungefähr entsprechen=
den langfristigen Turnus zur Ausführung kam.

In der Colbitz=Letzlinger Heide hat man über die Ausführung des Streu=
rechens zwecks Freilegung der Puppen folgende Erfahrungen gesammelt:[3])

[1]) Zeitschr. f. Forst= u. Jagdw. 1886, S. 221.
[2]) Zeitschr. f. Forst= u. Jagdw. 1885, S. 610.
[3]) Badermann, D. F. Z. 1908, S. 956.

„Bezüglich der Zeit der Streuentnahme konnten naturgemäß nur die Monate der Puppenruhe in Betracht kommen. Je rechtzeitiger und intensiver die Bearbeitung erfolgte, um so besser erwies sich die Wirkung. Wo wider Erwarten in einzelnen Fällen der Erfolg nicht in vollem Umfang eingetreten war, hatten die Bekämpfungsmaßregeln so spät eingegriffen, daß das Freilegen der Puppen erst kurz vor der normalen Zeit des Ausschlüpfens der Falter erfolgte.

Es muß also der allergrößte Wert darauf gelegt werden, daß der Zeitraum, während dessen die Puppen freiliegen, so lange als möglich bemessen wird. Die Schwierigkeit, dieses auf größeren Flächen zu erreichen, hat dabei verschiedene Verfahren gezeitigt. So erwies es sich an manchen Stellen der Kostenersparnis wegen als vorteilhaft, die Streu in Kaveln zur Selbstwerbung gegen Meistgebot abzugeben. Diese Maßregel war naturgemäß nur dort durchführbar, wo größerer Bedarf an Waldstreu vorhanden war. Sie hatte den Nachteil, daß dem Walde große Mengen an Streu entzogen wurden.

Im Gegensatz hierzu war die Werbung der Streu auf Staatskosten mit sehr großen Umständen verbunden. Da die durchschnittliche Arbeitsleistung eines Mannes nur etwa 0,05 ha ist, erwuchsen je nach den ortsüblichen Tagelöhnen Kosten von 30 bis 60 Mk. pro Hektar.

Am vorteilhaftesten gestaltete sich das Verfahren, bei welchem die Arbeiter für ihre Arbeitsleistung mit einem Teil der Streu entschädigt wurden, oder wo zwar auf Staatskosten geworben, ein Teil der Streu aber verkauft wurde."

Als ich im Jahre 1911 einige Reviere des damaligen Fraßgebietes (zum Studium der Nonne) bereiste, wurde mir einstimmig versichert, daß sich nachteilige Folgen der Streuabgabe nirgends gezeigt hatten.

Der Erfolg der Bekämpfung war jedenfalls, nach Babermanns Bericht, ein guter, da die meist in der Rohhumusschicht, — unter der oberen, leicht ablösbaren, überwiegend aus trockenen Nadeln, Moos und Flechten bestehenden Decke, — liegenden Puppen, soweit sie (nach Babermann) nicht „vertrockneten", von Scharen von Krähen, Hähern, Drosseln und Meisen mit großer Emsigkeit aufgelesen wurden, so daß statt über 100 nur noch 4—5 Puppen pro qm gefunden wurden.

Aussichtslos erscheint natürlich die Streuentnahme als Spannerbekämpfungsmittel da, wo das Streurechen auch sonst und in kurzem Turnus ausgeführt wird. Mit den dürftigen Streumassen wird dann nur ein kleiner Teil der Puppen aus dem Revier entfernt, der gesündeste Teil hat sich überhaupt tief, in den mineralischen Boden, eingebohrt, und wird hier so wenig, wie in den der Massenvermehrung vorausgegangenen Jahren von der Maßnahme geschädigt. Denn durch die Wegnahme einer dürftigen Nadel- und lückigen Hungermoos-Decke ändern sich für die Vogelwelt unter diesen

Umständen die Verhältnisse ebensowenig, wie für etwa eingetriebene Haus=
tiere und wie für die Puppen an sich.

Als Bekämpfungsmaßnahme kann in solchen Fällen m. E. die Streu=
abgabe ruhig unterbleiben, oder ist, richtiger gesagt, im Hinblick auf das
Dolles sche Phänomen, strikte zu unterlassen.

Leythäusers Bericht über den Nürnberger Fraß illustriert das
recht gut: „Insbesondere war es klar, daß mit dem Streurechen absolut nichts
Positives erreicht werden kann; denn die vielfach nach dieser Richtung an=
gestellten Untersuchungen haben ergeben, daß nur etwa 25 bis 30 % der
Puppen in der Streudecke, wie sie bei der Streugewinnung in Frage kommt,
sich befinden, während 60 % in der filzigen Humusmasse und ca. 10 bis 15 %
sogar im mineralischen Boden anzutreffen sind. Wenn aber keine Streu
vorhanden ist, so schlüpft die Raupe zum Verpuppen einfach unter die obere
Bodenlage, um dort im Puppenlager zu überwintern. Unter Umständen
kann sogar das Streurechen, insbesondere wenn es gegen Ende der Kalami=
tät vorgenommen wird, geradezu das Gegenteil von dem, was erreicht wer=
den soll, bewirken, da ein Teil der mit Tachinen und Ichneumoniden besetz=
ten Puppen hierdurch aus dem Walde geschafft und zugrunde gerichtet wer=
den würde.“

In diesem Zusammenhang scheint mir auch eine Beobachtung aus der
Tucheler Heide bemerkenswert zu sein. Die Oberförsterei Laska berichtet
unterm 30. X. 08:

„Flug innerhalb des Reviers weit geringer als in den Vorjahren, da=
gegen deutlichere Zunahme des Falters in den benachbarten bäuerlichen
Waldungen.“

In letzteren ist jeder Rest von Streu jahraus, jahrein sauber ausgeharkt
geworden. Also hat sich hier die Raupe immer im mineralischen Boden
verpuppt — dank der ununterbrochenen Streuentnahme!

In Revieren mit gut entwickelter Streudecke war man dagegen auch in
der Tucheler Heide mit der Wirkung der Streuabgabe sehr zufrieden. Die
Oberförsterei Charlottenthal berichtete am 27. 11. 08: „Erhebliche Einschrän=
kung der Vermehrung des Insektes durch Streuentnahme.“

In Jagen 117b wurden damals 28 Raupen pro Stamm gefunden, in
Jagen 116b (Streu nicht entfernt) 151 Raupen pro Stamm.

Und der Revierverwalter von Junkerhof, Herr Oberförster Teich=
mann, schwankte mit Recht keinen Augenblick, von zwei Übeln denn doch
lieber das kleinere zu wählen:[1]

„Berichterstatter hält dringend, um ganze Arbeit zu machen, die Ent=
fernung der Streu aus dem Walde für notwendig, gleichviel, ob dadurch das
Wachstum behindert wird und damit ein gewisser Zinsverlust eintritt.“

---

[1] Ber. vom 4. XI. 08.

„Lieber einige Jahre auf Zinsen verzichten, als das ganze Kapital ge=
fährden und die Bestände verlieren."

Wir sehen also, daß gelegentlich der Spannerkalamitäten keine nach=
teiligen Folgen der zwecks Bekämpfung des Spanners erfolgten Abgabe der
Streu haben nachgewiesen werden können, und daß die Methode nur dort
eklatant versagte, wo rücksichtslose Streunutzung der Methode den Boden
entzogen hatte. Ich komme auf den letzten Punkt noch einmal weiter unten
näher zurück.

Ich habe mich nun bemüht, mir ein Bild von dem Stand des Kampfes
der Meinungen zu verschaffen, der über die Frage entbrannt ist, welche Rück=
wirkung Streudecken verschiedener Mächtigkeit und Zusammensetzung, sowie
ihre Entfernung auf den Bestand haben können.

Ich ging dabei auch von dem Gedanken aus, daß es doch prinzipiell sehr
wichtig für die Bewertung des hier empfohlenen Zusammenrechens der Streu
in Haufen, auf das wir weiter unten näher eingehen werden, sein müsse,
wenn man exakt begründete Mitteilungen finden könnte, aus denen vielleicht
hervorginge, daß ein einmaliges Abheben der Streudecke auf den Bestand in
dieser oder jener Richtung sogar günstig wirke.

Ich schicke zunächst eine Übersicht des Baues der Waldstreudecken voraus,
bei der ich ganz den R a m a n n schen Arbeiten folge.

Denn man muß sich hierüber und über die Humusstoffe überhaupt im
klaren sein, wenn man die Methode des Streurechens in ihrer Bedeutung
als Kampfmittel, wie als Eingriff in das organische Getriebe des Waldes
verstehen will.

„Als Humus werden alle abgestorbenen zersetzten Pflanzen= und Tier=
stoffe bezeichnet, welche bodenbildend auftreten. Die Humusstoffe sind orga=
nische Körper mit verschiedenem Gehalte an anorganischen Bestandteilen und
vielfach mit unveränderten oder wenig angegriffenen Pflanzen und Tier=
bestandteilen."

In Lösung übergegangene und danach wieder (chemisch oder physi=
kalisch ausgefällte) Humusstoffe bezeichnet R a m a n n als Mullstoffe.

Eigentümliche, chemisch noch wenig bekannte, vorwiegend in den Ab=
lagerungen am Grunde der Seen und Meere auftretende Stoffe heißen
Gytjestoffe.

Uns interessieren hier nur die „durch mehr oder weniger reichlichen
Gehalt an wenig zersetzter oder unveränderter Tier= und Pflanzensubstanz"
charakterisierten und daher noch organische Struktur zeigenden Moderstoffe,
und zwar die Formen, die wir im Walde zur Ablagerung gelangend antreffen.

Die Schichtenfolge der humosen Ablagerungen im Walde verhält sich
nach R a m a n n [1]) folgendermaßen:

---

[1]) Vorschläge für Einteilung und Benennung der Humusstoffe. Zeitschr. f. Forst=
u. Jagdw. 1906, S. 637.

„Waldstreu. Die Bezeichnung Waldstreu wird nach zwei Rich=
tungen gebraucht:

1. Waldstreu, als technisches Produkt betrachtet, umfaßt alle
lebenden und abgestorbenen Teile der Bodendecke des Waldes, welche tech=
nisch geworben und verwertet werden (Laub=, Nadel=, Moos=, Heide=
usw. Streu.

2. Waldstreu, als eine Form der Bodendecke des Wal=
des, umfaßt alle abgestorbenen, in ihren einzelnen Teilen
lose nebeneinander lagernden Abfälle des Waldes und
der lebenden Bodendecke, sowie locker aufliegende
Rasen von Moosen und Flechten.

Charakteristisch für die Waldstreu ist demnach, daß sie als lose, in ihre
einzelnen Bestandteile leicht trennbare Decke auf dem Mineralboden auf=
liegt und meist nur aus dem Pflanzenabfall des letzten oder der letzten Jahre
besteht. Die Streudecke wird vielfach von einer flachen Schicht Moder unter=
lagert, für welche die Bezeichnung Streumoder gebraucht werden kann,
wenn man will, noch weiter gekennzeichnet durch die Baum= oder Pflanzen=
art, aus der der Moder entstanden ist (Birkenmoder, Fichtenmoder usw.).

In vielen Fällen, namentlich im Fichtenwalde, finden sich Ablagerun=
gen, bei denen die Zersetzung der Nadeln in den oberen Schichten gering ist
und nach der Tiefe fortschreitend stärker wird. Es empfiehlt sich dann, die
oberen, nur wenig verfärbten und kaum versponnenen Nadeln zur Streu=
schicht, die tieferen stärker humifizierten Nadeln zum Rohhumus zu rechnen,
in den sie in der Regel übergehen.

Die untersten Schichten von Trockentorf und Rohhumus sind meist
stärker zersetzt, sie entsprechen dem Zustande des „stark zersetzten Torfes" in
Ablagerungen des Moortorfes. In diesem Falle bezeichnet man diese
Schichten als „stark zersetzten Trockentorf". Bei vollständiger Ausbildung
ergibt sich dann folgendes Profil in Fichtenwaldung:

Streuschicht. Unzersetzte oder wenig humifizierte, locker gelagerte
oder bei schwachem Druck zerfallende Fichtennadeln und Abfallreste des
Waldes.

Rohhumusschicht. Stark humifizierte, untereinander versponnene
Nadeln, die nach unten allmählich in eine dicht gelagerte, nur wenig erkenn=
bare Pflanzenreste enthaltende Schicht von stark zersetztem Rohhumus
übergehen.

Der Unterschied zwischen Fichtenmoder und stark zersetztem Fichtenroh=
humus liegt in der Dichtigkeit der Lagerung. Der erstere ist
locker gelagert und von loser Streuschicht überdeckt, die zweite dicht
gelagert und von Rohhumusschicht, seltener von Trockentorf überdeckt."

Ramann teilt die Moderstoffe je nach dem Grade der Zerkleinerung
der Pflanzenreste in zwei Untergruppen:

„1. Torf. Ablagerungen zusammenhängender, schneidbarer, humoser Massen mit hohem Gehalt an mikroskopisch erkennbaren Pflanzenresten.

2. Moder, sehr fein- bis mittelkörnige humose Massen mit mehr oder weniger erhaltener Pflanzenstruktur, die vielfach erst unter dem Mikroskop kenntlich wird.

Torf. Die Moderstoffe erleiden eine allmählich fortschreitende Umwandlung in amorphe, mikroskopisch feinkörnige oder homogene Massen, die in jedem Torf in verschiedener Menge vorhanden sind und vereinzelt auch in reinen Ablagerungen (Dopplerit) vorkommen. Hierdurch kann bei vielen Torflagern eine von der Oberfläche nach der Tiefe fortschreitende Zerstörung der Pflanzenreste eintreten. Je nach dem Grade der Zersetzung unterscheidet man:

wenig zersetzten Torf (unreifen Torf), in der Hauptmasse deutlich erkennbare Pflanzenreste,

mäßig zersetzten Torf, deutlich erkennbare Pflanzenreste wiegen vor,

stark zersetzten Torf (reifer Torf, Specktorf), die deutlich erkennbaren Pflanzenreste treten gegenüber einer mikroskopisch einheitlichen Masse zurück."

„Man unterscheidet zwei Gruppen, je nachdem der Torf auf trockenem Lande = Trockentorf, oder unter Wasser = Torf (Moortorf) gebildet ist."

Trockentorf. Infolge langsamer Zersetzung der abgestorbenen Pflanzenreste lagern sich humose Stoffe in mehr oder weniger geschlossenen Schichten auf dem Mineralboden ab.

Man unterscheidet die Formen des Trockentorfes nach den Pflanzenarten, aus deren Abfällen sie vorzugsweise bestehen (z. B. Buchen-, Fichten-, Heide-, Beerkraut-, Azaleen- usw. Trockentorf). Die Unterschiede des verschiedenen Trockentorfes sind oft erheblich, so der Heide-Trockentorf (trocken, feinfaserig), Buchen-Trockentorf, in schneidbaren, festen Stücken, Kiefern-Trockentorf, in der Hauptmenge aus den Resten der lebenden Bodendecke gebildet usw.

Die Trockentorfablagerungen des Waldes trennt man in zwei Untergruppen:

Trockentorf. Die abgestorbenen humifizierten Pflanzenreste sind durch Pflanzenwurzeln und Pilzfäden zu zusammenhängenden dichten Massen vereinigt.

Rohhumus. Die Pflanzenreste sind mehr oder weniger zerfallen, vielfach faserig, wenig fest zusammenhängend."

In chemischer Beziehung ist bisher kein erheblicher Unterschied zwischen den verschiedenen Formen des Trockentorfes bekannt geworden. Er verhält sich etwa wie kalkarmer Niedermoortorf.

Neuerdings ist übrigens von der Kommission zur Feststellung einheit=
licher Bezeichnungen der Humusstoffe beschlossen worden, nur die Bezeich=
nung „Trockentorf" zu gebrauchen und zwischen dicht oder locker gelagertem
Trockentorf zu unterscheiden, — wie Ramann in einer Fußnote mitteilt.

Hören wir nun, wie in der forstlichen Literatur die Streuabgabe be=
urteilt worden ist und wird!

Von neueren Autoren, die sich über die Folgen der Streuentnahme aus
dem Bestande (in dem hier in Frage kommenden Turnus) geäußert haben,
sei zuerst Gumtau[1]) genannt, der sich mit überraschender Schroffheit gegen
die Streuentnahme gewendet hat, als deren prinzipiellen Gegner er sich be=
kennt. Er behauptet, „diese Maßregel sei kaum anzuwenden, weil die Grenzen
des Fraßes unbestimmt seien, und weil der Fraß nur 3 Jahre daure. Auch
habe die Streuabgabe zum Zwecke der Insektenvertilgung insofern ihr Be=
denkliches, als sich in der Bevölkerung leicht ein Bedürfnis zur landwirtschaft=
lichen Verwendung der Streu bilde, was sich erfahrungsmäßig nicht ganz
leicht wieder beseitigen lasse."

Auch Balthasar[2]) hat die Streuentnahme auf armem Kiefernboden
für eine gefährliche Maßregel erklärt.

„Auch ohne diese erlösche der Fraß meist infolge des Überhandnehmens
der Männchen des Schmetterlings in 3 Jahren; die Bestände blieben dann
so wie so zum größten Teil bestehen."

Diese Erklärung des Verschwindens des Falters ist natürlich ebenso
hypothetisch, wie die Mythe von der dreijährigen Dauer der Spanner=
kalamität.

Altum dagegen faßte sein Urteil (in der oben zitierten Arbeit) über
die Wirkung einmaliger Streuentnahme für den Bestand wie folgt
zusammen:

„Es kann doch für besagten Zweck nur eine einmalige Streu=
entnahme in denselben Beständen stattfinden; nur in den seltensten Fällen
wird sie sich in diesen, und auch dann nur nach einer längeren Reihe von
Jahren wiederholen. Erfahrungsmäßig tritt dieselbe Kalamität an den=
selben Orten bei den hier in Frage stehenden Insekten nicht sobald wie=
der auf.

Eine einmalige Streuentnahme aber schadet keinem Boden, wenn es
sich nicht um einen höchst armen, etwa fünfter oder fast fünfter Bonität
handelt, auf dem allerdings die zusammengeharkte Bodenstreu dem kümmer=
lichen Bestande nicht verloren gehen dürfte. Es gibt sogar Fachmänner auf
dem Gebiete der wissenschaftlichen Bodenkunde, welche ein durch eine solche

---

[1]) Pomm. Forstv. 1884. Nach Mitteilungen Gumtaus, die v. Varendorff
1886 (Z. f. Forst= u. Jagdw., 1886, S. 214) erwähnt, ist Streurechen während der 40er
Jahre im Reg.=Bez. Danzig erfolglos angewendet worden.

[2]) Pomm. Forstv. 1884.

einmalige Streuentnahme bewirktes vorübergehendes Freilegen des Wald=
bodens als nützlich für das Wachstum des Bestandes ansehen, weil dann
das atmosphärische Wasser in weit größerer Menge in den Boden bringt und
so imstande ist, eine größere Menge von mineralischen Nährstoffen des
Bodens zur Aufnahme durch die Baumwurzeln zu lösen."

„Jedenfalls", meint Altum, „muß um so stärker bezweifelt werden",
„daß dadurch[1]) die notwendigen Nahrungsstoffe dem Boden dauernd ent=
zogen werden, die normale Humusbildung auf Jahre unterbrochen und der
Wuchs der Bestände geschädigt wird", „als die Streu bei einem solchen Aus=
harken doch nicht ganz und gar überall bis auf den klaren Sand entfernt
werden kann. Dazu ist der Waldboden zu uneben; kleinere Teile bleiben
überall, größere Partien in Bodenvertiefungen, hinter manchen flachtreiben=
den Wurzeln, bei und zwischen krautbewachsenen Stellen zurück."

„Ob schließlich, wenn etwa alle 25 oder 50 Jahre auf einzelnen Flächen
die Streu einmal gerecht und den Anwohnern des Waldes abgegeben würde,
auf volkswirtschaftlichem Gebiete die bösen Folgen eintreten, welche in dem
vorstehenden (v. Varendorffschen) Aufsatze als Schwäche gezeigt wer=
den, ist nach den hiesigen Erfahrungen, welche mit der Abgabe der Boden=
decke unserer Versuchsstreuflächen gemacht wurden, nicht sehr wahrscheinlich."

Im Reichswalde wurden freilich, wie Nitsche mitgeteilt hat, „nur
die über 40 Jahre alten Bestände genutzt", und es durfte „die Streuentnahme
höchstens alle 5 Jahre denselben Bestand treffen.

Für so arme Böden scheint das gewiß eine recht rücksichtslose Aus=
nutzung zu sein.

Nitsche bemerkt hierzu: „Diese Streunutzung verringert nicht nur
die Bodengüte, sondern hindert auch die für viele Kiefernorte an und für
sich wünschenswerte Umwandlung in Fichten=[2]) oder Laubholz=, z. B. Erlen=
bestände, da seit Alters her als „Herbststreu" Kiefernstreu bevorzugt und
gewohnheitsrechtlich nunmehr auch gefordert wird."

Auch die Angabe Ehlerts[3]), das Streubedürfnis der Heidebevölke=
rung sei bald „übersättigt" worden und aus dem Grunde auf diesem Wege
nichts durchgreifendes zu erreichen gewesen, habe ich bei meiner Bereisung
der Tucheler Heide durch die Äußerungen anderer Revierverwalter nicht
bestätigt gefunden.

----

[1]) Durch einmalige Streuentfernung.

[2]) Der Reichswald hatte 1822 einen großen Eulenfraß, 1837—1840 eine verheerende
Massenvermehrung der Nonne, 1887—1889 eine Kiefernspinnerkalamität über sich ergehen
lassen müssen. Nach unseren heutigen Erfahrungen wird man Nitsche widersprechen
dürfen, wenn er das auf die große Ausdehnung seiner Kiefernbestände schiebt und z. B.
die Umwandlung in Fichtenbestände empfiehlt!

[3]) l. c. S. 13.

Bei der grenzenlosen Armut der dortigen Bevölkerung konnte eine Übersättigung so leicht nicht zu befürchten sein. Man sagte mir geradezu, die Leute seien mit dem Aufhören der Spannerkalamität gar nicht zufrieden gewesen. Es liegt die Sache hier ganz so wie in der Mark (ohne daß ich einem obligaten Streurechen in irgend einem Turnus, der durch andere Faktoren, als Insektenkalamitäten und die Notwendigkeit ihrer Bekämpfung bestimmt würde, das Wort reden will), worüber der beste Kenner der kultur= geschichtlichen Beziehungen unserer einheimischen Vegetation zu Bräuchen und Bedürfnissen der Bevölkerung, der verstorbene C. Bolle, einmal bemerkt:[1]

„Aus den abgefallenen Kiennadeln (Chojcowa Glicka) setzt sich die dem Landmann so unentbehrliche Nadelstreu (Swańo) zusammen."

Horstmann[2] hält die aus Hypnum, Dicranum, Polytrichum, auf är= meren Böden aus Cladonia rangifera — der unter dem Namen Hungermoos bekannten Flechte — bestehende „Deckmoosschicht", die wir durchweg in den Kiefernbeständen unserer norddeutschen Tiefebene vorfinden, für geradezu schädlich: nur nach Entfernung der Moosdecke kann dem Boden „der jähr= liche Nadelabfall völlig zugute kommen, der bislang dem verheerenden Zwischenhandel der Moosdecke anvertraut gewesen" ist.

Was Horstmann über die wirtschaftliche Bedeutung der Moosdecke sagt, gilt gerade für die spezifischen Heidegebiete, in denen der Spannerfraß unseren Kiefernbeständen so verderblich geworden ist:

„Der größere Teil des nordöstlichen Deutschlands, hauptsächlich die Mark Brandenburg, besitzt bekanntlich ein ziemlich klägliches Wiesenverhält= nis; der Landwirt ist demzufolge vielfach gezwungen, die Strohernte fast vollständig zur Fütterung des Viehs zu verwenden, während er seinen Streubedarf aus dem Forst zu decken sucht. Der Grundbesitzer (Bauer) hat zu diesem Zweck meist eine eigene Heide (Bauernholz), die sog. kleinen Leute dagegen sind auf anderweiten Bezug angewiesen. Selbst größere Güter kommen bei schlechter Strohernte in die Lage, zur Waldstreu zu greifen.

Unter solchen Umständen und in Anbetracht, daß auch der Bauer trotz des Ausrechens seiner Bestände bis auf die letzte Nadel den Bedarf nicht immer vollständig zu decken vermag, ist die Nachfrage nach Streu an manchen Orten eine ständige, und bewegt sich demnach der Preis pro ha nicht selten zwischen 14 bis 18 Mk. Wir hätten es also in finanzieller Beziehung mit einer nicht zu unterschätzenden Nebenbenutzung zu tun, falls man sich ent= schließen könnte, ein überliefertes Vorurteil aufzugeben und sich durch vor= erst kleinere Versuche, denen Untersuchungen hinsichtlich der Humusbildung

---

[1] Andeutungen über die freiwillige Baum= und Strauchvegetation der Provinz Brandenburg. II. Ausgabe. Berlin 1887. S. 101.

[2] Zeitschr. f. Forst= u. Jagdw. 1889, S. 632.

und des Feuchtigkeitsgehalts zu folgen hätten, eine auf Erfahrung beruhende Ansicht zu schaffen."

Laspeyres[1]) hat auf Grund der Verarbeitung umfangreicher und über 30 Jahre lang von der Forstakademie Eberswalde durchgeführter Versuche und entsprechender Stammanalysen das für die Beurteilung des Streurechens eminent wichtige Resultat erhalten, daß auf guten und mittleren Kiefernböden nach der angegebenen Zeit eine Schädigung des Holzzuwachses noch nicht eingetreten ist, selbst wenn die Streuentnahme jährlich, aber in schonender Weise mit hölzernen, weitzinkigen Rechen ausgeübt wurde, während auf geringen und schlechten Böden unter den gleichen Bedingungen ein Rückgang des Zuwachses festgestellt worden ist. Laspeyres folgert aus diesem Ergebnis, daß eine maßvolle Streureinigung in Kiefernbeständen guter und mittlerer Standorte bei Anwendung weitzinkiger hölzerner Harken und langen, etwa 6—10jährigen Umlaufszeiten durchaus zulässig ist, während auf Kiefernböden der 4. und 5. Ertragsklasse die Streunutzung in der Regel auszuschließen ist. Nur in wirklichen Notjahren dürfte die einmalige Abgabe der Streu auch in solchen Beständen unbedenklich sein.

Die Richtigkeit seiner Ergebnisse hat Laspeyres gegen die von Guse[2]) erhobenen Einwände erfolgreich verteidigt[3]), so daß ich den Leser, der sich für diese Probleme näher interessiert, auf die Kontroverse selbst einfach verweisen kann, ohne näher auf sie einzugehen.

Nur möchte ich bemerken, daß die Art und Weise, wie Guse gegen Laspeyres' sachliche Deduktionen polemisierend, schließlich die absolute Entbehrlichkeit der Waldstreu für die Konsumenten proklamiert, mir ganz und gar nicht zu billigen zu sein scheint. Wenn es sich wenigstens nur um Streuforderungen für Großbetriebe handelte, denen die Last, einen Ersatz zu finden, vielleicht aufgebürdet werden könnte! Aber in Gebieten, wie die Tucheler Heide, ist der Wald, mit allem, was er produziert, eine Existenzfrage für die dünn gesäte, schwer ringende Bevölkerung, die hier gleichwohl seßhaft erhalten und nach Kräften gefördert werden soll. Der Wald ist hier Kulturträger. Wie kann man daraus, daß eine unvernünftig starke Ausbeutung irgend eines Produktes, z. B. der Bodenstreu, dem Walde schadet, schließen, daß die betreffende Nutzung überhaupt kategorisch zu verbieten sei!

Um gänzliche Verbannung der landwirtschaftlichen Nutzung von allerdings fast ungeeigneten Böden, um Ersatz der Waldstreu durch die Produkte anderer Kulturen (Wiesen, Moore), — darum kann es sich in Gebieten, wie es die Tucheler Heide ist, nicht handeln. Der Wunsch, im Forst ungeschoren zu bleiben, darf hier nicht der Vater des Gedankens werden,

<hr>

[1]) Zeitschr. f. Forst- u. Jagdw. 1898, H. 9 u. 10.
[2]) Zeitschr. f. Forst- u. Jagdw. 1899, Juniheft.
[3]) Zeitschr. f. Forst- u. Jagdw. 1900, S. 168.

jebe Streunutzung in Grund und Boden zu verdammen. In der Tucheler Heide mit ihrem gewaltigen fiskalischen Waldbesitz wird die Forstverwaltung gewiß auch in dieser Beziehung niemals Gefahr laufen, das Heft aus der Hand zu verlieren. Und nur in den Gegenden (z. B. in Bayern), wo Gerechtsame mannigfachster Art auf dem Walde lasten, wo wirklich jeder „Berechtigte" dreinreden kann, ist die Verwaltung in der üblen Lage, zusehen zu müssen, wie die Streunutzung die Bestände ruiniert.

Was den Wert des durch Verwendung der Nadel= und Moosstreu gewonnenen Düngers anlangt, so mag kurz darauf hingewiesen werden, daß die Streu, wie sie in den Spannerfraßgebieten an die Heidebewohner abgegeben wird, zweifellos nicht die Nachteile gegenüber der Strohstreu aufweisen kann, die Giersberg[1]) betreffs der Laubstreu hervorgehoben hat.

Wie dem aber auch sei, es ist zweifellos, daß, indem man die Streuentnahme zu Bekämpfungszwecken mit dem Ausplündern des Waldes, (wie es bäuerliche Heideforsten häufig noch erkennen lassen) zusammenwarf, einer Klärung des wahren Sachverhalts, an der uns liegen muß, nur geschadet worden ist.

Zu einem auffallenden Resultat, — das aber, wie ich gleich aussprechen möchte, nach meinen eigenen Untersuchungen in den Spannerrevieren der Tucheler Heide keine Bestätigung findet, — kam Gräbner hinsichtlich der Nachwirkungen der Streuentfernung in Beständen, wo die sehr starken moosigen Decken eigentümliche Krankheitserscheinungen hervorgerufen hatten. Seine Untersuchungen erstreckten sich auf die beiden der Streuentnahme folgenden Jahre.[2])

---

[1]) F. Zbl. 1906, S. 529.

[2]) Gräbners Ausführungen knüpfen an die von ihm behauptete eigentümliche Wirkung einer starken Streubedeckung auf den Bau der Wurzeln an (Beiträge zur Kenntnis nichtparasitärer Pflanzenkrankheiten an forstlichen Gewächsen. Zeitschr. f. Forst= u. Jagdw. 1906, S. 705—719). Er schreibt dort über das Absterben von Fichtenwurzeln in der Lüneburger Heide:

„Da nun die Luftdurchlässigkeit des Bodens je nach der Lagerung und dem damit verbundenen Prozentsatz des Porenvolumens ganz ungeheueren Schwankungen unterworfen ist, so genügt allein die dichtere Lagerung der oberen Bodenschichten (sobald sie von der Humusdecke überlagert werden und z. B. den Frosteinwirkungen weniger unterliegen, wie Ramann gezeigt hat), den Wurzeln, die naturgemäß zunächst bis an die unterste Grenze der zuträglichen Sauerstoffzufuhr in den Boden hinein vorgedrungen sind, die nötige Atemluft zu entziehen und sie durch Ersticken zum Absterben zu bringen. Die starke Rohhumusdecke, die selbst an den Stellen dünnerer Lagerung eine dichte ungünstige Form angenommen hatte, hat natürlich die Schwierigkeit der Durchlüftung noch erhöht."

Ganz besonders wird, wie das auch Gräbner hervorhebt, unter solchen Verhältnissen der Luftzutritt zu den Wurzeln während der feuchten Jahreszeit erschwert werden.

Namentlich in den Beständen der Oberförsterei Munster in der Lüneburger Heide hat Gräbner Schwächung und Abtötung der tiefergehenden Wurzeln durch Rohhumus=

Es zeigten sich Veränderungen in der Beschaffenheit der Ersatz=
lenticellen, wie an den Wurzeln, „die durch Entfernung des Mooses in
andere Feuchtigkeits= und Durchlüftungsbedingungen gekommen waren".

Die krankhaft vergrößerten Ersatzlenticellen „trockneten nach Entfernung
des Mooses sehr schnell ein und die ganze Oberfläche des Stammes wurde
sehr brüchig, kleinschülferig. Innen waren die Lenticellen meist durch eine
starke Steinkorkschicht gegen das lebende Gewebe abgeschlossen, waren sie in=
dessen sehr groß, so trat nicht selten der Fall ein, daß auch hier die Stein=
korkschicht keinen vollständig kontinuierlichen Verschluß hervorbrachte,
sondern daß das Eintrocknen bis in die lebende Rinde vor sich ging, ja, daß
an einigen Stämmen diese selbst bis zum Cambium vertrocknete, so daß die
gebräunte Rinde auf dem Holzkörper festsaß.

Da nun aber die Ersatzlenticellen zu dieser Zeit noch von mehreren
Schichten dünner, ziemlich locker aufsitzender Borkenlamellen überdeckt waren,
so erweichte die abgestorbene innere Rinde in den feuchten Jahreszeiten sehr
erheblich und bildete auch so ein gutes Substrat für die Pilze, wie die zahl=
reichen Mycelien aufwiesen. Auch hier kann also noch eine Erkrankung ein=
treten. Erst im zweiten Jahre bildete sich eine fast normale Rindenschicht, die
noch genauer untersucht werden soll, bei der jedenfalls so tief nach innen vor=
springende Steinkorklagen nicht mehr auftraten."

Weiter aber waren die flachstreichenden, physiologisch, wie ihre Ver=
stärkung zu erkennen gab, besonders wichtig gewordenen Wurzeln (ihnen lag
in erster Linie die Ernährung des Baumes infolge der Ausschaltung der
tieferstreichenden Wurzeln wegen des sich dort geltend machenden Luft=
entzuges durch die Moos= und Humus=Decke ob) stark durch die Streu=
entfernung in Mitleidenschaft gezogen worden und zeigten eine so starke
Spitzentrocknis, daß viele „bis zum Frühjahr des nächsten Jahres (1904)

decken beobachtet, die durch Nadelschutt oder aber durch Moose und Beerkrautdecken
gebildet waren. In solchen Fällen übernehmen die außergewöhnlich verstärkten flach=
streichenden Wurzeln in der Hauptsache die Ernährung der Bäume, die so aber, wegen
des stark schwankenden Feuchtigkeitsgehaltes der Oberflächenschichten, in starke Abhängig=
keit von den jeweiligen Witterungsperioden gerieten, die unteren Bodenschichten fast
nicht ausnützen konnten und ihrerseits die „Wurzelkonkurrenz in dem dünnen durch=
wurzelten Erdreich auf das mehrfache" erhöhten.

Auch eine krankhafte Vergrößerung der Ersatzlenticellen (in denen meist kein Ver=
schluß durch Steinkork zustande kommt) hat Gräbner an Kiefern beobachtet, die durch
dicke Moos= oder Rohhumusschichten hindurchwuchsen. Er konnte seinen schon früher
ausgesprochenen Verdacht, daß hier Eintrittspforten für schädliche Pilze gegeben
seien, durch den in vielen Fällen erbrachten Nachweis rechtfertigen, daß wirklich
das Mycel von Polyporus annosus durch solche abnormen Lenticellen in das lebende
Rinden= und cambiale Gewebe eindringt. „Es scheint mir danach der Beweis erbracht,
daß sicherlich in einer Reihe von Fällen das Auftreten der Stammfäule durch die dicken
Moospolster, Rohhumusschichten usw. und die dadurch verursachte krankhafte Ver=
änderung der Stammbasis und des Wurzelhalses veranlaßt wird."

noch keinerlei neue Ersatzwurzeln hatten erzeugen können. Im Sommer 1905 waren bei vielen die jungen Wurzelspitzen und noch ein weiterer Teil der älteren Wurzeln zurückgetrocknet".

"Das gänzliche Entfernen des Mooses in etwas älteren Beständen bringt danach stets eine weitere Schwächung des Bestandes mit sich und weitere Versuche dieses Jahres sollen zeigen, ob sich durch ringförmige oder streifenweise Freilegung günstigere Bilder erzielen lassen."

Diesen Anschauungen Gräbners ist aber so entschieden widersprochen worden, daß ich kaum glaube, daß sie für die Beurteilung des Streurechens gegen den Spanner oder die Forleule irgendwo einmal eine entscheidende Bedeutung erlangen werden.[1]

Viel wichtiger erscheint mir der von Ramann[2] geführte Nachweis zu sein, dessen er in mehreren Arbeiten gedenkt, daß in der Oberförsterei Biesenthal (J. 209) im Kiefernaltbestand zu Beginn der Vegetationsperiode der Wassergehalt des Waldbodens unter einer schwachen Heidedecke nicht unerheblich höher, als unter einer Astmoosdecke mit schwacher Rohhumusschicht war. Während der Vegetationsperiode, "und zumal während einer Trockenperiode", änderte sich dies Verhältnis dadurch, daß der Mehrgehalt an Wasser unter Heide aufgezehrt und sogar in das Gegenteil verwandelt wurde.[3]

Ramann betont, daß dabei Differenzen entstehen, d. h. daß der heidebedeckte Waldboden in einer Weise austrocknet, "die auch unter den ungünstigsten Verhältnissen weit über die auf streuberechten und geschonten Böden gefundenen hinausgehen".

"Diese Unterschiede werden nicht von Bodenwechsel oder dergl. begleitet, sondern sie sind durch eine ganz schwache, gewöhnlich kaum beachtete Bedeckung mit Heide hervorgerufen. Bei Sandböden, deren Wasservorrat stets, selbst in regnerischen Zeiten, ein mäßiger ist, können solche Differenzen für die Vegetation verhängnisvoll werden."

Hofmann[4] hat in krüppelnden Kiefernwüchsen des Schwarzwaldes sogar glänzende Erfolge durch einfaches Entfernen der lebenden Heide- und Moosdecke erzielt. Die Verjüngungen, auf welchen seine Versuchsflächen lagen, waren vielfach niedriger, als das Heidekraut geblieben. Nach der eben erwähnten Behandlung erholten sie sich vollständig.

---

[1] Vergl. u. a. das kritische Referat Denglers in der "Zeitschr. f. Forstu. Jagdw." 1911, S. 125.

[2] Ramann, E., Der Einfluß verschiedener Bodendecken auf die physikalischen Eigenschaften der Böden. Zeitschr. f. Forst- und Jagdw. 1898, S. 466. — Derselbe, Wassergehalt diluvialer Waldböden. Zeitschr. f. Forst- und Jagdw. 1906, S. 13.

[3] In der späteren Mitteilung sagt Ramann: "Die auf dem Mineralboden lagernde humose Schicht mindert während der Vegetationszeit den Wassergehalt des Bodens stark herab."

[4] Allg. Forst- u. Jagdztg. 1905, 297.

Von ganz besonderer Wichtigkeit erscheinen mir in diesem Zusammen=
hange auch die neuesten Feststellungen Böhmerles, die ich leider nur
nach einem im Forstwissensch. Centralbl.[1]) erschienenen Referat kenne und
zitieren kann.

Böhmerle untersuchte den Einfluß, den dichte Moospolster ins=
besondere in Gegenden mit geringen Niederschlägen, wie in trockenen Jahren
auf den Holzzuwachs äußern. Er vermutete, daß starke lebende Moosdecken
die geringen sommerlichen Niederschläge bis auf einen geringen, wirklich noch
in den Boden gelangenden Teil aufsaugen, und daß dadurch eine Wachstums=
hemmung der Bestände eintritt.

Auf zwei Versuchsflächen wurde „je zur Hälfte die Moosdecke samt auf=
liegender Streu vorsichtig in Platten abgehoben und umgelegt, und hierdurch
die lebende Moosdecke zur toten umgestaltet; die Versuchsflächen lagen in
65= und 85=jährigen Schwarzkieferbeständen, in welchen seit mindestens
30 Jahren keine Streunutzung stattgefunden und infolgedessen mächtige
Moospolster sich gebildet hatten, in dem sog. „Großen Föhrenwalde“ bei
Wien. Drei Jahre nach Anlage der Versuchsflächen fand eine sorgfältige
Aufnahme der Holzmasse auf ihnen sowie auf den Vergleichsflächen und Be=
rechnung des Zuwachses der drei Jahre statt.

Es zeigte sich, „daß der Bestand mit der lebenden
Bodendecke im Dürrejahr 1908 tatsächlich mit dem Zu=
wachs nicht unwesentlich hinter jenem mit toter Moos=
decke zurückgeblieben war.“

Ich glaube, daß dieses Versuchsergebnis von entscheidender Bedeutung
für die Beurteilung der Frage nach der Zulässigkeit des Streurechens gerade
auch in typischen Spannerfraßgebieten ist.

Böhmerle rät auf Grund dieser Versuchsergebnisse unumwunden,
starke Moosdecken periodisch zu entfernen. „In welchem Turnus dies zu
geschehen hat, wird von den örtlichen Verhältnissen abhängen, und soll dieser
jedenfalls nicht unter 5 Jahren gegriffen werden.“ Die Wiener Streu=
versuchsflächen zeigen selbst nach fünf Jahren nur eine geringe Neubildung
des Mooses, die keinesfalls schon ausreicht, um eventuell (in Dürrejahren)
von nachteiliger Wirkung auf den Zuwachs zu sein.

Nach Albert[2]) sind im nordwestdeutschen Aufforstungsgebiet die haupt=
sächlich aus Hypnum schreberi bestehenden, durchschnittlich 20 cm mächtigen
lebenden Moosteppiche zweifellos nicht nur indirekt (Überwachsen der jähr=
lichen Nadelstreu und raschere Verwesung der letzteren innerhalb der feuchten
und gut durchlüfteten Moospolster: „Das Moos frißt die Streu“), sondern

---

[1]) 1912, S. 110.

[2]) Albert, Bodenuntersuchungen im Gebiete der Lüneburger Heide. Zeitschr.
f. Forst= u. Jagdw., Jan. 1912, S. 2.

auch direkt, durch Aufnahme der Zersetzungsprodukte in den eigenen Betriebs=
und Baustoffwechsel, an der raschen Auflösung der ·Nadelstreu beteiligt.

Trockentorfartige Bildungen pflegen erst dann aufzutreten, „wenn unter
dem Einflusse der fortschreitenden Lichtung des Kiefernbestandes die Moose
durch einwandernde Beerkräuter oder Heide verdrängt werden".

Im Hinblick auf Trockentorfbildung sind also die Moosdecken ungefähr=
lich, durch den Verbrauch eines Teiles der Zersetzungsprodukte der Nadelstreu
sicher nicht nützlich.

Albert führt darüber aus, daß die Hypnum=Decken einen ungünstigen
Einfluß haben durch

1. Festlegung großer Nährstoffmengen in ihrer lebenden und toten
   Masse, die von der Rückkehr zum Mineralboden abgeschnitten
   werden,
2. Verzögerung des Eindringens von Wärme und Wasser in den
   Boden.

Die Versuche in der Oberförsterei Ebstorf, Forstort Brennholz (J. 62)
in 60 jährigem Kiefernstangenort III. Bonität (aufgeforstetes Heideödland)
ergaben: pro Morgen 1424,5 Zentner frische Masse bei einem durchschnitt=
lichen Wassergehalt von 70 %, mithin pro ha 284 900 kg frischer Masse mit
85 500 kg Trockensubstanz.

Die chemische Analyse ergab, „daß, zumal von den drei wichtigsten
Pflanzennährstoffen, Stickstoff, Kali und Phosphorsäure, ganz erhebliche
Mengen in solcher Bodendecke aufgespeichert werden. Vergleicht man damit
die in der normalen Kiefernstreu enthaltenen Mengen, so ergibt sich, daß in
der Moosdecke an Kali die ca. 13 fache, an Phosphorsäure die ca. 12 fache
und an Stickstoff die nahezu 8 fache Menge enthalten ist."

Der Wasserhaushalt des Bodens wird durch die starke Hypnum-Moos=
decke so gut wie gar nicht beeinflußt, wie Albert an der Hand seiner
Analysen zahlenmäßig nachweist. Dagegen zeigte sich, daß die starke Moos=
decke „stark isolierend" wirkt, „indem sie das Eindringen der Wärme in den
Boden erheblich verzögert". „Selbst in 25 cm Tiefe liegt die Temperatur
des moosbedeckten Bodens am Tage noch durchschnittlich 2° C. tiefer als auf
dem nicht bedeckten, während in den oberen Bodenschichten Temperatur=
differenzen bis zu 7° C. zwischen den beiden Versuchsflächen mehrmals
beobachtet wurden."

„Allerdings geht die von dem nackten Boden am Tage aufgenommene
größere Wärmemenge — in den oberen Bodenschichten wenigstens — durch
eine vermehrte Ausstrahlung während der Nacht größtenteils wieder verloren,
wie dies die Temperaturablesungen kurz nach Sonnenaufgang ganz deutlich
erkennen lassen. In dieser Zeit war der moosbedeckte Boden häufig sogar
wärmer als der unbedeckte. In den tieferen Bodenschichten dagegen bleibt
auch zu dieser Zeit der große Temperaturunterschied zwischen beiden Böden

bestehen. Gegen Herbst erst verschwinden die Unterschiede allmählich und der moosbedeckte Boden beginnt bereits wärmer zu werden, als der nackte, was zweifellos auch den ganzen Winter hindurch der Fall ist. Nebenher gehende, in kürzeren Perioden durchgeführte Temperaturbeobachtungen in benachbarten Waldböden mit verschieden starken Streudecken ließen erkennen, daß tote Bodendecken unter Umständen noch stärker isolierend wirken, als lebende. So kam eine ca. 12 cm mächtige, sehr dicht gelagerte Trockentorfschicht (Kiefern- und Fichten-Mischbestand) der Wirkung der 25 cm mächtigen Moosdecke nach dieser Richtung hin ziemlich gleich.

3. Es könnte nun noch eine Schädigung der Bodenorganismen (Bakterien) in Frage kommen. Umfangreiche biologisch-chemische Bodenuntersuchungen haben Albert davon überzeugt, daß ein Unterschied zwischen nacktem und Hypnum-bedecktem Boden nicht besteht.

4. Ebensowenig bestehen nach Albert Unterschiede in der Bodendurchlüftung (hier befindet sich Albert also im Gegensatz zu Gräbner). Etwas näher muß auf die Veränderungen des Porenvolumens eingegangen werden.

Albert fand in 5—15 cm Tiefe das Porenvolumen in je 10 Bestimmungen

in moosbedecktem Boden		in nacktem Boden	
%	%	%	%
51,69	47,34	47,49	46,18
49,88	45,72	48,45	44,23
49,88	47,57	48,27	42,00
47,75	49,01	48,16	43,06
46,54	48,20	47,83	45,09

Das ergibt im Mittel für

moosbedeckt: 48,36 %   nackt: 46,12 %

und läßt also erkennen, daß das Porenvolumen in zwei Jahren um ca. 2 % zurückgegangen ist. „Derselbe Rückgang im Porenvolumen des Bodens hat sich auch bei früheren Untersuchungen überall dort gezeigt, wo man die Streudecke radikal entfernte (Streuversuchsflächen), so daß derartige Maßnahmen schon allein aus diesem Grunde zu verwerfen sind."

Hieraus könnte man nun vielleicht ein scharfe Verurteilung des Streurechens herleiten — wenn Albert sein eben zitiertes Urteil näher begründete.

Das tut er aber durchaus nicht, führt sogar selbst im unmittelbaren Anschluß an das soeben Mitgeteilte an, daß sich in dem zum Versuche benutzten Bestande nach Aussage des Revierverwalters, Forstmeister Greve, „bis heute (also nach fünf Jahren) noch so gut wie keine äußerlich wahrnehmbaren Folgen gezeigt haben. Trocknis ist auf den Versuchsflächen nicht mehr und nicht weniger angefallen als in dem umliegenden gleichaltrigen Bestande".

„Auf dem völlig nackten Boden haben sich Moose kaum wieder an=
gesiedelt, stattdessen hat sich eine dünne und kümmerliche Heidevegetation
dort eingefunden. Die mit Moosmoder[1]) bedeckte Fläche hat sich dagegen
ziemlich gleichmäßig wieder mit einer schwachen Hypnummoosdecke über=
zogen."

Auch Alberts Ergebnisse scheinen mir also, alles in allem, keines=
falls das Streurechen, wenn der Bestand dadurch vor doppeltem Kahlfraß
bewahrt werden kann, zu contraindizieren.

Von großem Interesse sind in dieser Beziehung für unsere Frage die
Veröffentlichungen, in denen Schwappach[2]) neuerdings Stellung zu der
Laspeyresschen Arbeit genommen hat und ihren Kritikern treffend ent=
gegenhält, „daß man Ergebnisse, die bei einer ganz bestimmt vorgeschriebenen
Methode des Harkens und namentlich bei Anwendung weitzinkiger hölzerner
Instrumente gewonnen worden sind, mit den Bildern ausgeschundener
Bauernwaldungen vergleicht, in denen alljährlich die letzte Nadel entfernt
und häufig auch noch jedes trockene Ästchen abgesegt wird".

Was für das Problem der Spannerbekämpfung durch Streurechen im
Sinne unserer Auffassung wichtig ist, ist aber die Tatsache, daß Schwap=
pach zu einer prinzipiellen Übereinstimmung seiner Resultate mit dem
Standpunkte Laspeyres' kommt. „Die Unterschiede sind in der Haupt=
sache auf die Methode der Bearbeitung zurückzuführen."

Schwappach fand jedenfalls, daß in Biesenthal zwar auf den alle zwei
und vier Jahre berechten Versuchsflächen (Kiefer) „der Zuwachsverlust . . .
steigt mit Zunahme der Periode des Streuentzuges", der Zuwachs aber
der „jährlich in gewöhnlicher Weise beharkten Fläche[3]) sogar über jenen
der unberechten Vergleichsfläche" sich erheben kann.

Auf den jährlich intensiv berechten, d. h. mit aller Rücksichtslosigkeit
genützten Flächen, war „der Zuwachs (Biesenthal), der während der voraus=
gegangenen 6 Jahre für diese Unterfläche 115,0 % der Vergleichsfläche be=
tragen hat, auf 97,6 % herabgegangen, ebenso wie in Eberswalde von 74,0
auf 67,8 %.

Während „hiermit wohl der sehr tiefgreifende schädliche Einfluß des
jährlichen vollständigen Entzuges der Bodendecke selbst bei so alten Be=
ständen und auf ziemlich gutem Boden entschieden nachgewiesen ist", hat sich
Schwappach, wie gesagt, doch nicht veranlaßt gesehen, einer der für uns

---

[1]) Die 0,5 ha große Versuchsfläche war schachbrettartig in vier gleich große
Abteilungen geteilt worden. Auf der Abteilung a blieb die Moosdecke völlig erhalten,
auf b und c wurde sie radikal bis auf den Mineralboden entfernt, auf d wurde
nur die lebende Decke entfernt, während der Moosmoder liegen blieb.

[2]) Zeitschr. f. Forst= u. Jagdw. 1912, S. 538 bis 558.

[3]) d. h.: nicht mit der in ausgeschundenen Bauernwaldungen üblichen Intensität!

wichtigsten Schlußfolgerungen der Laspeyresschen Arbeit zu wider=
sprechen.

Im Hinblick auf die uns beschäftigende Frage ist also daran festzu=
halten, daß: 1. Streuumlaufszeiten verschiedener Länge (von 6, 4, 2 und
1 Jahr) nur dann, und zwar nur auf Kiefernbestände IV. und V. Standorts=
klasse, einen Einfluß zeigten, wenn die Streunutzung in sehr kurzfristigem
(z. B. einjährigem) Turnus erfolgte, einen schädlichen Einfluß aber selbst
auf diese unter ungünstigsten Bodenverhältnissen gedeihenden Bestände ver=
missen ließen, wenn die Streunutzung nur alle 6 Jahre stattfand.

2. Daß für die geringsten Standorte (Biesenthal) feststeht, daß, wenn
diese „in einem durchschnittlichen Bestandesalter von 23 Jahren der Streu=
nutzung unterworfen werden, sich „ein schädlicher Einfluß des zu frühen Be=
ginnes der Streunutzung allenfalls behaupten, wegen der Konkurrenz der
geringen Standortsgüte aber nicht beweisen" läßt, so daß im allgemeinen
„Kiefernbestände aller Ertragsklassen mit der Streunutzung so lange zu ver=
schonen sind, bis die vorgeschrittene natürliche Reinigung des Bestandes eine
bequeme Werbung der Streu gestattet", die Altersgrenze mithin „je nach der
Standortsbeschaffenheit etwa zwischen 25 und 35 Jahren" liegt.

Günstig wirkt das Streurechen nach Schwappachs[1] Mitteilung durch
Zerstörung und Beseitigung von Trockentorfbildungen sowie durch die ganz
außerordentliche Begünstigung des Kiefernanfluges (Naturverjüngung). Bei
sehr intensivem u n d häufigem Streurechen treten als unangenehme Neben=
wirkungen Verdichtung der obersten Bodenschichten und ungünstige Verände=
rungen der Bodenflora (Heidebildung) ein.

Wenn das Streurechen dagegen nur selten erfolgt, so regeneriert sich die
Moos= und Nadeldecke bald wieder. Gieseler[2] berichtet von der Colbitz=
Letzlinger Heide: „Auf der abgerechten Fläche ist jetzt nichts mehr von einer
Umlegung der Bodendecke zu sehen, da sich das Moos und die Nadeln wieder
zur geschlossenen Decke gelagert haben. Somit ist die Absicht, ein längeres
Freiliegen des geringeren Bodens bei Vernichtung der Puppe zu verhüten,
erreicht."

Man wende also nicht ein, daß das Streurechen im Hinblick auf eine sich
nach einigen Jahren wiederholende Spannerkalamität[3] Verhältnisse im
Reviere schaffe, die eine rationelle Bekämpfung unmöglich machen.

Das zeigen aber wohl die vorstehend aufgeführten Befunde: Die viel=
zitierte Resolution v. Burgsdorfs vom Jahre 1797, daß das Streu=
rechen schädlicher als die Raupe selbst sei, ist im Lichte aller Tatsachen,

---

[1]) Zeitschr. f. Forst= u. Jagdw. 1912, S. 538 bis 558.

[2]) Gieseler, Zeitschr. f. Forst= u. Jagdw. 1904, S. 432 bis 445.

[3]) Beobachtungen über kurz aufeinander, etwa mit einer Pause von weniger als
5 Jahren, sich wiederholende Kalamitäten liegen übrigens nicht vor.

welche neuere Forschungen in bezug auf die Wirkung gelegentlicher, seltener Streuentnahme zutage gefördert haben, eine starke Übertreibung.

Aber zu beachten würde wohl in allen Fällen der Vorschlag Ecksteins[1]) sein, aus erzieherischen Gründen dort, wo in der Bevölkerung ein wirkliches Bedürfnis nach Waldstreu besteht, die Entnahme der Streu von einer bestimmten Fläche nur dann zu gestatten, wenn sich der Entnehmer verpflichtet, auf einer gleichgroßen anderen Fläche die Streu in Haufen zusammenzuharken, und zu kontrollieren, daß er diese Arbeit auch ordnungsgemäß ausgeführt hat.

Noch besser ist es, die Leute bringen die Streu unter allen Umständen, gleichviel, ob sie die ganze abgerechte Masse, oder nur (wie Eckstein vorschlägt) die Hälfte davon erhalten, in Haufen und fahren diese erst ab, wenn der Haufen seine Wirkung entfaltet hat.

Ich glaube noch einiges anführen zu müssen, was mir dafür zu sprechen scheint, daß das Zusammenrechen der Streu in Wälle noch in verschiedener Beziehung zum Besten des Waldes dienen und ausgenützt werden kann.

Für den Nachwuchs muß die Arbeit des Abharkens der Streu, besonders wenn sie mit den Kranold schen und Ehlert schen Instrumenten ausgeführt wird, ganz ähnlich, wenn auch natürlich nicht so intensiv wirken, wie das von Greve[2]) für Heideaufforstungen empfohlene Flächenbearbeitungsverfahren, um so mehr, da Greve die Methode gerade für Böden mit nur geringer Humusdecke empfiehlt.

In Charlottenhal und Junkerhof konnte ich mich von dem prächtigen, mit dort ungewohnter Kraft erfolgenden Einsetzen der Naturverjüngung in den bearbeiteten Beständen aufs beste überzeugen.[3])

---

[1]) Technik des Forstschutzes, 1904, S. 152.

[2]) Zeitschr. f. Forst- u. Jagdw., 1906, S. 581.

[3]) Das entspricht ganz dem Inhalte der mir in dieser Hinsicht sehr bemerkenswerten Ausführungen von Semper (Zeitschr. f. Forst- u. Jagdwesen 1911, S. 93 bis 94), denen ich folgenden Passus wörtlich entnehme: „Verhältnismäßig leicht und billig vollzieht sich die Wiederbewaldung da, wo auf den devastierten Flächen noch Reste des einstigen Holzbestandes erhalten sind, wie das in den weiten Kusseleien Westpreußens häufig der Fall ist. Aller Kiefernanflug wird einstweilen erhalten, auch einzelne Stämme trotz vielleicht sperriger Form, als Schutz gegen Sonne und Wind, als Hilfsmittel bei natürlicher Wiederansamung, die sich dort gar bald wieder einfindet, wenn nur Weidegang und Streurechen energisch verhindert werden. Wo nötig, wird durch einfache Bodenverwundung mit der Egge nachgeholfen. Über Erwarten gut gedeiht der Anflug in dem kärglichen Humus, oft sehr viel besser als künstliche teuere Nachbarkulturen. Als Wirtschaftsmaßnahmen kommen hier neben der Eggearbeit oft nur Aushiebe von Trocknis, Kienzöpfen, Sperr- und Vorwüchsen und Freihieb der Anflughorste in Betracht. (Semper bemerkt hierzu in einer Anmerkung, daß in der Oberförsterei Zwangshof seit Jahren keine Kahlschläge geführt, aber jährlich 230 ha Stangenhölzer und Kusselbestände durchhauen werden. 20- bis 30jährige Kusselbestände der Oberförsterei Laska,

Entschließt man sich zu einer Verteilung der Streubänke nach Abklingen der Spannerkalamität, so kann auch der Forstwirt, wie ich den Arbeiten Möllers[1]) entnehme, die verrotteten Humusmassen vortrefflich als Düngung verwenden.

Möllers Versuche waren so eingerichtet worden, daß „bei Gleichheit aller übrigen Wachstumsbedingungen für Kiefern auf dem einen Teile nach flacher Entfernung der lebenden Pflanzennarbe die Humusschicht mit dem darunter liegenden Sande gemischt, auf dem anderen Teile nach Entfernung des torfigen Rohhumus der Boden in der sonst üblichen Weise bearbeitet" wurde.

Möller faßt die Resultate der gesammelten Erfahrungen wie folgt zusammen:

„Für den Kampbetrieb, namentlich auf ärmeren Sandböden, hat sich der Trockentorf in allen seinen Formen als ein hervorragendes Düngemittel erwiesen. Er ist hier allen künstlichen Düngemitteln vorzuziehen. Er sollte niemals entfernt und unbenutzt zur Seite geworfen oder zu wertlosen Bänken angehäuft, auch nicht in rohem Zustande tief untergegraben, sondern stets dem Mineralboden, womöglich in Kompostform, gleichmäßig beigemischt werden.

So gemischte und hergerichtete Saatbeete mit einer zweifingerstarken Schicht reinen humuslosen Sandes zu überstreuen, ist ein sehr gutes Mittel, um gleichmäßiges Ausstreuen und Auflaufen der Saat zu befördern, Dürre und Unkrautgefahr abzuschwächen und doch dabei die Vorteile der Humusdüngung auszunützen. Wanderkämpe, die ungedüngt bisher nur ein oder zwei Jahre lang benutzt werden, können durch Düngung mit dem inzwischen kompostierten, von der Fläche bei ihrer ersten Bearbeitung entnommenen Trockentorf noch auf weitere zwei Jahre ertragreich gemacht werden.

Auch bei Freikulturen ist auf Nutzbarmachung des Trockentorfes möglichst Bedacht zu nehmen, und zwar um so mehr, je ärmer der Boden ist. Jedenfalls sollten Harke und Waldpflug den Bodenüberzug besonders auf ärmeren Böden nur so flach als irgend möglich entnehmen; oft wird bei Waldpflugarbeit ein Zurückharken der erdigen Humusteile von den Balken

------

die im genannten Alter 1896 als „0,1 und 0,2 vollbestanden" angesprochen und zum Aushieb bestimmt worden waren, zeigten 1910 [Herbst] „flächenweise leidlichen Schluß".) Wesentlich unterstützt wird diese Methode des Abwartens und der Kultur mit der Axt durch die schlanke Wuchsform der Kiefer auf dem westpreußischen Höhenrücken. Die Kiefer der Tucheler Heide und der Kassubei neigt auffallend wenig zur Sperrwüchsigkeit, der schlanke aufwärts strebende Stamm erinnert an fast nordischen Typus. Im Gegensatz zu der grobästigen Form, wie sie in Posen sich findet (nach einer Anmerkung Sempers, die sich auf Kiefern im Kreise Strelow und Deutsch-Krone bezieht)!

[1]) Möller, „Über die Wurzelbildung ein- und zweijähriger Kiefern im märkischen Sandboden", — „Untersuchungen über ein- und zweijährige Kiefern im märkischen Sandboden". Zeitschr. f. Forst- u. Jagdw. 1902, 1903 u. 1908.

in die Streifen die Kulturbedingungen verbessern". „Bei Pflanzung auf ärmeren Böden sollte stets dahin gestrebt werden, vorhandenen oder erreichbaren Humus den Wurzeln in leicht erreichbarer Tiefe zugänglich zu machen. . . ."

„Der Vervollkommnung und Erprobung aller fahrbaren Geräte, welche im Sinne einer Wühllockerung den Boden bearbeiten, und ihrer Nutzbarmachung für den Kiefernkulturbetrieb muß unsere Aufmerksamkeit dauernd gewidmet bleiben. Denn solche Geräte haben noch eine aussichtsreiche Zukunft."

Eckstein[1]) hält zwar das spätere Einebnen der Streuhaufen für überflüssig. Notwendig ist es ja auch gewiß nicht. Aber nach vorstehendem möchte man doch vermuten, daß sich Vorteile für den Bestand ergeben müssen, wenn man, wie es mit Stalldung auf dem Felde geschieht, durch Ausbreiten der Streuhaufen im nächsten Jahre oder nach Jahren, wenn sie stark zusammengesunken, also alle Zersetzungen weit genug vorgeschritten sind, für eine gleichmäßige Verteilung des Streukompostes sorgt, wenn irgend Zeit und Mittel es erlauben.

Wenn man die Streuwerber bewegen kann, die Streu, wie oben erwähnt, in Haufen gesetzt bis zum nächsten Frühjahr im Walde zu belassen, so mache man sie jedenfalls gleichzeitig darauf aufmerksam, daß die Streu für Düngezwecke durch diese Behandlung nur wertvoller wird.

Ob die von Hornberger[2]) schließlich, nach anfänglich ablehnender Stellungnahme, doch anerkannte, zuerst von Henry[3]) experimentell nachgewiesene Stickstoffsammlung in verwesender Laubstreu auch bei den Zersetzungsprozessen in den Streuwällen eine beachtenswerte Rolle spielen könnte, mag dahingestellt bleiben. Untersuchungen hierüber würden nicht ohne praktisches Interesse sein.

Hornbergers Versuche an abgestorbenen Blättern junger Eichen und Hainbuchen führten jedenfalls zu einem positiven Ergebnis. „Der jetzt erhaltene Stickstoffgewinn würde pro Hektar und Jahr etwa 3½ kg ausmachen."

Der Diskussion wert scheint mir noch die Frage, welchen Wert der ja mehrfach empfohlene, auch entschieden die Intensität der Fäulnisprozesse in den Streuhaufen erhöhende Kalkzusatz für den Wald später haben könnte.

Wie Schwappach erst neuerdings (Mitt. D. L.-Z. 1910, Stück 39, S. 574 u. ff.) ausgeführt hat, fehlt freilich im Lebensgetriebe der forstlichen Kulturpflanzen ein eigentliches Bedürfnis nach Zuführung von künstlichen Düngemitteln fast gänzlich. Während des langen, zwischen Bestandes-

---

[1]) Technik des Forstschutzes, 1904, S. 152.
[2]) Zeitschr. f. Forst- u. Jagdw. 1906, S. 775 bis 782.
[3]) Grandeau, Journ. d'agricult. prat. 1897, S. 411 bis 485.

Begründung und =Abtrieb liegenden Zeitraumes wird der größte Teil der dem Boden von seiner Pflanzendecke entzogenen mineralischen Stoffe, der Rohmaterialien, durch den Abfall von Blättern, Nadeln und Astwerk und durch die Zersetzung der Stubben oder sonstiger nicht als Holz direkt genutzter Teile dem Boden wieder zugeführt. Was dem Boden nach erfolgtem Abtrieb schließlich in Form von forstlich nutzbarem Holz entzogen wird, ist, abgesehen davon, daß dieses Produkt einen verhältnismäßig geringen Gehalt an Aschenbestandteilen aufweist, geradezu als völlig unbedeutend zu bezeichnen.

Durch den Abtrieb ist also ein Verlust, der künstlich ausgeglichen werden müßte, nicht zu befürchten.

Ferner sind nach Schwappachs Versicherung die Mehrzahl unserer alten Waldböden so reich an Nährsalzen, daß praktisch für ewige Dauer dieses Vorrates bei unseren heutigen forstlichen Wirtschaftsformen volle Garantie geboten ist.

Also, von Spezialfällen abgesehen, bleibt allerdings der Schwerpunkt der Düngungsfrage da, wo ihn auch die älteren Autoren gesehen haben: in der Bodenstreu.

Hier scheint mir nun aber in unserem Falle, d. h. bei der Spanner=bekämpfung, die Sache nach allem, was hier schon ausgeführt wurde, so zu liegen, daß einer rationellen Behandlung der Bodenstreu durch die Spanner=bekämpfung nicht nur nicht entgegengewirkt, nein, daß ihr vielmehr in der großartigsten Weise die Wege geebnet werden!

Wegen der tiefen Lage der Wurzeln mittelalter Bestände bleiben, wie Schwappach hervorhebt, die gewöhnlichen, in der Landwirtschaft gebräuchlichen Düngungsarten fast wirkungslos. „Die einzige Möglichkeit, die Entwicklung der Bäume alsdann noch auf künstlichem Wege zu fördern, besteht in der Einwirkung auf eine günstige und rasche Zersetzung des Pflanzenabfalles, der Bodenstreu und des sich hieraus bildenden Humus, durch Bearbeitung und allenfalls durch Beigabe von Kalk."

Nach Schwappach spitzt sich die Düngungsfrage darauf zu: Wie ist der Stickstoff, der auf den hauptsächlich in Frage kommenden Sandböden im Minimum vorhanden ist, also in erster Linie zuzuführen sein würde (während das Kali von ganz untergeordneter Bedeutung [1]) ist) langsam aber in längere Zeit wirksamer Form und mit geringsten Kosten den Kulturen zuzuführen, für die allein eine Düngung von Nutzen sein könnte.

Bei der Beantwortung dieser Frage ist Schwappach zu dem Resultate gekommen, daß dies „am besten durch den in Pflanzenteilen enthaltenen Stickstoff geschieht, also neben Leguminosenbau, Verwendung von Moorerde und anderen humosen Massen, „ferner Deckung mit Lupinenstroh,

---

[1]) Reine Kalidüngung wirkt sogar schädlich.

Kartoffelkraut, Strohresten, Waldstreu, Reiserholz usw. und Zwischenbau von Holzarten mit starkem Laubabfall (Pinus rigida und montana) in Frage kommt.

Die spezielle Ausführung dieser Stickstoffdüngung, soweit sie uns im Zusammenhange mit unserem Thema hier interessieren kann, gestaltet sich nach Schwappachs Ausführungen in folgender Weise:

„Die Kiefern werden bei dieser Methode entweder in Löcher gepflanzt, die mit einer Mischung von Humusstoffen und Sand gefüllt sind, oder man bringt diese Düngemittel in Löcher zwischen schon vorhandene Forstkultur= gewächse (Nachdüngung). Im ersten Falle muß die Vorbereitung der Pflanz= löcher bereits während des Winters geschehen, damit der Humus genügend Feuchtigkeit aufnimmt. Ein reichlicher Feuchtigkeitsgrad spielt bei der An= wendung von Humusstoffen eine wichtige Rolle, da sie, einmal ausgetrocknet, während des Sommers nur schwer Wasser aufnehmen [1] und dann schädlich wirken; die meisten Mißerfolge der Humusdüngung sind auf dieses Ver= halten zurückzuführen, sie treten namentlich bei oberflächlicher Mischung von Sand und Humus hervor. Die Nachdüngung mit Humus erfordert stets mehrere Jahre, ehe ihre Wirkung voll in Erscheinung tritt, da sich erst die Wurzeln in diesem Raume entwickeln müssen. Diese Form der Düngung eignet sich auch für schon ältere Bäume, z. B. Alleebäume, Solitäre usw., nur müssen die Löcher entsprechend groß gemacht werden.

Die Deckung mit Reisig, Lupinenstroh, Kartoffelkraut und ähnlichen Abfallstoffen wirkt schon im ersten Jahre ganz auffallend günstig. Dieser rasche Erfolg ist jedenfalls zunächst eine Wirkung der Erhaltung der Boden= feuchtigkeit, bei der fortschreitenden Zersetzung kommt dann später ihre Be= deutung als zwar schwache, aber lange vorhaltende Stickstoffquelle zur Geltung, außerdem wirken noch im Laufe der Zeit die Aschenbestandteile vor= teilhaft, an denen gerade diese Pflanzenteile verhältnismäßig reich sind.

Eine andere Form der Düngung mit Pflanzenabfällen läßt sich durch Mischung der Kiefer mit bedürfnisloseren Arten, die reichlich Nadeln ab= werfen, erreichen. Als solche kommt namentlich die Pechkiefer, Pinus rigida, in Betracht, auch die günstige Wirkung der Bergkiefer, Pinus montana, die man eine Zeitlang irrtümlicherweise als Stickstoffsammlerin nach Art der Leguminosen ansah, ist lediglich durch üppige Benadelung zu erklären. Akazie und Weißerle wirken außer durch die stickstoffsammelnde Tätigkeit ihrer Wurzeln ebenfalls durch ihren Blattabfall günstig."

Der Kalkzusatz zu den Streuwällen wird sich wohl sicher nicht als unrationell erweisen. Ist doch Albert [2] gerade für die norddeutschen

---

Waldböden zu dem Resultate gekommen, daß ihnen zwar nicht Kali und Phosphorsäure, wohl aber Kalk (Magnesia) und Stickstoff in einer zum Teil die Forstkultur erheblich erschwerenden Weise fehlen.

Es sei noch gestattet, hier mit einigen Worten auf die Perspektiven ein= zugehen, die dem forstwissenschaftlich geschulten Teil der Leser gewiß allen längst geläufig sind, deren Kenntnis aber bei anderen nicht ohne weiteres vorausgesetzt werden kann und unbedingt mit die Voraussetzung für eine zu= treffende Beurteilung der ganzen Frage bildet.

Albert hebt eindringlich hervor, daß der Kalk nicht nur einen hervor= ragenden Pflanzennährstoff bildet, sondern auch eine starke chemische Wirkung im Boden hinsichtlich der Beschleunigung der Verwitterungsvorgänge ent= faltet. Ja, in noch höherem Maße, als die chemischen, werden nach Albert die biologischen Prozesse im Boden durch Kalkzufuhr angeregt, so daß durch den gesteigerten Aufschluß der organischen Nährstoffvorräte eine Kalk= düngung des Waldbodens sekundär als Stickstoffdüngung wirksam wird.

Weitere Vorteile, die der regelrechten künstlichen Kalkdüngung des Bodens eigen sind, würden in unserem speziellen Falle allerdings wohl kaum nennenswert zur Geltung gelangen (Erzielung von Krümelstruktur und vergrößertem Porenvolumen).

b) Theorie der Spannerbekämpfung durch Streurechen.

Wir haben nunmehr die Theorie der Wirkung des Streurechens und des Streuwalles als Kampfmittel gegen den Kiefernspanner zu erörtern.

Daß im Streuhaufen selbst die Puppen dadurch getötet worden seien, daß ihnen die nötige Feuchtigkeit gefehlt hätte, da die unmittelbar am Boden, also zutiefst im Haufen liegenden Puppen gesund blieben und Falter er= gaben (von denen aber keiner sich aus den Haufen herausgearbeitet hatte), wurde in einem Berichte aus der Tucheler Heide behauptet. Es müssen aber zweifellos, wie die Untersuchung jedes normalen Streuhaufens lehrt und mir auch von den Herren Revierverwaltern bestätigt wurde, in diesem Falle anormale Verhältnisse vorgelegen haben, die wahrscheinlich im Aufbau des betreffenden Versuchswalles ihren Grund gehabt haben.

Denn sonst ist die Zersetzung gerade am Grunde des Haufens immer eine auffallend lebhafte und die Feuchtigkeit eine so große, daß gerade hier die Puppen zuerst ersticken und faulig werden.[1]

---

[1] In einem Berichte der Kgl. Regierung zu Marienwerder heißt es:

Um einen Einblick zu gewinnen, in welcher Weise durch das Zusammenbringen der Streu die Entwickelung der Puppen beeinflußt wird, insbesondere, wie sich die in den Streuwällen befindlichen Puppen verhalten, wurden in verschiedenen Revieren besondere Versuche angestellt. Es wurde eine bestimmte Anzahl Puppen unter natür= licher Streubedeckung untergebracht, eine andere wurde 30, 50 und 100 cm hoch mit Streu bedeckt. Die hierzu verwandte Streu war vorher gründlich durchsucht und alle

Wie wenig Näſſe die Puppen brauchen, geht vor allem aus den Er=
fahrungen der Züchter und Sammler hervor.

Einige hierher gehörige Verſuche habe ich im erſten Teile meiner Arbeit
ſchon mitgeteilt. Erwähnt ſei nur noch, daß gerade erſt vor kurzem
Cl. Dziurzynski, der vortreffliche Wiener Lepidopterologe, in ſeiner

darin befindlichen Puppen waren entfernt worden. Die einzelnen Haufen wurden
mit Drahtgaze umgeben, um ein Entweichen oder Zuwandern von Faltern zu ver=
hüten. Leider haben dieſe Verſuche inſofern nicht zu ganz ſicheren zahlenmäßigen
Ergebniſſen geführt, als es ſich nicht hat feſtſtellen laſſen, wie viel von den zur Ent=
wickelung gelangten aus den einzelnen Schichten mit 100 cm, 50 cm oder 30 cm
hoher Bedeckung ſtammten. Es erſcheint indeſſen die Annahme berechtigt, daß bereits
eine Bedeckung von 30 cm genügt, um die Weiterentwickelung eines großen Teiles der
Puppen zu hemmen, jedenfalls aber, um den aus der Puppenhülle entſchlüpfenden
Faltern ein mechaniſches Hindernis entgegenzuſetzen, welches ihnen das
Herausarbeiten an die Oberfläche in den meiſten Fällen unmöglich macht. Im ganzen
entwickelten ſich von den unter 100 cm, 50 cm und 30 cm hoher Bedeckung unter=
gebrachten Puppen nur 3,5 % zu Faltern, während von den in natürlicher Lage unter=
gebrachter Puppen 10 % zur Entwickelung gelangten. Außerdem fanden ſich Anfang
Juli noch vor an lebenden Puppen

unter 100 cm Streudecke 11 %

=   50   =   =   1 %

=   30   =   = $1^3/_4$ %

= natürlicher = $17^1/_2$ %

Es erſcheint hiernach erwieſen, daß die Lebensbedingungen der Puppen in den
Streuwällen, die eine Höhe von 30 bis 50 cm haben, höchſt ungünſtige ſind. Es wird
demnach ein Aufſetzen der Streu in große Haufen nicht erforderlich ſein. Anſcheinend
mangelt den Puppen in den Wällen die nötige Feuchtigkeit. Gerade von den in der
unterſten Schicht, alſo von den auf dem Boden eingebetteten Puppen iſt, wenn auch
in der Weiterentwickelung gehemmt, eine größere Anzahl am Leben geblieben, wahr=
ſcheinlich, weil ihnen hier die Bodenfeuchtigkeit zugute kam.“

Sollten bei einer ſpäteren Kalamität in einzelnen Revieren von neuem derartige
Zwingerverſuche ausgeführt werden, ſo müßte man aus den Lehren, welche wir den
Marienwerderer Vorverſuchen verdanken, Nutzen ziehend, von vornherein die Verſuche
ſo einrichten, daß die Reſultate nicht durch fremde Faktoren ſtörend verändert werden.

Gewiß wird ein Teil dieſer Einflüſſe auch im Revier normalerweiſe in den Streu=
wällen wirkſam werden. Dahin rechne ich vor allem die Tätigkeit von Ameiſen, ferner
von Waldmäuſen und von Inſektivoren, wie Spitzmäuſen und Igeln, die ja alle in den
Streuhaufen einen gedeckten Tiſch finden.

Wo ſie in die eingezwingerten Streuhaufen gelangten, ſtörten ſie natürlich das
Reſultat, ſoweit die Wirkung des Streuhaufens an ſich erforſcht werden ſollte, ſehr
erheblich.

So wurden in Hagen (Bericht vom 17. VII. 09) die Verſuche mit umzwingerten
Streuhaufen von Ameiſen, welche die meiſten Puppen ausfraßen, in Charlottenthal
(Bericht vom 16. VIII. 09) durch Spitzmäuſe (wahrſcheinlich), die von unten her in
den ſonſt gründlich verſicherten Zwinger eingedrungen ſein müſſen und die Mehrzahl
der Puppen aufgefreſſen hatten, ſo ſtark alteriert, daß deutliche Reſultate nicht erhalten
wurden.

Ganz ähnlich iſt es leider den Verſuchen der Oberförſterei Taubenfließ gegangen

Arbeit über die europäischen Formen des Bupalus piniarius L. [1]) sein Zuchtverfahren, wie folgt, beschreibt:

„Die Raupen, die sich im Herbst verpuppen, läßt man bis gegen Mitte Dezember im Freien; erst dann nimmt man den Puppenkasten in ein mäßig gewärmtes Zimmer, bespritzt — n i c h t a l l z u r e i c h l i c h — die im Moos liegenden Puppen j e d e W o ch e mit abgestandenem, nicht zu kaltem Wasser. Dadurch erhielt ich Falter schon nach der Mitte Februar.“

Bei der Beschreibung früherer Kalamitäten haben die Berichterstatter gelegentlich ebenfalls die Theorie aufgestellt, daß das Streurechen hauptsächlich durch Vertrocknen der dabei freigelegten Puppen wirke, und demgemäß meist nicht genügend Gewicht auf die richtige Höhe und Festigkeit der Haufen gelegt.

So schreibt B a b e r m a n n [2]):

„Wurde nun, wie es der Regel nach geschehen, die Bodendecke ziemlich intensiv, etwa bis zur Rohhumusschicht entfernt und auf Haufen gebracht, so enthielten die Haufen nur eine unverhältnismäßig geringe Zahl von Puppen, während die Hauptmenge, zum erheblichen Teil völlig freigelegt, in oder auf der Rohhumusschicht verblieb. Schon nach kurzer Zeit nahmen die mehr oder weniger freiliegenden, bisher hellrot-gelben Puppen eine andere Färbung an, wurden trocken und unbeweglich und erwiesen sich als abgestorben, oder aber sie verschwanden fast vollständig von den freigelegten Flächen.“[3])

„Im ersteren Falle muß es als erwiesen gelten, daß Sonne und Wind die Puppen ausgetrocknet und so vernichtet haben.“

Auch E c k s t e i n , der aber auf das Verfaulen und Ersticken der Puppen und das Moment der Behinderung des Falters beim Herausarbeiten zur

---

(Bericht vom 15. VII. 09). Aus 334 in natürlicher Lage und unter natürlicher Bedeckung liegenden Puppen kamen 25 männliche und 9 weibliche Falter aus. 57 Puppen waren durch Krankheiten vernichtet („bräunlich gefärbt, etwas zusammengeschrumpft und innen verjaucht“), nicht weniger als 186 von Ameisen zerstört, 61 noch lebend und imstande, normale Falter zu produzieren.

In einem anderen Versuche lagen 100 Puppen unter 25 cm starker Moosbedeckung. Von diesen waren nicht weniger als 77 durch Ameisen zerstört, „die ihre Brut bei den Puppen abgelegt“ hatten, 3 hatten den Falter ausschlüpfen lassen (2 ♂♂ und 1 ♀), 2 waren normal, nur noch nicht schlüpfreif, 18 verjaucht.

In einem dritten Versuche kam von 100 Puppen, die unter 50 cm hoher Moosbedeckung lagen, nicht eine aus, 92 waren von Ameisen zerstört, 8 verjaucht.

Ganz ähnlich war das Resultat, das 100 unter 100 cm hoher Moosschicht (Haufen) gelagerte Puppen ergaben. Zur Entwicklung gelangte keine, 87 waren von Ameisen zerstört, 13 verjaucht.

[1]) Entomol. Zeitschr., Bd. LVII, 1912.
[2]) D. F. Z. 1908, S. 955.
[3]) Sie waren dann von insektenfressenden Vögeln aufgenommen worden.

Oberfläche der Streu in genügend hoch aufgeführten Streu-Wällen und -Haufen gebührend Gewicht legt, meint, daß die, auf der von der Streu entblößten Bodenfläche liegen bleibenden Puppen durch Vertrocknen zugrunde gingen.

Aber, wie schon gesagt, ich habe mich nicht von der Richtigkeit dieser Anschauung, selbst in unserem sehr trockenen östlichen Klima nicht, überzeugen können, und vermisse Mitteilungen darüber, ob die angeblich vertrockneten Puppen wirklich vertrocknet und nicht etwa ichneumoniert waren.

Meine Auffassung und meine eigenen Versuche wurden auch durch Berichte bestätigt, nach denen auf blankem mineralischen Boden ausgelegte Puppen entwicklungsfähig blieben, nicht vertrockneten, während von den angeblich vertrockneten Puppen immer noch ausdrücklich gesagt wird, daß sie noch ganz oder teilweise in den beim Harken (es handelte sich in keinem Falle um beeggte Flächen) zurückgebliebenen mittleren Lagen der Streuschicht steckten. Es widerspricht also die Annahme, daß sie ichneumoniert oder sonst krank gewesen seien, durchaus nicht der Anerkennung des Dolles schen Phänomens.[1])

---

[1]) In einem Revier hatte man übrigens irrigerweise angenommen, daß Tachinen und Ichneumonen zum Teil erst die Puppen anstechen und ihnen daher durch das Streurechen ein leichterer Zugang zu ihrem Opfer eröffnet wird, und daß hierauf wesentlich mit die Wirkung der Streurechens beruhe. Diese Anschauung ist unrichtig, da sämtliche von mir in der Tucheler Heide beobachteten Schmarotzerinsekten zu Arten gehören, die, soweit bekannt, die Raupen, niemals aber die Puppen mit ihren Eiern belegen. Die Beobachtung, daß Ichneumonen auf den berechten Flächen am Boden umherliefen, ist vollkommen richtig. Nach warmem Spätherbst sah ich einzelne offenbar frisch ausgeschlüpfte Exemplare sogar schon im November. Auch im Frühjahr schlüpfen die Ichneumonen sowohl wie die Tachinen lange vor den Faltern.

Daß die Schmarotzerinsekten zum Teil überwintern und in dieser Zeit ihre Geschlechtsdrüsen erst voll ausreifen, wissen wir. Es bietet sich jedenfalls häufig genug im Revier die Gelegenheit, Ichneumonen auf den Puppen oder in deren Nähe herumlaufen zu sehen, ohne daß daraus ohne weiteres geschlossen werden dürfte, daß sie nach einem Opfer unter diesen suchten.

Wohl gibt es Schmarotzerwespen, die Puppen mit Eiern belegen. Aber das geschieht nur, solange der Chitinpanzer der Wirts-Puppe noch nicht festgeworden ist, also kurz nach Abwerfen der letzten Raupenhaut. Von diesen unscheinbaren, zum Teil winzigen Arten aus dem Kiefernspanner könnte nur Pteromalus puparum, nach Rudows Liste (Internat. Ent. Zeitschr., 1912), in Frage kommen. —

Während der Korrektur dieser Zeilen kann ich allerdings darauf aufmerksam machen, daß Herr Forstassessor Frhr. v. Gehr die sehr wichtige Entdeckung gemacht hat, daß von den zahlreichen, in der Forleule schmarotzenden echten Ichneumonen einige wenige, aber sehr häufige Arten, die noch im Spätherbst aus den Puppen auskommen, sofort in gesunde Forleulenpuppen, die sie mit großem Eifer aufsuchen, ihre Eier ablegen. Er wird über seine Beobachtung später ausführliche Mitteilungen machen. Jedenfalls könnte es danach doch möglich sein, daß auch freigelegte Spannerpuppen von einigen echten Ichneumonen mit Eiern belegt werden. —

Darauf scheint mir übrigens noch nicht genügend hingewiesen worden zu sein,

So berichtete die Oberförsterei Rehberg am 2. August 1909, daß in einem ihrer Zwingerversuche die meisten der toten Puppen angestochen waren."

Auch ein Bericht der Oberförsterei Königsbruch[1]) widerspricht der Angabe Ecksteins, daß die freigelegten Puppen vertrockneten, da diese, wie Versuche des Revierverwalters bewiesen, in Bezug auf Entziehung der normalen Feuchtigkeitsverhältnisse ganz erstaunliche Mißhandlungen vertrugen. Dieser Bericht erkennt überhaupt den Schlupfwespen eine größere Bedeutung zu, als den „immerhin sich günstig betätigenden Drosseln, Meisen, Staren und Krähen".

Der Bericht der Oberförsterei Lindenbusch vom 21. Juli 1909 bezeichnet die Vertrocknungstheorie als einen Irrtum. Es erscheint dem Berichterstatter zwar unzweifelhaft, daß eine große Anzahl Puppen durch Vertrocknen zugrunde gegangen sind. Dagegen ist trotz der ungewöhnlichen Trocknis (bis Juli kein einziger durchdringender Regen!) bei vielen durch das Harken freigelegten Puppen, die noch in der unter dem Moos befindlichen Humusschicht steckten, das Vertrocknen nicht eingetreten. Also würde in einem

---

daß das Streurechen den großen Vorteil gegenüber dem Eintrieb von Haustieren bietet, daß es, wie ich in meinem Dt. Eylauer Vortrage besonders hervorhob, die nützlichen Spannerschmarotzer, die durch keinen noch so hohen Streuwall am Hervorkommen gehindert werden, schont und im Bestande erhält, was in Hinblick auf alle nicht vernichteten gesunden Spannerpuppen, richtiger, deren Nachkommenschaft, von größter Wichtigkeit ist.

Denn zweifellos hat Dolles (Forst.-naturw. Zeitschr.), der das große Verdienst hat, zuerst auf die Verteilung der von Schmarotzern stärker durchseuchten und der vorwiegend gesunde Individuen enthaltenden Puppenmassen in den verschiedenen Horizonten des Waldbodens hingewiesen zu haben, recht, wenn er behauptet, daß beim Entfernen der leicht abrechbaren obersten Streuschicht gerade die aus entkräfteten Raupen, also vorwiegend von schmarotzerbesetzten Individuen entstandenen Puppen gesammelt (und bei Streuabgabe aus dem Revier entfernt) werden, während man die von gesunden, im Vollbesitz ihrer Kraft sich tiefer einbohrenden Raupen herrührenden Puppen gar nicht in die Gewalt bekommt.

Kurz, es ist wohl zu beachten: Das Zusammenrechen in Wälle hemmt die Anreicherung der Schmarotzerfauna im Revier nicht oder nur unbedeutend (durch die Hitze abgetötete Puppen!), die ja auch für die Eindämmung der Vermehrung gleichzeitig oder später fressender schädlicher Raupen (Nonne, Eule, Spinner) von Wichtigkeit ist.

Wirken noch andere Faktoren, wie z. B. die Vogelwelt, wenn sich ihre Vertreter in genügender Zahl einstellen, unter extremen Witterungsverhältnissen auch vielleicht das Austrocknen, so treffen sie die Puppen, deren Vernichtung die Schmarotzerwelt unberührt läßt. —

Soviel an dieser Stelle und in diesem Zusammenhange über das Dollessche Phänomen. Ich werde selbstverständlich in der geplanten Arbeit über die Biologie und Systematik der Schmarotzer von Spinner, Nonne, Eule und Spanner näher auf die wichtigen Beobachtungen von Dolles einzugehen haben.

[1]) Vom 16. X. 09.

Frühjahr „mit nur einigen Niederschlägen" die Mehrzahl der Puppen wohl entwicklungsfähig bleiben.

Da eine nähere Untersuchung, ob die vertrocknet erscheinenden Puppen wirklich vertrocknet, oder aber z. B. ichneumoniert waren, auf den meisten Oberförstereien nicht ausgeführt worden sind, über= gehe ich die gelegentlich in den Berichten, übrigens meistens mit Vorbehalt, hierüber gemachten zahlenmäßigen Angaben.

Übrigens wird, z. B. in dem Bericht der Oberförsterei Rehberg vom 12. Oktober 1909, von den Berichterstattern übereinstimmend darauf hinge= wiesenen, daß der Unterschied in der Zahl der auf berechten und unberechten Flächen „vertrocknet" aufgefundenen Puppen ein auffallend geringer war:

„Auffallend" ist mir, daß auf den beharkten Flächen nur ein geringer Prozentteil mehr (12 %)[1] vertrockneter Puppen gefunden wurde; erklärt kann dieser Umstand vielleicht dadurch werden, daß die Humusschicht trotz der Frühjahrsdürre genügend Feuchtigkeit bewahrt hat, um die ganz oder teil= weise von ihr eingehüllten Puppen (und die gerade halb in der Humus= schicht eingebetteten Puppen machen doch den größten Prozentsatz aller Puppen aus) hinreichend frisch zu erhalten.

Und in dem oben schon zitierten Bericht der Oberförsterei Königsbruch heißt es ausdrücklich, es sei anzunehmen, daß alle angeblich vertrockneten oder eingeschrumpften Puppen tatsächlich von Schlupfwespen vernichtet worden sind, die in allen Spannerorten in erheblichen Mengen auf dem Boden kriechend, seltener, im Bestande fliegend gesehen wurden.

„Die Ichneumonenlarve höhlt auch die ganze Spannerpuppe nicht aus, sondern beläßt einschrumpfende Eingeweideteile in der Hülle, die dann wie vertrocknet aussieht. Ihr Chitin widersteht aber dem Eindringen von Pilzkeimen, so daß diese nichts zur Verminderung der Puppe beitragen, dagegen leicht die Raupen befallen. Ich habe auch nur von Pilzen besetzte Raupen, nicht Puppen gefunden."

Auch aus einem Berichte der Oberförsterei Junkerhof vom 13. Juli 1909 scheint mir gerade hervorzugehen, daß ein Vertrocknen der freigeharkten Puppen nicht stattfindet. Denn im Winter könnte nicht die Trockenheit (Schneebedeckung, geringe Wirkung der Sonne), sondern höchstens die Frost= wirkung von Bedeutung sein. Diese kommt aber angesichts der enormen Kältefestigkeit der Raupen nicht in Betracht. Wenn also in den frühzeitig geharkten Jagen in Junkerhof z. T. mehr vertrocknete Puppen gefunden worden sind, als in den erst im April berechten (aus denen die Streu „entfernt" wurde, so daß es sehr schwer gewesen sein dürfte, einen zahlen= mäßigen Anhalt für die erwähnte Deutung zu finden), wo sämtliche Puppen noch im Mai, „trotz des trockenen, heißen Frühjahrs, saftig, grün

---

[1] Gegen 10,9 % auf unberechten Flächen.

und vollkommen unversehrt" waren, so scheint mir das lediglich darauf hin=
zudeuten, daß in einem Falle mehr, im andern weniger von Schmarotzern
besetzte Puppen den mit den betreffenden Kontrollzählungen[1]) beauftragten
Beamten in die Hände gefallen sind.

Ohne nähere Bestimmung der Ursachen, die zum Absterben der Puppen
führten, läßt sich eben das, was beobachtet wurde, im Sinne einer Bestätigung
der Theorie des Vertrocknens nicht verwerten. Ich habe aber im ersten Teile
der Arbeit, wie auch hier, zahlreiche Beobachtungen anführen können, die
gegen diese Theorie sprechen.

Was die Anteilnahme der Vogelwelt an dem Erfolg des Streurechens
anlangt, so verweise ich auf meine schon oben dargelegte Stellungnahme
und lasse hier zunächst die von den Herren Revierverwaltern in der Tucheler
Heide gewonnenen Erfahrungen folgen.

Die Oberförsterei Junkerhof berichtete unterm 16. Januar 1909 fol=
gendes:

„Infolge des Freilegens des Bodens und der ihnen dadurch gewährten
Nahrung haben sich in allen Schutzbezirken eine große Anzahl Vögel einge=
funden, die uns in der Vernichtung der Spannerpuppen unterstützen. Die
Drosseln folgen direkt den Arbeitern, auch Meisen haben sich in Menge ein=
gestellt." Der Berichterstatter empfiehlt weiter, „da im Frühjahr uns auch
die Stare große Hilfe leisten können", Aufhängen von Niftkästen an allen
Feldgrenzen, pro Schutzbezirk etwa 30 Stück.

Von der Regierung empfohlene und dort auch schon ausgezeichnet (vor
einigen Jahren aufgehängt!) bewährte Niftkästen liefert nach dem Junker=
hofer Bericht Ziegler & Co. in Driesen a. d. Netze zu 75 resp. 85 Pf.
pro Stück, also ohne Transportauslage für 6 Beläufe $30 \times 6 \times 0{,}85$
$= 153$ Mt.

Weiter heißt es in einem Berichte aus dem Belaufe Louisenthal der
Oberförsterei Junkerhof:

„Während v o r dem Spannerfluge im hiesigen Revier während der
Zugzeit der Vögel im Frühjahr nur ab und zu sich eine Vogelschar einfand,
um nach kurzer Rast weiter zu ziehen und im Sommer der Wald, außer
Specht und Taube, keinen anderen Vogel barg, kamen in diesem Frühjahr
große Scharen von Zugvögeln, die sich wochenlang aufhielten und auf den
zu der Zeit frisch von Moos entblößten Flächen große Mengen von Puppen
aufnahmen. Die im vorigen Jahre geharkten Flächen, auf denen sich teil=
weise eine dünnere Humusschicht befand, unter der sich wiederum die Raupen
verpuppt hatten, wurden hauptsächlich von großen Drosselscharen besucht und

---

[1]) über die nichts näheres mehr in Erfahrung zu bringen war.

durchscharrt, daß es aussah, als ob dort die Hühner gescharrt hätten. Auch ist jetzt im Sommer der Wald von Vögeln belebt; so wirken hauptsächlich Kukuk, Pirol, Fink, Drossel und Nachtschwalbe auf den Spanner vermindernd ein, wovon die fast überall zu findenden Flügel der Falter zeugen."

In R e h b e r g hatte man (nach einem Berichte der Oberförsterei vom 12. Oktober 1909) die Wirkung des Zusammenrechens der Streu wesentlich mit dadurch erklärt, daß auf dem von der Streu entblößten Waldboden „der Vogel besser arbeiten kann".[1])

In H a g e n o r t freilich reichte, wie Herr Oberförster M a t t h i a ß mir versicherte, die Zahl der Vögel keineswegs auch nur im entferntesten aus, um den Unmassen von Puppen Abbruch zu tun.

In einem Berichte der Oberförsterei Hagen vom 4. Januar 1910 wird die Verminderung der Puppen, deren beim Probesammeln am 28. Dezember 1909 festgestellte Anzahl in keinem Verhältnis zu den Ende August gezählten Raupen (400 pro Stamm) stand, auf die Tätigkeit der Vögel zurück= geführt, d a K r a n k h e i t e n d e r R a u p e n n i c h t w a h r g e n o m m e n w o r d e n w a r e n. Hier vermisse ich aber eine bestimmte Angabe über die Beobachtung der Vögel und muß bemerken, daß, da nichts über die Art der Feststellung des Gesundheitszustandes der Raupen berichtet wird,[2]) immer noch die Möglichkeit bleibt, daß Schmarotzerinsekten die Dezimierung zu einem größeren oder kleineren Teil mitgewirkt haben. Denn im Dezember können besonders von Tachinen verlassene Raupenkadaver schon so verfault und mürbe sein, daß sie beim Probesuchen nicht mehr gefunden wurden.

Der Bericht der Oberförsterei Lindenbusch vom 21. Juli 1909 sieht den Vogelflug nicht als das wirksame Moment an. Denn obgleich viele Puppen von den Vögeln (besonders Krähen[3]) sicher aufgenommen worden sind, so daß alle freiliegenden Puppen auf den frisch geharkten Flächen bis zum 25. April abgesucht waren, unterschieden sich doch naturgemäß die

---

[1]) „Um aber den Vögeln (Drosseln) in ihrer Vernichtungsarbeit möglichst entgegen= zukommen, ihnen einen möglichst gedeckten Tisch zu bieten, muß zur Zeit des Wander= fluges bereits auf einer möglichst großen Fläche die Streu entfernt sein, deshalb ist mit der Maßnahme des Streuzusammenbringens möglichst früh, sowie die meisten Raupen sich zur Erde begeben, zu beginnen." Bericht der Oberförsterei Rehberg vom 2. VIII. 09.

„Auf einer gut beharkten Fläche ist die Arbeit der Vögel eine wesentlich intensivere. So wurden am 13. Juni in Abt. 188a (zur Zeit des Vogelfluges gut beharkt) auf 20 qm nur noch 284 Puppen gefunden (gegen 229 p r o S t a m m im Spätherbst 1908), während in der im Winter wegen Frost schlecht beharkten Abt. 217b auf 20 qm noch 1349 Puppen gefunden wurden (Probesuchen im Spätherbst 1,64 Stück pro Stamm)." Rehberg, Bericht vom 12. X. 09.

[2]) Z. B. ob die eventuelle Ichneumonierung oder Tachinierung durch Sektion der Raupen, oder der Puppen, in der bekannten Weise festgestellt wurde.

[3]) Wohl nur in der Nähe der Feldränder.

vor dem 25. April geharkten Flächen beim Fluge in keiner Weise von den später geharkten auf denen kein Vogelfraß mehr stattfand. Wirksam ist allein das Zusammenbringen der Streu in Wälle und Haufen."

Dieser Bericht deckt sich mit der Meinung, die ich mir in dieser Frage bilden konnte, die darin gipfelt, daß die Vögel nur den Erfolg des Streurechens g e l e g e n t l i c h (und darum sollte man die Möglichkeit, durch Aushängen von Nistkästen solchen Gelegenheiten vorzuarbeiten, ausnützen) vollenden helfen, wie ich das schon oben auseinandersetzte.

Vor einer Überschätzung der Vögel warne ich also nach wie vor.[1]

Ist doch in manchen Berichten[2] der ganze Akzent bei allen Vorschlägen darauf gelegt worden, durch das Streurechen die Puppen der Vogelwelt besser zugänglich zu machen und daher alles zu vermeiden (tiefes Rechen oder Beeggen), was ein Hineingeraten der Puppen in die Wälle (auf das doch in Wirklichkeit gerade beim Spanner fast alles ankommt) herbeiführen könnte.

Auch S c h m i d l (1907) scheint den wesentlichen Effekt des Streurechens zu verkennen, denn er meint am Schlusse seiner Ausführungen, in denen er die Wirksamkeit des Streurechens als Kampfmittel gegen den Kiefernspanner für s e i n Revier so energisch in Abrede stellt:

„Ich will nicht bestreiten, daß es einzelne Fälle gibt, in denen die Streuentfernung zur Verminderung des Spanners beiträgt, z. B. in Be=

---

[1]) Es kann außerdem auch nicht jede weggefressene Puppe gerade auf Rechnung der Vögel gesetzt werden. Die Puppensammler, Dachs, Fuchs, Igel, Spitzmaus, Waldmaus, werden den in den Streuwällen gedeckten Tisch schon zu finden wissen. Die Oberförsterei Junkerhof berichtet am 16. I. 09.: „In allen Beläufen waren Nester gefunden worden, die einige Hundert Spannerpuppen und Lophyrus=Tönnchen enthielten, ohne daß jemand sich erklären konnte, wie die Puppen in solchen Mengen zusammengekommen waren. Da wurde eines Tages von Förster E b e r t in Louisenthal beobachtet, nachdem wieder ein solches Nest gefunden war, daß eine Spitzmaus sich aus dem Streubalken auf das freigelegte Nest stürzte und sämtliche Puppen mit einem Male verzehrte. Ein Zeichen also, daß die Mäuse sich die Puppen zusammengetragen hatten und uns außerordentlich bei der Vernichtung unterstützten."

Und, wie ich bemerken möchte, ein Zeichen, daß auch hier wohl nicht Spitzmäuse (die viel zu gierig sind, um Vorräte zu sammeln), sondern wahrscheinlich die als Vertilger der in der Streudecke ruhenden Larven und Puppen bekannten Waldmäuse (Mus sylvaticus L.) in Frage kommen, über deren Vorräte sich dann und wann natürlich eine Spitzmaus mit ihrem notorischen Appetit hermachen wird!

Daß das Zusammentragen der Puppen von Mäusen herrührt, vermutet auch der Bericht der Oberförsterei Rehberg vom 2. VIII. 09. Nur möchte ich eben bezweifeln, daß gerade Spitzmäuse hierbei beteiligt seien, wie aus der Beobachtung einer solchen in einem Haufen geschlossen wurde.

[2]) Z. B. Bericht der Oberförsterei Junkerhof vom 13. VII. 09. Auch die Annahme des Herrn Berichterstatters, daß die Erwärmung in den Streuwällen gar keine Rolle spiele, vielmehr die doch etwa in die Haufen geratenen Puppen lediglich durch die als mechanisches Hindernis wirkende Höhe der Streubedeckung unschädlich gemacht würden, ist nicht zutreffend.

ständen, die nicht zu weit vom Felde oder von einer Krähenkolonie entfernt sind, so daß dann die Krähen die freigelegten Puppen vertilgen, oder aber, wenn die Freilegung zufällig bei heißem Wetter erfolgt, so daß dann die in der Entfaltung begriffenen Puppen vielleicht vertrocknen, im großen und ganzen und für mitten in der Kienheide tief im Walde belegene Bestände halte ich aber nach meinen Erfahrungen das Streuharken als Mittel gegen den Kiefernspanner für völlig nutzlos."

In einer sehr originellen Weise versuchte man in der Oberförsterei Lindenbusch die Wirkung der Streuwälle zu erklären.

Der Bericht vom 21. Juli 1909 führt aus:

Die Puppen sind durch das Zusammenbringen der Streu in Wälle und Haufen „in eine Lage gekommen, in der ihnen die weitere Entwicklung zur Unmöglichkeit gemacht worden ist. Auf der geharkten Fläche sind nur die Puppen ausgefallen, welche im Humusboden steckend weder vertrocknen, noch von den Vögeln aufgenommen, noch in die Wälle geharkt werden, sowie diejenigen Puppen, die obenauf in den Wällen lagen, bei denen der sich entwickelnde Schmetterling kein mechanisches Hindernis fand, hervorzukriechen. Die leichte Bedeckung — schon die einfache Dicke der Moosdecke — hindert das Fliegen, und ich bin der Ansicht, daß in ungeharkten Beständen nur **der** Schmetterling fliegt, der durch denselben Gang wieder zutage kommt, den die Raupe im Herbst herstellte, um sich unter dem Moose zu verpuppen.

Wenn man in den Wällen nach Puppen suchte, fand man Puppen, nur von einer einfachen Moosschicht bedeckt, die ebenso zur Entwicklung kamen, als solche, die auf dem Grunde der Wälle ruhten.

Aus diesen Beobachtungen erschien es mir ausreichend, um das Fliegen des Schmetterlings zu verhindern, wenn die Moosdecke durch Harken, Schaufeln oder Eggen derartig verschoben wird, daß der Schmetterling seinen oben erwähnten natürlichen Ausgang nicht findet.

Das Zusammentragen der Wälle würde sich dadurch vollständig erübrigen, und es würde vermieden werden, daß viele Puppen an der Oberfläche der Wälle zur Entwicklung kämen."

Die Beobachtungen und Versuche, die von den anderen Revierverwaltern und mir selbst im Revier und im Laboratorium angestellt worden sind (vergl. den I. Teil dieser Arbeit), haben leider gezeigt, daß diese Theorie nicht zutrifft. Es läßt sich darauf keine Vereinfachung des Streurechens begründen.

Gelegentlich ist auch die Vermutung ausgesprochen worden, daß schon die Störung der Lage der Puppen an sich (ohne Rücksicht auf die Beziehungen zum Streugang der Raupe) als mechanischer Insult die Puppen tiefgreifend schädige und darauf die Wirkung des Streurechens beruhe. Man berief sich

u. a. darauf, daß von Puppen, welche beim Sammeln mit einem Löffel auf=
genommen worden waren, sich ein weit größerer Prozentsatz zum Falter
entwickelte, als von durch Anfassen mit der Hand gesammelten Puppen.

Sehr richtig beruft sich der diese Theorie anzweifelnde Bericht der Ober=
försterei Rehberg vom 12. Okt. 09 auf die dem entgegenstehenden Erfahrungen
der Schmetterlingssammler, die selbstverständlich eine derbe und unnötig oft
wiederholte Berührung der Puppen, besonders der ganz jungen, wie der
unmittelbar vor dem Ausschlüpfen stehenden, vermeiden, aber vielfach gar
nicht in Besitz von Falterzuchten kommen würden, wenn jene Theorie richtig,
oder, präziser ausgedrückt, nicht bloß für eine beschränkte Zahl von Arten
(z. B. die gestürzt hängenden Puppen von Papilioniden) strenge Gültigkeit
hätte; und ich hätte unmöglich bis 100% völlig normale Falter aus den mir
aus der Tucheler Heide zugegangenen Puppensendungen züchten können,
wenn diese Vermutungen das Richtige träfen.

Der behauptete Erfolg einfacher Verlagerung der Puppen ist auch
keineswegs überall beobachtet worden.

Nur das wird in diesem Berichte als möglich bezeichnet (und es ist dieser
Vorgang sicher, wenn auch in praktisch wohl kaum bedeutendem Grade mit
wirksam), daß vielfach durch die Eggenzinken die Puppen verletzt und in ihrer
Entwicklung beeinträchtigt worden sind.

Richtig ist zwar, daß es Schmetterlingsarten gibt (z. B. die Weißlinge),
deren gestürzt, das Kopfende nach unten, an Mauern und Zäunen angeheftete
Puppen eine Veränderung der Lage absolut nicht vertragen.

Aber die Spannerpuppen sind leider, wie man sich durch das Experiment
sehr leicht überzeugen kann, völlig unempfindlich gegen Lagestörungen.

Von nicht zu unterschätzender Wirkung ist dagegen, wie heute mit Be=
stimmtheit behauptet werden darf, die im Streuhaufen stattfindende Selbst=
erhitzung.

Von den neueren Autoren gibt Reh im Sorauerschen
Handbuch über die "im allgemeinen sehr schwierige" Bekämpfung des
Kiefernspanners sehr richtig an, daß die in den Streuhaufen entstehende
feuchte Wärme die Raupen und Puppen tötet.

Den Revierverwaltern in der Tucheler Heide ist das eigentliche Wesen
der Streuhaufenwirkung ebenfalls nicht verborgen geblieben:

Herr Forstmeister Ehlert (Charlottenthal) meint in seinem Bericht
vom 15. Dez. 09, „daß auch die Beobachtung von Bedeutung sei, daß in allen
nicht zu kleinen Streuwällen alsbald Fäulnisprozesse und Schimmelpilze sich
einstellen, die sicher der Entwicklung etwa eingedrungener Raupen und
Puppen schnell ein Ziel setzen dürften". Daß die Puppen in den Streu=
haufen tatsächlich nicht ausgetrocknet werden (wie verschiedentlich behauptet
worden ist), sondern im Gegenteil verfaulen, soweit sie nicht schon ander=

weit erkrankt waren, betont auch ein Rehberger Bericht vom 2. Aug. 09. Dort heißt es: „Von den toten Puppen war über ⅓ faulig, wenige vertrocknet." Und an einer anderen Stelle: „Von den toten Puppen war etwa die Hälfte faulig."

Man kann sich übrigens in der Tat recht leicht durch Untersuchung der Streuhaufen davon überzeugen, daß wirklich sehr lebhafte Fäulnisprozesse, besonders wenn die Haufen hoch und nicht zu locker aufgeführt sind, einsetzen.

Was über die Selbsterhitzung feuchter Pflanzenstoffe bekannt ist, findet sich, soweit nicht eingehender erörtert, doch mindestens unter Verweis auf die einschlägige Literatur kurz referiert in der bekannten Studie H. M i e h e s über die Selbsterhitzung des Heues.[1]

M i e h e macht sehr treffend darauf aufmerksam, daß es bei den Selbsterhitzungsvorgängen in zusammengehäuften feuchten Pflanzenstoffen nur auf folgende Bedingungen ankommt: „Es muß . . . eine die Wärme schlecht leitende poröse Masse durchtränkt sein mit Säften, welche zur Ernährung von Mikroorganismen tauglich sind, oder sie muß aus lebenden Pflanzen bestehen. Auf alle Fälle muß sie genügend groß sein."

Mit den Selbsterhitzungsprozessen, die in zusammengehäufter Waldstreu vor sich gehen, hat sich M i e h e leider nicht beschäftigt. Bemerkt mag aber an dieser Stelle noch ausdrücklich werden, daß die Gefahr einer Selbstentzündung bei Waldstreuhaufen, wie alle hierüber vorliegenden Erfahrungen, einschließlich meiner eigenen Versuche, ergeben haben, nicht in Frage kommt.[2]

M i e h e fand bei den in seinem zitierten Werke niedergelegten Studien seine schon früher geäußerte Vermutung bestätigt, daß bei der Selbsterhitzung des Heues schließlich eine Selbststerilisierung der ganzen inneren Heumasse erfolgt. „Die gesamte reiche Flora, die wir auf den vorhergehenden Seiten beschrieben haben, verschwindet spurlos, und zwar sterben nicht nur die vegetativen Zustände, sondern auch [für][3] die Dauerformen (Sporen, Konidien), soweit solche gebildet werden, ab." Daß immerhin die Bedingungen für eine ansehnliche Selbsterhitzung unter Umständen schon sehr leicht sich realisieren lassen, scheint mir auch aus der von M i e h e vermerkten Tatsache hervorzugehen, daß „selbst Tiere, nämlich die sog. Talegallahühner (Megapodiden) Australiens, sich die Wärme gärender Pflanzenmassen zunutze machen, indem sie mit ihren großen Füßen Haufen von Blättern zusammenscharren und ihre großen Eier von der entstehenden Wärme ausbrüten lassen".

Nach M i e h e geht die Erhitzung von zusammengehäuften feuchten Pflanzenmassen bis etwa 70° C.

---

[1]) Jena, G. Fischer, 1907.

[2]) Über die zur Erklärung der Selbstentzündung des Heues aufgestellten Hypothesen vergl. vor allem Kap. XII des M i e h e schen Buches.

[3]) Wohl Druckfehler! Von mir in Klammern gesetzt.

Um mir ein eigenes Urteil über die Erhitzung der Streuhaufen zu bilden, stellte ich im Frühjahre 1910 einige Versuche an.[1]) Aus der Oberförsterei Gohra (Reg.=Bez. Danzig) und aus dem ebenfalls fiskalischen Rinkauer Wald bei Bromberg wurden größere Mengen Moosstreu bezogen.

Es wurden damit mehrere Streuwälle und künstliche Streuschichten auf dem Versuchsfelde der Abteilung für Pflanzenkrankheiten aufgeführt und zwar in folgenden Modifikationen:

1. 3, je 2 m lange und 1 m hohe und breite Streuwälle, davon

    A. sehr fest aufgeführt,

    B. locker aufgeführt,

    C. fest aufgeführt und mit Kalk durchsetzt.

Die Haufen A bis C wurden am 14. IV. 1910 gesetzt.

2. 3 aus ganzen Moosplaggen aufgeführte Streudecken von je 4 qm Größe und zwar

    D. möglichst der natürlichen Lagerung entsprechend aus großen Plaggen zusammengesetzt,

    E. in 2 Lagen aus großen Plaggen aufgebaut,

    F. wie E aufgebaut, aber mit Kalk durchsetzt.

Diese Streudecken wurden am 1. IV. 10 zusammengesetzt und jeden dritten Tag mit Wasser übersprüht.

3. 3 je 1 cbm große Streuhaufen, von denen

    G. täglich durch Besprengen mit Wasser feucht gehalten,

    H. ganz wie 3 behandelt wurde, aber mit Kalk durchsetzt war,

    I. ebenfalls wie G behandelt wurde, aber mit umgekehrten Moosplaggen (Wurzelseite nach außen) sorgfältig belegt worden war.

Die Haufen G bis I waren ebenfalls am 1. IV. 10 gesetzt worden.

In die Haufen und Streudecken waren geeignete Erdthermometer, resp. gewöhnliche Thermometer[2]) so eingesenkt, daß in den Streuhaufen die in der Mitte des Haufens, in den Streudecken die an der Oberfläche des mineralischen Bodens herrschende Temperatur gemessen wurde.

Die in beistehender Tabelle mitgeteilten Messungen begannen am 16. IV. 1910 und wurden in 3= bis 4tägigen Intervallen vom Gärtner der Abteilung ausgeführt.

---

[1]) Zur Zeit (Winter 1913) werden von meinen Mitarbeitern, den Herren Forstassessoren Schröder und Baule, von dem einen in der Tucheler Heide, von dem anderen in der Johannisburger Heide, diese Versuche auf breitester Basis weitergeführt. Die Resultate werden von den genannten Herren später in einer besonderen Abhandlung veröffentlicht werden.

[2]) Von der Art, wie sie zu feineren Messungen im Laboratorium verwendet zu werden pflegen.

Moos = Streu = Thermometerablesungen vom 16. IV. bis 24. V. 1910.

Datum	Thermometer-Chiffre und Ablesung								
	A	B	C	D	E	F	G kleines Glastherm.	H Erdthermo= meter	I Erdthermo= meter
16. IV.	23 (21,55)	21,5	25,5	12,5	12,0	11,5	11,0	13,55	12,5
19. IV.	31,5	25,0	55,0	10,0	11,0	10,0	14,0	12,55	11 0
21. IV.	32,0	25,5	57,0	10,0	11,0	11,0	13,0	12,50	10,0
23. IV.	27,0	24,0	52,0	6,0	6,5	6,5	11,0	10,5	8,0
27. IV.	26,0	22,0	31,0	8,0	8,0	8,0	11,0	10,5	9,0
2. V.	24,5	22,0	16,5	9,0	9,0	9,0	11,0	11,0	9,0
6. V.	24,0	22,0	13,5	11,0	16,0	16,0	14,0	14,0	12,0
11. V.	21,5	22,0	13,0	12,0	12,0	12,0	12,0	12,5	10,5
24. V.	26,5	24,0	21,0	19,0	19,5	19,5	20,0	21,0	18,0

Diese Zahlen bedürfen nach dem oben Ausgeführten wohl kaum einer näheren Interpretation, soweit es sich um den Nachweis handelt, daß Selbst= erhitzungsprozesse tatsächlich eintreten.

Sie sollen später unter natürlichen Verhältnissen (d. h. im Revier) wiederholt werden. Erst dann wird eine Auswertung der sich im einzelnen aus der hier mitgeteilten Tabelle ergebenden Besonderheiten möglich sein.[1]

Bestimmt behauptet werden kann auf Grund aller vorliegenden Versuche, daß einigermaßen hohe und nicht allzu lose aufgeführte Haufen den Falter entweder noch in der Puppe vernichten, oder doch mechanisch am Hervor= kommen (in flugfähigem Zustande) hindern. Ist genügend tief gerecht worden, so ist man auch sicher, den größten Teil der Puppen im Streuhaufen eingeschlossen und diesen selbst aus genügend kompakten Stücken der Streu= decke gebildet zu haben.

Inwieweit bei früheren Kalamitäten, wo bisweilen die Streuhaufen diesen Anforderungen wohl nicht genügt haben werden, doch der größere Teil der eingeschlossenen Puppen genügend hoch bedeckt gewesen ist, so daß die Falter nicht sich hervorarbeiten konnten, muß dahingestellt bleiben, da genauere Untersuchungen uns nicht in der Literatur überliefert worden sind. Über die Wirkungsweise der Streuhaufen in der Colbitz=Letzlinger Heide hat sich Babermann zusammenfassend[2] folgendermaßen geäußert: „Was nun die wenigen, in den zusammengebrachten Haufen verbliebenen Puppen be= trifft, so kam, gleichgültig, ob diese Haufen lose geschichtet oder festgetreten waren, ob Kalk zugesetzt war oder nicht, auch von ihnen nur eine geringe Anzahl zur Entwicklung. Wärmemessungen ergaben selbst bei festgetretenen Haufen nicht Temperaturgrade von solcher Höhe, daß aus ihnen ein Abtöten der Puppen gefolgert werden kann. So wird angenommen werden müssen,

---

[1] Wie in der Anmerkung auf Seite 255 mitgeteilt, hat der neueste Fraß der Forleule uns in die Lage versetzt, diese Absicht auszuführen.

[2] D. F. Z. 1908, S. 956.

daß mechanische Schwierigkeiten das Ausschlüpfen der Falter verhindert haben."

Aus meinen Zahlen geht hervor, daß der Temperaturanstieg sehr schnell erfolgte. Wahrscheinlich hat man in den von Babermann erwähnten Versuchen den Zeitpunkt maximaler Erhitzung verpaßt gehabt.

c) Kritik des Streurechens.

Bevor ich einen Überblick über die für und wider das Streurechen laut gewordenen Stimmen gebe, will ich einige Worte der Betrachtung von solchen Verhältnissen und Möglichkeiten widmen, unter denen der Effekt des Streurechens im Revier nur undeutlich oder gar nicht zu beobachten ist.

Zum Teil kommen natürlich hier das Streurechen contraindizierende Momente in Frage.

In dem Bericht der Danziger Regierung vom 1. II. 1910 heißt es, „daß in zahlreichen Fällen beobachtet worden ist, daß auf den bearbeiteten Flächen der Spanner viel weniger sich zeigte, als in den nicht von der Bodendecke entblößten Orten", während „andererseits berichtet wird, daß in bezug auf das Auftreten des Falters die Bestände mit bezw. ohne Bodenbearbeitung keinen merklichen Unterschied erkennen ließen".[1]

Dabei sei allerdings „die Möglichkeit gegeben, daß der Falter auf die geharkten usw. Flächen von den benachbarten Beständen übergeflogen sein könnten. Es ist indessen auch hier in einem Falle die Wahrnehmung gemacht worden, daß die Benadelung der Kiefern auf den benachbarten Flächen frischer und grüner geblieben ist, als auf den vom Spanner in demselben Grade befallenen, nicht bearbeiteten Beständen".

Die wahre Bedeutung eines Unterschiedes, der sich zwischen beharkten und nicht beharkten Flächen zeigt, der bedingende Zusammenhang kann erst dann richtig erkannt werden, wenn man sich über den Gesundheits= zustand des Spanners ein klares Bild verschafft hat. Man zeigte mir in Hagenort und Wildungen Jagen, die allerdings, trotzdem sie verschieden behandelt worden waren (berecht — unberecht), keinen Unterschied in der Benadelung erkennen ließen. Daß aber speziell die beiden Reviere Hagenort und Wildungen, eben weil der Fraß dort ein viel zu unbedeutender gewesen ist, nicht in Frage kommen können für die Entscheidung über die Wirkung des Streurechens, geht für mich nicht nur aus dem Eindruck hervor, den ich bei der Bereisung beider Reviere gewann, bei der ich mich der liebens= würdigen Führung seitens der Herren Revierverwalter zu erfreuen hatte, sondern auch aus dem oben, in dem über den Verlauf des Tucheler Fraßes handelnden Abschnitt dieser Arbeit, zitierten Passus aus dem Bericht der

––––––––––

[1] Womit nicht der Falter, sondern der Fraß gemeint ist.

Danziger Regierung vom 1. II. 1910, wonach in der Oberförsterei Hagenort, „wo sich der Spannerfraß auf das ganze Revier ausdehnte",[1] sich „trotz massenhaft gefundener Raupen bis jetzt kein besonderer Schaden durch Fraß" zeigte, und in Wildungen, trotzdem die Menge der Raupen, recht gefahr= drohend" genannt wird, „das Aussehen der Benadelung der Kiefern zu Be= fürchtungen vorläufig keinen Anlaß gibt". Diesem Urteil konnte ich mich in der Tat um so leichter bei meiner Bereisung der Reviere Mitte April 1910 anschließen, als das Resultat der Untersuchung des Gesundheitszustandes der mir im Winter 1909/10 übersandten Puppen selbst das Verschwinden größerer Raupen= und Puppenmengen erklärt haben würde: die Hagenorter und Wildunger Puppen hatten zwischen 85 und 95 % Ichneumonenbefall!

Es lag hier also eine ganz ähnliche Ursache für das Verschwinden des Spanners vor, wie in dem isolierten Neustadter Herde, nur daß dort der ebenso hohe Prozentsatz durch Schmarotzerinsekten vernichteter Puppen fast ausschließlich auf das Konto der Tachinen kam.

Der Danziger Bericht vom 1. II. 1910 führt zwar das Ausbleiben einer entsprechenden Fraßwirkung im wesentlichen auf andere Faktoren zurück: „Offenbar haben die Witterungsverhältnisse des vorigen Jahres der Entwick= lung des Insekts sehr geschadet. Wiederholt eingetretenes anhaltend naßkaltes, nebliges Wetter in den Monaten Juli und August, hier und da sogar mit etwas Nachtfrost, wie in Karthaus, hat besonders die Entwicklung der ohnehin sehr langsam wachsenden Raupen aufgehalten. Schon ihr erstes Erscheinen wurde durch die ungünstige Witterung verzögert. Meist sind auch viel weniger Raupen gefunden worden, als zu erwarten war. Es kann daher angenommen werden, daß die sehr spät, Ende Juli und Anfang August aus= gekommenen Falter infolge ihrer späten Entwicklung bereits degeneriert waren und gar nicht mehr zur Eiablage gelangt sind. Schon die im Haupt= fraßgebiet der Oberförsterei Hagenort festgestellte durchweg unregelmäßige Ablage der Eier dürfte die Schlußfolgerung einer ziemlich allgemeinen Degeneration des Schmetterlings zulassen, da das gesunde Weibchen seine Eier in einer einzigen Reihe ohne Unterbrechungen abzulegen pflegt. Sodann war ein großer Teil der Raupen im Herbst nicht ausgewachsen, und man hatte auch hier mehrfach den Eindruck der Degeneration. Hier und da hat sich ferner ein namhafter Teil der Raupen und Puppen als mit Schmarotzern besetzt erwiesen. In der Oberförsterei Hagenort wurde Ende Oktober eine Menge toter Raupen auf den Gestellen und Wegen gefunden. Die im Spät= herbst — Anfang November — so plötzlich eingetretene Kälte mit starkem Schneefall hat anscheinend den Raupen außerordentlichen Abbruch getan."

Inwieweit ich von den Auffassungen, die in diesem Berichte über die Ursachen des Verschwindens der Spanner vorgetragen werden, abweiche, habe

---

[1] Im Sommer 1909.

ich schon mehrfach dargetan. Wesentlich ist die Übereinstimmung in der Ansicht, daß natürliche Ursachen das Verschwinden des Spanners bewirkt haben.

Die von mir gegebene Erklärung ist, beiläufig bemerkt, nicht neu und wohl für jeden Entomologen die nächstliegende. Die Erscheinung selbst wie die hier gegebene Deutung finden wir schon in Altum's wichtiger Mitteilung aus dem Jahre 1890. Er schreibt dort,[1] daß nicht selten an Stellen, wo der Falter in beunruhigender Menge schwärmte, hinterher kein nennenswerter Fraß auftritt und führt das auf „irgend welche feindlichen Einflüsse, Witterungserscheinungen, parasitische Insekten oder Pilze u. dergl." zurück.

Den schönsten Beweis dafür, daß wirklich vielfach in den Streuhaufen fast völlig krankes Puppenmaterial (natürlich nicht bloß im Zwingerversuch, sondern auch im Revier) sich befunden hat, also aus dem Fehlen eines Unterschiedes im Hinblick auf späteren Flug oder Fraß nicht auf die Wirkungslosigkeit des Streurechens geschlossen werden darf, liefern die sehr genau durchgeführten Versuche der Oberförsterei Lindenbusch.[2]

Es heißt in dem betreffenden Bericht über 100 ohne Streubedeckung ausgelegte Spannerpuppen: „Es kam keine Puppe zur Entwicklung, dieselben sind zum Teil vertrocknet, zum Teil von Parasiten angestochen."

Ich darf wohl die Vermutung aussprechen, daß es sich hier nur um wie vertrocknet aussehende, in Wirklichkeit aber um ichneumonierte, im übrigen aber um von Tachinen verlassene[3] Puppen gehandelt hat. Wenigstens war das mir im Herbst 1909 aus dieser Oberförsterei zugesandte Puppenmaterial stark von Ichneumonen und Tachinen befallen.

Diese Vermutung findet auch in anderen Angaben der Oberförsterei Lindenbusch über ihre Zwingerstreuhaufenversuche eine Stütze. „Von den in Zwingern bei verschieden starker Bedeckung untergebrachten Puppen ist keine einzige zur Entwicklung gelangt. Dagegen fanden sich ganz vereinzelt am 14. d. Mts. noch lebende Puppen, von denen aber anzunehmen ist, daß keine zum Ausfallen gekommen wäre. Alle übrigen Puppen, die zu je 100 Stück in den verschiedenen Etagen eingebettet waren, sind zugrunde gegangen. Im Zwinger wurden viele Ameisen und Maden[4] beobachtet, welch letztere sich in Spannerpuppen entwickelt hatten, wie in mehreren Fällen festgestellt wurde."

In der Oberförsterei Rehberg, wo sonst in der Benadelung der Kronen, wie im Spannerfluge und in der Zahl der beim Probesammeln gefundenen

---

[1] Zeitschr. f. Forst- u. Jagdw. 1890, S. 81.

[2] Bericht vom 21. VII. 09.

[3] Viele Spannertachinen (ähnliches beobachtete ich auch von Nonnentachinen) verlassen gelegentlich den Wirt erst nach der Verpuppung.

[4] Nach meinen Beobachtungen an dem Puppenmaterial aus der Tucheler Heide wahrscheinlich nicht nur Tachinen- sondern zum Teil auch Sarcophagiden-Maden, die eine wichtige Rolle als Schmarotzer von Spanner, Eule, Spinner und Nonne spielen.

Puppen der Unterschied zwischen beharkten und unbeharkten Flächen sehr deutlich ins Auge sprang, verwischte dieser sich nach einem Bericht vom 15. XII. 09 im Belaufe Fuchshof, weil hier auch auf den unberechten Flächen die Schmarotzerinsekten mit dem Spanner aufräumten.

Die Oberförsterei S o m m e r s i n berichtete (11. XII. 09): „Ein Teil der gefundenen Puppen war mit Tachinen besetzt, ein Unterschied zwischen beharkten und unbeharkten Flächen konnte nicht festgestellt werden." Und weiter: „Es ist kein bemerkenswerter Fraß festzustellen".

Sehr charakteristisch ist, daß im Winter 1909/10 viele Oberförstereien keinen deutlichen Unterschied zwischen gerechten und nicht gerechten Flächen hinsichtlich des Puppenbelages feststellen konnten, während er im Winter 1908/09 konstatiert worden war.

Daß überhaupt bei spärlichem Puppenbelag markante Unterschiede nicht zu erwarten sind, ist mehrfach treffend in den Berichten hervorgehoben worden. Die Oberförsterei Taubenfließ berichtet am 23. I. 1910: Höchst= zahl der gefundenen Puppen je 1 qm noch nicht 1; geharkte und ungeharkte Flächen zeigten hierbei keinen Unterschied.

Und ein Bericht der Oberförsterei Jägerthal [1]) deutet den Sachverhalt ganz in derselben Weise, wie ich es hier getan habe: „Die Höchstzahl der je Quadratmeter gefundenen Puppen des Kiefernspanners betrug im Schutz= bezirk Wildgarten, in dem die größte Anzahl nach dem Fluge des Schmetter= lings zu erwarten war, nur 0,13 Stück, und zwar auf unbeharkter Fläche. Die anderen Ergebnisse waren noch günstiger. Bei der geringen überhaupt gefundenen Anzahl von Puppen läßt sich ein Vergleich zwischen beharkter und unbeharkter Fläche nicht einwandsfrei feststellen."

Ja, unter Umständen kann ein schwacher Neufraß auf einem, wegen starken Befalles im Vorjahre berechten Gebiete durch Kronenlichtung mehr ins Auge fallen, als ein relativ starker Neufraß in einen im Vorjahr nur minimal befallen gewesenen, und darum unberecht gebliebenen, benachbarten Bestande, weil die Kronenlichtung sich hier ja erst viel später, gewöhnlich erst gegen Ende des Winters, zeigen wird. Ein solcher Fall ist in Rehberg nach einem Berichte vom 7. XII. 1909 tatsächlich beobachtet und richtig in seinem Wesen erkannt worden.[2])

Als Gegner der Streuentfernung ist S c h m i d t = Z e c h l i n in einer kurzen Veröffentlichung[3]) hervorgetreten. Aus der von ihm gebrachten Nach=

---

[1]) Bericht vom 26. I. 10.

[2]) Zeitschr. f. Forst= u. Jagdw. 1907, S. 534.

[3]) Aus den vorstehend geschilderten Verhältnissen geht natürlich die Notwendigkeit hervor, immer erst, bevor man etwas gegen einen Schädling unternimmt, das beim Probesuchen gefundene Material genau auf seinen Gesundheitszustand zu untersuchen. So wird es dem Revierverwalter möglich, genau zu bestimmen, wo etwas geschehen muß. Die Kosten der Methode werden dann erheblich geringer, die Resultate um so deutlicher in Erscheinung treten.

weifung kann man aber beim besten Willen keinen Mißerfolg der Methode entnehmen. Denn es fehlen zunächst alle Angaben über den Gesundheits= zustand (Befall mit Schmarotzerinsekten) der Puppen.

Der nackte Tatbestand in Zechlin (soweit er uns hier interessiert) war der, daß im Jagen 39, einem ausgesprochenen Fraßherde, der im Jahre 1904 einen Puppenbefund von 16,8 pro Stamm hatte, im geharkten Teil die Puppenzahl (pro Stamm) im nächsten Jahre 37,5, im ungeharkten dagegen 45,9 betrug.

Die (wirklich angenommenen) 10 Meisenhöhlen und 50 Starenkästen haben natürlich keinen Einfluß auf das Resultat, etwa im Sinne einer Herabdrückung der Puppendurchschnittszahl im Herd=Jagen auf das Niveau des Revierdurchschnittes, äußern können, was auch die Ansicht des Herrn Versuchsanstellers zu sein scheint.

Nicht richtig ist aber der Schluß, den Schmidt aus der von ihm mit= geteilten Nachweisung zieht, der Unterschied zwischen „geharkt" und „ungeharkt" (37,5 zu 45,9) sei „kein erheblicher".

Denn die Zunahme der Durchschnittszahl (pro Stamm) im Belaufe ergibt von 1904 zu 1905 eine Verdreifachung der Puppenmenge (1904 — 2,8; 1905 — 8,5. Dieselbe Zunahme ist im unberechten Teil des Fraßjagens Nr. 39 erfolgt, nämlich von 16,8 auf 45,9. Dieser Verdreifachung auf „ungerecht" steht in dem Teile von Jagen 39, in dem die „Bodendecke streifenweise zur Hälfte entfernt, zur anderen Hälfte in $^3/_4$ m hohe Haufen gebracht wurde", nur eine Verdoppelung der Puppenzahl (von 16,8 auf 37,5) gegenüber.

Wenn diese Zahlen also überhaupt etwas beweisen, so beweisen sie mindestens nicht, daß „das Streuharken als Mittel gegen den Kiefern= spanner für völlig nutzlos" zu halten sei.

Einzig und allein in dem unberecht gebliebenen, ebenfalls sehr stark befallenen Jagen 50, der an Jagen 39 angrenzte, hat die Zunahme sich als wesentlich geringer, als in dem berechten Teile von Jagen 39 herausgestellt (von 8 auf 11,8). Aber das beweist eben nichts, aus dem oben angegebenen Grunde.

Die Schmarotzerinsekten sind bisweilen, wie ich mit Bestimmtheit versichern kann, außerordentlich ungleichmäßig im Revier verbreitet. Es muß also stets, wenn wir nicht Gefahr laufen wollen, daß eine Bekämpfungs= Methode uns Schein=Mißerfolge (oder aber auch Scheinerfolge!) vortäuscht, eine Untersuchung des Gesundheitszustandes des zu bekämpfenden Schädlings erfolgen und zwar auf Grund der Untersuchung von Puppen (möglichst je 100 Stück in minimo!) aus jedem Fraßjagen! Ohne eine solche Untersuchung würden auch Zahlen, die den Erfolg des Streurechens klarer erscheinen ließen, als es die Schmidtschen tun, ohne Beweiskraft sein.

Aber ich halte es sogar für möglich, daß die Schmidtschen Zahlen mindestens für Jagen 50 (für die Belaufs- und Revier-Durchschnittszahlen will ich das nicht behaupten) geradezu auf einen umschriebenen Schmarotzerbefall der Puppen hindeuten.

Das ergibt sich, meiner Meinung nach, aus folgender Nebeneinanderstellung:

Puppenzahlen in Jagen 39 und 50 des Belaufs Schweinrich der Oberförsterei Zechlin.

Jahr	Jagen 39		Jagen 50	Belaufs-	Revier-
	unberecht	berecht	unberecht	Durchschnitt	
1902	1,9	—	1,2	2,2	1,9
1903	3,7	—	1,8	1,0	0,9
1904	**16,8**	—	8	2,8	2,9
1905	**45,9**	37,5	**11,8**	8,5	6,5
1906	—	**11,3**	**0,3**	2,3	0,6

Von 1903 zu 1904 hat also in beiden Jagen ziemlich gleichmäßig eine Vervierfachung des Puppenbestandes stattgefunden.[1]) Von 1904 zu 1905 findet dagegen in den unbeharkten Teilen des Revieres ganz allgemein eine Verdreifachung der Puppenzahl statt, in Jagen 50 dagegen nur eine Vermehrung um noch nicht ein Drittel. In 1906 ergibt sich eine Verminderung der im Vorjahre gefundenen Puppenzahl auf nur $^1/_4$ bis $^1/_{10}$ im übrigen Revier, soweit kein Streurechen stattfand, wie (auf $^1/_4$) in dem teilweise doppelt berechten Jagen 39, — in dem unbehandelt gebliebenen Jagen 50 dagegen sinkt die Puppenzahl auf $^1/_{36}$, also ganz erheblich stärker. Daran können nur besondere Faktoren schuld sein, die einzig und allein in Jagen 50 gegeben gewesen sind, — falls nicht gerade Ichneumonen oder Tachinen, so doch jedenfalls irgend eine Schädlichkeit, die im ganzen übrigen Revier fast völlig ausgeschaltet war.

Es ist also bestimmt unstatthaft, mit den bloßen Zahlen in der Weise zu operieren, wie Schmidt es getan hat.

Ich finde es aber auch bedenklich, zur Gewinnung der Zahlen selbst so vorzugehen, wie es in Zechlin geschehen ist.

---

[1]) Die auf Grund erheblich ausgedehnterer Zählungen, für 1903 auf die über 30- bezw. 100fache, für 1904 auf die 3- bis 4fache bezw. 10fache Stammzahl bezogenen Durchschnittszahlen des Belaufes und des ganzen Schutzbezirkes ergeben nur eine Verdreifachung! Wie überhaupt die Zahlen auch in dieser Nachweisung immer relativ niedrig ausfallen (ausgenommen im Vergleich mit den Zahlen von Jagen 50), wenn eine größere Anzahl von Baumscheiben abgesucht wurde, was mir mit den bekannten Gepflogenheiten der Puppensammler zusammenzuhängen scheint.

Nachdem man nämlich in den Jahren 1902 und 1903 an einer zur Überwachung des Schädlings selbstverständlich ausreichenden Anzahl (20 bis 25 pro Jagen) von Stämmen, resp. in deren Schirmbereich die Zunahme der Puppenzahl festgestellt hatte, wurde in den beiden Fraßherden 1904 begreiflicherweise eine erheblich größere Anzahl von Stammbezirken abgesucht, nämlich 200 bis 339. Dabei ergaben sich besorgniserregende Puppenzahlen (8 bis 16,8), die der Anlaß waren, im Winter resp. Frühjahr zum Streurechen zu schreiten. Nun hätten aber auch 1905 die Puppen= zahlen an einer annähernd ebenso großen Zahl von Stammbezirken, wie 1904 gewonnen werden müssen, wenn nicht Fehlerquellen der verschiedensten Art das Resultat beeinflussen sollten. Statt dessen sind in Jagen 39 nur 50 Stämme, und zwar 25 auf „geharkt", 25 auf „ungeharkt" abgesucht worden, in dem unberecht gebliebenen Jagen 50 nur 25. Dabei wurden in Jagen 39 die Puppenzahlen 37,5 und 45,9, in Jagen 50 die Puppen= zahl 11,8 pro Stamm gefunden. 1906 sind dann wieder in den beiden Jagen 300 resp. 200 Stämme abgesucht worden mit dem Ergebnis 11,3 bezw. 0,3 pro Stamm!

Was der Grund dafür gewesen sein mag, daß das Streurechen keinen radikalen Erfolg zeitigte, läßt sich natürlich schwer ohne Kenntnis der näheren Umstände sagen. Vielleicht ist das erste Ausharken nicht ganz sachgemäß ausgeführt worden. Denn es bleibt unverständlich, was denn eigentlich in der schon 1905 ausgeharkten Südhälfte des Jagens 39 noch im Jahre 1906 ausgeharkt werden konnte (so daß die Spannerpuppen dabei irgendwie in Mitleidenschaft gezogen wurden, — also natürlich von der minimalen Nadel=Streuproduktion eines Jahres abgesehen), wenn die Boden= decke wirklich, wie Schmidt wörtlich schreibt, in Jagen 39 1905 „in der Südhälfte streifenweise zur Hälfte entfernt, zur anderen Häffte in $^3/_4$ m hohe Haufen gebracht" worden war. Danach hätten doch höchstens in einem Viertel des Jagens die Streuhaufen noch entfernt und das als „zweimaliges" Berechen bezeichnet werden können. In dem anderen Viertel durfte, wenn die Maßregel 1905 richtig ausgeführt worden war, doch nichts von der Streu= decke mehr übrig geblieben sein, was ein nochmaliges Berechen gelohnt hätte. War das doch der Fall, dann können wir uns nicht über das Resultat (voraus= gesetzt immer, daß die Zahlen den wahren Puppenbestand angeben) wundern. Dann hat sich infolge der mindestens teilweise ungenügenden Entfernung der Streudecke eben 1905 der Spanner kräftig vermehren können und erst das Streuharken des Jahres 1906 einen erheblichen allgemeinen Rückgang der Puppenzahl in Jagen 39 von 37,5 resp. 45,9 auf 11,3 herbeigeführt.

Kurz, es ist der Satz Schmidts: daß die Streuentnahme „dem Spanner nicht schädlich war, dafür liefert das Jagen 39 einen einwandfreien Beweis", in mehr als einer Beziehung unzutreffend. Außerdem ist „Streu=

entnahme" und „Streuentnahme" immerhin nicht unter allen Umständen dasselbe, wie oben angedeutet wurde.

Über die von S ch m i d t anscheinend gehegte Besorgnis einer Schädigung geringer Kiefernböden (IV. Klasse) durch die Streuentnahme (die selbstverständlich nur als eine e i n m a l i g e in Betracht kommt) ist in einem anderen Kapitel dieser Untersuchungen schon gesprochen worden.

Gelegentlich des Fraßes in der Tucheler Heide hat man sich eigentlich nur in Hagenort und Wildungen nicht recht von der Wirksamkeit des Streurechens überzeugen können.

Ich muß noch mit einigen Worten auf die in den Berichten der Oberförsterei Hagenort vorgebrachten Einwendungen eingehen.

Die Oberförsterei Hagenort berichtete, „die Annahme, daß die freigelegten Puppen durch Witterungseinflüsse vernichtet würden und die Falter aus den in den Mooswällen liegenden Puppen nicht ausschlüpfen könnten, hat sich nicht in vollem Umfange bestätigt. So wurden z. B. noch Anfang Juli 1909 im Jagen 20 gefunden[1]): auf den geharkten Streifen pro Quadratmeter

       17 ausgekommene Puppenhüllen,
        4 vertrocknete Puppen,
      10 frische,
       2 von Insekten zerstörte.

In den zusammengeharkten Mooswällen pro Quadratmeter

      9 frische Puppen,
      7 verschimmelte Puppen,
    30 ausgekommene Puppenhüllen.

Ein ähnliches Ergebnis haben sämtliche Probesammlungen ergeben."

Ich kann nun allerdings nicht verstehen, was dieser Versuch gegen die Streuwälle beweisen soll. Denn diese sollen ja keineswegs alle eingeschlossenen Puppen vernichten, sondern, wie es auch tatsächlich geschieht, diejenigen Falter, welche aus den eingeschlossenen, aber nicht verschimmelten oder erstickten Puppen auskommen, mechanisch zurückhalten oder aber derartig beim Herausarbeiten verletzen, daß sie nicht die volle Flug= und Lebensfähigkeit erlangen.

Bei der Abneigung, die mir in den Danziger Revieren gegenüber den Marienwerderer Eggen zu bestehen schien, wundert es mich auch keineswegs, daß, wie in dem zitierten Bericht der Oberförsterei Hagenort (14. XII. 09) zu lesen ist, „die in den geharkten Beständen gefällten Probestämme derartig mit Raupen besetzt waren, daß die Zahl der Raupen kaum festzustellen war, dagegen in Beständen, die im Vorjahre vom Spanner verschont waren, trotz des starken Falterfluges verhältnismäßig wenig Raupen gefunden wurden".

------

[1]) Bericht vom 14. XII. 09.

Denn daß mit einfachen, womöglich hölzernen Harken das Streurechen nicht in so gründlicher Weise, wie beispielsweise mit der Ehlertschen Egge, bewirkt werden kann, steht ganz außer allem Zweifel. Davon habe ich mich mit eigenen Augen überzeugen können. Das gilt schon für leichter zu bewältigende Streudecken und erst recht für schwer zu bewältigende. Wenn auf letzteren das Streurechen bisweilen versagt, so ist gegen die Theorie des Streuwalles und seine, die eingeschlossenen Puppen auf die eine oder andere Weise unschädlich machende Wirkung noch gar nichts bewiesen.

Und daß in einem Bestande trotz starken Fluges verhältnismäßig wenig Raupen gefunden werden, steht natürlich überhaupt in keinem Zusammenhang mit der Streitfrage, wie der Herr Berichterstatter nach seinen oben zitierten Worten wohl hat andeuten wollen.

Parasitäre Krankheiten können sowohl die Eiablage verhindert oder (auch aus Hagenort erhielt ich wipfelkrankes Puppenmaterial!) ihre Wirkung[1] paralysiert haben.

„Das Jagen 20", berichtet die Oberförsterei Hagenort weiter am 22. XII. 09, „ist eines der ersten Jagen gewesen, in welchem die Vertilgungsmaßregeln durch Zusammenharken der Streu ausgeführt sind.

Das ungünstige Resultat kann durch zu spätes Harken nicht veranlaßt sein.

Die Probesammlungen in anderen Jagen haben ein ähnliches Resultat ergeben.

Sobald die Witterung im Frühjahr nach dem Auftauen der Bodendecke die Arbeiten zuließ, wurde im Jagen 17 mit dem Streuharken begonnen.

Dies Jagen liegt an der Feldkante und ist dem Einfall von Vögeln am meisten ausgesetzt. Eine am 26. Juni in diesem Jagen vorgenommene Probesammlung ergab außer einer Unmasse bereits ausgeschlüpfter Puppenhülsen noch auf 1 qm

     a) der freigeharkten Fläche: 30 Stück gesunde Puppen,
     b) im Mooswall: 8 " " "

Am 12. Juli wurde in demselben Jagen 17 wieder eine Probesammlung ausgeführt; Resultat pro Quadratmeter außer einer Masse ausgeschlüpften Puppenhülsen

     a) freigeharkte Fläche: 6 gesunde Puppen,
     b) im Mooswall: 3 " "

Am 31. Juli wurde die Probesammlung wiederholt: Resultat pro Quadratmeter außer den ausgeschlüpften Puppenhülsen noch

     a) auf der geharkten Fläche: 2 gesunde Puppen,
     b) im Mooswall: 3 " "

---

[1] Wipfelkranke Falter neigen nach meinen neuesten Befunden bei der Nonne zur Ablage unbefruchteter Eier.

Mit geringen Ausnahmen sind die Durchschnittsergebnisse der Probe=
sammlungen in allen Jagen dieselben gewesen. So wurde z. B. bei einer
am 7. Juli im Jagen 63 des Belaufs Neuhof ausgeführten Probesammlung
auf 1 qm der von Streu befreiten Fläche gefunden:

> 10 Puppenhülsen, aus denen der Falter ausgeflogen war,
> 2 vertrocknete Puppen,
> 2 lebende Puppen.

Das Jagen 63 liegt in dem einen kleinen Fraßherd, in welchem auch bei
der Probesammlung verhältnismäßig nur wenig Puppen gefunden worden
sind; auch wurde in diesem Jagen sehr frühzeitig geharkt. Ich habe nach
meinen pflichtmäßig angestellten Untersuchungen nur feststellen können, daß
der Erfolg der Vertilgungsmaßregeln nicht im Verhältnis steht mit den auf=
gewendeten Kosten."

Das glaube ich dem Herrn Berichterstatter natürlich für sein Revier
ohne weiteres. Aber es beweist nicht, daß das Streurechen dort, wo seine
ungesäumte Anwendung **indiziert** ist, einen vollen Erfolg, die
Rettung der Bestände, die in Hagenort gar nicht gefährdet gewesen
sind, wie der von mir im Winter 1909/1910 festgestellte kolossale Schmarotzer=
befall beweist, gewährleistet. Es scheint mir sogar unzweifelhaft zu sein, daß
man in Hagenort sehr empfindlich auf den Unterschied zwischen „Berecht"
und „Unberecht" aufmerksam gemacht worden wäre, wenn die Ichneumonen
nicht in letzter Stunde die Kalamität beendigt hätten..

In neuerer Zeit haben Altum und Eckstein das Zusammenrechen
der schneefreien Streudecke, — je nach Umständen in der Zeit vom Oktober
bis März auszuführen, — in Bänke oder Haufen warm befürwortet[1]) und
(Altum) angeraten, auf sehr armen Böden die Haufen nach Beendigung
der Kalamität wieder auszubreiten.

Sehr günstig lauteten schon gelegentlich des Colbitz=Letzlinger Fraßes
die Urteile über den Erfolg des Streurechens. Man erhielt hier die
besten Resultate da, wo die Streu nicht abgegeben, sondern von je etwa 4 m
breiten Streifen auf lange Bänke zusammengebracht wurde, bessere jedenfalls,
als wenn einzelne kleine aber höhere Haufen gebildet wurden.

Gieseler (Letzlinger Heide) findet den Erfolg des Harkens in der
Oberförsterei Burgstall „ausgezeichnet" und gibt an, daß er sich naturgemäß
auch beim Schwärmen des Schmetterlings zeigte. Auf den geharkten Flächen
zeigten sich nur ganz wenige Exemplare, während auf den nicht beharkten
Flächen wieder ein starker Flug stattfand.

„Bei wieder eintretender Kalamität muß eben die Arbeit des Zu=
sammenbringens der Streu durch Harken geschafft werden und sollte dazu

---

[1]) Wenn Nitsche meint (Lehrb., Bd. II, S. 967), daß die Kostspieligkeit die
Anwendbarkeit des Verfahrens beschränke, so ist dieser Einwand durch Kranold, wie
wir noch genauer sehen werden, aufs glänzendste widerlegt worden.

Militär herangezogen werden müssen. Es ist die einzige Maßregel, die im Großen helfen kann."

„In der Natur der Sache lag es, daß die Maßregel des Streuharkens nur dort in vollem Umfang möglich war, wo ein hinreichendes Angebot von Arbeitskräften zur Verfügung stand.[1]) Ihr Zweck wurde aber auch dann noch erreicht, wenn schon erstmaliger Lichtfraß eingetreten war, zumal die auffallende Tatsache festgestellt werden mußte, daß so behandelte Bestände sich besser und schneller wieder begrünten als unberechte."

Die Urteile der Revierverwalter, die sich günstig über das Streurechen geäußert haben, geben für den Fraß in der Tucheler Heide folgendes Bild. Berichte aus der Oberförsterei Junkerhof besagen, daß im Herbst und Winter zur Streuentnahme freigegebene Jagen nur ganz geringen Flug zeigten, obwohl im Vorjahre bis 4000 Raupen pro Stamm gezählt wurden.[2]) In Jagen 135 wurde erst Mitte Mai gerecht. Hier, wo die Arbeit offenbar zu spät vollendet wurde, gelangte ein recht bedeutender Flug zur Beobachtung.

In einem weiteren Berichte aus Junkerhof (4. November 1908) erkennt der Berichterstatter die ausgezeichnete Wirkung des scharfen Durchharkens der Bestände als Gegenmittel gegen die Spannerraupen aus folgender Beobachtung im Bezirk Louisenthal.

1. Zweimal geharkte Jagen sind dies Jahr sehr mäßig befallen und sehen gesund aus, während die nur einmal geharkten Bestände (d. h. wo nur die oberste Moosschicht[3]) entfernt worden ist) einen Befund von Tausenden von Raupen pro Stamm darbieten.

2. In einigen Jagen, z. B. 18, sind einige Streifen von 15 m Breite ungeharkt liegen geblieben (weil die Leute der beginnenden Bestellungszeit wegen mit der Streuentnahme nicht mehr fertig wurden). Diese Streifen sind jetzt dicht besät mit Raupen und größtenteils ganz kahl gefressen

In Königsbruch hatten die Zwingerversuche[4]) folgendes Resultat ergeben:

Mooswall-Höhe (Versuchs-beginn: 25. V. 09)	Am 1. Juli überhaupt noch gefundene Puppen	Davon waren zu Faltern entwickelt			Von den übrigen, nicht zu Faltern entwickelten Puppen waren		
			u. zw. wurden gezählt		noch am Leben	„vertrocknet"	durch Pilze u. Insekten getötet
			lebend	im Moos erstickt			
30 cm	55	23	7	16	10	7	15
50 "	83	32	11	21	20	16	15
100 "	Am 16. VII. 09 ?	38	16	22	?	?	?

[1]) Badermann, D. F. Z. 1908, S. 956.

[2]) Bericht von Bechsteinswalde vom 10. VII. 09. Auch im Belauf Gatzno (Bericht vom 3. VII. 09) zeigten sich in den gekratzten Beständen nur wenig Falter.

[3]) Im Gegensatz zu den Zechliner Versuchen!

[4]) Bericht vom 16. VII. 09.

Im Revier waren auf nicht gerechten Flächen, obgleich nur bis höchstens 10 Puppen[1]) aufgelesen worden waren, die Falter „um das 3—5fache vermehrt". Auf gerechten Flächen war der Flug nur unwesentlich gegen das Vorjahr verstärkt, auf den 1907 geharkten Flächen hatte er deutlich abgenommen. Früh gerechte Jagen zeigten keinen Unterschied gegenüber spät gerechten.

Charlottenthal (Bericht vom 16. August 1909) kommt auf Grund seiner Streuzwingerversuche zu dem Ergebnis, daß es sicher ist, „daß die Spannerpuppen in den Mooswällen schon bei geringer Bedeckung ganz erheblich weniger zur Entwicklung gelangen, als unter der einfachen Moosdecke".

In den Streuwällen wurden[2]) überall nur ganz vereinzelt wenige Raupen an den Rändern gefunden und hieraus geschlußfolgert, daß bei Eintritt einer Spannerkalamität das rechtzeitige Zusammenbringen der Moosstreu in Wälle, die nach Ansicht des Berichterstatters allerdings nicht zu klein sein dürften, ein nicht zu unterschätzendes Ausrottungsmittel gegen den Schädling ist.

In einem Berichte derselben Oberförsterei vom 18. Januar 1910 lesen wir: Die in den Nachweisungen aufgeführten Resultate beziehen sich nur auf nicht geharkte Flächen. Die Jagen, in welchen die Streu in Wälle zusammengebracht war, zeigten fast gar keine Spannerpuppen mehr. In einzelnen Fällen wurden an den Rändern der Wälle auf je 50 laufende Meter 2 bis 3 Puppen gefunden. Die Spannerkalamität kann hiernach als erloschen angesehen werden.

Die Oberförsterei Lindenbusch bezeichnet in ihrem Bericht vom 21. Juli 1909 das Streurechen als ein Mittel, dessen, wenn auch nicht durchschlagender, so doch großer Einfluß auf die weitere Entwicklung des Spanners unverkennbar war.

„Auf Flächen, wo die Arbeit nicht mehr hatte ausgeführt werden können, zeigte sich auch in diesem Revier erheblich stärkerer Flug, was um so mehr beweist, als gerade auf den am schwächsten befallenen Flächen (die zuletzt an die Reihe kommen sollten) die Arbeiten der vorgerückten Zeit wegen nicht mehr vollendet werden konnten. Wären die am stärksten befallen gewesenen Flächen ungeharkt geblieben, würde sicher ein verderblicher Massenflug (der jetzt nirgends zu beobachten ist) eingetreten sein."

Ein Bericht der Oberförsterei Rehberg (vom 6. Dezember 1908) besagt, daß der Erfolg des Streurechens bezüglich Bekämpfung des Kiefernspanners „zweifelsohne" erscheint. Auf den im vorigen Winter von der Streudecke befreiten Partien ist eine wesentlich geringere Anzahl Schädlinge gefunden worden. „Das diesjährige Streurechen hat im Oktober angefangen und bis zum Augenblick 160 ha bewältigt und pro Hektar 11 M. gekostet."

---

[1]) Pro Stamm.
[2]) Bericht der Oberförsterei Charlottenthal vom 15. XII. 09.

Nach einem weiteren Bericht wurde in beharkten Orten wesentlich ge=
ringerer Flug als in nicht beharkten beobachtet, „in vielen Beständen schnitt
der Spannerflug direkt an der Grenze der nicht entfernten Streudecke ab“.[1]
„Am wenigsten flog der Spanner auf den 1908 beharkten Flächen, am
günstigsten zeigten sich diesbezüglich die bereits im Herbst beharkten Bestände.
Von den Beständen, in denen im Jahre 1909 die Streudecke entfernt war,
zeigte sich der geringste Flug in den zuerst bearbeiteten Flächen.“

Ferner wird in diesem Berichte angegeben, daß nur aus den der Ober=
fläche des Haufens näher (als 20 cm) liegenden Puppen der Falter ans
Tageslicht gelangte.

Auch die Oberförsterei Schüttenwalde äußerte in ihrem Bericht vom
17. Januar 1910 sich günstig über das Resultat des im Vorjahre gefundenen
und beharkten Fraßherdes, der die Jagen 174, 175, 189, 190 umfaßte und
damals einen Belag von 30 bis 60 Puppen je Quadratmeter aufgewiesen
hatte.

In den angrenzenden Jagen 197 wurde daher, da hier beim ersten
Sammeln 1909/10 durchschnittlich 10,8 Puppen pro Quadratmeter lagen und
im Januar sogar auf 2 Probeflächen 24 bis 35 Puppen je Quadratmeter
gefunden wurden, ebenfalls die Streu in Wälle zusammengerecht. 1910 ist
dann kein neuer Fraß mehr erfolgt.

In der Oberförsterei Rittel[2] war man ebenfalls sehr zufrieden mit dem
Erfolge.

„In Jagen 113a, welches im Jahre 1909 stark von dem Insekt be=
fallen war — es wurden bis zu 50 Puppen je Quadratmeter gezählt, —
hat das Zusammenbringen des Bodenüberzuges auf große „bis 2 m hohe
Haufen, — denn nur dieses garantiert einen Erfolg, sehr gute Dienste ge=
leistet. Fraßbeschädigungen sind hier nicht zu verzeichnen.“

d. Indikation des Streurechens.

Ich bin bei der Besichtigung der Tucheler Spannerreviere zu der festen
Überzeugung gelangt, — die mir nicht, wie es wohl bei früheren Kalamitäten
z. T. möglich sein mag, mit dem Entgegenhalten abgetan werden kann,[3]
daß der Spanner „auch so“, durch die vielberufene, wohl bisweilen,
aber doch bestimmt nicht in einer reichlich großen Zahl der Fälle wirksam
in Erscheinung getretene Naturselbsthilfe ein rechtzeitiges Ende gefunden
haben würde, — daß das Streurechen eine rationelle Bekämpfungsmethode

---

[1] Der Herr Revierverwalter bemerkte damals hierzu treffend (vergl. meine Aus=
führungen im I. und II. Abschnitt dieser Arbeit): „Es scheint hierdurch die Annahme
bestätigt, daß der Spanner der Regel nach nicht wandert.“

[2] Bericht vom 4. I. 10.

[3] Vergl. alles oben über die ungleiche Verteilung des Schmarotzerbefalles und über
den Kahlfraß auf unberecht gebliebener Flächen Gesagte.

darſtellt, und daß es ein für alle Zukunft bleibendes großes Verdienſt der großzügigen Initiative des Herrn Oberforſtmeiſter K r a n o l d geweſen iſt, nachgewieſen zu haben, daß es entgegen der Verſicherung älterer Theoretiker und Praktiker[1]) möglich iſt, das Streurechen mit einem, in durchaus geſundem Verhältnis zum unmittelbaren Erfolge ſtehenden Koſtenaufwande auf großen Waldflächen mit einer genügenden Sorgfalt und Gründlichkeit durchzuführen.

Bedingung iſt lediglich, daß auch wirklich nur diejenigen Streudecken bearbeitet werden, die mittels der uns heute zur Verfügung ſtehenden Inſtrumente bewältigt werden können, zumal nur die auf ihnen ſtockende Beſtände in erſter Linie und in Wahrheit gefährdet ſind.

Verſuche, ſtarke Beer= und Heidekraut=Decken ebenfalls zu bewältigen, haben in Zukunft zu unterbleiben, da ſolche Orte von dem Schädling nach den bisherigen Erfahrungen meiſt nur ſchwach belegt zu werden pflegen, die Bekämpfung aber hier nur unvollkommen ausgeführt werden und nur dazu beitragen kann, die Koſten der insgeſamt ergriffenen Maßregeln in unrationeller Weiſe in die Höhe zu ſchrauben.

Gewiſſe Revierteile wird man von vornherein ſchon auf Grund der Ergebniſſe des Probeſammelns zurückſtellen oder als nicht für die Bekämpfung in Betracht kommend anſehen können.

Glücklicherweiſe ſind das zunächſt die, in denen man mit dem Streurechen die erheblichſten Schwierigkeiten haben würde, denn gerade Orte mit ſehr dichter und mächtiger lebender Streudecke werden, wie das auch N i t ſ c h e (Lehrbuch, II. Bd., S. 965) beſtätigt, ſelbſt bei ſtarker Ausdehnung des Befalles vom Spanner gemieden.[2])

Schon R a t z e b u r g hat in ſeiner Waldverderbnis[3]) angegeben: „Da, wo Moorſtrecken, beſonders mit Ledum bewachſen, die Beſtände durchziehen, wie im Eggeſiner Reviere, war der Raupenfraß unterbrochen".

Dann ſteht weiter feſt (ob die „Erklärung", der Schmetterling finde dort nicht die notwendige Flugfreiheit, wirklich eine Erklärung iſt, bleibe dahingeſtellt), daß auf Flächen mit ſtarkem Unterwuchs in der Regel kaum ein ernſterer Fraß beobachtet wird.

Das wird auch in verſchiedenen Berichten aus der Tucheler Heide hervorgehoben.

---

[1]) Z. B. A l t u m s und v. V a r e n d o r f f s: „Dagegen glaube ich, daß bei ausgedehnterer Verbreitung des Spanners in größeren, zuſammenhängenden Kiefernforſten vollſtändiges Streurechen als Vertilgungsmittel in der Regel weder ausführbar iſt, noch daß es ſich wegen der damit verknüpften Nachteile und des vorausſichtlich unzulänglichen Erfolges empfiehlt, dasſelbe partiell zur Ausführung zu bringen."

[2]) Was, nebenbei bemerkt, auch nur für die Richtigkeit meiner Behauptung, daß der Spanner bis jetzt wohl immer autochthon, jedenfalls niemals nachweislich infolge Verwehung in Maſſen aufgetreten ſei, ſpricht.

[3]) S. 166.

So heißt es in einem Bericht der Oberförsterei Lindenbusch vom 4. März 1909:

„Auch werden viele Flächen, deren Umfang sich von der Stube schwer beurteilen läßt, übergangen werden müssen, weil der vorhandene Wach=holder und Beerkrautwuchs das Harken untunlich macht."

Und die Oberförsterei Junkerhof meldet in ihrem Bericht vom 6. März 1909, daß die Bestände mit dichtem Wachholderunterwuchs für das Puppensammeln ausscheiden, da sie überhaupt nicht befallen seien; mit einziger Ausnahme des Jagens 8 und 9 des Belaufes Louisenthal, die trotz=dem stark gefährdete Fraßherde darstellen.

Dies ist der einzige mir bekannt gewordene Fall, wo der Falter offenbar trotz des kräftigen Unterwuchses stark geflogen ist.

In Beständen mit jährlicher oder jedenfalls sehr rücksichtsloser Streu=nutzung muß das Zusammenrechen der dünnen Nadeldecke wirkungslos bleiben, weil hier die Puppen im mineralischen Boden liegen und in keiner Weise durch Streurechen in unsere Gewalt zu bringen sind.

Hier bliebe also die ultima ratio der Eintrieb von puppenfressenden Haustieren. Hier ist auch die Gefahr, daß ihre Arbeit den Bestand nur unvoll=kommen säubert, am geringsten und relativ die beste Aussicht auf einen durch=schlagenden Erfolg des Eintriebes gegeben.

Daß die Spannerraupe in der Tat dort, wo der mineralische Boden ganz von Streu entblößt ist, sich flach in den mineralischen Boden einbohrt, ist neuerdings vor allem wieder, wie u. a. B a b e r m a n n[1]) mitteilt, in der Colbitz=Letzlinger Heide beobachtet worden.

G i e s e l e r berichtet das Gleiche und empfiehlt dort, wie überhaupt dann, wenn es nicht ratsam ist, die Streu zu entziehen (was heute sowieso nicht mehr in Frage kommen würde, wenigstens niemals für den ganzen vom Spanner gefährdeten Bestand, sondern höchstens für kleinere Teile davon), den Hühnereintrieb.

Aber ganz regelmäßig muß, um ein etwa denkbares abweichendes Ver=halten des Spanners rechtzeitig, ehe man sich zur Anordnung der durch=greifenden Maßnahmen entschließt, aufzudecken, darauf geachtet werden, wie die Puppen in der Streudecke liegen, ob noch innerhalb derselben, wenn auch in ihren tiefsten, durch die modernen Eggen und Grubber mit Leichtigkeit zu fassenden, dicht verfilzten Schichten, oder ob im mineralischen Boden selbst, wie es unter sehr dürftigen Streudecken häufig der Fall sein wird.

Jedenfalls wird v. V a r e n d o r f f darin Recht behalten, daß wir das Streurechen nicht ohne weiteres schon gleich zu Beginn einer Spanner=vermehrung anordnen sollen, w e n n n i c h t e t w a, — diese Bedingung hat v. V a r e n d o r f f freilich hinzuzufügen unterlassen, — d i e U n t e r=

---

[1]) D. F. Z. 1908, S. 955.

suchung der Puppen eine bedenklich geringe Ver=
seuchung derselben mit Schmarotzerinsekten und in=
fektiösen Krankheiten ergibt.

Die letzterwähnte Feststellung aber ist nur in den wenigsten Fällen,
jedenfalls nicht gelegentlich des von v. Varendorff beschriebenen Stettin=
Torgelower Fraßes in Angriff genommen worden.

Hier, glaube ich mit Bestimmtheit behaupten zu dürfen, sind z. B.
ichneumonierte Puppen, weil man es unterließ, sie näher zu untersuchen,
irrtümlich für vertrocknet gehalten worden.

v. Varendorff berichtet nämlich, daß auf den von der Streu
entblößten Flächen der Oberförsterei Rothenmühl und Jädkemühl (71,5+
4 ha), die Puppen vertrocknet seien, stellt aber trotzdem den Erfolg des Streu=
rechens (mit völliger Streuabgabe!) in Abrede, da überall, auch in den nicht
gerechten Jagen, das Insekt im nächsten Jahre „sich bis auf ein Minimum
vermindert hatte“.

Der Gedanke, daß diejenigen Faktoren,[1]) welche im ganzen unberechten
Bestande die Dezimierung der in der Streu ungestört verbliebenen Puppen
bewirkten, auch die Dezimierung der freigelegten Puppen bewirkt haben
könnten, wird von v. Varendorff gar nicht in Erwägung gezogen!

Hat man also durch die Untersuchung festgestellt, daß der Spanner
gesund ist, daß nur ein geringer Prozentsatz der Puppen Schmarotzerbefall
oder sonstige Krankheiten zeigt, so schreite man ungesäumt zur Anordnung
des Zusammenrechens der Streu. Voraussetzung ist dabei, daß die Streudecke
weder allzu dürftig (in Beständen mit starker Streunutzung) noch zu mächtig
oder mit Unterwuchs bedeckt ist, so daß selbst die Ehlertschen Eggen sie
nicht würden bewältigen können, und daß die Puppenzahl, in der
oben angegebenen Weise pro Quadratmeter bestimmt und pro Stamm um=
gerechnet und beurteilt unter Berücksichtigung der Kronenentwicklung, durch
sonstigen Fraß erzeugter Lichtung, Ungunst von Klima und Boden[2]) einen
bedenklichen Wert erreicht hat.

Bei welcher Puppenzahl soll man nun gegen den Schädling vorgehen?

Im Regierungsbezirk Marienwerder wurde das Streurechen von der
Kgl. Regierung angeordnet auf allen Flächen mit einem Mindest=Belag
von je 40 bis 50 Puppen pro Stamm.

---

[1]) Z. B. Ichneumonen.

[2]) Altum hat gewiß ganz recht (Zeitschr. f. Forst= u. Jagdw. 1885), wenn er für
die Indikation des Streurechens keinen allgemeinen zahlenmäßigen Anhaltspunkt gibt,
sondern meint, daß „der aufmerksame und erfahrene Revierverwalter wohl imstande
sein werde, erhebliche Mißgriffe in Anordnung der zu treffenden Maßregeln zu ver=
meiden“. Daß auch einem Altum einmal ein Irrtum in der Prognosestellung unter=
laufen konnte, rechtfertigt nicht die spöttische Ablehnung einer solchen Prognosestellung
durch v. Varendorff (Zeitschr. f. Forst= u. Jagdw. 1886, S. 218 bis 219).

Es wurde jedoch dem Ermessen der Revierverwalter anheimgestellt, unter Berücksichtigung der örtlichen Verhältnisse und der gesamten in Frage kommenden Umstände weitere Flächen der Bearbeitung zu unterziehen. Läßt man den Satz: Bei 40 bis 50 Puppen pro Stamm ist Streurechen auszuführen, als Anhaltspunkt für den Durchschnitt der eigentlichen Spannerbestände, also der notorisch am meisten bedrohten 30 bis 40jährigen Orte gelten, so würde das, wenn wir für diese Orte die Entfernung der einzelnen Stämme voneinander gleich 1 m setzen, 40 bis 50×10 000 Puppen pro Hektar bedeuten, so daß bei 40 bis 50 Puppen pro Quadrat= meter die Bekämpfungsmaßregeln zu ergreifen wären. Würde man schema= tisch alle Bestände mit schwächerem Befall als nicht gefährdet ansehen (was man selbstverständlich auch beim Tucheler Fraß n i c h t getan hat), so hätte man zweifellos in vielen Fällen den rechtzeitigen Augenblick zum Eingreifen versäumt. Die Nachkommenschaft von 50 gesunden Puppen würde, da schlecht gerechnet[1]) jeder der nicht eben üppig entwickelten Wipfel solcher Stangen= hölzer den Fraß von 2000 Raupen über sich ergehen lassen muß, wohl kaum noch verhängnisvoller für den Bestand werden können, als die Nachkommen= schaft von beispielsweise 30 Puppen, die nach analoger Berechnung aller= mindestens etwa 1000 Raupen pro Wipfel ergeben würden.

Überrechnet man wiederum die Verhältnisse, wenn die 40 bis 50 Puppen in reichlich durchforsteten Altholzbeständen pro Stamm gezählt wurden und ihre Nachkommenschaft sich auf die mächtig ausladenden Wipfel etwa 10 m voneinander im Verbande entfernt stehender[2]) Stämme verteilt, so findet man zunächst natürlich überhaupt einen weit geringeren Befall pro Hektar des Bestandes, nämlich etwa $50 \times 200 = 10\,000$ Puppen, was auf den Quadratmeter also 1 Puppe ausmachen würde. Unter solchen Umständen schon das Streurechen anzuordnen, würde ich für verfrüht halten.

Wiederum ist sicher, daß junge und mittlere Stangenhölzer, wenn sie nicht schärfer durchforstet sind, also nicht gerade viel überflüssige Benadelung haben, besonders auch wenn sie auf armen Böden stocken und unter dem Ein= flusse eines ausgesprochenen Trockenklimas gedeihen, schon dann als stark ge= fährdet (wenn nicht im ersten, so doch im zweiten Fraßjahr) anzusehen sein können, wenn bei der Berechnung 4 bis 5 Puppen pro Stamm gefunden werden. Die Indicatio causalis ist dann unbedingt gegeben, und wir haben also die Aufgabe, ungesäumt die Krankheits u r s a c h e , eben jene 4 bis 5 Puppen pro Stamm, zu beseitigen, wozu das sofort anzuordnende Streu= rechen das beste Mittel ist.

----

[1]) Es seien aus den 50 Puppen nur 20 Weibchen geschlüpft und zur Ablage von je nur 100 Eiern gelangt.

[2]) Ich nehme also die Reihenentfernung gleich 5 m an.

Vorausgesetzt sind hier natürlich die reduzierten Puppenzahlen. Lediglich die Zahl der **gesunden** Puppen ist entscheidend. Also sind künftig stets vor dem Streurechen die Puppen auf ihren Gesundheitszustand zu untersuchen. Nach deren Ergebnis sind alsdann die beim Proberechen gefundenen absoluten Puppenzahlen auf die Zahl der gesunden Puppen zu reduzieren.

Wir können also resumieren, daß für die Beurteilung der Notwendigkeit einer Bekämpfung die Standortsverhältnisse das ausschlaggebende Moment darstellen. Die Gefahr läßt sich als das Produkt einer Anzahl von Faktoren darstellen. Von diesen kann einer als praktisch konstanter Wert in die Rechnung gesetzt werden: Die Fruchtbarkeit der Weibchen resp. der weiblichen Puppen, die in der je Stamm gefundenen Puppenzahl enthalten sind. Die anderen Faktoren sind Variabele.

Von besonderer Wichtigkeit wird da die richtige Einschätzung der Krone sein, speziell der Stärke ihrer Benadelung.

Unter ungünstigen Verhältnissen können schon 4 bis 5 Puppen je Stamm ein Mene=Tekel sein. Und es dürfte wiederum kaum noch geschlossene Bestände geben, selbst solche von höchster Altersklasse und weitestem Stande, wo nicht doch jeder 4 bis 5 Puppen pro Quadratmeter[1]) übersteigende Befund den Revierverwalter veranlassen muß, die Ergreifung von Maßregeln in Erwägung zu ziehen, oder wohl gar dem Schädling unverzüglich zu Leibe zu gehen.

Jedenfalls ist dringend zu raten, stets genügend große (etwa 0,2 Ar) Flächen abzusuchen und danach die Berechnung der Puppenzahl pro Stamm auszuführen.

e. Technik des Streurechens.

Die Grundregeln, die für die Ausführung des Streurechens maßgebend sein müssen, ergeben sich aus allem, was in den vorstehenden Zeilen diskutiert wurde, in folgendem Sinne.

Man verlasse bei der Wahl der Technik sich nicht auf Faktoren, die ins Bereich unbewiesener Theorie oder gelegentlich unanfechtbar erfahrener, aber doch nur gelegentlicher Möglichkeit gehören: das Vertrocknen der freigelegten Puppen und die Vögel.[2]) Daß heißt, man reche die Streu unter

---

[1]) Was selbst bei einer so unwahrscheinlich geringen Stammzahl, wie ich sie oben in Rechnung setzte, im Jahre mindestens 10 000 Raupen pro Stamm bedeuten würde.

[2]) Auch Herr Forstmeister Ehlert, ein erfahrener und gewiß von der Notwendigkeit und praktischen Durchführbarkeit des Vogelschutzes vollkommen durchdrungener Forstmann, sagte in seinem Dt. Eylauer Vortrage (l. c. S. 14, 1911), daß im Frühjahr zwar „zeitweise massenhaft Vögel, meist Drosseln, Finken, Meisen usw., welche die geharkten Spannerbezirke scharenweise absuchten und die Puppen verzehrten, sich zeigten.

allen Umständen tief[1]) ab und zusammen, mit den kräftigsten eisernen Harken die man erhalten kann, oder besser mit den vorzüglichen, weiter unten noch zu besprechenden E h l e r t schen Eggen und K r a n o l d schen Grubbern, für welche man um so weniger die Anschaffungskosten scheuen sollte, als diese Geräte von universeller Verwendbarkeit auch für zahlreiche. andere Arbeiten, auf Kulturflächen usw., sind.

Das Abrechen der Streu bis auf den mineralischen Boden hat den Zweck, möglichst a l l e Puppen an den Ort der sicheren Vernichtung, d. h. in das Innere des Streuhaufens, wo sie ersticken, verfaulen, oder wo mecha= nisch die auskommenden Falter zurückgehalten werden, zu bringen.

Um diese s i c h e r e n Faktoren möglichst intensiv zur Wirkung gelangen zu lassen, führe man die Haufen hoch und fest auf. Ihre Höhe betrage, wenn irgend möglich, nicht unter 75 cm. Um diese zu erreichen, wird man den abzurechenden Streifen eine durchschnittliche Breite von 6 bis 8 m zu geben haben.

Die Vögel, welche sich auf dem Zuge befanden, verschwanden aber zu bald, und ihre Tätigkeit hörte später fast ganz auf. Andererseits haben sich die Witte= rungseinflüsse nicht ausreichend genug erwiesen, um die bloßgelegten Puppen alle zu vernichten".

[1]) Nur zustimmen kann ich den folgenden Ausführungen des Danziger Berichtes vom 1. II. 1910: „Jedenfalls hängt der Erfolg der gedachten Bodenbearbeitung in erster Linie von ihrer Gründlichkeit ab. Die Lebenszähigkeit der Puppe ist weit größer als man früher gewöhnlich annahm. Sogar auf ordnungsgemäß freigeharkten Flächen, wo auch die Vögel schon fleißig viele Puppen aufgelesen hatten, wurden beim nachträglichen Probesuchen nach mehreren Wochen noch zahlreiche lebende Puppen, sowohl auf den geharkten Streifen als auch auf den Bänken im Mooswall entdeckt. Bei sehr großer Ausdehnung der vom Spanner befallenen Flächen darf man die Hilfe der Vögel nicht zu hoch einschätzen, zumal diese nicht überall in der gewünschten Menge sich einstellen. Werden also die betreffenden Maßregeln nicht sehr sorgfältig und gründlich (und, wie ich auf Grund der im Marienwerderer Bezirke [vergl. Erl. v. 13. IX. 09] gemachten Erfahrungen, hinzufügen möchte: m ö g l i c h s t f r ü h, d. h. so früh, als es das Abbaumen der Spannerraupe und die klimatischen Verhältnisse erlauben) ausgeführt, so haben sie nur wenig Zweck, und der Erfolg steht nicht im angemessenen Verhältnis zu den aufgewendeten Kosten. Unbedingt erforderlich ist somit nach den diesseitigen Erfahrungen zunächst die vollständige Entfernung der Bodendecke bezw. Narbe, wenigstens bis auf den Rohhumus, womöglich noch die Lockerung des letzteren oder auch des freiliegenden Bodens, weil in der Regel noch viele Puppen darin lagern. Sodann muß das Aufbringen des Bodenüberzuges in möglichst hoch und dicht zu schichtenden Wällen erfolgen, um das Auskriechen der Schmetterlinge zu ver= hindern. Diesseitige Versuche durch überspannen der Streu= usw. Wälle mit einem ganz dünnen, durchscheinenden Stoff (Gaze) haben ergeben, daß nur stärkere und feste Wälle den Schmetterling nicht hindurchlassen, oder er beschädigt sich beim Hindurch= kriechen so sehr, daß er nicht mehr fortpflanzungsfähig erscheint. Am besten hat sich das Zusammenbringen der Streu u. dgl. m. auf größere, festgeschlagene Haufen bewährt. Hier ist kein Schmetterling zum Vorschein gekommen."

Auf Festigkeit der Haufen ist in jeder Weise zu sehen. Wo man nicht besondere Instrumente hat, nehme man, — die Arbeiter ziehen die Schaufel der Harke nach Ehlerts Worten[1]) sogar vor, — ruhig die Schaufel, besonders unter schwierigeren Streuverhältnissen. Nach den Erfahrungen beim Tucheler Fraß ist dann mit der Schaufel mehr Arbeit geleistet worden, als mit der Harke.

Auch für die Wahl des Zeitpunktes des Streurechens ist das Ziel, die Wälle recht fest zu bekommen, maßgebend. Wenn irgend möglich, lasse man die Arbeiten noch im November ausführen. Zu dieser Zeit sind die meisten Arbeitskräfte verfügbar.[2])

Schnee und Regen schlagen die im November aufgeführten Wälle über Winter außerordentlich fest und halten die Haufen so feucht, daß, wie auch Forstmeister Ehlert in seinem Dt.-Eylauer Vortrage betont, die Selbst= erhitzung der Haufen die Puppen sicher im Frühjahr abtötet.

Freilich, zu zeitig führe man das Streurechen nicht aus. Die Probe= suchen eventuell auch Probefällungen müssen ergeben haben, daß die Raupen die Wipfel, bis auf höchstens ganz vereinzelte Nachzügler, verlassen haben. Es braucht aber nicht, wie in einigen Fällen geschehen, gewartet zu werden, bis sich der größere Teil der Raupen verpuppt hat. Die verpuppungsreife Raupe wird durch die Einschließung in Streuwall genau so sicher und wahr= scheinlich sogar (da sie besonders empfindlich ist) schneller geschädigt und getötet, wie die Puppe.

Auch Eckstein warnt[3]) vor zu zeitigem Streurechen. Das von ihm skizzierte Beispiel trifft natürlich nicht nur bei Streuentnahme, sondern auch bei Streurechen in Wälle zu. Wird vor dem Abbaumen gerecht, „zeitig im Herbste“, so ist eben die Maßregel in jedem Falle notwendig wirkungslos.

Eckstein empfiehlt, je nach Beschaffenheit der Streudecken, die hölzerne oder eiserne Harke, bei schwerer zu bewältigenden Decken die Plaggenhacke.

Diese Instrumente sind durch die beim Tucheler Fraß erprobten maschi= nellen Geräte, den Kranoldschen Grubber und die Ehlertsche Egge[4])

---

[1]) l. c. S. 14, 1911.

[2]) Hat man die Absicht, Streuentnahme in beschränktem Maße zu gestatten, so kommt hinzu, daß die Arbeiter, die das Zusammenrechen der Streu in Wälle aus= führen, sich gern zu dieser Zeit billige Streu für ihr Vieh verschaffen.

Nach Ansicht von Herrn Oberförster Teichmann läßt sich übrigens vor Beginn der starken Winterfröste die Streu besonders leicht zugleich mit der Humusschicht entfernen.

[3]) Technik des Forstschutzes, 1904, S. 152.

[4]) Welche Instrumente auch immer in Anwendung gelangen mögen, ganz werden sich (außer beim Gebrauch hölzerner Harken) Freilegungen und Verletzungen flach= streichender Wurzeln nicht vermeiden lassen. Deshalb sei darauf hingewiesen, daß es sich in der Tucheler Heide bestätigt hat (gleiches gibt Eckstein in seiner Technik des

in die Rolle von Hilfsgeräten zurückgedrängt worden, wenigstens dann, wenn einigermaßen ausgedehnte Flächen zu bearbeiten sind.

Fig 4. Ehlertsche Egge. Kleines Modell.

Beide erleichtern das Zusammenbringen der Streu in Wälle ganz außerordentlich und sind eigens zu diesem Zweck anläßlich des Tucheler Fraßes konstruiert worden.

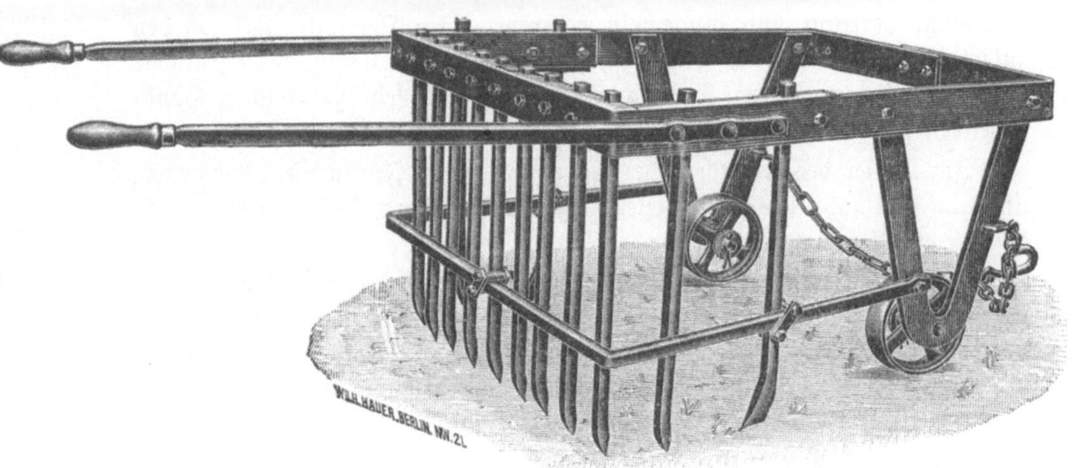

Fig. 5. Ehlertsche Egge. Großes Modell.

Gewöhnliche Eggen hatten sich als zu leicht und zu niedrig erwiesen, um das Zusammenbringen des Mooses in Wälle wirklich zu erleichtern.

Forstschutzes S. 151 an), daß derartige Verletzungen keinerlei schädigenden Einfluß auf den Baum haben.

Die Ehlertſche Moosegge[1]) (vergl. Fig. 4 und 5) „iſt 110 kg ſchwer und trägt in einem vierkantigen Rahmen 65 cm lange, vierkantige, ſtarke, unten etwas nach vorwärts gebogene Zinken. Hinten ſind zwei eiſerne Schwänze angebracht. Vorne läuft die Egge auf zwei Rollen. Dieſelbe wird von zwei Pferden gezogen, während ein bis zwei Arbeiter hinten auf die Schwänze drücken. Hat ſich unter der Egge genügend viel Moos geſammelt, ſo wird ſie hinten hochgehoben und nach Entleerung wieder fallengelaſſen. Das Hochheben wird nun in den Wiederholungsfällen ſo eingerichtet, daß regelrecht aneinandergereihte fortlaufende Wälle entſtehen. In der Regel iſt mit vier Perſonen, meiſt Frauen, noch inſofern nachgearbeitet worden, daß etwa ſtehengebliebene Moosrücken mitgenommen und die Wälle abgerundet wurden.

In letzter Zeit iſt die Arbeit auch ohne Nachharken ausgeführt; es macht auch für die Maſſe des Spanners abſolut nichts aus, wenn hin und wieder einige Moosſtreifen liegen bleiben.

Bei ſtarkem Beerkrautwuchs arbeitet die Egge nicht, während ſie mäßigen Heidekrautwuchs mit fortnimmt.

Der Vorteil, welchen dies Inſtrument ſchafft, liegt in erſter Linie darin, daß die Egge den Rohhumus gründlich durchwühlt und daß ſie die Moospalten ſo zuſammenrollt, daß ein Auskriechen des Inſektes unmöglich wird. Zudem aber erſetzt die Egge eine Menge Arbeitskräfte, hilft alſo dem Arbeitermangel ab, und die Arbeit wird, wenn die Leute erſt mit dem Gebrauche vertraut ſind, ungemein gefördert. In Charlottenthal wurden zuletzt 7 bis 8 Eggen an ein Jagen gelegt, und in 3 bis 4 Tagen war dasſelbe frei von Streu. Das kann man nur mit ſehr zahlreichen Handarbeitern ſchaffen.“

Im Revier des Erfinders der Egge, des Herrn Forſtmeiſter Ehlert, ſind „im Frühjahr 1909 mit dieſer Egge rund 235 ha, in Junkerhof ſogar 500 ha von Streu gereinigt.“

Herr Forſtmeiſter Ehlert bemerkt noch, daß die ein Meter breite Egge allerdings in Stangenorten nicht anwendbar iſt; ſie wurde durchweg in 65 bis 100jährigen Beſtänden gebraucht. Später iſt ein kleineres Modell derſelben Egge (Rahmen nicht 1 m, ſondern nur 60 cm breit) auf

---

[1]) Vergl. Verh. d. Preuß. Forſtvereins in Dt. Eylau (XXXVIII.) am 11. u. 12. Juli 1910, S. 14 (Königsberg 1911). Die Ehlertſche Egge iſt zu beziehen von der bekannten Bromberger Spezialfirma für Forſtwerkzeuge, E. E. Neumann, Bahnhofſtr. 44. Material und techniſche Ausführung verdienen alles Lob. Die beim Spannerfraß wirklich ſtark ſtrapazierten Ehlertſchen Eggen arbeiten noch heute, — ich füge dies bei der Korrektur dieſer Zeilen ein —, in den von der Forleule heimgeſuchten Revieren, ohne daß Reparaturen in erwähnenswertem Umfange erforderlich geweſen wären. Die neueren Modelle haben übrigens Schutzbügel für die Hände.

seine Veranlassung gebaut worden,[1]) das, mit nur einem Pferde bespannt, mit bestem Erfolge in Stangenorten Verwendung gefunden hat.

Fig. 6. Kranoldscher Grubber. Eng gestellt.

Die Kosten des Zusammenbringens der Streu mit den Ehlertschen Eggen betragen, je nachdem nachgeharkt wurde, oder nicht, pro Hektar 16 bis 22 M.[2])

Fig. 7. Kranoldscher Grubber. Weit gestellt.

---

[1]) Das sich auch besonders zur Abspaltung von Saat- und Pflanzstreifen eignet.

[2]) Der Ansicht, daß die große Egge für 2 Pferde zu schwer sei, muß auch ich, Herrn Forstmeister Ehlert auf Grund praktischer Anschauung beipflichtend, aufs ent-

Herr Oberforstmeister K r a n o l d hat speziell für leichtere Böden einen von V e n t z k i in Graudenz ausgeführten Grubber konstruiert, der ebenfalls sich gut bewährt hat, selbstverständlich auf d e n Böden, für die er berechnet ist.

Für noch wenig durchhauene Stangenorte, die auf armen Böden mit leichtester Moosdecke stocken, ist der K r a n o l d sche Grubber das gegebene Instrument.

Der vorn keilförmig zulaufende Grubber ist in seiner Breite verstell=bar, mit einer Anzahl kleiner Pflugschare besetzt und hat hinten zwei Griffe zum Lenken.

Er bedarf nur eines Pferdes. Seine Aufgabe besteht lediglich nur darin, das Moos soweit zu lockern, daß es leichter in Wälle zusammengeharkt werden kann. Die Arbeit kann, wo der Grubber vorgearbeitet hat, von Schulkindern besorgt werden.[1])

———

schiedenste widersprechen. Ich sah die Egge in Charlottenthal arbeiten; danach halte ich es für sehr wohl möglich, auf leidlich heidekrautfreien Streudecken auch schwache Pferde zu verwenden, wie es E h l e r t versichert, mit „ganz schwachen“ Tieren getan zu haben, die Tag für Tag arbeiteten, „ohne nur ein nasses Haar zu bekommen“. Die Leute gewöhnen sich sehr schnell an die Arbeit mit dem Instrument, das sich übrigens auch ganz vortrefflich zur Herstellung von Feuerstreifen eignet und zu diesem Zwecke von verschiedenen Eisenbahnverwaltungen angeschafft worden ist.

[1]) Während der Korrektur dieser Zeilen, die stark durch die Inanspruchnahme mit den Arbeiten zum Studium der Biologie der Forleule verzögert wurde, möchte ich wenigstens kurz auf ein neues, der E h l e r t schen Egge überall da, wo nicht etwa die Bewältigung von Heidekrautwuchs in Frage kommt, hinsichtlich der Güte der geleisteten Arbeit ebenbürtiges, an Schnelligkeit und Leichtigkeit aber überlegenes Instrument hin=weisen, das wir wieder dem erfinderischen Genie und der vorbildlichen Energie des Herrn Oberforstmeisters K r a n o l d in Marienwerder verdanken. Die im Sommer 1913 im vollen Umfange in die Erscheinung getretene Gefährdung der Kiefernforsten der ganzen. östlichen Hälfte der Monarchie fand in ihm den rechten Mann am rechten Platze. So ist noch rechtzeitig im Herbst die Konstruktion seines neuen, nach dem Prinzip der Hungerharke gebauten Streurechens vollendet worden. Ich habe das Instrument auf Streu=(Moos=)Decken von solcher Mächtigkeit arbeiten sehen, daß ich deren Bewältigung früher nur der E h l e r t schen Egge zugetraut haben würde. Sie bewältigte sie nicht nur spielend, lediglich mit einem Pferd als Bespannung, sondern führte auch das Auf=rollen der Streudecke in so vollendeter Weise aus, daß die entstandenen Wälle durch sorgfältigste Handarbeit nicht hätten übertroffen werden können. In der geplanten Arbeit über die Forleule werde ich näher auf den neuen K r a n o l d schen Streurechen eingehen. Bei künftigen Spannerkalamitäten wird er völlig an die Stelle des alten K r a n o l d schen Grubbers (den er weit überholt hat) treten und der E h l e r t schen Egge nur verheidete Streudecken (soweit diese überhaupt zu bewältigen sind) überlassen müssen. Der Hektar kostet durchschnittlich bei Anwendung des K r a n o l d schen Streu=rechens 15 Mk. Der Preis des Gerätes (Fabrikant: V e n t z k i = Graudenz) ist 75 Mk.

Anhang zu Abschnitt IV.

Bemerkungen über die Wiederaufforstung von abgetriebenen Spannerkahlfraßflächen.

Nachdem der Verlauf der bisher bekannt gewordenen Spannerkalami=
täten, der eigentliche Fraß, seine Wirkungen, sowie die Bekämpfung des
Schädlings in vorstehenden Zeilen einer ausführlichen Behandlung unter=
zogen worden ist, möchte ich anhangsweise noch einige wenige Worte über
die Frage der Wiederaufforstung von Spannerkahlfraßflächen sagen, weil
diese Frage doch sicher in enger Beziehung zu Aufgaben steht, die das
Spannerproblem dem Forstzoologen stellt, andererseits freilich von ihm
besser nur gestreift wird, weil ihre Beantwortung doch fast ganz ins Kom=
petenzbereich des praktischen Forstmannes, des Revierverwalters, und soweit
es sich um rein theoretische Überlegungen handelt, der Vertreter der speziellen
forstlichen Disziplinen gehört.

Zunächst also einige Bemerkungen zu der Frage, ob sich hinsichtlich der
Wahl der für die Wiederaufforstung zu verwendenden Holzart aus der Tat=
sache der oft bedeutenden Gefährdung der Bestände, die sich in manchen, dem
Spanner günstigen Trockengebieten nach nicht sonderlich großen Zwischen=
räumen wiederholt, wichtige Konsequenzen bei dem gegenwärtigen Stande
unserer Kenntnisse ergeben.

Gewiß ist es richtig, daß von einer einzelnen Holzart gebildete, größere,
zusammenhängende Waldgebiete immer in besonderem Maße unter Insekten=
kalamitäten zu leiden haben werden.

Aber es dürfte doch völlig verfehlt sein, deshalb über die reinen Bestände
den Stab zu brechen, bevor nicht nachgewiesen ist, daß der wirtschaftliche Vor=
teil, den sie gegenüber den gemischten Beständen hinsichtlich der regulären Be=
wirtschaftung und Nutzung aufzuweisen haben, aufgewogen wird durch die
Häufigkeit und Größe der Verluste, die den reinen Beständen durch Insekten=
kalamitäten zugefügt zu werden pflegen.

Diesen Nachweis zu erbringen, dürfte heute wohl niemand imstande
sein, und es werden, glaube ich, auch immer weniger die Grundlagen dafür
sich realisiert finden, je mehr mit jedem Jahre auch die Kultur der Forst=

gewächſe ſich im Sinne einer i n t e n ſ i v e n Wirtſchaft geſtalten und weiter entwickeln muß.

Das iſt gelegentlich von einſeitigen Entomologen und bisweilen auch von einſeitig urteilenden Forſtmännern verkannt worden. Ich denke aber, daß die meiſten Leſer, welche in reinen Kiefernrevieren tätig ind, darin überein=ſtimmen werden, daß die Kiefer es durchaus nicht verdient, geradezu als Sorgenkind des Forſtmannes hingeſtellt zu werden, wie es wohl geſchehen iſt. Das verdient der Baum nicht und nicht der Stand der die Kiefern=Schädlinge aufs Korn nehmenden Forſtſchutzpraxis.[1])

Die uns hier beſonders intereſſierende Miſſion der Kiefer in Weſt=preußen hat v o n d e m B o r n e in ſeiner Denkſchrift über die Waldver=hältniſſe der Provinzen Oſt= und Weſtpreußen klar genug charakteriſiert, indem er ausführte, „daß der baldige Ankauf des Ödlandes und der ſchlecht bewirtſchafteten Holzungen noch deshalb beſonders empfohlen werden muß, damit der verödete Boden Ruhe bekommt, nicht mehr durch zwecklose Be=ackerung verdorben wird, damit ſich auch die vorläufig noch nicht aufzu=forſtenden Flächen, wie es häufig geſchieht, wenn dieſe in der Nähe von Waldbeſtänden liegen, mit Kiefernanflug bedecken und auf dieſe Weiſe wenigſtens etwas geſchützt werden, damit auch die Beſitzer nicht noch den letzten Reſt des wenn ſchon an ſich geringwertigen, als Bodenſchutz aber doch ſehr nützlichen Holzbeſtandes fortnehmen und die zur Zeit noch wenigſtens locker beſtandenen Waldpläne in kahle Blößen verwandeln, die von der Sonne ausgedörrt, vom Winde aufgewirbelt werden.“[2])

Dazu kommt die kulturelle Miſſion, welche gerade in Weſtpreußen die Forſtverwaltung durch Aufforſtung von Ödlandsflächen und Ankauf und Sanierung ausgedehnter Kuſſeleien erfüllt.

Hier iſt der Kieferwald Kulturträger und ſicherer Ernährer der Be=völkerung, die Zukunft des Landes.[3])

Es liegen auch aus dem Grunde kaum beachtenswerte Bedenken gegen die Kiefer in vom Spanner bevorzugten Gebieten vor, als die Qualität des bei Spannerkalamitäten anfallenden Holzes eine gute iſt.

Über die Qualität des Spannerholzes herrſchte anläßlich des mittel=fränkiſchen Fraßes nur eine Stimme, auch „insbeſondere über die ſchöne,

---

[1]) Leythäuſer ſieht aus anderen Gründen in dem „modernen Wald“ einen bei der Entwicklung einer Spannerkalamität mitſchuldigen Faktor, „denn zweifellos hat in früheren Zeiten das Schwarzwild und bei Ausübung des Maſtrechtes der Schweine=eintrieb durch die Wühlarbeit dieſer Borſtentiere dem Walde manche guten Dienſte in dieſer Beziehung geleiſtet“.

[2]) Zeitſchr. f. Forſt= u. Jagdw. 1900, S. 403.

[3]) Deshalb ſind hier auch für ſich allein die gewöhnlich gegen die Streuabgabe, auch gegen die einmalige, ausnahmsweiſe Abgabe an die Bevölkerung zum Zwecke der Spannerbekämpfung, geltend gemachten Einwände nicht ſtichhaltig.

weiße Farbe desselben". „Mißlich", — schreibt Leythäuser, — „war nur der Umstand, daß das Material infolge der trockenen Lagerung bei der vorzugsweise heißen Witterung des Sommers 1895 starke Längsrisse erhielt, welche die Qualität des Schnittholzes nicht unbedeutend beeinträchtigten. Die Befürchtung, die anfänglich für das Blauwerden des Holzes gehegt wurde, hatte sich zum Glück als vollständig grundlos erwiesen. Nur in den nassen, tiefer gelegenen Moorbeständen, hauptsächlich aber veranlaßt durch die Beschädigung der Bast= und Rindenkäfer, durch deren Verletzungen die Sporen des Blaupilzes (Ceratostoma piliferum) in das Holz eindringen konnten, zeigte sich im Laufe des Sommers und des Herbstes eine Verschlechterung des Materiales, d. h. es wurde „blau und wasserschlundig", während auf den trockeneren Lagen sich das Material auch auf dem Stocke und in der Rinde über ein volles Jahr hinaus merkwürdig gut erhalten hat, da das Absterben des Baumes nicht von der Wurzel aus und plötzlich erfolgte, sondern in der Krone bei den jüngsten Trieben begann und allmählich von oben nach unten sich fortsetzte. Diese Erscheinung macht es rätlich, um in der Qualität besseres Schnitt= und Langholz=Material zu erhalten, sofern nicht Größe und Umfang des Einschlags, oder Schwierigkeit in der Arbeiterbeschaffung eine möglichst frühzeitige und rasche Fällung bedingen, wenigstens auf trockenem Boden mit dem Einschlag des durch Spannerfraß abgestorbenen Holzes etwas zuzuwarten.

Notwendig und unerläßlich ist aber in allen Fällen ein frühzeitiger Aushieb aller vom Käfer befallenen Stämme, da sonst durch Blauwerden eine Entwertung des Materials eintritt.

Daß zur Konservierung des Sommer= oder früh im Herbst gefällten entrindeten Materials eine gute Lagerung auf besonderen Unterlagen unbedingt erforderlich ist, brauche ich nicht weiter zu erwähnen; doch benutze man zu Lagerholz nur die schlechtesten Sortimente, die eventuell in das Brennholz geschnitten werden können, da die Lager beim längeren Liegen auf der Unterseite zu faulen beginnen."

1896 wurde diesen Erfahrungen entsprechend mit der Fällung der toten Bestände (im ganzen Regierungsbezirke = 2500 ha, davon im Reichswalde 2000 ha) sowie mit der Ausplenterung im übrigen Fraßgebiete begonnen, soweit aber nicht Bastkäferbefall zu sofortiger Fällung zwang, mit dem Einschlag zugewartet. Das vorauszusehende Quantum war mit den vorhandenen Arbeitskräften im Laufe des Herbstes und Winters ohne Schwierigkeit zu bewältigen (600 000 Ster. im ganzen Fraßgebiete, davon, — inkl. Plenterhieb, — im Reichswalde 500 000 Ster.)."

Man kann auch nicht behaupten, daß, wenn so energisch gegen den Spanner vorgegangen wird, wie es in den wirklich schwer vom Spanner heimgesuchten und nicht durch die „Naturselbsthilfe" rechtzeitig geschützten

Marienwerder Revieren beim Tucheler Fraß geschah, der Schaden ein ab=
schreckend großer gewesen wäre und die Einschätzung der Kiefer herabdrücken
müßte.

Oberforstmeister K r a n o l d hatte vollkommen recht, wenn er auf der
Dt.=Eylauer Versammlung des Preußischen Forstvereins sagte: „Die Kosten
e r s c h e i n e n auf den ersten Blick sehr groß" — nämlich die Kosten der
Bekämpfung durch Zusammenrechen der Streu.

Ich bin der Ansicht, daß in Wahrheit g r o ß nur die Kosten einer un=
rationellen oder wenig rationellen Schädlingsbekämpfung sein können.

Das Streurechen hat sich aber als durchaus rationell erwiesen.

Es sind (ich gebe hier abgerundete Zahlen) im Marienwerder Bezirk,
wie K r a n o l d [1]) mitteilt, 165 000 M. für das Zusammenharken der Streu
auf 6650 ha aufgewendet worden. Rechnet man pro Hektar einen jährlichen
Zuwachs von 3 fm im Werte von (zusammen) 30 M., so hat die pro Hektar
durchschnittlich 24 M. kostende Bekämpfung des Kiefernspanners noch nicht
den Aufwand des Wertes vom einjährigen Zuwachs erreicht.

Angesichts dieser Tatsache, über die ein Streit unmöglich ist, verant=
worte ich es, überall dort zur Bekämpfung des Schädlings zu raten, wo
der Gesundheitszustand der Puppen nicht mit völliger Gewißheit ein recht=
zeitiges Erlöschen der Kalamität durch Krankheiten und Schmarotzer er=
warten läßt.

Auf dem Spiele steht höchstens der Wert des einjährigen Zuwachses.

Wären selbst die etwa 6000 ha Kiefernwald nicht sämtlich unbedingt dem
Tode geweiht gewesen, wenn der Fraß sich, bei Unterbleiben der Be=
kämpfung auf diesen, als am meisten bedroht erachteten Beständen wieder=
holt hätte, — darüber kann doch, nach allem, was wir oben über die krank=
haften Folgeerscheinungen des Fraßes gehört haben, kein Zweifel bestehen,
daß der Zuwachsverlust der kränkelnden Bestände sicher nicht kleiner gewesen
wäre, als die oben angegebenen Kosten der Bekämpfung.

Und um dieses eventuellen Balancements willen hätte die Forstver=
waltung die weit schwerere Verantwortung für das auf sich nehmen müssen,
was eingetreten wäre, wenn auch in den Revieren, wo vielleicht zufällig der
augenfällige Eifer eines Vogelzuges auf flüchtig und billig durchrechter
Streudecke dem Revierverwalter die Aussicht auf eine billigere und be=
quemere Sanierung seines Waldes vorgaukelte, wo die Zucht das nicht
ganz eindruckslose Bild von 10 oder 15 % Schmarotzerbefall ergab, ein noch=
maliger, vernichtender Kahlfraß eingetreten wäre.

Nur ein schlechter Wirtschafter wird so rechnen!

---

[1]) XXXVIII. Vers. Preuß. Forstver. Dt.=Eylau 1911, S. 27.

Seien wir froh, daß uns die Erfahrungen der letzten Jahre Sicherheit darüber gegeben haben: Im Zusammenrechen der Streu haben wir ein wirksames und die aufgewandten Kosten unter allen Umständen lohnendes Kampfmittel gegen den Spanner.

Wenn wir es gegebenenfalls wieder, und zwar rechtzeitig, anwenden, droht von seiten dieses Schädlings uns keine nennenswerte Gefahr mehr, wenn wir die Kiefer weiter auch dort anbauen und in der Weise anbauen, wo und wie sie das einzige Mittel ist, dem Boden eine Rente zu entnehmen und das Land zu kultivieren.

Über Mischung der Kiefer mit anderen Gehölzen liegen übrigens auch spezielle Vorschläge vor.

Endres[1]) hat (im Hinblick auf die Wiederaufforstung des Nürnberger Reichswaldes) die Weymouthskiefer und Akazie als die besten Mischhölzer für die Kiefer empfohlen. Als günstigstes Mischungsverhältnis für die dortigen, durch intensive Streunützung in hohem Maße verarmten Keupersandböden nennt er zwei Drittel Kiefern und zusammen ein Drittel Akazie und Weymouthskiefer.

Endres betrachtete übrigens nach wie vor die Kiefer als die natürliche Holzart für solche Böden.

Raumer[2]) hat im Reviere Heideck mit gutem Erfolge auf sehr armen, trockenen Sandböden kleinere, durch Spannerfraß entstandene Kahlflächen, „auf denen 2 Jahre zuvor die Streu entfernt worden war und sich schon etwas Heide zeigte", mit einjährigen Banks-Kiefern ankultiviert. Nach 2 Jahren aber waren sie von der Heide erstickt worden.

Ein zweiter Versuch auf einer der insgesamt 60 ha großen durch die Eule dem Kahlhieb überlieferten Bestandesflächen ähnlicher Bonität glückte dagegen vollkommen, — wohl nur infolge der gründlichen, hier vorgenommenen Bodenbearbeitung, die wenigstens in den ersten Jahren ein Verdämmen der Pflanzen durch Heide ausschloß.

„Das geschah in der Weise, daß in der Abteilung IV 5 c Andelsmöl eine Kahlfläche von etwa 2 ha nach vorausgegangener Streunutzung und Stockrodung im Herbste vor der Pflanzung streifenweise rigolt wurde, d. h. es wurden 30 cm breite Streifen in einem Abstande von 1,20 m (von Mitte zu Mitte gemessen) 30 cm tief umgewendet, wodurch die von den Streuempfängern übrig gelassenen Rohhumusreste untergebracht und so nutzbar gemacht wurden.

Die Kosten dieser Bearbeitung stellten sich pro Hektar auf rund 80 M., ein Preis, welcher mit Rücksicht auf den Umstand, daß bei dieser Bearbeitung

---

1) Allg. Forst= u. Jagd=Ztg. 1896, S. 233.
2) Forstl. Centralbl. 1909, S. 582.

Nachbesserungen ausgeschlossen sind, nicht zu hoch erscheint. (Die Pflanzung selbst kostete pro Hektar 15 M.)

Die in Rede stehende Fläche war ziemlich eben, Sandboden mit wechselnder Tiefgründigkeit; an manchen Stellen tritt der Burgsandsteinfelsen zutage. Der ein Jahr zuvor abgetriebene Bestand war 108jährig, reine Föhren von krüppelhaftem Wuchs und lockerem Schluß, Haubarkeitsertrag 80 fm pro Hektar. Die Bestandeshöhe betrug durchschnittlich 15 m. Der Boden war bedeckt mit Heide und Hungermoos, unter welchem sich eine etwa 5 cm starke Rohhumusschicht (Waldtorf) befand.

Diese ganze Beschreibung dürfte genügen, um erkennen zu lassen, daß der Banks-Kiefer gewiß kein bevorzugter Standort zugewiesen wurde.

Die ganze Fläche zu 2000 ha wurde im Frühjahr 1903 zur Hälfte mit einjährigen Föhren, zur anderen Hälfte mit einjährigen Banks-Kiefern im Verbande 1,20 × 0,60 m mittels Setzholz bepflanzt, nachdem zuvor die etwas schollige Riesen mit eisernen Rechen eingeebnet worden waren.

Beide Föhrenarten entwickelten sich anfangs gleich gut und wurden die ersten 2 Jahre nach der Pflanzung mit entsäuertem Pflanzenteer gegen Reh= verbiß geschützt.

Bald aber ließ sich ein bedeutender Wachstumsunterschied erkennen, und die beiden Vergleichsflächen bieten jetzt nach Abschluß des 7. Vegetations= jahres folgendes Bild:

Die Bankskiefern bilden eine vollkommen geschlossene Dickung und zeigen freudiges Wachstum und glänzende, hellgrüne Benadelung. Vor= genommene Messungen ergaben, daß die höchsten Pflanzen eine Höhe von 3,35 m erreicht haben, die durchschnittliche Höhe der Kultur beträgt 2,75 m.

Der Boden ist bedeckt mit Nadeln, und nur an den wenigen Stellen, wo eine kleine Lücke war oder eine Pflanze etwas im Wachstum zurückblieb, zeigte sich ein wenig Heide.

Die nebenan befindliche, im gleichen Jahre und auf genau gleichem Boden und unter gleicher Bodenbearbeitung ausgeführte Föhrenkultur bietet einen weniger erfreulichen Anblick. Zwar sind Fehlstellen nicht vorhanden, allein der Wuchs ist infolge des wiederholten Auftretens der Schütte (1908 und 1909), die bisher in den Pflanzungen fast gar nicht aufgetreten war, ungleichmäßig und neigt bei stärker von dieser Krankheit befallenen Individuen bereits zum Krüppelwuchs. Die durchschnittliche Höhe der Kultur beträgt 1,65 m, also 1,10 m weniger, als die der gleichalterigen Bankskiefern; der Boden ist gleichmäßig mit Heide bedeckt."

Raumer berichtet dann weiter, daß er in den folgenden Jahren noch 1,500 ha mit Bankskiefer kultiviert habe, die Bodenbearbeitung jedoch etwas weniger gründlich (Kosten pro Hektor 45 Mk.) ausführen, nämlich die be=

treffenden Flächen nur hackentief umhauen ließ und auch so ein vorzügliches Wachstum der Kulturen erzielte.

Raumer rühmt nach diesen seinen Erfahrungen die größere Genüg=samkeit, raschere Jugendentwicklung, frühzeitigen Ertrag an keimfähigem Saatgut (von 6jährigen Bäumen!), Schüttefestigkeit der Bankskiefer und daraus resultierendes rascheres Sich=Schließen, raschere Bodenbedeckung, Hinderung der Verheidung im Gegensatz zur gemeinen Kiefer.

Daß die völlige Unempfindlichkeit gegenüber Früh= und Spätfrösten, die ebenfalls die Bankskiefer auszeichnet, nicht ganz gleichgültig ist, davon haben mich die im Frühjahr (oder richtiger Sommer) 1911 erfrorenen Kiefern in Schirpitz zur Genüge überzeugt.

Ob und wieweit die oben referierten Vorschläge von allgemeinem Wert sind, das zu entscheiden wird natürlich Sache der forstlichen Praxis sein.

Figurenerklärung.

Tafel I.

Fig. A. Bupalus piniarius, ♀ bei der Eiablage.

Fig. B. Eiergelege an der Unterseite einer Kiefernadel. Schwach vergrößert.

Fig. C. Zwei erwachsene Raupen, ohne Andeutung feinerer Details der Zeichnung in 1 : 1 Größe dargestellt.

Fig. 1. Bupalus piniarius ♂, forma typica.

Fig. 2. Bupalus piniarius ♀, forma typica.

Fig. 3. Forma fuscantaria Krnl. ♀.

Fig. 4. Forma fulvaria Dziurz. ♀.

Fig. 5. Forma strigata Dziurz. ♀.

Fig. 6. Forma flavescens B. White ♂.

Fig. 7. Hermaphrodit.

Fig. 8. Forma nana Dziurz. ♂.

Fig. 9. Forma kolleri Dziurz. ♂.

Fig. 10. Forma Dziurzynskii Koll. ♂.

Fig. I1. Forma nigricans Dziurz. ♂.

Fig. 12. Forma anomalaria Huene ♂.

Fig. 13. Forma nigricaria Backhaus ♂.

Fig. 14. Forma albopuncta Dziurz. ♂.

Fig. 15. Forma albomacula Dziurz. ♂.

Fig. 16. Forma hirschkei Dziurz. ♂.

Fig. 17. Forma tristis Dziurz. ♂.

Fig. 18. Forma immacula Dziurz. ♂.

Fig. 19. Forma nivalis Dziurz. ♂.

Fig. 20. Forma albidaria Dziurz. ♂.

Tafel II.

Fig. 1. Vorderflügelgeäder des Kiefernspanners. Oben links zwei der sehr häufigen Variationen des Verlaufs der I und II.

Fig. 2. Hinterflügelgeäder des Kiefernspanners
Fig. 1 u. 2: ca. 4 : 1 nat. Größe.

Fig. 3. Kiefernspannerräupchen im Ei, kurz vor dem Ausschlüpfen, durch die durchsichtige Schalenwand deutlich hindurchschimmernd. Vergrößerung 24 : 1.

Fig. 4. Am Spinnfaden umkehrende Spannerraupe. Nach Ratzeburg (Forstinsekten, II. Bd. Taf. XI. Fig. 1. L.). Etwas vergrößert.

Fig. 5. Kiefernspannermännchen in Ruhestellung. Etwas vergrößert.

Fig. 6. Kiefernzweig mit Kiefernspannerraupen in verschiedenen charakteristischen Stellungen. Kopie eines Sepp'schen Stiches vom Jahre 1762. Etwas vergrößert.

Tafel III.

Fig. 1. Beginnender Fraß. Man achte auf die in Pfeilrichtung sichtbaren Harztröpfchen.

Fig. 2. Zweigstück mit Spannerraupe in charakteristischer Fraßstellung. Die Längsstreifung und Färbung der Raupe, die eng der Nadel sich anschmiegt, erschwert dem ungeübten Auge das Auffinden der Raupe in bemerkenswertem Maße (sogenannte Schutzfärbung). Die Raupe sitzt schräg unterhalb von * . 9 : 10 nat. Größe.

Fig. 3. Stark befressenes Nadelpaar mit erhärteten Harztröpfchen. Vergrößerung 5 : 3.

Fig. 4. Ältere (kranke) und jüngere (gesunde) Raupe. Beide in Fraßstellung. Rechts befressene Nadel. Vergrößerung 5 : 3.

Fig. 5. Vom Kiefernspanner befressene Nadeln nach eintägigem Fraß. Vergrößerung 5 : 3.

Fig. 6. Kot der Kiefernspannerraupe. Vergrößerung 5,2 : 1.

Tafel IV.

Fig. 1. Vollwüchsige Kiefernspannerraupe vom Rücken gesehen. Vergrößerung 6,5 : 1.

Fig. 2. Desgl. von der Seite her gesehen.

Fig. 3. Desgl. von der Bauchseite her gesehen.

Fig. 4. Zur Verpuppung sich anschickende Spannerraupe vom Rücken gesehen. Nur der Medianstreif ist noch deutlich erkennbar.

Fig. 5. Desgl. von der Bauchseite her gesehen. Alle Streifen sind undeutlich geworden.

Fig. 6. Skizze der Augenstellung bei der Raupe des Kiefernspanners. Das eine nach vorn gerichtete Auge etwas übertrieben prominent dargestellt. Vergrößert.

Fig. 7. Etwas älteres Stadium der Verpuppungsreife, als in Fig. 3 dargestellt ist. Ungefähr 2 Tage vor dem in Fig. 5 dargestellten Stadium (Laboratoriumszucht). Man erkennt den Beginn des Verlöschens der ventralen Streifen. Vergrößerung 6,5 : 1.

Fig. 8. Erwachsene (etwas kleine) Kiefernspannerraupe. Durch das Fixationsmittel und durch die Aufbewahrung in Alkohol ist der grüne Farbstoff ausgezogen, und dadurch die Verteilung der Borsten im Photogramm deutlicher erkennbar geworden, als es in den nach lebenden Raupen hergestellten Aufnahmen (Fig. 1 bis 5 und Fig. 7) der Fall ist. 5 : 1 nat. Größe.

Fig. 9. In Verpuppung begriffene Kiefernspannerraupe. Man beachte das starke Hervortreten der Segmentgrenzen. Vergrößerung 5,3 : 1.

Fig. 10. Desgl. Man erkennt deutlich, vor allem an der Rückenseite des ersten Brustsegmentes, daß zwischen der alten Raupenhaut und der darunterliegenden neugebildeten ein Hohlraum entstanden ist. Vergrößerung 5,3 : 1.

Fig. 11. Die junge Puppe ist im Begriffe, sich aus der Raupenhaut herauszuarbeiten. Vergrößerung 5,3 : 1.

Tafel V.

Fig. 1. Ältere, voll ausgefärbte, weibliche Puppe des Kiefernspanners von der Bauchseite. Vergrößerung 5,5 : 1.

Fig. 2. Ältere, voll ausgefärbte männliche Puppe des Kiefernspanners. Vergrößerung 5,5 : 1.

Fig. 3. Ebensolche männliche Puppe vom Rücken her gesehen, die charakteristische Schlagstellung des Hinterleibes (die auf Berührungsreize erfolgt) zeigend. Vergrößerung 5,5 : 1.

Fig. 4. Männliche Puppe des Kiefernspanners, die infolge Ichneumonierung eigentümlich in der Längsrichtung auseinandergetrieben aussieht. Vergrößerung 5,5 : 1.

Fig. 5. Ganz junge männliche Puppe des Kiefernspanners, sofort nach Abwerfen der Raupenhaut in Carnoyschem Gemisch konserviert. Die Scheiden der Fühler, Flügel und Gliedmaßen noch sämtlich frei. Vergrößerung 5,3 : 1.

Fig. 6. Junge weibliche Puppe (ziemlich kleines Exemplar) des Kiefernspanners in einem etwas späteren Stadium. Die Fühler=, Flügel= und Gliedmaßen=Scheiden beginnen mit dem Thorax zu verkleben. 5,3 : 1.

Fig. 7. Zwei junge, wieder etwas ältere Puppen des Kiefernspanners, bei denen eben die Braunfärbung des Chitins beginnt. Da Geschlechtsöffnung und After in der Braunfärbung der übrigen Körperfläche vorauseilen, sind diese in der Photographie hier deutlicher, als es bei den anderen Figuren zu erzielen war, zu erkennen.

    ♀ Weibliche Geschlechtsöffnung.

    ♂ Männliche Geschlechtsöffnung.

    A. After.

Man beachte den sehr deutlichen Unterschied, den die weibliche und die männliche Puppe in der Lagebeziehung der Geschlechtsöffnung zum After und zur vorderen Segmentgrenze erkennen lassen. Vergrößerung ca. 4,2 : 1.

Fig. 8. Von einer kleinen Schlupfwespe (Encyrtine), Copidosoma cidariae Mayr befallene Spannerraupe. Es ist das in Fig. 4 auf Tafel III links photographisch wiedergegebene Individuum. Die Raupe hatte einen Tag vor der Aufnahme zu fressen aufgehört. Man erkennt undeutlich beulenförmige Auftreibungen der Körperhaut, unter denen die Larven des Schmarotzers, mit denen der Wirt ganz vollgepfropft ist, liegen. Vergrößerung 5 : 1.

Fig. 8. Dieselbe Raupe 23 Tage später photographiert. Die Copidosoma-Wespchen (durch Chloroform betäubt) liegen bis auf einige wenige, vorher entfernte, — im ganzen waren es 158 Stück —, neben der Wirtsraupe. Von dieser ist nur die vollkommen leere, trockene, bohnenförmig gebuckelte Haut übrig geblieben. Die Wespchen sind die Nachkommen eines einzigen Copidosoma-Weibchens. Vergrößerung 2,5 : 1.

Tafel VI.

Übersichtskarte des Spannerfraßes in der Tucheler Heide und in den Revieren Gohra und Neustadt bei Neustadt in Westpreußen.

Tafel VII.

Fig. 1. Oberförsterei Junkerhof. Bestandesrand von Jagen 19, alle Grade des Fraßes bis zum völligen Kahlfraß zeigend.

Fig. 2. Ein unberecht gebliebener Ort in Jagen 19 der Oberförsterei Junkerhof, der, weil die Stämme von oben nach unten trocken wurden, kahl abgetrieben werden mußte. Auf dem Bilde sieht man im Hintergrunde die angrenzenden berechten Bestandesteile, die sich von dem Kahlfraß, dessen Wiederholung durch das Streurechen vorgebeugt worden war, erholen und, wie die Folgezeit gelehrt hat, definitiv als gerettet betrachtet werden können.

Fig. 3. An eine Spannerkahlschlagfläche angrenzender Bestandesrand in Jagen 12 der Oberförsterei Junkerhof.

Fig. 4. Unberecht (Streuentnahme) gebliebene Stelle in Jagen 20 der Oberförsterei Junkerhof. 35jähriger Bestand, in dem Spanner und Nonne gefressen haben. Auf dem Fleck, wo die Streu nicht entfernt worden war, hat kein einziger Stamm gerettet werden können.

———

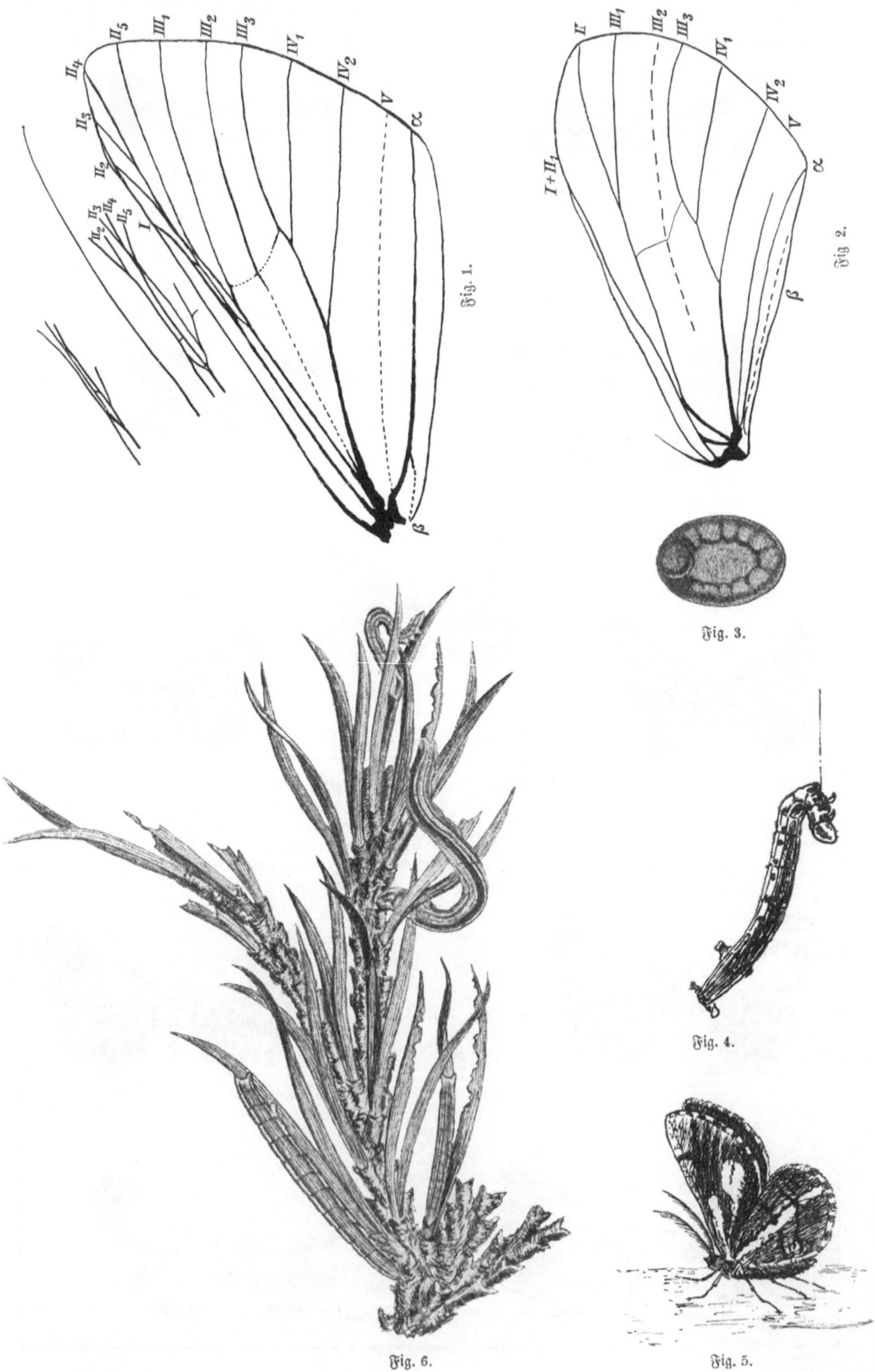

Verlag von Julius Springer in Berlin W. 9.

Additional material from *Der Kiefernspanner,*
ISBN 978-3-642-93761-3, is available at http://extras.springer.com